面向"十二五"高等学校精品规划教材·电气信息类
高 等 教 育 课 程 改 革 项 目 研 究 成 果

通信电子线路

夏术泉 艾 青 南光群 编著

北京理工大学出版社
BEIJING INSTITUTE OF TECHNOLOGY PRESS

内容简介

“通信电子线路”是通信工程、电子信息工程等相关专业的一门重要的专业基础课。本书内容包括7章，即绪论，高频小信号调谐放大器，谐振功率放大器，正弦波振荡器，振幅调制与解调，角度调制与解调，反馈控制电路，并在每章中增加了典型电路的仿真实例。

本书可作为通信工程、电子信息工程等专业的高校本科学生教材，也可作为有关工程技术人员的参考书。

图书在版编目（CIP）数据

通信电子线路／夏术泉，艾青，南光群编著．—北京：北京理工大学出版社，2010.5（2015.3 重印）

ISBN 978－7－5640－3130－5

Ⅰ．①通…　Ⅱ．①夏…②艾…③南…　Ⅲ．①通信系统－电子电路－高等学校－教材　Ⅳ．①TN91

中国版本图书馆 CIP 数据核字（2010）第 062624 号

出版发行／北京理工大学出版社
社　　址／北京市海淀区中关村南大街 5 号
邮　　编／100081
电　　话／(010)68914775(办公室)　68944990(批销中心)　68911084(读者服务部)
网　　址／http：// www. bitpress. com. cn
经　　销／全国各地新华书店
印　　刷／保定市中画美凯印刷有限公司
开　　本／787 毫米×1092 毫米　1/16
印　　张／15.75
字　　数／363 千字
版　　次／2010 年 5 月第 1 版　　2015 年 3 月第 4 次印刷
印　　数／6001～7500 册　　责任校对／陈玉梅
定　　价／33.00 元　　责任印制／边心超

图书出现印装质量问题，本社负责调换

前　言

“通信电子线路”是通信工程、电子信息工程等相关专业的一门重要的专业基础课，具有很强的理论性、实践性和工程性。如今，随着电子器件和计算机的迅速发展，电路仿真软件也随之发生着日新月异的变化，为我们提供了一个非常好的理解理论知识的平台。本书是在院级精品课程建设的基础上编写的，在编写中，我们充分考虑到应用型本科的人才培养目标，除了学习基本理论之外，更加注重实践创新能力的培养。本书力求做到以下几点：

（1）在注重知识体系结构的同时，按照“必须、够用、实用、适用”的基本原则，遵循应用型本科“通信电子线路”课程教学要求，强调基本理论的学习和实践仿真。

（2）对于学习过程中容易出现的问题，重点或难点内容，通过标注【重点或提示】来引起学生的注意。

（3）对于有学习潜力和兴趣的学生，通过【知识扩展】提供更多的内容，以打下一个相对牢固的基础。

（4）每章在简要介绍基本原理和基本概念后，通过对电路的分析与仿真，作出结论，再与实际电路仿真波形或数据进行对比。

（5）每章学习前，列有学习目的和知识点，精心选择的例题和课后习题，具有一定的代表性，附录提供了教学工具方面的支持。

（6）每章后的研究项目，供学生进行实践练习，达到理论联系实际的效果，让学生提交开放性的答卷。

（7）在章节安排上，尽量保留课程体系的完整性，同时对于一些理论性较强的知识点进行简化或合并，如“混频”内容就归到“振幅调制与解调”中。

全书共分7章，计划理论讲授学时54学时，带有*号的章节将根据学时进行取舍。

本书第1、2、3章由夏术泉编写，第4、5章由南光群编写，第6、7章由艾青编写。全书由夏术泉统稿。本书在编写的过程中，还得到了李玉平、王海华等帮助，并提出了一些很好的建议，在此表示感谢！

由于作者水平有限，加之编写时间紧迫，书中难免有不妥和错误之处，恳请读者批评指正。编者的 E-mail 地址为：xiashuquan@126.com。

编者

目　　录

第 1 章

绪　论

本章目的

- 了解通信的发展简史；
- 掌握通信系统的基本概念及组成；
- 了解通信系统中的信号与信道；
- 了解无线电波的频段划分及用途；
- 掌握通信电子线路的特点及学习要点。

知识点

- 通信系统的基本概念及组成；
- 通信系统中的信号与信道；
- 无线电波的频段划分及用途。

1.1 通信系统的基本概念

在人类社会中，人与人之间要互通情报、交换消息，从一般意义上讲这就是通信。从古到今，人们一直在寻求快速远距离的通信手段，如古代的烽火、近代的旗语。直到 19 世纪电磁学的理论与实践有了坚实的基础后，才有了无线电报、移动电话等一系列的通信手段，这就是无线电通信。

1.1.1 通信发展史概述

许多科学家对无线通信的发展作出了巨大的贡献，为了记住他们，下面简要地介绍一下通信的发展过程中的一些重要事件。

1837 年，美国发明家莫尔斯（F. B. Morse，1791—1872）发明了有线电报，创造了莫尔斯电码，开创了通信的新纪元。莫尔斯电码是利用“点”、“划”和“间隔”（实际上就是时间长短不一的电脉冲信号）的不同组合来表示字母、数字、标点和符号。

1864 年，英国物理学家麦克斯韦（J. C. Maxwell，1831—1879）发表了著名论文《电磁场的动力理论》，总结了前人在电磁学方面的工作，提出了电磁辐射方程，即著名的麦克斯韦方程，从理论上证明了电磁波的存在，为后来的无线电发明和发展奠定了坚实的理论基础。

1876 年，美籍英国发明家贝尔（A. G. Bell，1847—1922）发明了电话，能够直接将语音信号变成电信号沿导线传送。他不仅发明了电话，而且建起了世界上第一家电话公司。

1887 年，德国物理学家赫兹（H. R. Hertz，1857—1894）以卓越的实验技巧证实了电磁波是客观存在的，并在寄给导师亥姆霍兹的一篇题为《论在绝缘体中电过程引起的感应现象》的论文中，总结了这个重要发现。接着，赫兹还通过实验确认了电磁波是横波，具有与光类似的特性，如反射、折射、衍射等，并且实验了两列电磁波的干涉，同时证实了在直线传播时，电磁波的传播速度与光速相同，从而全面验证了麦克斯韦的电磁理论的正确性。并且进一步完善了麦克斯韦方程组，使它更加优美、对称，得出了麦克斯韦方程组的现代形式。此外，赫兹又做了一系列实验。他研究了紫外光对火花放电的影响，发现了光电效应，即在光的照射下物体会释放出电子的现象。这一发现，后来成了爱因斯坦建立光量子理论的基础。赫兹的发现具有划时代的意义，它不仅证实了麦克斯韦发现的真理，更重要的是开创了无线电电子技术的新纪元。

1896 年，意大利物理学家马可尼（G. Marconi，1874—1937）发明了无线电报，1898 年在英吉利海峡两岸进行无线电报跨海试验成功，通信距离为 45 km，1899 年又建立了 106 km 距离的通信联系，到了 1909 年无线电报已经在通信事业上大显身手。在这以后，许多国家的军事要塞、海港船舰大都装备有无线电设备，无线电报成了全球性的事业，因此，马可尼于 1909 年获得了诺贝尔物理学奖，以承认他在发展无线电报上所作的贡献。

1904 年，英国科学家弗莱明（J. A. Fleming，1849—1945）发明的“真空二极管”是人类电子文明的开端，并进入无线电电子学时代。但如果只有二极管的话，人类也许只能停留在电子时代的开端阶段。所幸的是弗莱明的工作有了新发展。1906 年美国物理学家福雷斯特（L. De Forest，1873—1961）在二极管的基础上发明了三极管，用它可组成具有放大、振荡、变频、调制、检波、波形变换等重要功能的电子线路，使电子管成为能广泛应用的电子“核心”器件。电子管的出现是电子技术发展史上第一个里程碑。

1918 年，调幅无线电广播开播，超外差接收机问世。1907 年，德·雷福斯特在纽约进行了音乐和语言的无线电实验广播。这些先行者为广播的问世奠定了技术基础。第一次世界大战期间，交战双方广泛使用了无线电通信和无线电话，此间，美国无线电专家阿姆斯特朗（E. H. Armstrong，1890—1954）改进了无线电接收机的线路，1918 年发明了超外差电路。这一方式可防止两个频率相近的信号在接收机中发生干扰，从而能够保证接收机接收各个不同频率的广播。战后，无线电工业和技术转向民间，具备了广播电台的物质技术条件。1920 年 10 月，美国匹兹堡市私人经营的 KDKA 广播电台取得政府发放的营业执照，开始播音，成为美国也是世界上第一家正式广播的私营商业广播电台。1933 年，阿姆斯特朗又发明了调频技术（除此之外，这位天才的科学家还在 1912 年先后发明了再生电路、超外差电路，在 1951 年发明了超再生电路）。1941 年美国首先开始了商业调频广播。1962 年起，世界上又兴起了调频立体声广播。此后，广播事业在全世界迅速发展。第二次世界大战前，广播电台主要集中在欧美国家，战后，随着亚、非、拉广大国家纷纷取得独立，广播事业在这些国家也迅速发展起来。

1940—1945 年，第二次世界大战刺激了雷达和微波通信系统的发展。美国在 1922 年利用连续波干涉雷达检测到木船，1933 年 6 月利用连续波干涉雷达首次检测到飞机，该种雷达不能测距。1934 年美国海军开始发展脉冲雷达。英国于 1935 年开始研究脉冲雷达，1937 年 4 月成功验证了 CH（Chain Home）雷达站，1938 年大量的 CH 雷达站投入运行。英国于 1939 年发展飞机截击雷达。1940 年由英国设计的 10 cm 波长的磁控管由美国生产。磁控管的发展是实现微波雷达的最重要的贡献。1940 年 11 月，美国开发微波雷达，在第二次世界大战末期生产出了 10 cm 的 SCR－584 炮瞄雷达，使高射炮命中率提高了 10 倍。二战中，俄、法、德、意、日等国都独立发展了雷达技术，因为雷达的作用很大，产生了对雷达的电子对抗，研制了大量的对雷达的电子侦察与干扰设备，并成立了反雷达特种部队。

1948 年，美国物理学家肖克莱（W. Shockley，1910—1989）、美国物理学家巴丁（J. Bardeen，1908—1991）和美国物理学家布拉顿（W. H. Brattain，1902—1987）共同发明了晶体管，并一起获得了 1956 年的诺贝尔物理学奖。晶体管在节约电能、缩小体积与重量、延长寿命等方面远远优于电子管，取代了电子管的传统地位，成为极其重要的电子器件，因而成为电子技术发展史上第二个里程碑。同年，美国数学家香农（C. E. Shannon，1916—2001）发表了论文《A Mathematical Theory of Communication》，首次提出了信息论，通信统计理论开始建立。香农理论的重要特征是熵（entropy）的概念，他证明熵与信息内容的不确定程度有等价关系。作为信息论的创始人，人们认为他是 20 世纪最伟大的科学家之一。他在通信技术与工程方面的创造性工作，为计算机与远程通信奠定了坚实的理论基础。人们尊崇香农为信息论及数字通信时代的奠基之父。

1958 年，美国德州仪器公司工程师杰克·基尔比（J. S. Kilby，1923—2005）发明了集成电路，奠定了现代微电子技术的基础，他因此于 2000 年获得了诺贝尔物理学奖。可以说没有基尔比的发明，就不会有今天的计算机，人类还将在信息时代的门外徘徊。这种将“管”、“路”结合起来的集成电路，是电子技术发展史上的第三个里程碑。

从发明无线电开始，传输信息就是无线电技术的首要任务。直到今天，虽然无线电电子学技术领域在迅速扩大，但信息的传输与处理仍然是它的主要内容。通信电子线路所涉及的单元电路都是从传输与处理信息这一基本点出发，来进行研究的。因此有必要在本书的开头介绍通信系统的原理、组成，以便了解后续各章单元电路之间的相互联系，获得初步的概念，有助于今后的学习。

1.1.2 通信系统的组成

各种不同类型的通信系统，其系统组成和设备的复杂程度虽然有较大差异，但它们组成设备的基本电路及其原理都是相同的，遵从同样的规律。本书将以模拟通信为重点来研究这些基本电路，认识其规律。这些电路和规律完全可以推广应用到其他类型的通信系统。无线通信系统主要包含三部分：发送设备、接收设备、信道（传输媒体）。

图 1－1 所示为模拟语音无线通信系统的基本组成框图。

图 1－1 中话筒和扬声器属于通信的终端设备，其作用是将非电量信号转换成电量信号或相反，分别称为信源和信宿。发送端（图 1－1 上半部分）的低频放大和接收端（图 1－1 下半部分）的低频功放部分是为放大话筒输出信号和推动扬声器工作而设置的，是低频电路，本书不讨论。发送端低频放大输出的信号控制高频载波振荡器的某个参数（如幅度、频率等），从而实现调制。已调制信号的频率若不够高，还要进行倍频或上混（变）频处

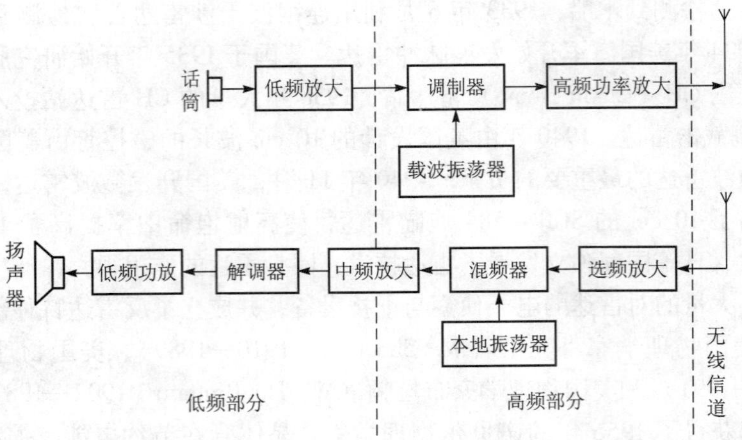

图 1-1 无线通信系统基本组成

理；若幅度不够，可根据需要进行若干级（通常有预放、激励和功放输出三级）放大，经天线发射出去。接收机一般采用超外差形式，将接收的调制信号经高频选频放大（同时滤除其他无用信号）后，进行混（变）频，取出中频信号后再进行中频放大（一般选择二至三级放大），以保证足够增益和较强的滤波能力，然后进行解调，还原成低频信号，经低频功率放大后送入扬声器转换成声音。信道为自由空间。

随着技术的发展，数字无线通信应用越来越广泛。数字通信系统的组成与图 1-1 类似，只需将模拟通信终端换成数字通信终端或者在模拟通信终端与调制解调器之间增加模拟/数字转换器（A/D）和数字/模拟转换器（D/A）即可。数字无线通信系统容易实现小型化，性能更佳，且容易对数字信号进行加密编码实现保密通信。数字通信系统接收机除了传统的超外差结构外，还有数字中频结构、直接变频结构等。

1.1.3 通信系统的类型

无线通信系统的类型，可以根据不同的方法来划分。按照无线通信系统中关键部分的不同特性，主要有以下一些类型。

(1) 按传输媒质分类，根据消息由一地向另一地传递时传输媒质的不同，通信可分为两大类：一类称为有线通信，另一类称为无线通信。所谓有线通信，是指传输媒质为架空明线、电缆、光缆、波导等形式的通信，其特点是媒质看得见，摸得着。所谓无线通信，是指传输消息的媒质为看不见、摸不着的媒质（如电磁波）的一种通信形式。通常，有线通信可进一步再分类，如明线通信、电缆通信、光缆通信等。无线通信常见的形式有微波通信、短波通信、移动通信、卫星通信、散射通信和激光通信等，其形式较多。

(2) 按照工作频段或传输手段分类，有长波通信、中波通信、短波通信、超短波通信、微波通信和卫星通信等。所谓工作频率，主要指发射与接收的射频（RF）频率。射频实际上就是“高频”的广义语，它是指适合无线电发射和传播的频率。无线通信的一个发展方向就是开辟更高的频段。

(3) 按照通信方式来分类，主要有（全）双工、半双工和单工方式。

(4) 按照调制方式分类，根据是否采用调制，可将通信系统分为基带传输和频带（调制）传输。基带传输是将没有经过调制的信号直接传送，如音频市内电话；频带传输是对各种信号调制后再送到信道中传输的总称，如调幅、调频、调相以及混合调制等。

（5）按照传送的消息的类型分类，有模拟通信和数字通信，也可以分为话音通信、图像通信、数据通信和多媒体通信等。

（6）按通信业务分类，可分为话务通信和非话务通信。电话业务在电信领域中一直占主导地位，它属于人与人之间的通信。近年来，非话务通信发展迅速，主要包括数据传输、计算机通信、电子信箱、电报、传真、可视图文及会议电视、图像通信等。另外从广义的角度来看，广播、电视、雷达、导航、遥控、遥测等也应列入通信的范畴，因为它们都满足通信的定义。由于广播、电视、雷达、导航等的不断发展，目前它们已从通信中派生出来，形成了独立的学科。

（7）按通信者是否运动分类，通信还可分为移动通信和固定通信。移动通信是指通信双方至少有一方在运动中进行信息交换。另外，通信还有其他一些分类方法，如按多地址方式可分为频分多址通信、时分多址通信、码分多址通信等；按用户类型可分为公用通信和专用通信；按通信对象的位置可分为地面通信、对空通信、深空通信、水下通信等。

1.1.4 通信系统中的信道与信号

1. 信道

通信中的信道从狭义上分为无线信道和有线信道。无线信道就是自由空间，信号的传输媒体是电磁波，有地波传播（如广播电视系统中的中波调幅广播）、天波传输（电离层反射、散射，如短波调幅广播）、直线传播（如微波中继、卫星通信）。有线信道有明线、对称电缆、同轴电缆、光纤等。广义上分为调制信道（如恒参信道、随参信道）和编码信道（如有记忆信道、无记忆信道）。

2. 无线电信号

在高频电路中，要处理的无线电信号主要有三种：基带（消息）信号、高频载波信号和已调波信号。所谓基带信号，就是没有进行调制之前的原始信号，也称调制信号；所谓高频载波信号，就是未经调制的高频振荡信号；所谓已调波信号，就是经过调制的高频振荡信号，即包含有基带信号的高频载波信号。

所谓“高频”是一个相对的概念，狭义地讲，指的是短波波段，其频率范围为3～30 MHz；广义地讲，“高频”指的是射频，其频率范围非常宽，只要电路尺寸比工作波长小得多，可以用集中参数来分析实现，都可以认为属于“高频”。就目前技术来讲，“高频”的上限频率可达3 GHz。20世纪60年代以来，模拟通信已大量使用2～10 GHz频段，数字微波系统的发展集中到更高的频率，11～19 GHz频段已在启用。但在使用这样高的频率时，要考虑大气层中的氧气与水蒸气对信号的吸收。

一个无线电信号，可以将它表示为电压或电流的时间函数，通常用时域波形或数学表达式来描述。信号的时间特性要求传输该信号的电路的时间特性（如时间常数）与之相适应。对于较复杂的信号（如话音信号、图像信号等），用频谱分析法表示较为方便。信号的频谱特性就是信号中各频率成分的特性。频谱特性包含幅频特性和相频特性两部分，它们分别反映信号中各个频率分量的振幅和相位的分布情况。无线电信号传播一般都要采用高频（射频）进行调制，其原因就是高频适于天线辐射和无线传播。只有当天线的尺寸可以与信号波长相比拟时，天线的辐射效率才会较高，从而以较小的信号功率传播较远的距离，接收天线也才能有效地接收信号。无线电信号的传播特性主要根据其所处的频段或波段来区分。

知识扩展

通信中基带信号分为两类，即模拟信号和数字信号。模拟信号是指幅度上的取值是连续的（幅值可由无限个数值表示），大多数模拟信号在时间上也是连续的，时间上离散的模拟信号是一种抽样信号；数字信号是指幅度上的取值是离散的（幅值表示被限制在有限个数值之内）。模拟通信的优点是直观且容易实现，但存在两个主要缺点：① 保密性差，模拟通信尤其是微波通信和有线明线通信，很容易被窃听。② 抗干扰能力弱，电信号在沿线路的传输过程中会受到外界的和通信系统内部的各种噪声干扰，噪声和信号混合后难以分开，从而使得通信质量下降。数字通信有如下优点：① 加强了通信的保密性。语音信号经 A/D 变换后，可以先进行加密处理，再进行传输，在接收端解密后再经 D/A 变换还原成模拟信号。② 提高了抗干扰能力，尤其在中继时，数字信号可以再生而消除噪声的积累。③ 传输差错可以控制，从而改善了传输质量。④ 便于使用现代数字信号处理技术来对数字信息进行处理。⑤ 可构建综合数字通信网，综合传递各种消息，使通信系统功能增强。但数字通信也存在缺点，例如：占用频带较宽，技术要求复杂，进行模/数转换时会带来量化误差等。

1.2 通信系统中发射与接收

1.2.1 无线电波的传播特性

电磁波从发射天线辐射出去后，不仅电波的能量会扩散，接收机只能收到其中极小的一部分，而且在传播过程中，电波的能量会被地面、建筑物或高空的电离层吸收或反射，或者在大气层中产生折射或散射等现象，从而造成到达接收机时的强度大大衰减。根据无线电波在传播过程所发生的现象，电波的传播方式主要有直射（视距）传播、绕射（地波）传播、折射和反射（天波）传播及散射传播等。决定传播方式和传播特点的关键因素是无线电信号的频率。传播方式示意图如图 1－2 所示。

1）视距传播（直射波）

特点：收、发信高架（高度比波长大得多）。主要用于超短波、微波波段的通信和电视广播。例如，卫星通信采用视距传播。

2）地波传播（绕射波）

特点：波长越长，传播损耗越小。主要用于中、长波无线电通信和导航。例如，收音机接收的广播电台中波信号。

3）天波（折射和反射波）传播（也称电离层传播）

特点：损耗小，传播距离远。电离层是指分布在地球周围 60 km 以上的大气层中的电离区域。在这个区域中，存在大量的自由电子与正离子，还可能有大量的负离子以及未被电离的中性离子。因电离层状态不断变化使天波传播不稳定，又要满足从电离层返回地面的条件，工作频率受到限制。天波传播主要用于短波、中波的远距离通信和广播。例如，收音机接收的广播电台短波信号或军用短波电台。

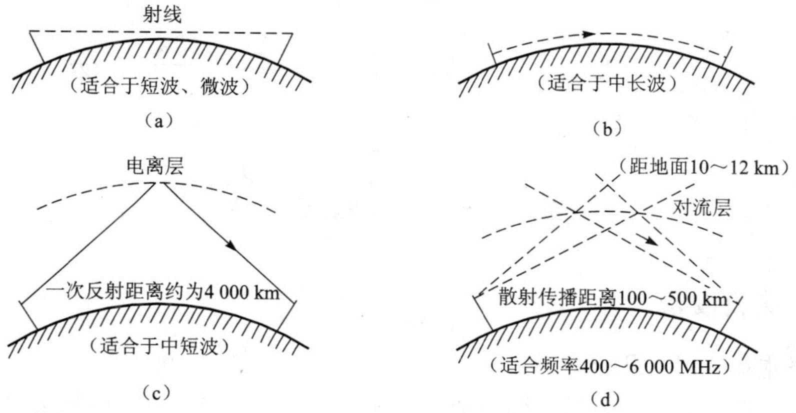

图1－2 无线电波的主要传播方式

（a）直射传播；（b）地波传播；（c）天波传播；（d）散射传播

4）散射传播（也称对流层传播）

特点：散射信号相当微弱，损耗很大，传播距离可达300～800 km。大气对流层中，除了有规则的片状或层状气流外，还存在不规则的气流，这类似于水流中漩涡的不均匀体。相应地，在电离层中即有电子密度的不均匀性。当天线辐射出去的电波投射到这些不均匀体的时候，类似于光的散射和反射现象，电波发生散射或反射，一部分能量传播到接收点，这种传播称为散射传播。散射传播适用于无法建立微波中继站的地区，例如用于海岛之间和跨越湖泊、沙漠、雪山等地区。散射通信必须采用大功率发射机，高灵敏度接收机和高增益天线。

电磁波的传播情况很复杂，它不属于本书的范围，这里进行介绍是为了建立一个初步概念，作为后续章节学习的预备知识。

1.2.2 发射设备

发送设备主要有以下几种。

（1）变换器（换能器）：其作用是将被发送的信息变换为电信号。例如话筒将声音变为电信号。

（2）发射机：其作用是将换能器输出的电信号变换为强度足够的高频电振荡。

（3）天线：将高频电振荡变换为电磁波向传输媒质辐射。

图1－3所示为无线广播发送原理框图。

图1－3中，高频振荡器产生一个高频正弦波信号——载波。消息信号经过换能器变换为电信号，经过低频放大器放大送到调制器中，调制器将消息信号寄载到载波上，图中是寄载到载波振幅上，这叫调幅。调制后的高频信号叫已调波，称这种已调波为调幅波。

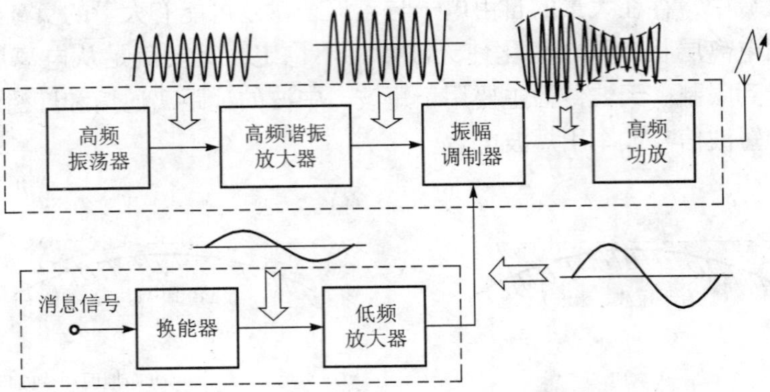

图1－3 无线广播发送原理框图

1.2.3 接收设备

接收设备主要有以下几种。

(1) 接收天线：其作用是将空间传播到其上的电磁波转换为高频电振荡。

(2) 接收机：其作用是将高频电振荡处理为电信号。

(3) 变换器（换能器）：其作用是将电信号转换为所传送信息。

接收是发射的逆过程。图1－4所示为超外差式无线电接收原理框图。

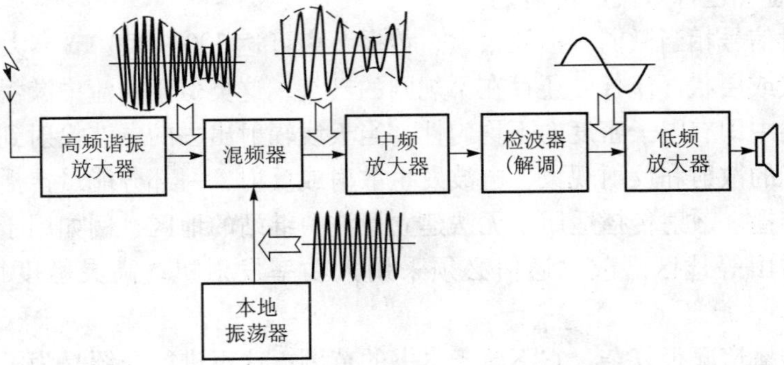

图1－4 超外差式无线电接收原理框图

图1－4中，天线中感应的无线电信号，经过高频谐振放大器取出并放大为要收听的已调波信号，送到混频器中，与本振进行差频，得到固定的中频信号，经过中频放大后，进行解调，得到所需的音频信号，再放大后推动扬声器，产生出要收听的语音信号。这种接收机是目前广泛采用的超外差式接收机。

知识扩展

除了超外差式接收机外，还有直接放大式接收机和超再生接收机。直接放大式接收机是将接收到的高频信号直接放大后再检波。优点是结构简单，成本低，特别适合固定工作频率的接收机；缺点是接收机灵敏度和选择性因接收频率不同而变化较剧烈。现在很少使用这种结构的接收机。超再生接收机又称为直接转换型接收机，或称零中频接收机，它是超外差式接收机的一种特例。优点是在中波段和短波段工作时灵敏度很高，调谐也方便；缺点是选择性、稳定性和信噪比稍差，当本振频率发生漂移时，接收机的非线性失真比较严重。

1.3 无线电波的频段划分

1. 信号频率及波谱

任何信号都具有一定的频率或波长。这里所讲的频率特性就是无线电信号的频率或波长。电磁波辐射的波谱很宽，如图 1－5 所示。

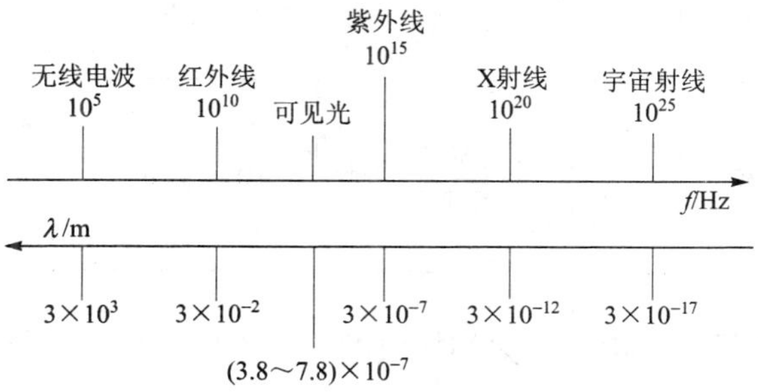

图 1－5 电磁波波谱

从图 1－5 中可以知道，无线电波只是一种波长比较长的电磁波，占据的频率范围很广。在自由空间中，波长与频率存在以下关系

$$c = f\lambda \tag{1-1}$$

式中：c 为光速；f 和 λ 分别为无线电波的频率和波长。因此也可以认为无线电波是一种频率相对较低的电磁波。

2. 无线电波的频（波）段划分

无线电波也可以认为是一种频率相对较低的电磁波。对频率或波长进行分段，分别称为频段或波段，波段划分见表 1－1。

表 1－1 无线电波的频（波）段划分表

频段名称	频率范围	波段名称	波长范围	主要用途
甚低频（VLF）	3～30 kHz	甚长波	100～10 km	导航、固定业务、频率标准
低频（LF）	30～300 kHz	长波（LW）	10～1 km	地波；远距离通信、无线电信标
中频（MF）	300～3 000 kHz	中波（MW）	1 000～100 m	地波、天波；广播、业余无线电台

续表

频段名称	频率范围	波段名称	波长范围	主要用途
高频（HF）	3～30 MHz	短波（SW）	100～10 m	天波、地波；广播、通信、其他
甚高频（VHF）	30～300 MHz	超短波（VSW）（米波）	10～1 m	直线传播、电离层散射；通信、电视广播、调频广播、雷达
特高频（UHF）	300～3 000 MHz	分米波（USW）	100～10cm	直线传播、对流层散射；通信、中继与卫星通信、雷达、电视、遥测、业余无线电台
超高频（SHF）	3～30 GHz	厘米波（SSW）（微波）	10～1cm	直线传播；中继与卫星通信、无线电天文、雷达
极高频（EHF）	30～300 GHz	毫米波（ESW）	10～1mm	直线传播；微波通信、雷达、无线电天文、业余无线电台

注意：不同频段信号的产生、放大和接收的方法不同，传播的能力和方式也不同，因而其应用范围也不同。

不同频段的信号具有不同的分析与实现方法，对于米波以上（含米波，$\lambda \geqslant 1$ m）的信号，通常用集总（中）参数的方法来分析与实现，而对于米波以下（$\lambda < 1$ m）的信号，一般应用分布参数的方法来分析与实现，当然，这也是相对的。

1.4 通信电子线路学习要点

通信电子线路是电子信息工程、通信工程专业的一门专业基础课程。本课程涉及的内容很多，对电路基础、模拟电子电路、信号与系统分析、高等数学等要求较高，理论与实际联系很强，而且对后续通信原理课程影响很大。另外在学习本课程时必须要高度重视实验环节，坚持理论联系实际，在实践中积累丰富的经验。建议从以下几方面学习本书内容。

1. 范围

通信领域中各种高频电路（含非线性电路）的组成、工作原理及分析计算。

2. 基本内容

（1）高频振荡器：用于产生载波或本地振荡信号；
（2）放大器：包括小信号放大和功率放大；
（3）混频或变频：频谱的线性搬移电路；

（4）调制与解调：包含振幅和角度调制与解调、参量电路；
（5）反馈控制电路：包括 AGC、AFC 和 APC（PLL）。

3. 特点

（1）电路处理的信号都是正弦和非正弦的高频信号；
（2）大部分电路都是非线性电路，一般要采用近似和图解方法来分析。

4. 要求

（1）掌握基本概念和分析方法；
（2）掌握有关内容的数学及关键推导过程；
（3）理论与实际结合以培养动手能力。

本章小结

本章介绍了通信的发展历史、通信系统的组成及类型，并通过介绍信道和信号引入了基带（消息）信号、高频载波信号、已调波信号和“高频”等无线通信系统中的基本概念；介绍了无线电波的传播特性；以无线广播系统为例，介绍了通信系统中的发射与接收；介绍了无线电波的频段划分、各频段的特点以及在通信系统中的应用；最后介绍了通信电子线路研究的范围、基本内容和特点以及学习本课程的要求和方法。

思考题与习题

1－1　无线通信系统主要包括哪几部分？请画出原理框图。
1－2　无线通信为什么要用高频信号？“高频”信号指的是什么？
1－3　无线通信为什么要进行调制？如何进行调制？
1－4　无线通信传播主要有哪几种方式？各自的特点是什么？
1－5　无线电信号的频段或波段是如何划分的？各个频段的传播特性和应用情况如何？

研究项目

项目：无线电波频段应用情况调查
要求：
- 结合本地实际，调查无线电波各频段应用情况；
- 要详细阐述该无线电波设备系统的运作情况；
- 提交有关格式的调查报告。

目的：
- 了解无线电波各频段主要用途。

指导：

- 指导学生走访本地广播及电视的技术部门，进行调研，获取现场信息；
- 指导学生利用实习等机会向工程技术人员请教；
- 指导学生进行资料的检索和分析。

思考题：

- 无线电波为什么要进行统一管理？
- 无线通信载波的作用是什么？

第 2 章

高频小信号调谐放大器

本章目的

- 了解串、并联谐振回路的基本特性；
- 充分了解高频小信号调谐放大器的工作原理及特点；
- 掌握高频小信号单管单调谐和双调谐放大器的分析方法；
- 了解高频小信号调谐放大器的稳定措施；
- 了解集成宽带放大器及集中选频滤波器。

知识点

- 串、并联谐振回路的分析方法；
- 单调谐放大器的基本原理及组成；
- 双调谐放大器的基本原理及组成；
- 单、双调谐放大器 Y 参数的分析方法；
- 高频小信号调谐放大器的稳定性；
- 集中选频放大器。

高频小信号调谐放大器是指采用谐振回路（串、并联及耦合谐振回路）作为放大器负载，放大各种无线电设备中的高频小信号（中心频率在几百 kHz 到几百 MHz，频谱在宽度在几 kHz 到几十 MHz 的范围内的微弱信号）的放大器，通常是窄带放大器，具有选频或滤波作用。它是各种电子设备和通信设备中常用的功能电路，即电压放大器，广泛应用于广播、电视、通信和测量仪器仪表等设备中。它的主要特点是晶体管的输入输出回路（即负载）不是纯电阻，而是由 L、C 元件组成的并联谐振回路。要求：① 增益要高；② 选择性要好；③ 工作要稳定可靠；④ 噪声要小。另外，由于小信号谐振放大器放大的信号幅度很小，电路中用于放大的器件工作在线性范围，因而它们属于线性放大器，通常采用线性模型的等效电路分析法。高频小信号放大器类型很多，按照所使用的器件不同，可分为晶体管高频小信号放大器、场效应管高频小信号放大器和集成电路高频小信号放大器；按照放大信号频谱的宽窄可分为窄带放大器和宽带放大器；按照电路形式不同分为单级和多级放大器；按照高频小信号放大器负载形式分为高频小信号调谐放大器和高频小信号非调谐放大器。

本章主要介绍晶体管单级窄带高频小信号调谐放大器，并分析基本电路工作原理及 Y

参数等效电路，同时对相关电路（如放大器级联、集中选频调谐放大器等）也作了介绍。

2.1 LC 谐振回路

高频电路中由无源组件或无源网络组成的基本电路，主要有高频谐振回路、高频变压器与滤波器等，它们完成信号的传输、频率选择及阻抗变换等功能。LC 谐振回路是常用的谐振回路，它是由电感和电容（包括它们的损耗电阻在内）组成的单个谐振回路。当信号源与电感、电容串联连接时，就构成了串联谐振回路；当信号源与电感、电容并联连接时，就构成了并联谐振回路。下面介绍其基本特性。

2.1.1 串、并联谐振回路的基本特性

电感的感抗（$j\omega L$）值随着频率的升高而增大，而电容的容抗（$1/j\omega C$）值则随着频率的升高而减小。将电感和电容组合（串联或并联）后，其电路总特性与单个电感或电容特性有很大不同。串联谐振回路阻抗的幅值在某个特殊频率点上有最小值，此时电压与电流相位差为零，电感或电容上的电压幅值比回路总电压幅值还要大，因此又称为电压谐振回路；并联谐振回路阻抗的幅值在某个特殊频率点上有最大值，此时电压与电流相位差为零，电感或电容上的电流幅值比回路总电流幅值还要大，因此又称为电流谐振回路。单调谐回路的这种特性叫谐振特性，这个特殊频率称之为谐振频率。当激励源正弦信号频率等于谐振频率时，串联或并联谐振回路的阻抗等于一个纯电阻，称为谐振阻抗。此时回路阻抗的虚部为零。串联或并联回路的阻抗幅值随频率改变而改变，这就是幅频特性。回路的总电压与总电流的相位差也与信号源的频率不同而不同，这就是相频特性。

1. 串联谐振回路

简单的串联谐振回路如图 2－1 所示。图中，L 为理想的电感，r 为实际电感损耗内阻，r 通常很小，常常忽略，C 为电容（实际电容内部损耗很小，可以忽略）。

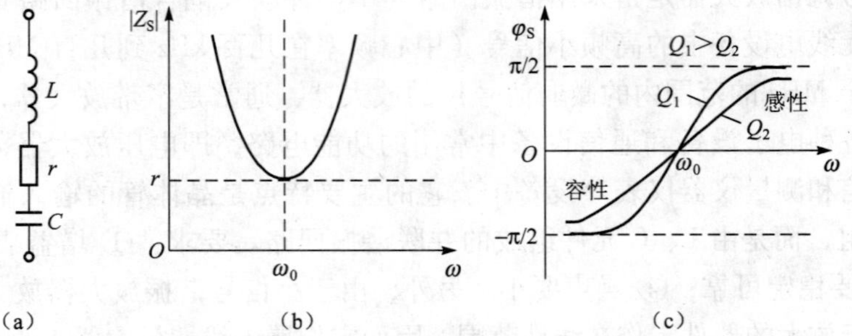

图 2－1　串联谐振回路及特性

（a）串联谐振回路；（b）阻抗特性；（c）粗频特性

设信号角频率为 ω，此时串联谐振回路阻抗为

$$Z_S = r + j\omega L + \frac{1}{j\omega C} = r + j\left(\omega L - \frac{1}{\omega C}\right) \qquad (2-1)$$

令式（2－1）虚部为零，得出串联回路的谐振频率 ω_0 为

$$\omega_0 = \frac{1}{\sqrt{LC}} \tag{2-2}$$

谐振阻抗 R_0 为

$$R_0 = Z_S\big|_{\omega=\omega_0} = r \tag{2-3}$$

$$Q = \frac{\omega_0 L}{r} = \frac{1}{\omega_0 Cr} \tag{2-4}$$

其他特性及计算公式见表 2－1。

2. 并联谐振回路

简单的并联谐振回路如图 2－2（a）所示，电感和电容同前所述。利用等效原理，等效电路如图 2－2（b）所示。

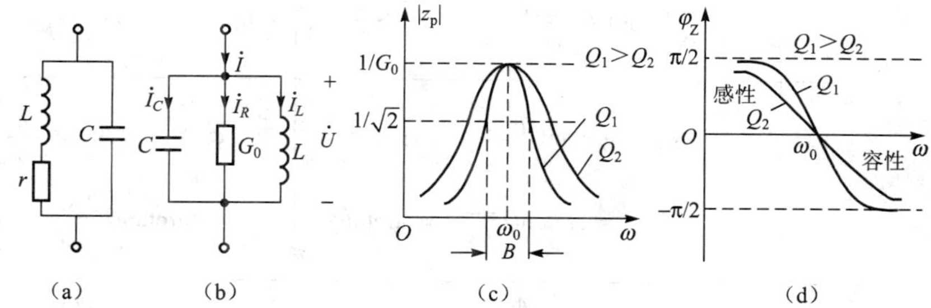

图 2－2　并联谐振回路及特性

（a）并联谐振回路；（b）等效电路；（c）阻抗特性；（d）相频特性

设信号角频率为 ω，此时并联谐振回路阻抗（为了方便起见，用导纳表示）为

$$Y_P = G_0 + j\omega C + \frac{1}{j\omega L} = G_0 + j\left(\omega C + \frac{1}{\omega L}\right) \tag{2-5}$$

式中

$$G_0 = \frac{C \cdot r}{L}$$

$$\omega_0 = \frac{1}{\sqrt{LC}}\sqrt{1-\frac{1}{Q^2}} \approx \frac{1}{\sqrt{LC}} \tag{2-6}$$

式中，Q 为回路品质因数（一般远大于1），有

$$Q = \frac{\omega_0 L}{r} = \frac{1}{\omega_0 Cr} = \frac{1}{\omega_0 LG_0} \tag{2-7}$$

推导过程见参考文献［2］，略。其他特性及计算公式见表 2－1。

表 2－1　简单谐振回路的特性参数

特性参数	串联谐振回路	并联谐振回路
谐振频率 ω_0	$\omega_0 = \frac{1}{\sqrt{LC}}$	$\omega_0 = \frac{1}{LC}\sqrt{1-\frac{1}{Q^2}} \approx \frac{1}{\sqrt{LC}}$

续表

特性参数	串联谐振回路	并联谐振回路
谐振阻抗 R_0	$R_0 = r$	$R_0 = 1/G_0, G_0 = \dfrac{Cr}{L}$
品质因数 Q	$Q = \dfrac{\omega_0 L}{r} = \dfrac{1}{\omega_0 Cr}$	$Q = \dfrac{1}{r}\sqrt{\dfrac{L}{C}} = \dfrac{1}{G_0}\sqrt{\dfrac{C}{L}}$
通频带 B	$B = \dfrac{\omega_0}{2\pi Q} = \dfrac{f_0}{Q}$	$B = \dfrac{\omega_0}{2\pi Q} = \dfrac{f_0}{Q}$ $Z_P = 1/Y_P$
阻抗或导纳	$Z_S = r + j\left(\omega L - \dfrac{1}{\omega C}\right)$	$Y_P = G_0 + j\left(\omega C - \dfrac{1}{\omega L}\right)$
阻抗幅频特性	$\lvert Z_S \rvert = r\sqrt{1 + Q^2\left(\dfrac{\omega}{\omega_0} - \dfrac{\omega_0}{\omega}\right)^2}$ $\approx r\sqrt{1 + \left(Q\dfrac{2\Delta\omega}{\omega_0}\right)^2} = r\sqrt{1+\xi^2}$	$\lvert Y_P \rvert = G_0\sqrt{1 + Q^2\left(\dfrac{\omega}{\omega_0} - \dfrac{\omega_0}{\omega}\right)^2}$ $\approx G_0\sqrt{1 + \left(Q\dfrac{2\Delta\omega}{\omega_0}\right)^2} = G_0\sqrt{1+\xi^2}$
阻抗相频特性	$\varphi_s = \arctan Q\left(\dfrac{\omega}{\omega_0} - \dfrac{\omega_0}{\omega}\right)$ $\approx \arctan Q\dfrac{2\Delta\omega}{\omega_0} = \arctan\xi$	$\varphi_p = -\arctan Q\left(\dfrac{\omega}{\omega_0} - \dfrac{\omega_0}{\omega}\right)$ $\approx -\arctan Q\dfrac{2\Delta\omega}{\omega_0} = -\arctan\xi$
阻抗特性 $f < f_o$	容性	感性
阻抗特性 $f = f_o$	纯阻性（r）	纯阻性（R_0）
阻抗特性 $f > f_o$	感性	容性
注：表中 $\Delta\omega$ 称为失谐量，ξ 称为广义失谐量。		

【提示】注意并联谐振回路品质因数计算公式中 r 与 G_0 的区别。

2.1.2 负载和信号源内阻对谐振回路的影响

实际电路应用中，信号源内阻和负载电阻必然会影响谐振回路的品质因数等参数。下面作一些分析。

1. 串联谐振

考虑信号源内阻 R_S 和负载电阻 R_L 后，串联谐振电路如图 2－3 所示。

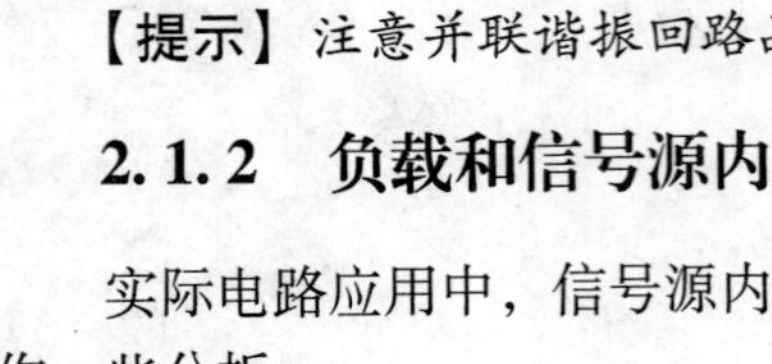

图 2－3　考虑 R_S 和 R_L 后串联谐振电路

谐振回路总电阻为：$R_\Sigma = r + R_S + R_L$，对比到前面串联电路计算公式，此时品质因数 Q_L 为

$$Q_L = \frac{\omega_0 L}{R_\Sigma} = \frac{\omega_0 L}{r + R_S + R_L} \qquad (2-8)$$

实际上，如果负载电阻有多个，则利用串并联方法合并成一个 R_L，再用式（2－8）计算 Q_L。类

比，用R_Σ代替表2－1中的r，可计算其他参数。

由式（2－8）知，Q_L（常称有载品质因数）比Q（称空载品质因数）小。此时选择性变差，通频带变宽。因此串联谐振回路通常适用于信号源内阻R_S很小（恒压源）及负载电阻R_L较小的场合。这样才不至于使Q_L太小，从而使回路具有较好的选择性。

2. 并联谐振

考虑信号源内阻R_S和负载电阻R_L后，并联谐振电路如图2－4所示。

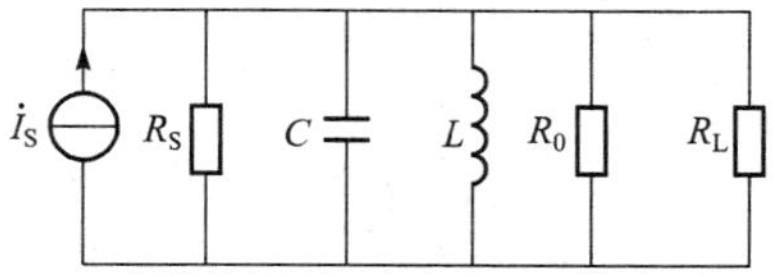

图2－4　考虑R_S和R_L后并联谐振电路

为了计算方便，将电阻用电导表示，此时并联谐振回路总电导为

$$G_\Sigma = G_S + G_0 + G_L \tag{2-9}$$

式中，$G_S = 1/R_S$，$G_0 = 1/R_0$，$G_L = 1/R_L$

由式（2－7），很容易计算出Q_L为

$$Q_L = \frac{1}{\omega_0 L G_\Sigma} = \frac{1}{\omega_0 L(G_S + G_0 + G)} = \frac{1}{\omega_0 L G_0\left(1 + \dfrac{G_S + G_L}{G_0}\right)} \tag{2-10}$$

其他特性参数可以根据表2－1中公式计算，只需将表中公式中的R_0用R_Σ代替即可。由上式可知，G_S，G_L越大（即R_S，R_L越小），Q_L下降越多，因此谐振回路通频带加宽，选择性变坏。因此并联谐振回路通常适用于信号源内阻R_S很大（恒流源）及负载电阻R_L较大的场合。

综上所述，为了得到较好的选择性，要根据情况，选择合适的谐振回路。

请思考：收音机MW波段天线接收电路为什么采用并联谐振回路？

知识扩展

一般情况下，并联谐振回路中电感和电容支路可能都有电阻，此时，对于低Q值（小于10）并联谐振回路，Z_0为最大和Z_0为纯阻这两点就不一定重合，这要看是调谐L还是调谐C，以得到谐振来决定（假定工作频率固定）。

（1）如果电阻集中在电感支路（常见情况），电容支路电阻为零时，若是改变C来获得谐振，则Z_0为最大和Z_0为纯阻这两点是完全重合的；若改变L来获得谐振，则这两点不能重合。

（2）如果电阻集中在电容支路，电感的支路为零时，则改变C来获得谐振，Z_0为最大和Z_0为纯阻这两点是不能重合的；若改变L来获得谐振，则这两点是完全重合的。

低Q值谐振回路的上述特性在调谐发射机谐振回路时，是相当重要的。

2.1.3　谐振回路的接入方式

当并联谐振回路作为放大器负载时，输入端与信号源之间，负载与放大器之间的耦合连接方式将直接影响放大器的性能。放大器输入端与信号源之间、放大器与负载之间的阻抗匹配问题也通常借助合适的耦合连接形式来实现。因此，在通信电子线路中，它们之间的接入方式就显得尤为重要。在通信电子线路中，常用的耦合连接有互感耦合、自感耦合和电容分压耦合三种接入方式。

1. 互感耦合

互感耦合连接原理电路如图2-5（a）所示。等效后的电路形式如图2-5（b）所示。

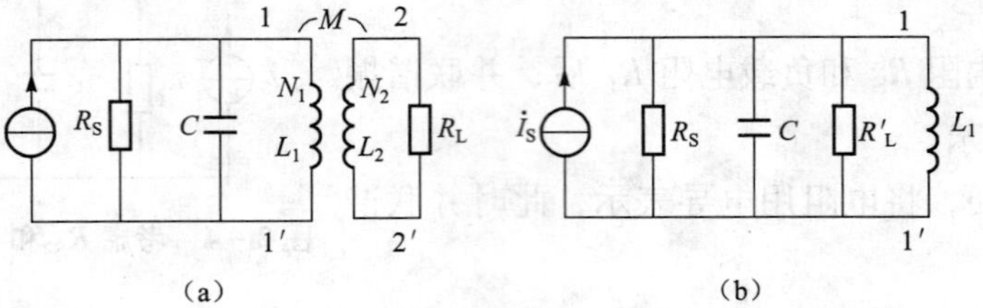

图2-5　互感耦合连接原理电路

（a）原理电路；（b）等效后电路

图中N_1、N_2分别表示变压器初级和次级线圈匝数，L_1、L_2分别对应各自线圈的电感值，M为二组线圈的互感值，I_S为信号源，R_S为信号源内阻，也可以用电压信号源，二者可相互转换，R_L为负载电阻，R'_L为R_L等效后的负载电阻。等效的概念是依据电阻等效前和等效后所消耗的功率相等原则，这符合能量守恒定律。

现在引入接入系数p概念，其定义为与外电路相连的部分电压（等效前电压U_2）与回路总电压（等效后电压U_1）之比。即

$$P = \frac{U_2}{U_1} \tag{2-11}$$

式中，U_2为2-2′两端电压幅值，U_1为1-1′两端电压幅值。

知识扩展

为了反映变压器的耦合程度，引入耦合系数k，其定义是耦合回路的公共电抗（或电阻）绝对值与初次级回路中同性质的电抗（或电阻）的几何平均值之比，即

$$k = \frac{\omega M}{\sqrt{\omega^2 L_1 L_2}} = \frac{M}{\sqrt{L_1 L_2}} \tag{2-12}$$

耦合系数k是一个小于等于1的没有量纲的正实数。

下面来推导R'_L与R_L之间的关系。

设图2-5中L_1、L_2耦合系数为1，可认为变压器是理想变压器，有$U_2/U_1 = N_2/N_1$，因此，接入系数为$p = N_2/N_1$。

设R'_L上得到的功率为P_1，R_L上得到的功率为P_2。由于

$$P_1 = \frac{U_1^2}{R'_L}, P_2 = \frac{U_2^2}{R_L}, \ P_1 = P_2$$

所以

$$R'_L = \left(\frac{U_1}{U_2}\right)^2 R_L = \left(\frac{N_1}{N_2}\right)^2 R_L = \frac{1}{p^2} R_L \tag{2-13}$$

互感耦合连接是一种应用比较普遍的方式，归纳起来，有以下特点。

(1) 负载电阻 R_L 与放大器之间实现了电隔离。当负载电阻发生开路或短路故障时，会减小放大器损坏的可能。

(2) 等效后的 R_L' 可能比 R_L 大，也可能比 R_L 小。只要改变 N_1 和 N_2，就能方便实现阻抗匹配。

(3) 等效后的电路中的电感值只与变压器初级线圈的电感值有关，与次级线圈的电感值无关，简化了分析与计算。

2. 自感耦合

自感耦合连接原理电路如图 2－6（a）所示，等效后的电路形式如图 2－6（b）所示。图中 N_1、N_2 分别为自耦变压器上、下部分对应的线圈匝数，总匝数为 $N = N_1 + N_2$，总电感值为 L。

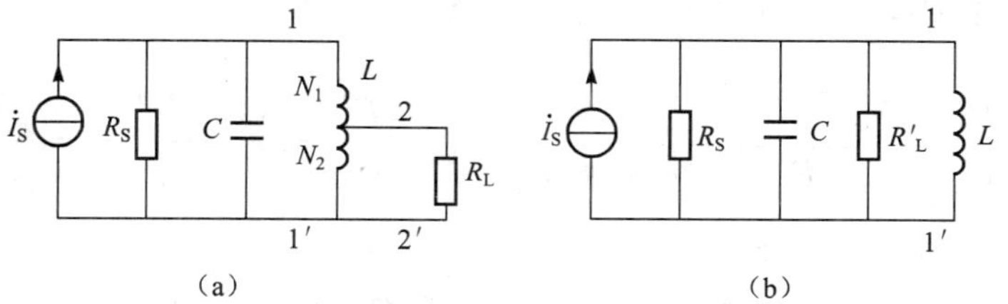

图 2－6　自感耦合连接原理电路

(a) 原理电路；(b) 等效后电路

设 U_2 为 2－2′ 两端电压幅值，U_1 为 1－1′ 两端电压幅值。对于紧耦合的线圈电感，忽略 N_1 和 N_2 两部分间的互感 M，并设满足谐振附近线圈中的电流远大于负载电阻中的电流（即 $Q \gg 1$），则电压之比可简单转化为匝数之比，从而接入系数（或称抽头系数）$p = N_2/N$。类似地很容易计算 R_L' 为

$$R'_L = \left(\frac{N}{N_2}\right)R_L = \left(\frac{N_1 + N_2}{N_2}\right)^2 R_L = \frac{1}{p^2}R_L \tag{2-14}$$

自感耦合连接，归纳起来，有以下特点。

(1) 接入系数 p 小于 1，即等效后的电阻比等效前的电阻增大。

(2) 等效后的电路中的电感值为两部分线圈的总电感值 L。

(3) 自感耦变压器线圈绕制工艺比互感耦合变压器简单。

3. 电容分压耦合

电容分压耦合连接原理电路如图 2－7（a）所示，等效后的电路形式如图 2－7（b）所示。

图中 C 为 C_1 和 C_2 串联总电容，即

$$C = \frac{C_1 C_2}{C_1 + C_2}$$

设 U_2 为 2－2′ 两端电压幅值，U_1 为 1－1′ 两端电压幅值。并假定满足谐振附近电容中的电流 I 远大于负载电阻中的电流 I_L（即 $Q \gg 1$），则由接入系数定义得

$$p=\frac{\frac{1}{\omega C_2}}{\frac{1}{\omega C_1}+\frac{1}{\omega C_2}}=\frac{C_1}{C_1+C_2}=\frac{C}{C_2}$$

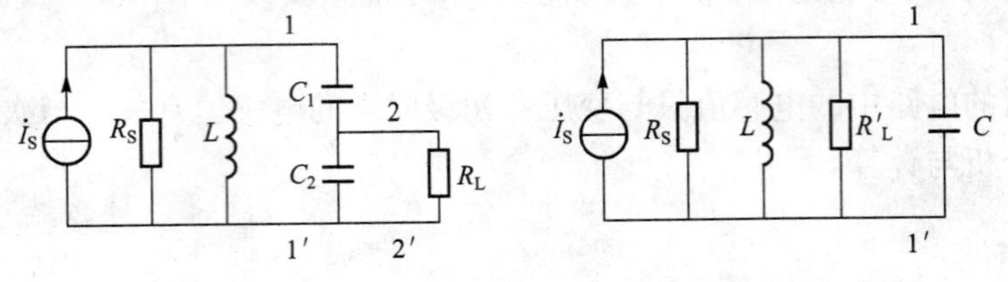

图 2－7　电容分压耦合连接原理电路

(a) 原理电路；(b) 等效后电路

R_L 上消耗功率 P_2，R'_L上消耗功率 P_1 分别为

$$P_2=\frac{U_2^2}{R_L}=\frac{\left(\frac{1}{\omega C_2}\times I\right)^2}{R_L}=\frac{I^2}{\omega^2C_2^2R_L},P_1=\frac{U_1^2}{R'_L}=\frac{\left(\frac{1}{\omega C}\times I\right)^2}{R'_L}=\frac{I^2}{\omega^2C^2R'_L}$$

因 $P_1=P_2$，于是

$$R'_L=\left(\frac{C_2}{C}\right)^2R_L=\left(\frac{C_1+C_2}{C_2}\right)^2R_L=\frac{1}{p^2}R_L \tag{2-15}$$

说明，上述推导与阻抗串并联方法计算结果一致，见参考文献［3］。

电容分压耦合连接，归纳起来，有以下特点。

(1) 与前两种耦合连接形式相比，电容分压耦合连接具有体积小，受外部电磁干扰影响小的优点。

(2) 接入系数 p 小于 1，即等效后的电阻比等效前的电阻增大。

(3) 等效后的电路中的电容是电容 C_1 和 C_2 的串联等效电容 C。

由此可见，这三种耦合连接形式中，只有互感耦合可任意使负载电阻变大或变小，利于阻抗变换，其余两种只能变大。三种耦合连接形式等效后阻抗计算公式是相同的，为原大小除以接入系数的平方，即 $R'_L=R_L/p^2$。

若电压源或电流源部分接入谐振回路中，利用同样的方法，也可以等效到谐振回路两端，其电压源等效后的大小为原大小除以接入系数，其电流源等效后的大小为原大小乘以接入系数。

知识扩展

(1) 串、并联阻抗可以等效互换，电抗性质不发生变化，大小相等，电阻变化了（串变并扩大，并变串缩小）Q^2 倍。见参考文献［1］。

(2) 若自感耦合中 L_1 和 L_2 间存在互感 M，则接入系数

$$p=\frac{L_1\pm M}{L_1+L_2+2M}$$

式中 L_1 和 L_2 线圈绕组方向一致时，M 前取正号，绕向相反时，则取负号。

2.1.4　LC谐振回路的分析与仿真

例2-1　图2-8所示的并联谐振回路，信号源与负载都为部分接入。已知 R_S、R_L，并已知回路参数 L、C_1、C_2 和空载品质因数 Q_0，试求：

（1）f_0 与 $BW_{0.7}$；

（2）R_L 不变时，要求总负载与信号源的阻抗匹配，应如何调整回路参数？

解　（1）计算 f_0 与 $BW_{0.7}$，有

$$C=\frac{C_1C_2}{C_1+C_2}$$

$$f_0=\frac{1}{2\pi\sqrt{LC}}$$

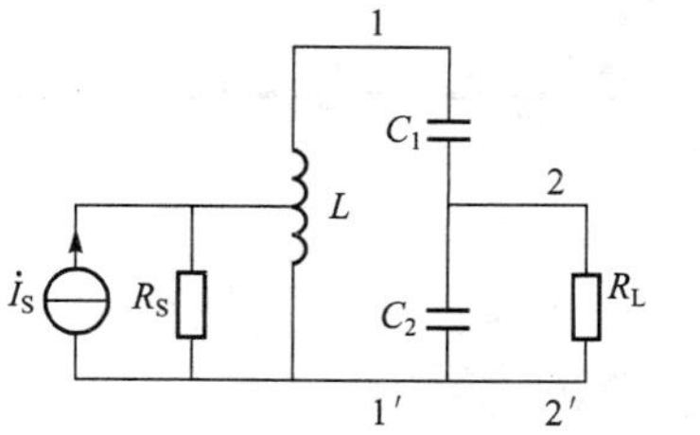

图2-8　例2-1图

由表2-1知，空载时

$$BW_{0.7}=f_0/Q_0$$

考虑有负载时，这里暂不考虑信号源的影响，设 R_L 对回路的接入系数为 p_2，则

$$p_2=\frac{C}{C_2}=\frac{C_1}{C_1+C_2}$$

将 R_L 等效到回路两端，变成 R_L，即

$$R_L=\frac{1}{p_2^2}R_L$$

回路空载并联谐振阻抗 $R_0=Q_0\omega_0L$，它与 R'_L 并联，成为回路的总负载 R'_0，即

$$R'_0=R_0//R'_L=\frac{Q_0\omega_0LR}{p_2^2Q_0\omega_0L+R}$$

于是

$$BW_{0.7}=f_0/Q_L$$

考虑信号源时，也可以将 R_S 等效到回路两端，计算回路的总负载后，再计算 $BW_{0.7}$。

（2）设信号源对回路的接入系数为 p_1，则总负载等效到信号源两端，变为

$$R''_0=p_1^2R'_0=\frac{p_1^2Q_0\omega_0LR_L}{p_2^2Q_0\omega_0L+R_L}$$

匹配时有 $R''_0=R_S$，由于 R_L 不变，一般地 f_0、L、Q_0 参数不会变，所以很容易通过改变 p_1 或 p_2 来实现。需要注意的是调整 p_2 时，要保持 C 不变。

【提示】 如果 R_L 并接一个电容（与分压元件性质相同）时，则直接将该电容合并到分压支路中，不能等效到支路两端。

设图2-8中 $L=20\ \mu\text{H}$，$C_1=C_2=1\ \text{nF}$，$R_L=1\ \text{k}\Omega$，$R_S=1\ \text{k}\Omega$，信号源频率 $\omega_s=\omega_0=1.59\ \text{MHz}$，$R_L$ 上电压仿真波形如图2-9所示。

显然，不同的接入系数，匹配程度不同，负载上电压幅值也不同。读者可以设置不同的元件参数或不同的信号源频率，对电路进行仿真，并比较仿真结果，从而增加一些感性认识。需要说明的是，当仿真参数或环境设置不当时，有可能造成仿真与实际电路的实验结果

有较大差别。

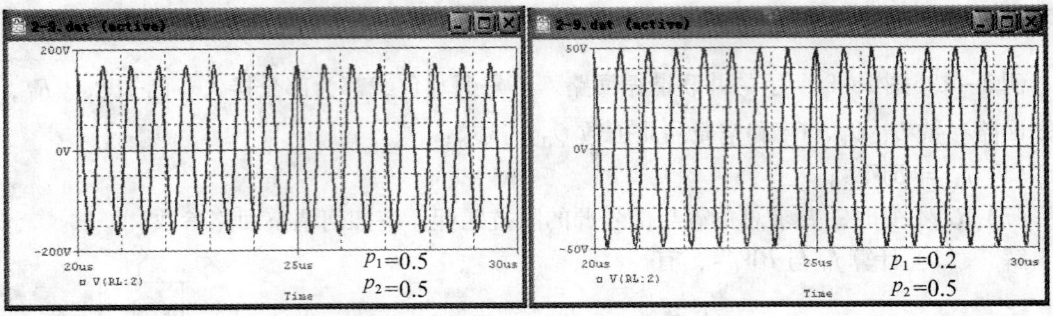

图 2－9　仿真波形图

2.2 单调谐放大器

本节主要讨论一种以单调谐回路作为负载的共发射极谐振放大器（或称选频放大器），分析其工作原理和等效电路，计算电路主要性能指标。通过对实际电路进行分析与仿真，逐步掌握其知识点。

2.2.1　原理电路

单调谐回路谐振放大器（简称单调谐放大器）原理图如图 2－10（a）所示，交流电路如图 2－10（b）所示。其中 C_b 和 C_e 是高频旁路电容；R_{b1} 和 R_{b2} 组成基极分压式偏置电路，以稳定静态工作点；R_L 为本级负载阻抗，即下一级输入阻抗，一般为复导纳。

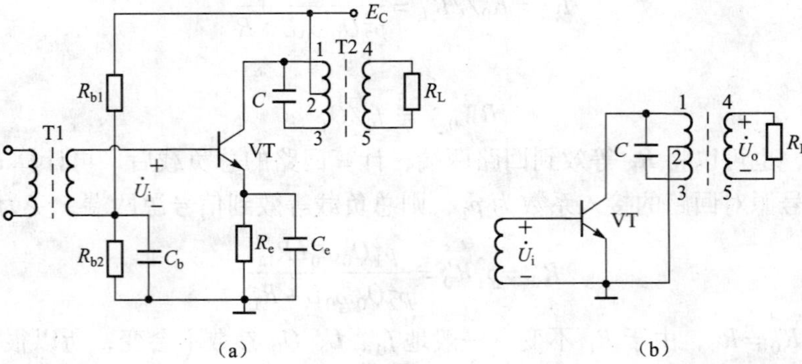

图 2－10　单调谐回路谐振放大器

（a）原理电路；（b）交流电路

【提示或重点】一般电路分析主要有两个步骤：① 画出直流电路，分析并计算静态工作点等参数（本书省略该步骤）；② 画出交流电路，分析动态特性，计算动态参数前还应将交流电路中的晶体管用相应的等效电路代替（如 y 参数等效电路）。根据该分析步骤，很容易定性判断电路连接正确与否。

定量分析上述电路，主要是计算相应的性能指标。下面先定量或定性地介绍放大器的主要性能指标。

2.2.2　性能指标

高频小信号谐振放大器主要性能指标有电压增益、功率增益、通频带、选择性、矩形系数、工作稳定性和噪声系数等。

1. 电压增益和功率增益

电压增益或放大倍数用$\dot{A}_u(\dot{I}\omega)$表示，为了方便记成$\dot{A}_u$（下同），等于放大器输出电压$\dot{U}_0$与输入电压$\dot{U}_i$之比，功率增益用$\dot{A}_p$表示，等于放大器输出功率$\dot{P}_o$与输入功率之$\dot{P}_i$比，即

$$\dot{A}_u = \dot{U}_o/\dot{U}_i \tag{2-16}$$

$$\dot{A}_p = \dot{P}_o/\dot{P}_i \tag{2-17}$$

若用分贝（dB）表示（注意对数前的系数区别），则为

$$\dot{A}_u(\mathrm{dB}) = 20\log(\dot{U}_o/\dot{U}_i) \tag{2-18}$$

$$\dot{A}_p(\mathrm{dB}) = 10\log(\dot{P}_o/\dot{P}_i) \tag{2-19}$$

每级电压放大增益应尽可能大些，这样在满足总增益的要求下可减少放大器级数。当然，在设法增大电压增益的同时，也会带来负面影响，如高增益很容易引起放大器不稳定性。因此，放大器增益、有源器件性能、放大器稳定性、通频带宽等要统筹考虑。

2. 通频带

通频带定义为放大器增益从最大值下降 3 dB（$1/\sqrt{2}$）时所对应的频率范围，用$2\Delta f_{0.7}$（或$BW_{0.7}$）表示，如图2-11所示。

图中A_{u0}为f_0对应的最大增益。放大器通频带取决于谐振回路的形式和谐振回路有载品质因数Q_L。此外，放大器通频带随着放大器级数的增加而变窄，而且，通频带越宽，放大器增益越小。实际工作时，为了不失真地放大有用信号，要求放大器的通频带应大于有用信号频谱宽度，即保证输入信号能正常通过放大器并放大。

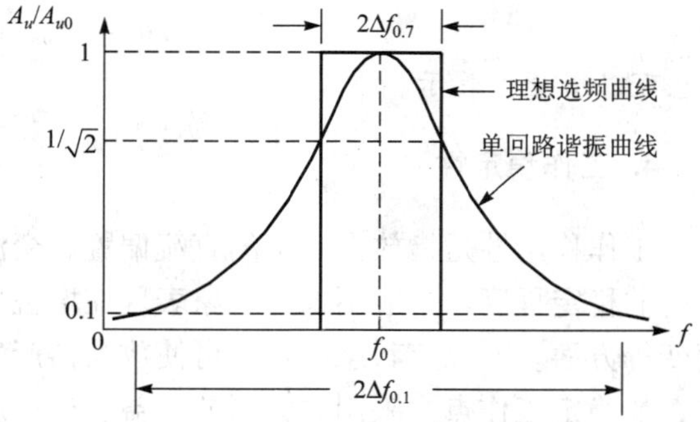

图2-11　放大器归一化幅频特性曲线

由表2-1很容易推导出

$$\frac{\dot{A}_u}{A_{u0}} = \frac{1}{1+\mathrm{j}\xi} \tag{2-20}$$

$$\frac{\dot{A}_u}{A_{u0}} = \frac{1}{\sqrt{1+\xi^2}} = \frac{1}{\sqrt{1+\left(Q_L\dfrac{2\Delta f}{f_0}\right)^2}} \tag{2-21}$$

【提示】 式（2-20）为归一化处理方法，化为无量纲的表达式，既保证了运算的便捷，

又能凸现出物理量的本质含义。

3. 选择性

选择性表示放大器对通频带以外的各种干扰信号及其噪声的滤除能力，或者说，从各种干扰中选出有用信号的能力。理想情况下，放大器应该对通频带以内的各种信号频谱分量具有相同的放大作用，而对通频带以外的信号则完全抑制。为了评价实际幅频特性曲线接近理想矩形的程度，这里引入矩形系数$K_{0.1}$来表示，其定义为

$$K_{0.1} = 2\Delta f_{0.1}/2\Delta f_{0.7} \quad (2-22)$$

式中，$2\Delta f_{0.1}$是增益下降最大值的0.1倍时的频带宽度。0.707倍与0.1倍之间的频带称为过渡带，$K_{0.1}$越小，则过渡带越陡峭，表明选择性越好，越接近理想曲线。实际中$K_{0.1}$总是大于1的，等于1则为理想情况。

知识扩展

(1) 工程上，考虑到信号特定的运用需求，放大器的带宽范围往往被通信系统预先确定。因此对于满足带宽要求的选频放大器来说，常用S参数来表示选择性，定义为过渡带内的某个特定频率（如ω_1）下的增益A_u（ω_1）与通带内的最大增益A_{u0}的比值，即

$$S = A_u(\omega_1)/A_{u0} \quad (2-23)$$

显然，S越小表明选择性越好。

(2) 有时为了表征放大器对某个特定频率（如中频）分量的选择性的参数，可用抑制比（也称抗拒比）来定量分析放大器对干扰信号的抑制能力。假设有一个频率为ω_n的干扰信号，增益为A_{un}（ω_n），则抑制比定义为A_{un}（ω_n）与通带内的最大增益A_{u0}的比值，用d来表示，即

$$d = A_{un}(\omega_n)/A_{u0} \quad (2-24)$$

d也可以用分贝表示。

4. 工作稳定性

工作稳定性是指放大器中的直流偏置、交流参数和电路元件参数等发生变化时，放大器性能的稳定程度。一般不稳定现象表现在增益变化、中心频率偏移、通频带变化和谐振曲线畸变等方面。不稳定状态严重时可使放大器产生自激，不能正常工作。所以必须采取稳定措施，如稳定工作点、限制放大器的增益、选择反向传输导纳小的有源器件、中和法或失配法以及安排合理的电路工艺（元件布局、布线、接地）等来解决稳定性问题。

5. 噪声系数

放大器的性能在很大程度上与干扰（常指外部）和噪声（指内部）有关，因此，要尽量减少这些干扰和噪声对放大器的影响。噪声系数定义为输入端信噪比（P_{si}/P_{ni}）与输出端信噪比（P_{so}/P_{no}）的比值，记为N_F，即

$$N_F = \frac{P_{si}/P_{ni}}{P_{so}/P_{no}} \quad (2-25)$$

显然噪声系数越小越好，说明放大器抑制噪声的能力越强。当放大器没有内部噪声时，N_F 等于1。

有的放大器的技术指标之间既统一又对立，比如增益与稳定性之间、通频带与选择性之间、增益与通频带之间就是矛盾的统一体，不能只强调某一个参数，要全面考虑，有时需要折中处理。

知识扩展

电子设备的性能在很大程度上与干扰和噪声有关，一般称电子设备内部引起的无用信号为噪声，称外部引起的无用信号为干扰。在电子线路中，噪声来源主要有两个方面：电阻热噪声和半导体管噪声。两者有许多相同的特性。

电阻热噪声

一个导体和电阻中有着大量的自由电子，由于温度的原因，这些自由电子会作不规则的运动，发生碰撞、复合和产生二次电子等现象。温度越高，自由电子运动越剧烈。大量电子的热运动就会在电阻两端产生电势。就一段时间看，出现正负电压的概率相同。但就某一瞬间看，电阻两端电势 $u_n(t)$ 的大小和方向是随机变化的，即 $u_n(t)$ 是一个随机变量。理论和实践证明，当电阻的温度为 T（绝对温度，单位为 K）时，电阻 R 两端噪声电压的均方值为

$$U_n^2 = \lim_{t\to\infty}\frac{1}{t}\int_0^t u_n(\tau)\,d\tau = 4kTRB_n \qquad (2-26)$$

式中，k 为波尔兹曼常数，即 $k=1.38\times10^{-23}$ J/K，B_n 为测量系统带宽或等效噪声带宽，T 为绝对温度（K），这就是奈奎斯特公式。均方根 u_n 表示的是起伏电压交流分量的有效值。

晶体管的噪声

晶体管的噪声是电子设备内部固有噪声的另一个重要来源。表现形式为电阻热噪声、散粒噪声、分配噪声和闪烁噪声。

晶体管内部的电阻热噪声主要来自于基区电阻 $r_{bb'}$，发射区和集电区的热噪声很小，一般可以忽略。

散粒噪声是由晶体管的 PN 结引起的。晶体管外加偏置电压时，由于载流子越过 PN 结的速度不同，使得单位时间内通过 PN 结的载流子数不同，从而引起 PN 结上的电流在某一平均值上有一微小的起伏。这种电流随机起伏所产生的噪声称为散粒噪声。理论和实践证明，散粒噪声与流过 PN 结的直流电流成正比。对于正向偏置的发射结，其散粒噪声电流的均方值为

$$I_n^2 = 2qI_QB_n \qquad (2-27)$$

式中，q 是电子的电荷量（1.6×10^{-19}库仑）；I_Q 是发射极静态工作电流；B_n 为测量系统带宽或等效噪声带宽。

分配噪声是集电极电流随基区载流子复合数量的变化而引起的噪声。由于在晶体管发射区注入基区的少数载流子中，一部分到达集电极形成集电极电流，另一部分在基区复合。载流子复合时，其数量是随机起伏的。可以推导出集电极电流中的分配噪声电流均方值为

$$I_{cn}^2 = 2qI_{cQ}\left(1 - \frac{|\alpha|^2}{\alpha_0}\right)B_n \tag{2-28}$$

闪烁噪声又称 $1/f$ 噪声，这种噪声产生的原因与半导体材料及制造工艺水平造成表面清洁处理不好和外加电压有关，表现为发射极电流的起伏，其电流噪声谱密度与频率近似成反比。因此，在工作频率较高时，可以不考虑它的影响。

场效应管也有类似的噪声，在此不加讨论，可参看参考文献［1］。

2.2.3 放大器等效电路及计算

直接分析图 2－10（b）电路比较困难，尤其是计算放大器的性能指标，对它进行简化后，分析计算就比较容易。在小信号条件下，图 2－10（b）中的晶体管可用网络参数等效电路中的 y 参数等效电路或混合 π 型等效电路取代，如图 2－12 所示。

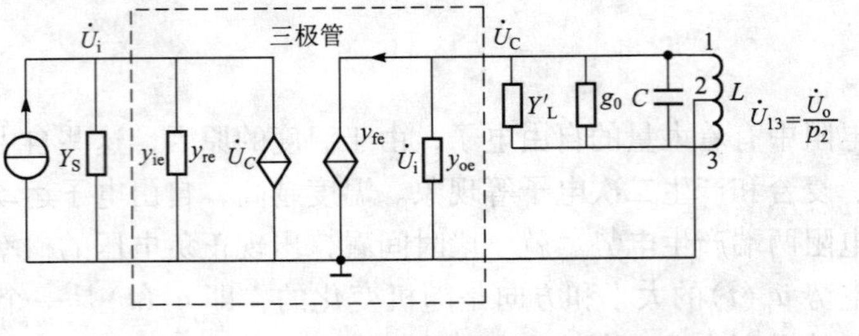

图 2－12 小信号 y 参数等效计算图

设图 2－10 中 T_1 次级向左看过去的阻抗为 R_i，T_1 次级电压 $\dot{U}_i$（看作是电压源），上图中的电流源 $\dot{I}_s$ 和内阻 Y_S 是 $\dot{U}_i$ 和 R_i 等效来的，$\dot{I}_s = \dot{U}_i/R_i$，$Y_S = 1/R_i$；$L$ 为变压器 1－3 端总电感量，P_2 为 4－5 端等效到 1－3 端的接入系数，若 1－2 端线圈匝数为 N_{12}，2－3 端线圈匝数为 N_{23}，4－5 端线圈匝数为 N_{45}，则 $p_2 = N_{45}/N_{13} = N_{45}/(N_{12}+N_{23})$，$g_0$ 表示电感本身在 1－3 端的总等效损耗电导；Y_L 是负载阻抗 R_L 的等效导纳，$Y'_L = p_2^2 Y'_L = p_2^2/R_L$。为了便于计算，将 1－2 端受控源、$y_{oe}$ 也等效到 1－3 端，接入系数为 $P_1 = N_{12}/(N_{12}+N_{23}) = N_{12}/N_{13}$。等效的最简计算图如图 2－13 所示。

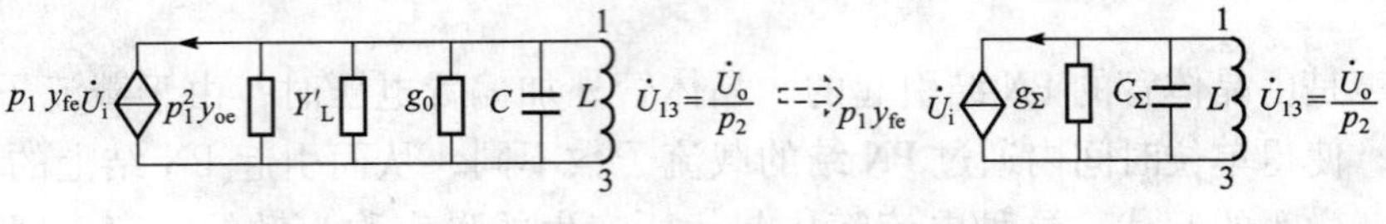

图 2－13 小信号 y 参数等效最简计算图

考虑到 PN 结的结电容和极间电容，设三极管输入、输出参数为

$$y_{ie} = g_{ie} + j\omega C_{ie} \tag{2-29}$$

$$y_{oe} = g_{oe} + j\omega C_{oe} \tag{2-30}$$

并设下级晶体管参数与本级晶体管参数一致，因此，Y_L 就是下级输入导纳 y_{ie}，即 $Y'_L = y_{ie}$，$Y_L = p_2^2 y_{ie}$。于是回路中总电导和总电容分别为

$$g_\Sigma = p_1^2 g_{oe} + g_0 + p_2^2 g_{ie} \tag{2-31}$$

$$C_{\Sigma} = p_1^2 C_{oe} + C + p_2^2 C_{ie} \tag{2-32}$$

由图2-13有

（1）谐振频率 ω_0

$$\omega_0 = \frac{1}{\sqrt{LC_{\Sigma}}} = \frac{1}{\sqrt{L(p_1^2 C_{oe} + C + p_2^2 C_{ie})}} \tag{2-33}$$

（2）电压增益 $\dot{A}_u$

$$\dot{U}_{13} = \frac{p_1 y_{fe} \dot{U}_i}{g_{\Sigma} + j\omega C_{\Sigma} + \dfrac{1}{j\omega L}} \tag{2-34}$$

又

$$\dot{U}_{13} = \frac{\dot{U}_o}{P_2} \tag{2-35}$$

将式（2-35）代入式（2-34）中求解得

$$\dot{A}_u = \frac{\dot{U}_o}{\dot{U}_i} = \frac{p_1 p_2 y_{fe}}{g_{\Sigma} + j\omega C_{\Sigma} + \dfrac{1}{j\omega L}} \tag{2-36}$$

在谐振点的电压增益为

$$\dot{A}_{u0} = \frac{p_1 p_2 y_{fe}}{g_{\Sigma}} = \frac{p_1 p_2 y_{fe}}{p_1^2 g_{oe} + g_0 + p_2^2 g_{ie}} \tag{2-37}$$

（3）有载品质因数 Q_L

$$Q_L = \frac{1}{g_{\Sigma}\omega_0 L} = \frac{1}{g_{\Sigma}}\sqrt{\frac{C_{\Sigma}}{L}} \tag{2-38}$$

（4）通频带 $BW_{0.7}$

$$BW_{0.7} \approx \omega_0 / Q_L = 1/(g_{\Sigma} L) \tag{2-39}$$

或

$$2\Delta f_{0.7} = BW_{0.7} / 2\pi = 1/(2\pi g_{\Sigma} L)$$

（5）矩形系数 $K_{0.1}$

由表2-1知

$$|Y_{\Sigma}| = g_{\Sigma}\sqrt{1+\xi^2}, \xi = Q_L \frac{2\Delta\omega}{\omega_0} = Q_L \frac{2\Delta f}{f_0}$$

因此

$$A_u = \frac{|\dot{I}_s|}{|Y_{\Sigma}|}, A_{u0} = \frac{|\dot{I}_s|}{g_{\Sigma}}, \frac{A_u}{A_{u0}} = \frac{1}{\sqrt{1+\xi^2}}$$

令 A_u/A_{u0} 分别等于为0.707和0.1，即

$$\frac{1}{\sqrt{1+\left(Q_L \dfrac{2\Delta f_{0.7}}{f_0}\right)^2}} = \frac{1}{\sqrt{2}}, \frac{1}{\sqrt{1+\left(Q_L \dfrac{2\Delta f_{0.1}}{f_0}\right)^2}} = 0.1$$

于是有

$$K_{0.1} = 2\Delta f_{0.1} / 2\Delta f_{0.7} = (10^2 - 1)^{1/2} \approx 9.95 \tag{2-40}$$

知识扩展

(1) 网络参数等效电路是将晶体管等效为有源线性四端网络。根据四端网络的理论，需要四个参数来表示晶体管的功能，称为晶体管的参数（或参量），常用的有 h、y、z 三种参数系。对于负载是并联谐振回路的放大器中的晶体管用 y 参数等效电路便于分析。网络参数等效电路优点在于通用，导出的表达式具有普遍意义，分析电路比较方便；缺点是网络参数与频率有关，没有考虑晶体管内部的物理过程。若将晶体管内部的复杂关系，用集中元件RLC表示，则每一元件与晶体管内发生的某种物理过程具有明显关系。用这种物理模拟的方法所得到的物理等效电路称之为混合 π 型等效电路，如图 2－14 所示。由于 r_{cc} 和 r_{ee} 相对来说非常小，所以在 π 型等效电路等效图中忽略。

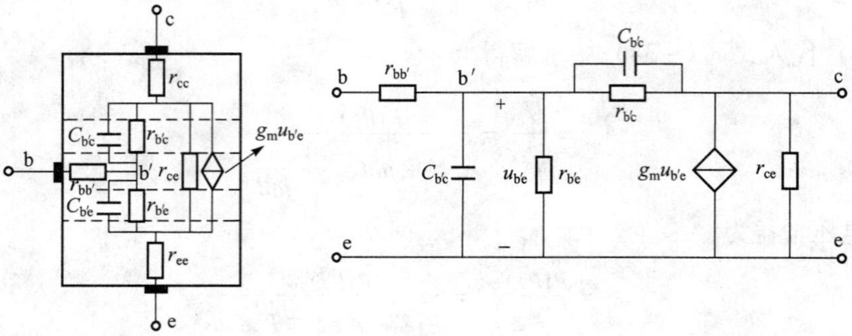

图 2－14 晶体管混合 π 型等效电路

(2) y 参数与混合 π 型参数的关系。

当 $g_m \gg |g_{b'c}+j\omega C_{b'c}|$，$|g_{b'e}+j\omega C_{b'e}| \gg |g_{b'c}+j\omega C_{b'c}|$，$g_m \gg g_{b'c}$ 时，可以推导出

$$y_{ie} \approx \frac{g_{b'e}+j\omega C_{b'e}}{(1+r_{b'b}g_{b'e})+j\omega C_{b'e}r_{b'b}}$$

$$y_{oe} \approx g_{ce}+j\omega C_{b'c}+r_{b'b}g_m \frac{g_{b'c}+j\omega C_{b'c}}{(1+r_{b'b}g_{b'e})+j\omega C_{b'e}r_{b'b}}$$

$$y_{fe} \approx \frac{g_m}{(1+r_{b'b}g_{b'e})+j\omega C_{b'e}r_{b'b}}$$

$$y_{re} \approx -\frac{g_{b'c}+j\omega C_{b'c}}{(1+r_{b'b}g_{b'e})+j\omega C_{b'e}r_{b'b}}$$

为了计算方便，常用下式表示

$$y_{ie} = g_{ie}+j\omega C_{ie} \tag{2-41}$$

$$y_{oe} = g_{oe}+j\omega C_{oe} \tag{2-42}$$

$$y_{fe} = |y_{fe}|e^{j\varphi_{fe}}\ (\text{正向传输及相位}) \tag{2-43}$$

$$y_{re} = |y_{re}|e^{j\varphi_{re}}\ (\text{内部反馈及相位}) \tag{2-44}$$

2.2.4 实例分析与仿真

例 2－2 某接收机的中频放大电路如图 2－15 所示。晶体三极管 VT_1 和 VT_2 为3DG6，

其参数如下：$r_{ie}=500\ \Omega, C_{ie}=12\ \text{pF}, |y_{fe}|=40\ \text{mS}, r_{oe}=4\ \text{k}\Omega, C_{oe}=4\ \text{pF}; y_{re}=0$。已知 $C_1=15\ \text{pF}, L_1=10\ \mu\text{H}, N_{13}=100, N_{23}=80, N_{45}=20$ 。试求：

（1）放大器的谐振频率 f_0；

（2）放大器谐振回路的品质因数 Q_0；

（3）放大器的 3 dB 通频带；

（4）放大器的谐振电压增益 A_{u0}。

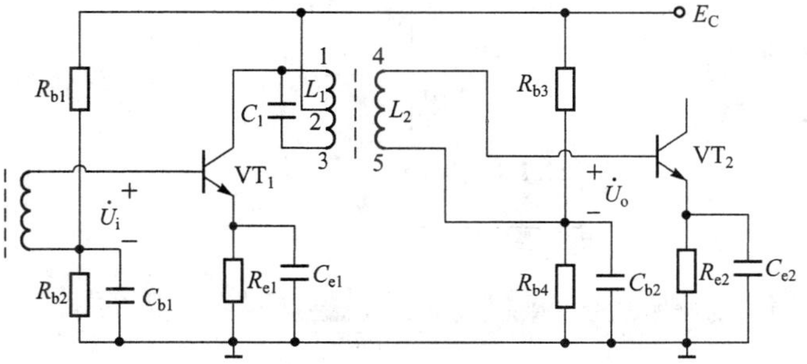

图 2-15　例 2-2 图

解　先画出电路的 y 参数等效计算图（同前，略），求电感 1、3 端的等效电路元件的参数。通过电感折合到 1、3 端的接入系数

$$p_1=N_{12}/N_{13}=(N_{13}-N_{23})/N_{13}=0.2, p_2=N_{45}/N_{13}=0.2$$

在 R_{b3}、R_{b4} 未知的条件下，可以认为是放大管的偏置电阻，其值很大；当然，也可以认为 r_{ie} 包含了 R_{b3} 和 R_{b4}。于是，三极管输出端和负载折合到 1、3 端的总电导为

$$g_{\Sigma}=p_1^2/r_{oe}+p_2^2/r_{ie}=0.09\ (\text{mS})$$

三极管输出端和负载折合到 1、3 端的总电容为

$$C_{\Sigma}=p_1^2C_{oe}+C_1+P_2^2C_{ie}=15.64\ (\text{pF})$$

（1）求谐振频率 f_0 电感 1、3 端的等效谐振回路的参数

$$f_0=\frac{1}{2\pi\sqrt{L_1C_{\Sigma}}}=\frac{1}{2\pi\sqrt{10\times10^{-6}\times15.64\times10^{-12}}}\approx12.73\ (\text{MHz})$$

（2）求品质因数 Q_L

$$Q_L=g_{\Sigma}\,\omega_0\,L_1\approx13.9$$

（3）求 3 dB 通频带

$$2\Delta f_{0.7}=f_0/Q_L=12.73/13.9\approx0.916\ (\text{MHz})$$

（4）求电压增益 A_{u0}

$$A_{u0}=A_{u0}(\omega_0)=-\left|\frac{p_1p_2y_{fe}}{g_{\Sigma}}\right|=\frac{0.2\times0.2\times40\times10^{-3}}{0.09\times10^{-3}}\approx17.78$$

仿真电路及幅频特性如图 2-16 所示。

【提示】 仿真时注意高频变压器的参数设置是匝数，要根据电感量进行换算；仿真库中无 3DG6，用 Q2N2222 代替；根据谐振频率可以加一个同频率的信号，观测输出波形，读者可以试一下。

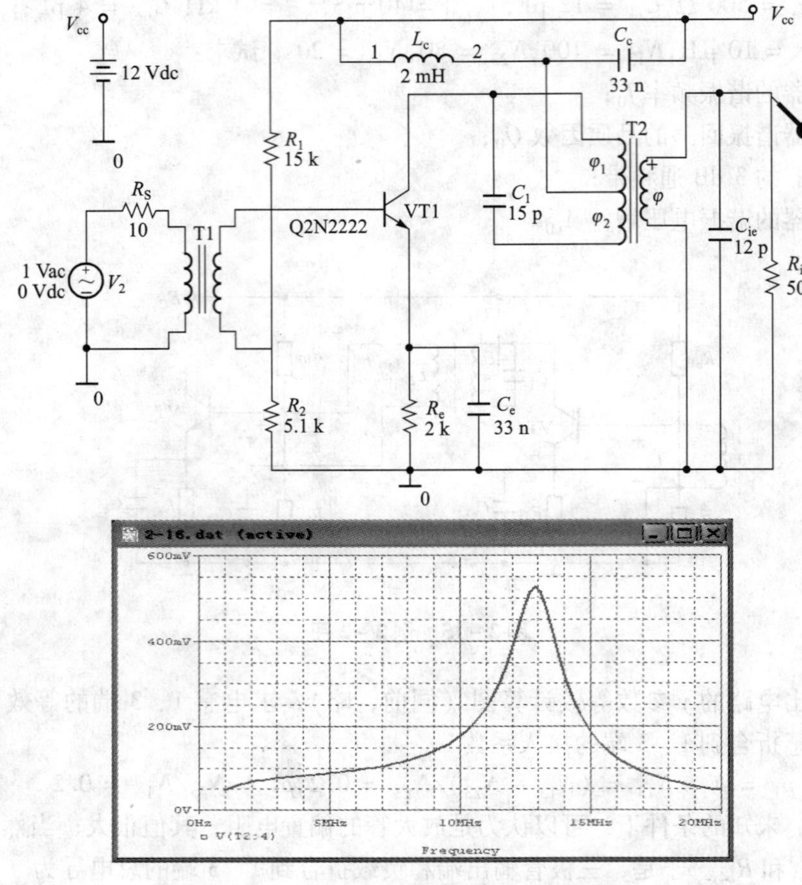

图 2－16 仿真电路及幅频特性图

2.3 双调谐放大器

一般来说，单调谐回路谐振放大器很难兼顾放大器的增益和通频带、放大器选择性和通频带等性能参数，比如，要想选择性好，通频带就窄。为了解决这些矛盾，常采用双调谐回路谐振放大器（简称双调谐放大器）来加以改善。有单级双调谐回路谐振放大器和多级双调谐回路谐振放大器两大类。双调谐回路谐振放大器具有频带较宽、选择性较好等优点。双调谐回路谐振放大器就是将两个谐振频率分别调谐在信号中心频率 f_0 附近的两个不同的频率点上，其中一个调谐在 $f_{01}=f_0+\Delta$ 上，另一个调谐在 $f_{02}=f_0-\Delta$ 上，双调谐回路谐振放大器幅频特性曲线如图 2－17 所示。图 2－17（b）中曲线 1 表示弱耦合，曲线 2 表示临界耦合，曲线 3 表示强耦合。

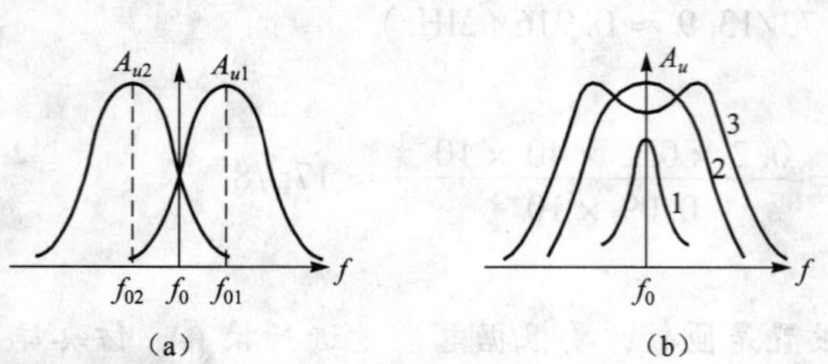

图 2－17 双调谐回路谐振放大器幅频特性曲线

（a）各回路幅频特性曲线；（b）总谐振幅频特性曲线

2.3.1 原理电路及等效电路

将图 2－10 所示的单调谐回路放大器的单调谐回路（图中 L、C 组成）改成双调谐回路，其电路如图 2－18 所示。下面进行分析。

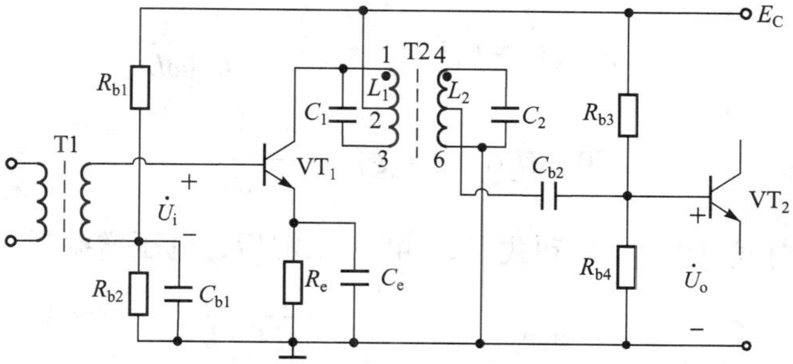

图 2－18 并联式互感耦合双调谐回路放大器电路

按照前述分析方法，画出交流电路（略）后再画出等效电路，如图 2－19 所示。假定晶体管参数是相同的。

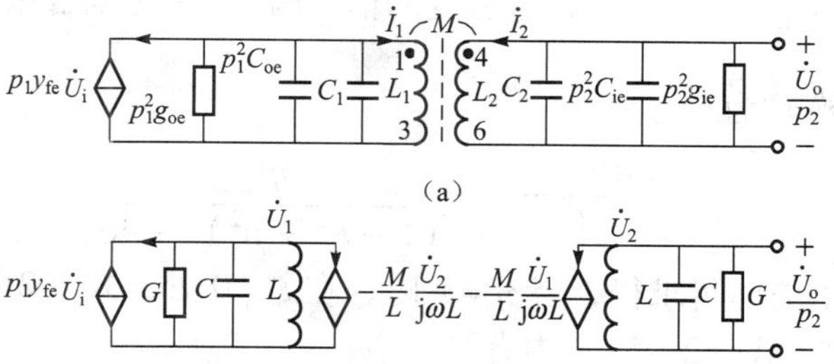

（a）

（b）

图 2－19 小信号交流等效电路

为了分析方便，假定两个回路参数相同，即 $L_1=L_2=L$；初、次级回路总电容 $C_1+p_1^2C_{oe}=C_2+p_2^2C_{ie}=C$；折合到初、次级回路的导纳 $p_2^1g_{oe}=p_2^2g_{ie}=G$；并设 $\omega_0=1/\sqrt{LC}$）；初、次级回路品质因数 $Q_{L1}=Q_{L2}=Q_L\approx 1/(G\omega_0L)=\omega_0C/G$。

由变压器理论知，$\dot{I}_1$ 在次级回路中产生感应电动势为 $-j\omega M\dot{I}_1$，等效成电流源为

$$-\frac{j\omega M\dot{I}_1}{j\omega L_2}=-\frac{M}{L}\dot{I}_1=-\frac{M}{L}\frac{\dot{U}_1}{j\omega L}$$

同理，$\dot{I}_2$ 在次级回路中产生感应电动势为 $-j\omega M\dot{I}_2$，等效成电流源为

$$-\frac{j\omega M\dot{I}_2}{j\omega L_1}=-\frac{M}{L}\dot{I}_2=-\frac{M}{L}\frac{\dot{U}_2}{j\omega L}$$

由基尔霍夫定理，写出节点方程为

$$-P_1y_{fe}\dot{U}_i+\frac{M}{L}\frac{\dot{U}_2}{j\omega L}=\dot{U}_1G+\dot{U}_1j\omega C+\frac{\dot{U}_1}{j\omega L} \tag{2-45}$$

$$\frac{M}{L}\frac{\dot{U}_1}{\mathrm{j}\omega L}=\dot{U}_2G+\dot{U}_2\mathrm{j}\omega C+\frac{\dot{U}_2}{\mathrm{j}\omega L} \tag{2-46}$$

引入广义失谐 $\xi=Q_{\mathrm{L}}\left(\frac{\omega}{\omega_0}-\frac{\omega_0}{\omega}\right)$，则上式整理后可写成

$$-p_1y_{\mathrm{fe}}\dot{U}_{\mathrm{i}}=\dot{U}_1G\ (1+j\xi)\ -\frac{M}{L}\frac{\dot{U}_2}{\mathrm{j}\omega L} \tag{2-47}$$

$$0=\dot{U}_2G\ (1+j\xi)\ -\frac{M}{L}\frac{\dot{U}_1}{\mathrm{j}\omega L} \tag{2-48}$$

考虑到$\dot{U}_2=\dot{U}_0/p_2$，对式（2－47）和式（2－48）求解后，电压增益为

$$\dot{A}_u=\frac{\dot{U}_o}{\dot{U}_{\mathrm{i}}}=\frac{p_1p_2y_{\mathrm{fe}}}{G}\frac{\frac{1}{jmLG}\frac{M}{L}}{(1+j\xi)^2+\frac{1}{(\omega LG)^2}\left(\frac{M}{L}\right)^2}$$

$$=\frac{p_1p_2y_{\mathrm{fe}}}{G}\frac{j\eta}{(1-\xi^2+\eta^2+j2\xi)} \tag{2-49}$$

式中，$\eta=\frac{1}{\omega LC}\frac{M}{L}=Q_{\mathrm{L}}\times k$ 是反映耦合程度的耦合因数；k 是耦合系数。

电压增益幅值（$\dot{A}_u$的模）为

$$A_u=\frac{p_1p_2|y_{\mathrm{fe}}|}{G}\frac{\eta}{\sqrt{(1-\xi^2+\eta^2)^2+4\xi^2}} \tag{2-50}$$

利用导数求极值的方法可求得，当 $\eta=1$ 时，在 $\xi=0$ 处，式（2－50）中 A_u 出现最大值，将 $\eta=1$，$\xi=0$ 代入式（2－50）中有

$$A_{u\max}=\frac{p_1p_2|y_{\mathrm{fe}}|}{2G} \tag{2-51}$$

于是

$$\frac{A_u}{A_{u\max}}=\frac{2\eta}{\sqrt{(1-\xi^2+\eta^2)^2+4\xi^2}} \tag{2-52}$$

这就是耦合谐振回路谐振曲线的通用表达式。同样适用于电容耦合谐振回路，只是上式中 $\eta=\frac{\omega C_M}{G}=\frac{\omega C}{G}\frac{C_M}{C}=Q_{\mathrm{L}}\times k,C_M$ 为耦合电容。

下面对式（2－50）作进一步讨论。

谐振时，即 $\xi=0$，得

$$A_{u0}=\frac{p_1p_2|y_{\mathrm{fe}}|}{G}\frac{\eta}{1+\eta^2} \tag{2-53}$$

可见，增益不仅与晶体管内部参数有关，而且与 η 有关。

（1）弱耦合（$\eta<1$），谐振曲线在f_0（$\xi=0$）处出现峰值，并且随着 η 的增大而增大。

（2）临界耦合（$\eta=1$），谐振曲线较平坦，并且在f_0（$\xi=0$）处出现峰值。此时 $A_{u0}=\frac{p_1p_2|y_{\mathrm{fe}}|}{2G}$。

(3) 强耦合 ($\eta > 1$)，谐振曲线出现双峰，对式 (2-50) 中 ξ 求导数，令其为零，可解出两个峰值点的 ξ 值。

$$\xi = \pm\sqrt{\eta^2 - 1} \tag{2-54}$$

此时 $A_{u0} = \dfrac{p_1 p_2 |y_{fe}|}{2G}$，与临界耦合值相同。

三种情况分别对应图 2-17 中的曲线 1、2、3。

2.3.2 性能指标计算

同单调谐放大器分析类似，主要性能指标有电压增益、功率增益、通频带、选择性、矩形系数、工作稳定性和噪声系数等。下面计算双调谐放大器通频带和矩形系数。

将式 (2-50) 进行归一化处理，可得双调谐回路谐振曲线表达式如下。

弱耦合 ($\eta < 1$) 时有

$$\alpha = \frac{A_u}{A_{u0}} = \frac{1 + \eta^2}{\sqrt{(1 - \xi^2 + \eta^2)^2 + 4\xi^2}} \tag{2-55}$$

临界耦合 ($\eta = 1$) 时有

$$\alpha = \frac{A_u}{A_{u0}} = \frac{2}{\sqrt{4 + \xi^4}} \tag{2-56}$$

强耦合 ($\eta > 1$) 时有

$$\alpha = \frac{A_u}{A_{u0}} = \frac{2\eta}{\sqrt{(1 - \xi^2 + \eta^2)^2 + 4\xi^2}} \tag{2-57}$$

对于 $\eta \neq 1$ 的情况计算较复杂，同时要考虑在 f_0 ($\xi = 0$) 处的凹陷值是否超过 3 dB。下面计算 $\eta = 1$ (临界耦合) 时的通频带和矩形系数。

(1) 通频带

令式 (2-56) 中 $\alpha = 1/\sqrt{2}$ 得

$$\alpha = \frac{2}{\sqrt{4 + \xi^4}} = \frac{1}{\sqrt{2}}$$

又

$$\xi = Q_L \frac{2\Delta f_{0.7}}{f_0}$$

于是

$$2\Delta f_{0.7} = \sqrt{2}\,\frac{f_0}{Q_L} \tag{2-58}$$

可见是单调谐回路通频带宽的 $\sqrt{2}$ 倍。

(2) 矩形系数

令式 (2-56) 中 $\alpha = 0.1$ 得

$$2\Delta f_{0.1} = \sqrt[4]{100 - 1}\,\sqrt{2}\,\frac{f_0}{Q_L} \approx 3.15\sqrt{2}\,\frac{f_0}{Q_L}$$

因此矩形系数 $K_{0.1}$ 为

$$K_{0.1} = \frac{2\Delta f_{0.1}}{2\Delta f_{0.7}} \approx 3.15 \tag{2-59}$$

可见比单调谐回路矩形系数值9.95小得多，即双调谐放大器谐振曲线更接近矩形。

2.3.3 实例分析与仿真

仿真时，T2初级线圈的电感量含自感量和互感量，图中$p_1=0.2$，$p_2=0.25$，耦合系数$k=0.99$。仿真电路及幅频特性如图2-20所示。可通过改变回路参数、耦合系数、负载阻抗等来改变双峰的形状。

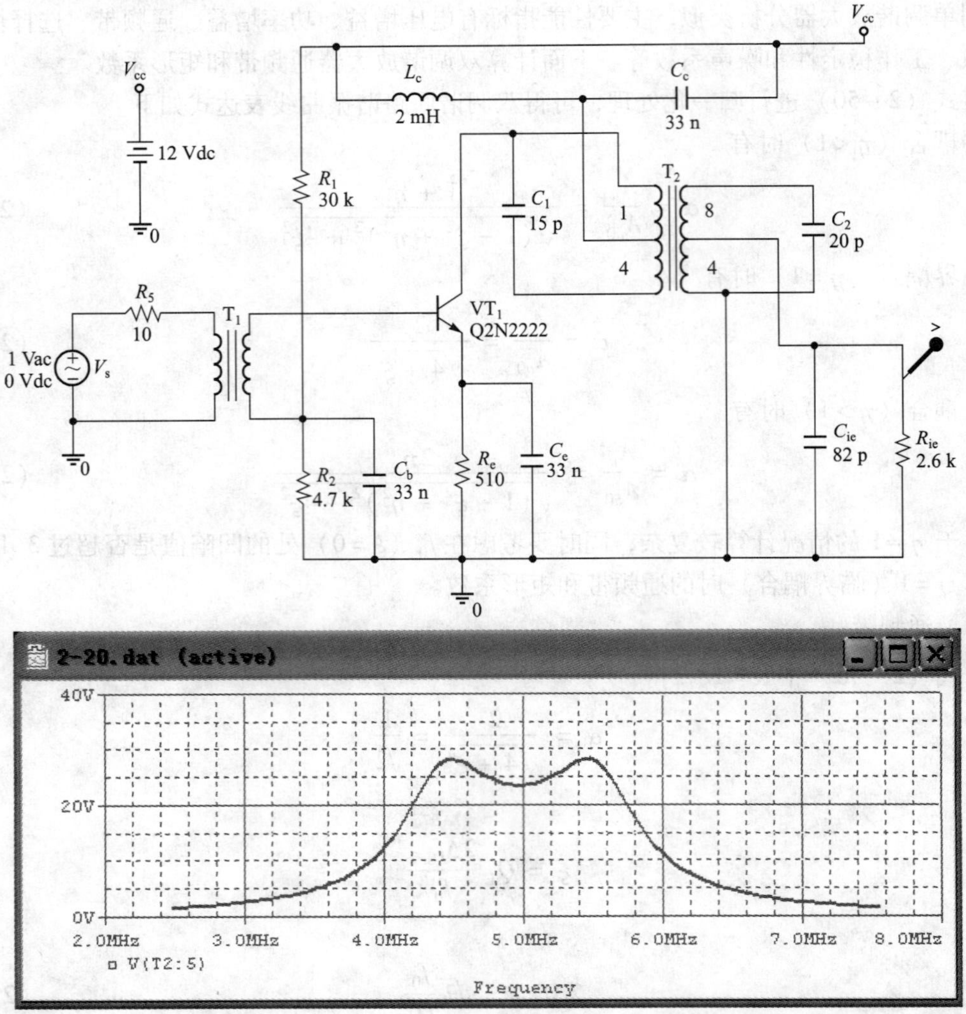

图2-20 仿真电路及幅频特性图

2.4 高频小信号调谐放大器级联

实际中，有时单级调谐放大器不能满足总的增益要求，就要采用多级放大器。根据各级谐振情况分为多级单调谐放大器（每级谐振频率均相同）和参差调谐放大器（各级谐振频率不同，但相差不大）。下面分别作简要讨论。

2.4.1　多级单调谐放大器

假如有 m 级放大器，其电压增益分别为 A_{u1}，A_{u2}，…，A_{um}，则总增益为

$$A_m = A_{u1} \cdot A_{u2} \cdot \cdots \cdot A_{um} \tag{2-60}$$

为了讨论方便，设每一级电压增益均相等（都是 A_u），计算性能指标。

（1）电压增益

$$A_m = A_u^m \tag{2-61}$$

（2）谐振曲线

当每级是由完全相同的单级放大器组成时，多级谐振曲线等于各单级谐振曲线的乘积，由式（2-21）知，谐振曲线表达式为

$$\frac{A_m}{A_{m0}} = \frac{1}{(1+\xi^2)^{m/2}} = \frac{1}{\left[1+\left(Q_{\mathrm{L}}\dfrac{2\Delta f}{f_0}\right)^2\right]^{m/2}} \tag{2-62}$$

式（2-62）表明级数越多（m 越大）谐振曲线越尖锐，选择性越好。

（3）通频带

令式（2-62）等于 $1/\sqrt{2}$，可求出 $(2\Delta f_{0.7})_m$ 为

$$(2\Delta f_{0.7})_m = \sqrt{2^{1/m}-1} \times \frac{f_0}{Q_{\mathrm{L}}} = \sqrt{2^{1/m}-1} \times 2\Delta f_{0.7} \tag{2-63}$$

由于 m 是大于1的整数，所以 $\sqrt{2^{1/m}-1}$ 一定小于1，即通频带变窄了，且 m 越大，通频带 $(2\Delta f_{0.7})_m$ 越窄。

（4）矩形系数

令式（2-62）等于0.1，不难求出 $(2\Delta f_{0.1})_m$ 为

$$(2\Delta f_{0.1})_m = \sqrt{100^{1/m}-1} \times \frac{f_0}{Q_L}$$

于是矩形系数 $(K_{r\,0.1})_m$ 为

$$(K_{r\,0.1})_m = \frac{(2\Delta f_{0.1})_m}{(2\Delta f_{0.7})_m} = \frac{\sqrt{100^{1/m}-1}}{\sqrt{2^{1/m}-1}} \tag{2-64}$$

由式（2-64）知，m 越大，$(K_{r\,0.1})_m$ 越小，但不可能小于2.56（$m\to\infty$ 的极限值），也就是说矩形系数有所改善，但是是有限度的，离理想的矩形（矩形系数为1）还有很大差距。说明单调谐回路放大器选择性较差，增益和通频带的矛盾比较突出。为了解决这些矛盾，通常采用双调谐回路放大器和参差调谐放大器。多级双调谐回路放大器讨论方法和结论与单级双调谐回路放大器类似，在此不作叙述。

2.4.2　参差调谐放大器

双调谐回路放大器可以增加通频带，改善放大器的频率选择性，由2.3节讨论可知，当临界耦合时，其通频带是单调谐回路放大器通频带的 $\sqrt{2}$ 倍，说明增加通频带是有限的，若继

续增加通频带，就要采用参差调谐放大器。所谓参差调谐放大器，是各级放大器的调谐回路和调谐频率都彼此不同，如图 2－21 所示。

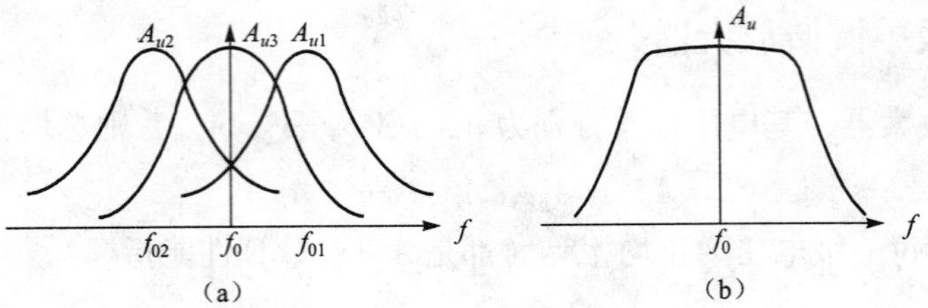

图 2－21　参差调谐放大器频率特性

(a) 各回路幅频特性曲线；(b) 参差调谐幅频特性曲线

图 2－21 是采用单调谐回路和双调谐回路组成的参差调谐放大器的频率特性。双调谐回路采用过临界耦合 $\eta>1$（如 $\eta=3$），两种回路采用不同的品质因数，总的频率特性有较宽的通频带，且通带边沿也比较陡峭，接近理想矩形，即矩形系数接近 1。一般参差调谐放大器用于要求通频带较宽的场合，如电视机的高频头常用它。

2.5 高频调谐放大器的稳定性

小信号放大器的工作稳定性是很重要的性能指标之一，而上面所讨论的放大器都是假定工作在稳定状态，即输出信号对输入端没有影响（$y_{re}=0$），或者说晶体管是单向工作的，输入可以控制输出，而输出则不影响输入。但实际上，晶体管是存在着反向输入导纳 y_{re} 的，即输出信号要反馈到输入端。本节主要讨论考虑 y_{re} 后，放大器输入导纳和输出导纳，对放大器工作稳定性的影响以及改善稳定性的方法。

2.5.1　调谐放大器的稳定性分析

晶体管内部反馈使放大器的工作不稳定。因为放大后的输出电压 U_o 通过反向传输导纳 y_{re}，把一部分信号反馈到输入端。尽管 y_{re} 可能很小，但由于放大后的信号 U_o 比输入信号 U_i 大得多，所以反馈电压 U_f 并不是总可以忽略不计的，它回到输入端以后，又由晶体管再加以放大，再通过 y_{re} 反馈到输入端，如此循环下去。在某个条件下，放大器甚至不需要外加信号，也能够产生正弦或其他波形的振荡，这时正常的放大作用就被破坏。即使不发生自激振荡，但由于内部反馈随频率而不同，它对于某些频率可能是正反馈，对另一些频率则是负反馈，反馈的强弱也不完全相等。这样一来，某一频率的信号将得到加强，输出增大，而某些频率的信号可能被削弱，输出减小。其结果是使放大器的频率特性受到影响，通频带和选择性有所改变，如图 2－22 所示，这是我们不希望的。

图 2－22　反馈导纳 y_{re} 对放大器频率特性的影响

由图 2－22 不难得到

$$\dot{U}_{c} = -\frac{y_{fe}\dot{U}_{i}}{y_{oe}+Y''_{L}}$$

式中，Y''_L是Y'_L等效到1－2端的导纳。该电压反馈到输入端所产生的电压为

$$\dot{U}'_{c} = -\frac{y_{re}\dot{U}_{c}}{y_{ie}+Y_{s}} = \frac{y_{re}y_{fe}}{(y_{ie}+Y_{s})(y_{oe}+Y''_{L})}\dot{U}_{i} \tag{2-65}$$

显然当$\dot{U}'_c$与$\dot{U}_i$相等时，就产生了自激振荡。所以式（2－65）中的系数（一般为复数）的模应尽可能小，越小越稳定，一般小于0.2就可以认为是稳定的。关于稳定性的进一步讨论，可参考其他相关书籍。

2.5.2　提高稳定性的方法与实例

根据上述讨论，反向传输导纳y_{re}的反馈作用，使得晶体管为双向器件。晶体管内部的反馈作用是有害的，可能引起放大器工作不稳定，甚至自激。要想消除反向传输导纳y_{re}对放大器的影响，很自然地想到可引入一个与y_{re}作用相反的导纳，这种方法称为“中和法”；还可以将负载电导（G_L）或信号源电导（g_s）数值增大，使得输出或输入回路与晶体管失去匹配，这种方法称为“失配法”。这些过程称为晶体管的去双向化，即将双向元件变为单向元件。单向化的目的就是提高放大器的稳定性。下面分别进行讨论。

1. 中和法

中和法是在晶体管的输出端和输入端之间引入一个外部反馈电路（或反馈元件），又称中和电路，以消除晶体管内部反向传输导纳y_{re}的反馈作用，如图2－23所示。图中C_N被称为中和电容，Z_n为C_N支路的等效阻抗。利用图2－23（b），在考虑$r_{bb'}$条件下，可以证明，当Z_n满足

$$Z_{n} = pr_{bb'}(1+C_{b'e}/C_{b'c}) + p(1+r_{bb'}/r_{b'e})/(j\omega C_{b'c}) \tag{2-66}$$

时，电压$\dot{U}_o$对$\dot{U}_1$的作用为零，晶体管能实现信号的单向传输。Z_n表明一个电阻和一个电容串联。一般来说，y_{re}的实部很小，可以忽略，故采用一个电容C_N来构成中和电路，这可从上式中Z_n的实部很小得到验证。C_N的大小，由式（2－66）可知，近似等于$C_{b'b}/p$。

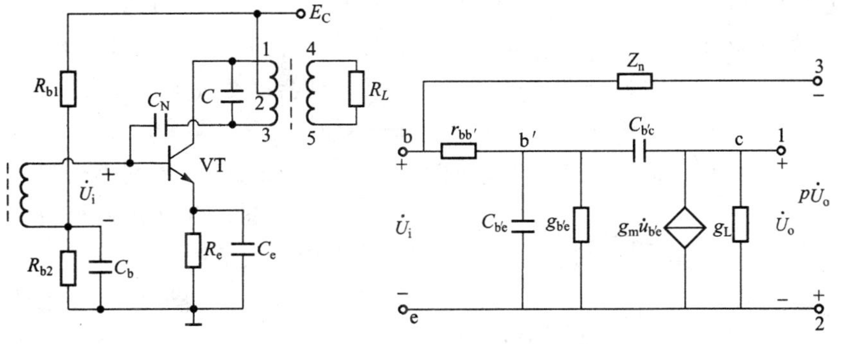

图2－23　中和电路及分析等效电路

（a）原理电路；（b）分析等效电路

由以上讨论可知，中和法能对一个频率的信号起到完全中和的作用，但考虑到晶体管的内部参数与信号频率、工作点等外部因素有关，因此，实际只能起到部分中和作用，特别是在通频带较宽的放大器中，很难用一个中和阻抗使整个通频带内获得理想的、稳定的中和效果。另外，由于晶体管参数的离散性，它们需要不同的中和电容，而且电容值不是连续的，这就给批量生产带来了调试困难。所以，中和法的应用往往受到限制，但应用电路较简单。在实际运用中，首先要考虑晶体管等放大元件的选用和电路结构，然后在此基础上再考虑中和法，进一步提高放大器的稳定性。

2. 失配法

失配法是指信号源内阻不与晶体管输入阻抗或负载阻抗不与晶体管输出阻抗匹配，具体地说，就是通过减小负载阻抗，从而减少总回路阻抗，使输出电压相应减少，对输入端的影响也就减少。显然，这是用牺牲增益来获得放大器的稳定。为了满足增益和稳定性两方面的性能指标要求，常采用共射—共基级联成一个复合管组成的放大器电路，如图 2－24 所示。由于共基电路输入阻抗较小，当它跟输出电阻较大的共射电路连接时，相当于减少了共射电路的负载阻抗而使之失配，即减少了共射电路的电压增益，使共射电路晶体管内部反馈减少，但电流增益较大。后级的共基电路虽然电流增益小(接近于 1)，但电压增益较大，所以二级互补后，总的电流增益和电压增益均较大，与单管共射放大器相差不大，但稳定性更高。

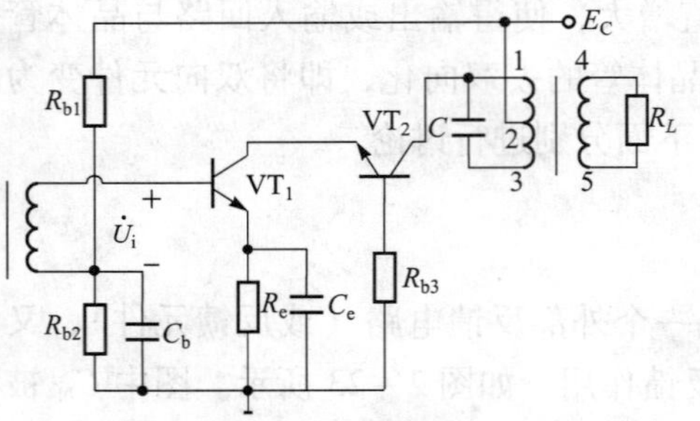

图 2－24　共射—共基复合管放大器电路

实际应用中，可以根据具体情况选用这两种方法中的一种，也可以同时采用。其电路都是非常简单的。

知识扩展

近年来，场效应管应用也越来越普遍。它的工作原理、特性、基本应用电路已经在《模拟电子电路》中作了介绍。与晶体管一样，场效应管也可以用 y 参数进行分析、计算和设计。场效应管是电压控制类器件，具有输入阻抗高、动态范围大、噪声小、线性好和抗辐射能力强等优点，已广泛应用于彩色电视机的高频调谐器、无线车载接收机和无线电话接收机等电路中。如图 2－25 所示是彩色电视机高频调谐器中的具有自动增益控制作用的双栅场效应管高频放大器。

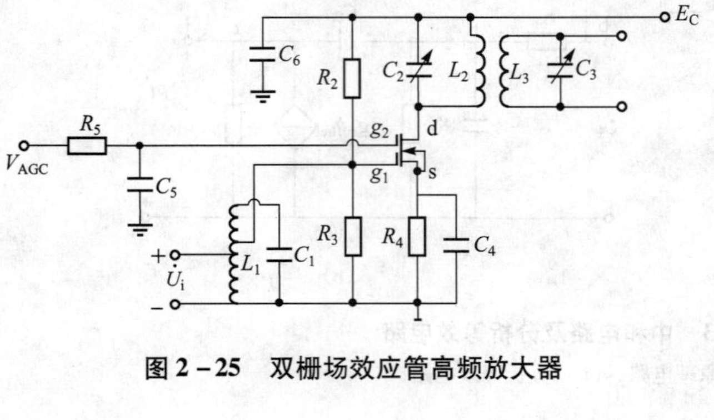

图 2－25　双栅场效应管高频放大器

双栅场效应管也称为双栅 MOS 管。它是一个管子中有两个控制栅极，从结构上来看可以认为是两个单栅场效应管的串联组成的。从特性上来看，由于增加了第二栅极 g_2，它具有一定的屏蔽作用，使得漏极与第一栅极之间的反馈电容变得很小。当改变双栅场效应管的第二栅 g_2 的电压时，可以改变场效应管正向传输特性曲线的斜率，从而改变高频放大器的增益。

2.6* 集中选频放大器

随着技术的不断进步，特别是新型选择性滤波器和高频线性集成电路的性能不断完善，集中选频放大器在各类通信电路中应用越来越广泛。它是一种集中滤波器和集中放大器相结合的非调谐式高频放大器。在这类放大器中，选频电路由专门的滤波器来完成，而放大电路主要由高频线性集成放大器来完成。由于将原来分布于各级谐振放大器中的选频网络集中在一起，给滤波器的设计、制造和调试带来许多便利，而且滤波器作为整体仅在某一级和放大器相连接，可以极大地减少相互间的不利影响，因而提高了选频放大器的整体性能。

与分立元件的多级调谐放大器相比，集中选频放大器有以下特点。

（1）可选用矩形系数接近于1的优质滤波器，因而放大器的选择性好，调整也容易。

（2）变换中心频率和带宽方便。如图2－26所示，只要拨动开关换滤波器，从而改变中心频率和带宽。

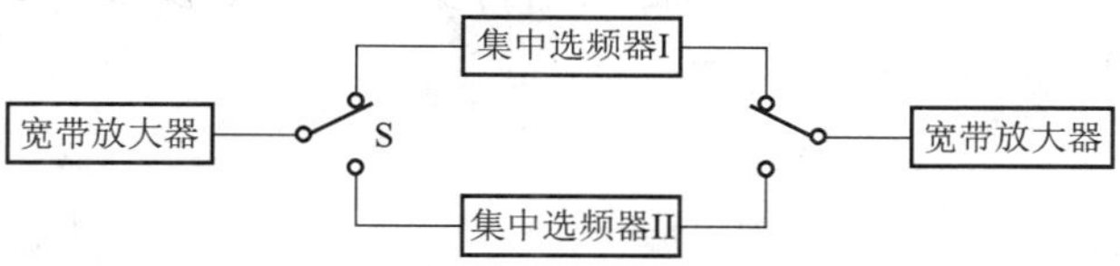

图2－26　双栅场效应管高频放大器

（3）温度稳定性好。分散式选频放大器中，每个滤波器都与温度敏感的晶体管相连，因而温度对滤波特性影响大。而集中选频放大器只有与滤波器相连的晶体管才对滤波性能产生影响。如果选用温度特性好的宽放电路，则温度稳定性就更好。

（4）采用集成的宽带集中选频放大器，可以缩小电路体积，提高工作可靠性，从而优化电路。

集中选频放大器中滤波器主要有石英晶体滤波器、陶瓷滤波器、声表面波滤波器等。下面分别进行讨论。

2.6.1　石英晶体滤波器

石英的化学成分是 SiO_2，具有压电效应，即在材料发生机械变形时，它们的表面就会出现电荷；反之，当加有外电压作用时，它们也会产生机械变形。通常将石英晶体材料制作的元件称作石英晶体。石英晶体滤波器具有 Q 值高（数万以上），稳定性好，耐热性高、损耗小、受外界条件影响小等特点。石英晶体可以构成工作频率稳定度极高、阻带衰减特性很陡峭、通带衰减很小的滤波器。石英晶体滤波器在军、民用电子设备中应用极其广泛，特别是在中频范畴内具有不可替代的地位。

石英晶体滤波器可分为低通、高通、带通和带阻晶体滤波器。其中又以带通及带阻晶体滤波器最为常用。各种晶体滤波器都可由梯形或差接桥型电路组成，而差接桥型电路具有所需元件较少、对元件参数要求较低、设计灵活，在滤波性能上它和格型滤波器等效，但所用的晶体谐振器数目可减少一半。因此在大多数工程设计中，通常采用这种电路，如图 2-27 所示。

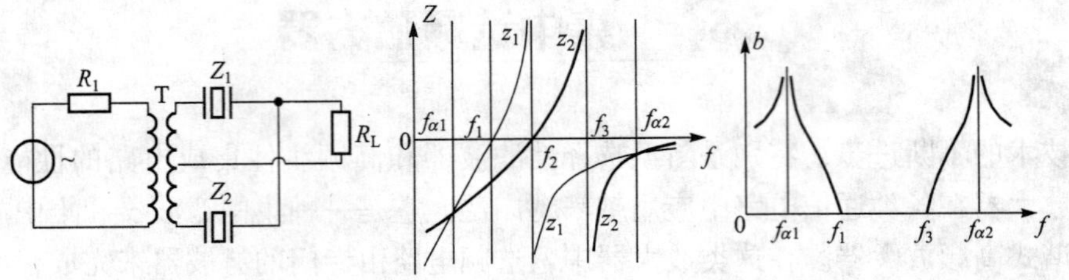

（a） （b） （c）

图 2-27 差接桥型晶体滤波器

（a）电路结构；（b）阻抗特性；（c）衰减特性

在 f_1 至 f_3 之间，Z_1 和 Z_2 的符号相反，又由于变压器次级两端电压的极性相反，两臂中的电流同号相加。所以 f_1 至 f_3 间为滤波器的通频带。同理，当 $f < f_1$ 和 $f > f_3$ 时，Z_1 和 Z_2 同号，两臂电流异号相减；所以 $f_1 \sim f_3$ 两侧以外的区域为阻带。$Z_1 = Z_2$ 时，输出为零，$f_{\alpha1}$、$f_{\alpha2}$ 为无穷大衰减频率。分立式晶体滤波器可实现的中心频率为 10 kHz ~ 350 MHz，相对带宽为 0.01% ~10%。

知识扩展

晶体滤波器除分立式晶体滤波器外，还有集成式晶体滤波器，它是采用集成电路工艺制作的晶体滤波器，有单片晶体滤波器、串联单片晶体滤波器和多片晶体滤波器三种类型。

单片晶体滤波器（MCF）由镀在 AT 切石英片上若干对电极形成的耦合谐振器组成。是在石英基片表面配置若干对全属电极形成的耦合谐振器组成，它能够构成的带通和带阻滤波器。它利用压电效应的能陷理论来选择电极振子的几何尺寸、返回频率和电极振子间距，以控制超声波的声学耦合，从而达到滤波的目的。其特点是频率选择度十分陡峭、损耗低、稳定性好、阻带衰减高，现已在移动通信设备中大量使用，是必不可少的初级中频滤波器，对提高整机灵敏度和抗干扰能力具有重要作用。国外 MCF 产品实用化水平为：中心频率为几 MHz 到 150 MHz，带宽为 0.001% ~ 0.1%，频道间隔 12.5 ~ 25 kHz，最小封装尺寸为 8 mm × 8 mm × 3.2 mm，重量为 0.4 g。

串联单片晶体滤波器由若干用电容耦合的单片晶体滤波器组成。其优点是利于调整工作频率和抑制寄生频率。

多片晶体滤波器由串联的耦合谐振器、并联的单谐振器和电容器组成。其特点是能在靠近通频带的频率上形成若干衰减峰，有利于抑制干扰和改善滤波性能。

集成式晶体滤波器体积小、可靠性高而且造价低。但其中心频率为 4.5 ~ 350 MHz，相对带宽为 0.01% ~0.3%，所以在要求中心频率低、通频带宽的场合尚不能取代分立式晶体滤波器。

2.6.2　陶瓷滤波器

陶瓷滤波器是由陶瓷材料（如锆钛酸铅）制成的。把这种陶瓷材料制成片状，两面覆盖银层作为电极，经过直流高压极化后，它具有压电效应。陶瓷片具有串联谐振特性或选频特性，可用它来制作滤波器。它具有无须调谐、体积小、成本低、耐热耐湿性好、受外界条件影响小、加工方便等优点，已广泛应用于接收机中，如收音机的中放、电视机的伴音中放等。它的工作原理及等效电路与石英晶体滤波器相同，但工作频率不太高（几百千赫兹到几百兆赫兹），相对频宽较窄，其等效 Q 值较低（约为几百），串、并联谐振频率间隔太大。陶瓷滤波器的不足之处是频率特性的一致性较差，通频带不够宽等。

陶瓷滤波器除了有双电极的结构外，还可以制成三电极结构。它是在陶瓷片的一个面上形成两个环形（或其他形状）的电极，其中一个作为输入端，另一个作为输出端，而陶瓷片另一面未分割的电极作为公共端，从而构成了三端式陶瓷滤波器，如图 2－28（a）所示。若将多个陶瓷滤波器按 T 型结构级联起来，并做成单块组件形式，便成为性能优良的四端陶瓷滤波器，如图 2－28（b）所示。通常级联的滤波器越多，滤波性能越好。四端陶瓷滤波器具有 Q 值高、通带损耗小、选择性好及体积小等优点。其工作频率可从几兆赫兹至一百兆赫兹，相对带宽为千分之几至百分之几。

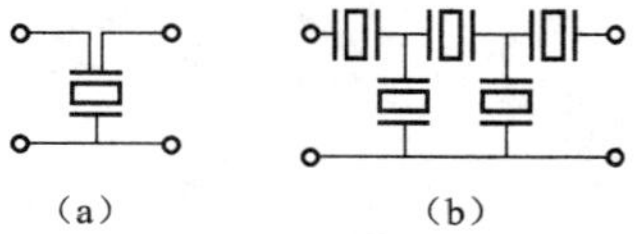

图 2－28　三端和四端陶瓷滤波器

（a）三端式；（b）四端式

2.6.3　声表面波滤波器

声表面波滤波器（SWAF）是利用某些晶体的压电效应和表面波传播的物理特性制成的一种电－声换能器件。自 20 世纪 60 年代中期问世以来，声表面波滤波器的发展非常迅速。它不仅不需要调整，而且具有良好的幅频特性和相频特性，其矩形系数接近 1。

声表面波滤波器是在经过研磨抛光的极薄的压电材料基片上，用蒸发、光刻、腐蚀等工艺制成两组叉指状电极，其中与信号源连接的一组称为发送叉指换能器，与负载连接的一组称为接收叉指换能器。当把输入电信号加到发送换能器上时，叉指间便会产生交变电场。

由于逆压电效应的作用，基体材料将产生弹性变形，从而产生声波振动。向基片内部传送的体波会很快衰减，而表面波则向垂直于电极的左、右两个方向传播。向左传送的声表面波被涂于基片左端的吸声材料所吸收，向右传送的声表面波由接收换能器接收，由于正压电效应，在叉指对间产生电信号，并由此端输出。

图 2－29 所示为声表面波滤波器基本结构、符号和等效电路。

声表面波滤波器的滤波特性，如中心频率、频带宽度、频响特性等一般由叉指换能器的几何形状和尺寸决定。这些几何尺寸包括叉指对数、指条宽度 a、指条间隔 b、指条有效长度 L 和周期长度 M 等。

目前声表面波滤波器的中心频率范围为 10 MHz～1 GHz，相对带宽为 5%～50%，插入损耗最低仅几个分贝，矩形系数可达 1.2。

为了保证对信号的选择性要求，声表面波滤波器在接入实际电路时必须实现良好的匹配。图 2－30 所示为一个接有声表面波滤波器的预中放电路，滤波器输出端通过匹配网络与主中放相接。

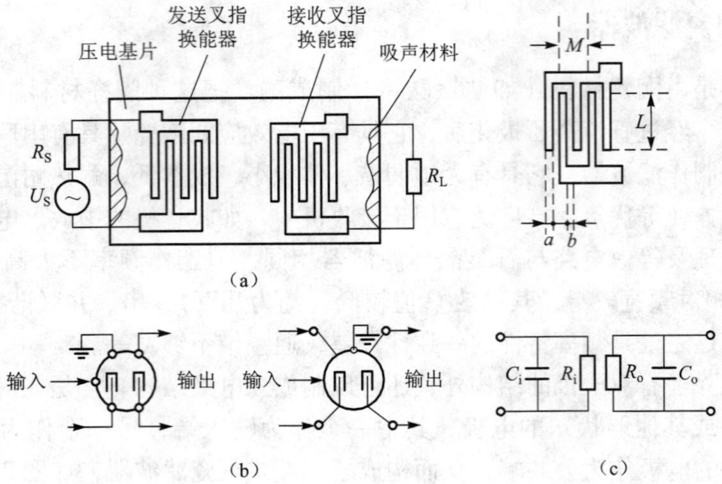

图 2-29 声表面波滤波器

(a) 结构；(b) 符号；(c) 等效电路

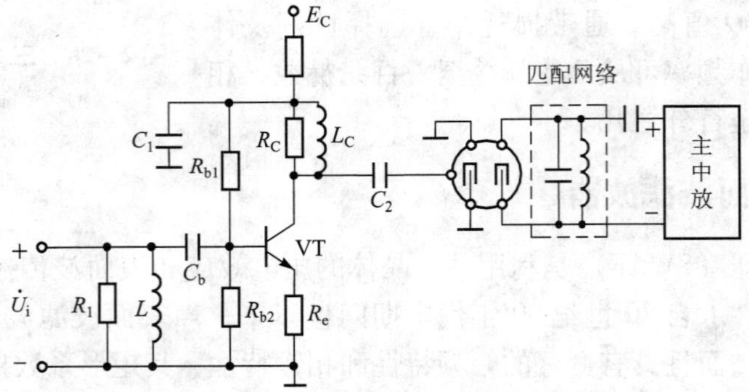

图 2-30 声表面波滤波器与放大器连接

在集中选频放大器里，先采用矩形系数较好的集中滤波器进行选频，然后利用单级或多级集成宽带放大电路进行信号放大。前者以集中预选频代替了逐级选频，减小了调试的难度，后者可充分发挥线性集成电路的优势。

本章小结

通信系统中使用的小信号放大器分为两类，一类是谐振放大器，谐振放大器都是选频的窄带放大器，并联谐振回路、耦合谐振回路和各种固体滤波器是其负载。谐振放大器的主要参数除了电压放大倍数（增益）、输入阻抗、输出阻抗外，通频带和选择性是有别于其他放大器的重要的参数。另一类是宽带放大器，实际应用中的宽带放大器多为集成放大器。

在分析高频小信号谐振放大器时，通常采用 y 参数等效电路来分析计算，它是描述晶体管工作状况的重要模型，使用时必须注意，Y 参数不仅与静态工作点有关，而且是工作频率的函数。单管单调谐放大器和单管双调谐放大器的分析计算是本章的重点，这一章要注意计算公式的灵活应用。

单调谐放大电路是谐振放大器的基本电路。为了增大回路的有载 Q 值，提高电压增益，减少对回路谐振频率特性的影响，谐振回路与信号源和负载的连接大都采用部分接入方式，即采用 LC 分压式阻抗变换电路。

小信号放大器能否稳定工作是电路设计和调整中必须考虑的问题，但是稳定性涉及的问题比较多，计算只能为电路调整指一个方向，需要根据实际情况进行仔细地调整。提高稳定性方法主要有“中和法”和“失配法”等。

在分析小信号宽频带放大器时，混合 π 型等效电路是描述晶体管工作状况的重要模型，混合 π 型参数同样与静态工作点有关。集成宽带放大器 + 集中选频滤波器是目前小信号放大器的方向，其性能指标优于分立元件组成的多级谐振放大器，且调试简单。展宽放大器工作频带的主要方法有组合法与反馈法。宽带放大器也存在稳定工作的问题，当频率比较高时，需要认真考虑阻抗匹配问题。

集中选频放大器由集中滤波器和集成宽带放大器组成，其性能指标优于分立元件组成的多级谐振放大器，且调试简单。

思考题与习题

2-1　谐振放大器的特点是什么？采用谐振放大器的主要目的是为了提高选择性，这种说法是否全面？

2-2　简述晶体管的截止频率 f_β、特征频率 f_T 和最高工作频率 f_{max} 的物理意义，并分析说明它们之间的大小关系。

2-3　已知串联谐振回路的谐振频率 $f_0=30$ MHz，电容 $C=80$ pF，谐振阻抗 $R_0=5\ \Omega$，试求：电感 L 和回路品质因数 Q_0。

2-4　已知单调谐回路谐振放大器的中心频率为 465 kHz，当频率偏离频率 ±5 kHz，放大器的增益降低 3 dB，试求谐振回路的品质因数。

2-5　图 2-31 是单调谐放大器的交流通路，当谐振频率等于 10 MHz 时，测得晶体管的 Y 参数为：$y_{re}=0$，$y_{ie}=2+j0.5$ (mS)，$y_{fe}=20+j5$ (mS)，$y_{oe}=20+j40$ (μS)。放大器的通频带为 300 kHz，谐振电压增益为 50，试求：电路元件 C、L 的参数值。

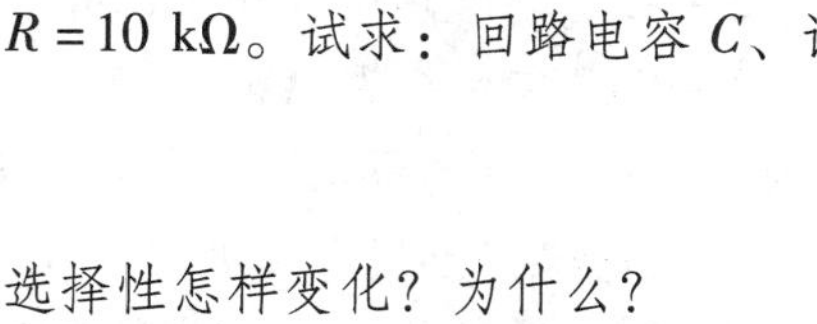

图 2-31　题 2-5 图

2-6　已知 LCR 并联谐振回路，谐振频率 $f_0=12$ MHz，此时，测得电感 $L=3$ μH，$Q_0=100$，并联电阻 $R=10$ kΩ。试求：回路电容 C、谐振阻抗 R_0 和有载品质因数 Q_L。

2-7　有一单回路谐振放大器如图 2-32 所示。

(1) 若将 L 的抽头从 2 移到 1，则放大器的通频带和选择性怎样变化？为什么？

(2) 若将 L 两端并联 1 kΩ 电阻，则放大器的通频带和选择性（矩形系数）将发生怎样的变化？

2-8　如图 2-33 所示。已知 $C_i=5$ pF，$R_i=10$ kΩ，$L=0.8$ μH，$C_1=C_2=20$ pF，$C_L=20$ pF，$R_L=5$ kΩ，空载品质因数 $Q_0=100$。试计算回路谐振频率、谐振阻抗（不计

R_i、R_L 时)、有载品质因数 Q_L 和通频带。

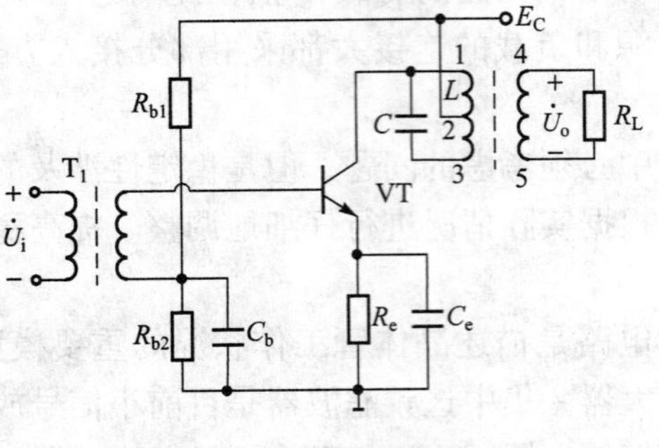

图 2－32　题 2－7 图

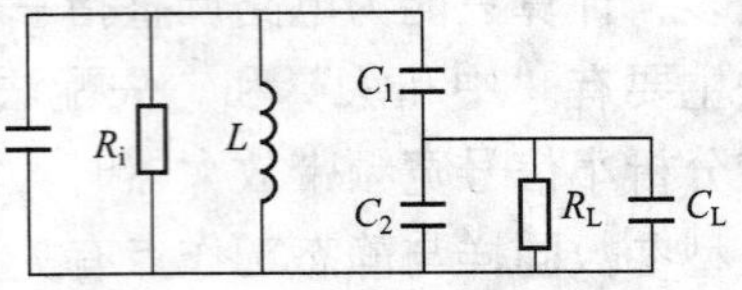

图 2－33　题 2－8 图

2－9　单调谐放大器如图 2－34 所示。已知工作频率 $f_0=10.7$ MHz，回路电感 $L=4\ \mu\text{H}$，$Q_0=100$，$N_{13}=20$，$N_{23}=6$，$N_{45}=5$。晶体管在工作点上的 Y 参数为：$y_{ie}=2.86+j3.4$ (mS)，$y_{fe}=26.4-j36.4$ (mS)，$y_{oe}=0.2+j1.3$ (mS)；$y_{re}=0$。试求：

(1) 电容 C 的大小，单级放大器的电压增益 A_{u0}，通频带 $2\Delta f_{0.7}$ 和矩形系数 $K_{0.1}$；

(2) 四级相同放大器的电压增益 A_4，通频带 $(2\Delta f_{0.7})_4$ 和矩形系数 $(K_{0.1})_4$。

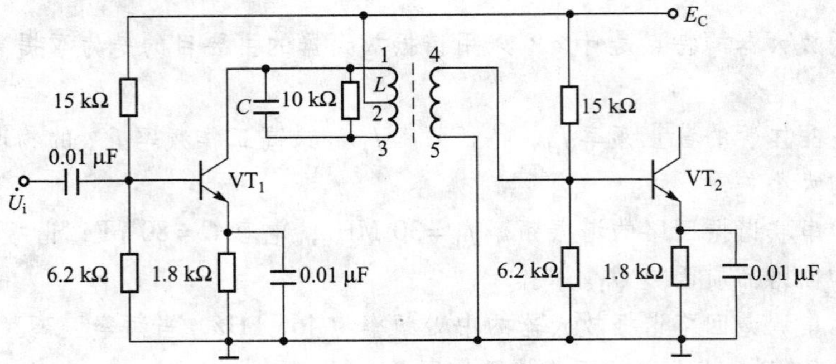

图 2－34　题 2－9 图

2－10　设单调谐中频放大器，其增益为 10 倍，通频带为 4 MHz。若它与另一级技术指标完全相同的中放级联，试问总的增益和总通频带各为多少？若要求级联后的总通频带仍为 4 MHz，则每级放大器应怎样改动？改动后的总增益是多少？

2－11　什么叫参差调谐？在什么情况下采用参差调谐方式？

2－12　电阻热噪声和晶体管噪声各有何特性？如何描述它们？

2－13　有一个 1 kΩ 的电阻的温度 $T=290$ K 和通频带 $2\Delta f_{0.7}=10$ MHz 内工作，计算它两端产生的噪声电压均方值。就等效概念而言，它可以等效为 1 kΩ 的无噪声电阻和一个电流为多大的噪声电流源相并联？

2－14　选频放大器的谐振回路线圈为什么要采用抽头连接？

2－15　高频小信号谐振放大器产生不稳定现象的具体表现是什么？产生不稳定的根本原因是什么？克服不稳定的措施是什么？

2－16　说明共射极－共基极级联小信号谐振放大器电路的优点。

2－17 石英晶体滤波器、陶瓷滤波器和声表面波滤波器各有什么特点？各适用于什么场合？

2－18 中频放大器为什么要采取中和措施？图2－35所示的中和电容 C_N 的接法是否正确？为什么？请改正。

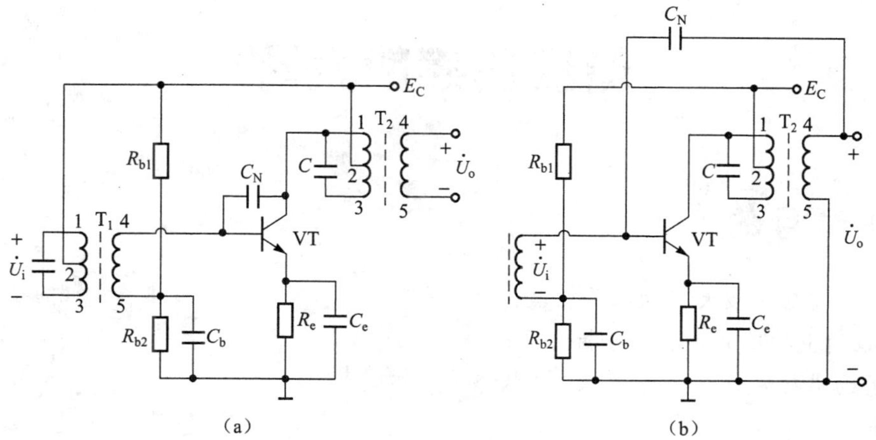

图2－35 题2－18图

研究项目

项目： 晶体管收音机中频放大电路分析

要求：

- 找一台晶体管收音机，分析电路图中的中频放大电路；
- 详细测量中频放大电路的静态工作点，并与理论计算进行比较；
- 用扫频仪测量谐振曲线及其相关参数；
- 提交有关格式的报告。

目的：

- 了解晶体管收音机中频放大电路的工作原理；
- 学习晶体管收音机的调试方法，为学习其他通信接收机打下基础。

指导：

- 指导学生使用各种仪器测量电路中的相关参数；
- 指导学生对电路图和实物PCB图进行对照；
- 指导学生查找中周（谐振回路）的相关技术参数。

思考题：

- 晶体管收音机的中频频率和带宽是多少？
- 中频放大器谐振电路是单调谐、双调谐，还是参差调谐？

第 3 章

谐振功率放大器

本章目的

- 了解丙类功率放大器的工作原理；
- 掌握丙类功率放大器的分析方法；
- 熟悉丙类功率放大器的三种工作状态；
- 了解丁类及戊类功率放大器；
- 了解功率合成与分配。

知识点

- 丙类功率放大器的基本概念及组成；
- 丙类功率放大器中的能量关系及工作状态分析；
- 丙类功率放大器的外部特性；
- 丙类功率放大器直流馈电方式及匹配网络；
- 丙类倍频器；
- 功率的合成与分配。

在“低频电子线路”课程中已知，放大器可以按照电流导通角的不同，将其分为甲、乙、丙三类工作状态。甲类（又称 A 类）放大器电流的导通角为 180°，适用于小信号低功率放大；乙类（又称 B 类）放大器电流的导通角为 90°；丙类（又称 C 类）放大器电流的导通角则小于 90°。乙类和丙类都适用于大功率工作。丙类工作状态的输出功率和效率是三种工作状态中的最高者。

高频功率放大器和低频功率放大器的共同特点是输出功率大、效率高，但二者的工作频率和相对频带宽度却相差很大，决定了它们之间有着本质的区别。低频功率放大器的工作频率低，但相对频带宽度却很宽。例如，音频为 20 ~ 20 000 Hz，高低频率之比达 1 000 倍。因此它们都是采用无调谐负载，如电阻、变压器等。高频功率放大器的工作频率高（由几百千赫兹一直到几百、几千甚至几万兆赫兹），但相对频带很窄。例如，调幅广播电台（535 ~ 1 605 kHz 的频段范围）的频带宽度为 10 kHz，如中心频率取为 1 000 kHz，则相对频宽只相当于中心频率的 1% 。中心频率越高，则相对频宽越小。因此，高频功率放大器一般都采用选频网络作为负载回路。由于这一特点，使得这两种放大器所选用的工作状态不同。

高频功率放大器大多工作于丙类，但丙类放大器的电流波形失真太大，因而不能用于低频功率放大，只能用于采用调谐回路作为负载的谐振功率放大。由于调谐回路具有滤波能力，回路电流与电压仍然接近于正弦波形，失真很小。在各类高频功率放大器中，窄带高频功率放大器用于提供足够强的以载频为中心的窄带信号功率，或放大窄带已调信号或实现倍频的功能，通常工作于乙类、丙类状态。宽带高频功率放大器用于对某些载波信号频率变化范围大的短波、超短波电台的中间各级放大级，以免对不同 f_c 的烦琐调谐，通常工作于甲类状态。

高频功率放大器是通信系统中发送装置的重要组件。按其工作频带的宽窄划分为窄带高频功率放大器和宽带高频功率放大器两类，窄带和宽带是指有用信号的宽度大小，一般来说，信号的最低频率 f_{min} 与最高频率 f_{max} 满足 $(f_{max}-f_{min}) \ll (f_{max}+f_{min})/2$ 关系时，放大器被称为窄带放大器。窄带高频功率放大器通常以具有选频滤波作用的选频电路作为输出回路，故又称为调谐功率放大器或谐振功率放大器；宽带高频功率放大器的输出电路则是传输线变压器或其他宽带匹配电路，因此又称为非调谐功率放大器。高频谐振功率放大器是一种能量转换器件，它将电源供给的直流能量转换成为高频交流输出。高频功率放大器常用于发射机的末级，作用是将高频已调波信号进行功率放大，以满足发送功率的要求，然后经过天线将其辐射到空间，保证在一定区域内的接收机可以接收到满意的信号电平，并且不干扰相邻信道的通信。

高频功率放大器的主要技术指标有：输出功率、效率、功率增益、带宽和谐波抑制度（或信号失真度）等。这几项指标要求有的是互相矛盾的，在设计放大器时应根据具体要求，突出一些指标，兼顾其他一些指标。例如实际中有些电路，防止干扰是主要矛盾，对谐波抑制度要求较高，而对带宽要求可适当降低等。功率放大器的效率是一个突出的问题，其效率的高低与放大器的工作状态有直接的关系。

3.1 丙类谐振功率放大器的工作原理

3.1.1 基本原理电路分析

丙类谐振功率放大器放大的信号一般是窄带的，因此，负载往往是一个谐振回路或选频网络。丙类谐振功率放大器原理电路如图 3-1 所示，其中 E_C、E_B 分别为 VT 的集电极、基极提供直流电源。它是由晶体管、谐振回路和输入回路三部分组成的。晶体管常采用 NPN 型高频大功率管，它能承受高电压和大电流，并且有较高的特征频率 $f_T(f_T \approx \beta f_\beta)$。一般晶体管的工作频率分为以下三个区域。

低频区：$f < 0.5f_\beta$

中频区：$0.5f_\beta < f < 0.2f_T$

高频区：$0.2f_T < f < f_T$

在分析晶体管等效电路时，可以据此是否考虑结电容的影响，这跟信号的频率划分不是一回事。晶体管工作在低频区时，不用考虑结电容和基区载流子渡越时间等影响，工作在中频区时，要考虑晶体管结电容等影响，工作在高频区时，则需要进一步考虑电极引线电感的作用。中频区和高频区的严格分析是相当困难的，本节从低频区来分析谐振功率放大器的工作原理。

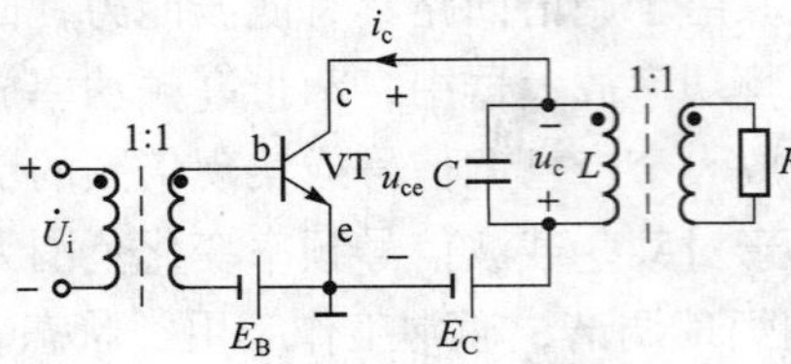

图 3-1　谐振功率放大器原理电路

图 3-1 中晶体管作为一个电流控制器件，在较小的激励信号作用下，形成基极电流 i_b 控制较大的集电极电流 i_c，i_c 流过谐振回路产生高频功率输出，从而完成将直流功率转换成高频功率的过程。为了使高频谐振功率放大器以高效输出大功率，常选用丙类状态下工作，要保证工作在丙类，一定要给基极加一个反向偏置电压 E_B，使晶体管工作在截止区。此时输入激励信号应为大信号，一般在 0.5 V 以上，可达 1～2 V，甚至更大。也就是说晶体管工作在截止和放大两种状态下，基极电流和集电极电流均为高频脉冲信号，而且是周期的。因此，其频率分量除了有用分量（基波分量）外，还有谐波分量和其他频率成分，用谐振回路选出有用分量，滤除其他无用频率分量。这样，经过谐振回路负载后，其输出电压相对输入电压不失真，还具有通过谐振回路阻抗变换作用，使谐振回路呈现高频功率放大器所要求的最佳负载特性，即匹配，使高频功率放大器高效输出大功率。

3.1.2　集电极余弦脉冲电流分析

假定晶体管工作于大信号的非线性工作区，转移特性曲线可用折线近似，转移跨导为 g_m，如图 3-2 所示。

设输入信号为

$$\dot{U}_i = u_b = U_{bm}\cos\omega t$$

则由图 3-1 得基极回路电压为

$$u_{be} = -E_B + U_{bm}\cos\omega t \tag{3-1}$$

由式（3-1）可以画出 u_{be} 的波形，再由晶体三极管的转移特性曲线即可得到集电极电流 i_c 的波形为余弦脉冲，如图 3-2 所示。于是 i_c 可表示为

$$i_c = \begin{cases} g_m\ (u_{BE} - U_{BZ}) & u_{BE} \geqslant U_{BZ} \\ 0 & u_{BE} < U_{BZ} \end{cases} \tag{3-2}$$

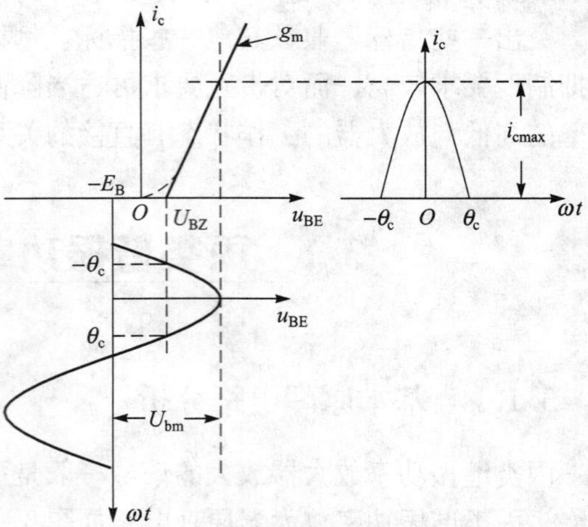

图 3-2　集电极电流的波形

也就是晶体三极管导通时，i_c 为

$$i_c = g_m(-E_B + U_{bm}\cos\omega t - U_{BZ}) \tag{3-3}$$

当 $\omega t = \theta_c$ 时，$i_c = 0$，有

$$\cos\theta_c = \frac{U_{BZ} + E_B}{U_{bm}} \tag{3-4}$$

当 $\omega t = 0$ 时，并将式（3-4）代入，有

$$i_c = i_{cmax} = g_m(-E_B + U_{bm} - U_{BZ}) = g_m U_{bm}(1 - \cos\theta_c) \tag{3-5}$$

将式（3-4）和式（3-5）代入式（3-3），有

$$i_c = i_{cmax}\frac{\cos\omega t - \cos\theta_c}{1-\cos\theta_c} \tag{3-6}$$

根据傅里叶级数展开公式，有

$$\begin{aligned} i_c &= I_{c0} + i_{c1} + i_{c2} + \cdots \\ &= I_{c0} + I_{c1m}\cos\omega t + I_{c2}\cos 2\omega t + \cdots \end{aligned} \tag{3-7}$$

式中，直流分量 I_{c0} 为

$$I_{c0} = \frac{1}{2\pi}\int_{-\theta_c}^{\theta_c} i_c \mathrm{d}\omega t = i_{cmax}\frac{\sin\theta_c - \theta_c\cos\theta_c}{\pi(1-\cos\theta_c)} = I_{cmax}\cdot\alpha_0(\theta_c) \tag{3-8a}$$

基波或一次谐波分量幅值为

$$I_{c1m} = \frac{1}{\pi}\int_{-\theta_c}^{\theta_c} i_c\cos\omega t\mathrm{d}\omega t = i_{cmax}\frac{\theta_c - \sin\theta_c\cos\theta_c}{\pi(1-\cos\theta_c)} = i_{cmax}\cdot\alpha_1(\theta_c) \tag{3-8b}$$

n 次谐波分量幅值为

$$\begin{aligned} I_{cnm} &= \frac{1}{\pi}\int_{-\theta_c}^{\theta_c} i_c\cos\omega t\mathrm{d}\omega t \\ &= i_{cmax}\frac{2\sin n\theta_c\cos\theta_c - 2n\sin\theta_c\cos n\theta_c}{n\pi(n^2-1)(1-\cos\theta_c)} = i_{cmax}\cdot\alpha_n(\theta_c) \end{aligned} \tag{3-8c}$$

式中，$\alpha_0(\theta_c)$、$\alpha_1(\theta_c)$、$\alpha_n(\theta_c)$ 是 θ_c 的函数，分别称为集电极电流的分解系数，即余弦脉冲的直流、基波、n 次谐波的分解系数，如图 3-3 所示，数值见附录 A。

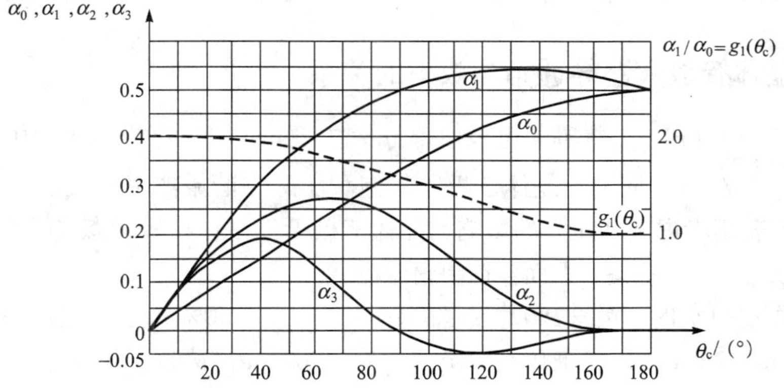

图 3-3 余弦脉冲分解系数与 θ_c 的关系曲线

谐振功率放大器的集电极负载是一高 Q 的 LC 并联谐振回路，如果选取谐振角频率 ω_0 等于输入信号 u_b 的角频率 ω，那么，在并联谐振回路的选频滤波作用下，直流及高次谐波分量呈现很小的阻抗，而基波分量呈现很大的阻抗（记为 R_p），于是，谐振回路两端的电压近似为基波电压，为

$$u_c = I_{c1m}\cos\omega t\, R_p = U_{cm}\cos\omega t \tag{3-9}$$

式中，$U_{cm} = I_{c1m}R_p, R_p = R_0R_L/(R_0+R_L)$。注意，$R_0$ 是回路空载谐振阻抗，此处 R_L 是负载电阻等效到谐振回路两端的电阻，若接入系数为 p，则 R_L 前要乘以 $1/p^2$。

晶体三极管集电极、发射极间电压 u_{ce} 为

$$u_{ce} = E_c - u_c = E_c - U_{cm}\cos\omega t \tag{3-10}$$

可见，虽然集电极电流为脉冲，但由于 LC 并联谐振回路的选频滤波作用，集电极电压

仍为余弦波形，且 u_{ce} 与 u_{be} 反相。各点的波形图如图 3－4 所示。

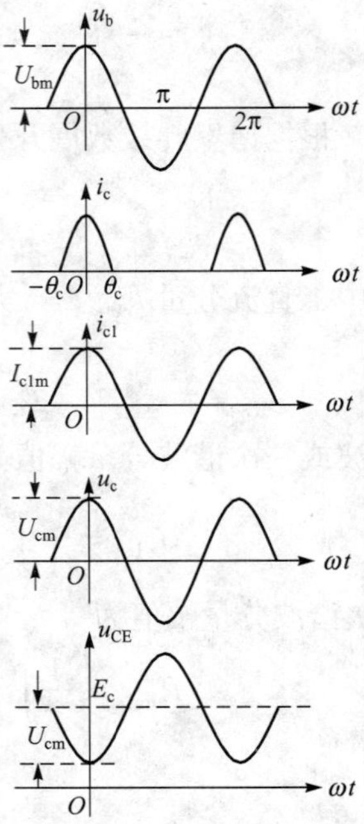

图 3－4 电流、电压波形

3.1.3 功率和效率的计算

在集电极电路中，LC 并联谐振回路得到的高频功率为

$$P_o = \frac{1}{2}I_{c1m}U_{cm} = \frac{1}{2}I_{c1m}^2R_p = \frac{1}{2}\frac{U_{cm}^2}{R_p} \tag{3-11}$$

集电极电源供给的直流输入功率为

$$P_E = E_c I_{c0} \tag{3-12}$$

直流输入功率与集电极输出高频功率之差就是集电极耗散功率 P_c，为

$$P_c = P_E - P_o \tag{3-13}$$

它是耗散在晶体三极管集电结上的损耗功率。定义集电极效率 η_c 为

$$\eta_c = \frac{P_o}{P_E} = \frac{1}{2}\frac{U_{cm}}{E_c}\frac{I_{e1m}}{I_{c0}} = \frac{1}{2}\xi g_1(\theta_c) \tag{3-14}$$

式中，$\xi = \frac{U_{cm}}{E_c}$，称为集电极电压利用系数；$g_1(\theta_c) = \frac{I_{c1m}}{I_{c0}} = \frac{\alpha_1(\theta_c)}{\alpha_0(\theta_c)}$，称为波形系数，其值见附录 A。$\eta_c$ 是表示能量转换的一个重要参数。

3.1.4 晶体管放大器导通角与效率的关系

由式（3－14）可知，要提高集电极效率 η_c，关键是提高集电极电压利用系数 ξ 和增大波形系数 $g_1(\theta_c)$。$\xi \leqslant 1$，取决于晶体三极管的饱和压降和谐振功率放大器的工作状态，一般在 0.9 左右。若不考虑饱和压降的影响，晶体三极管工作在临界状态（下节讨论），则近似为 1，此时 η_c 仅与 θ_c 有关。下面作简要讨论。

放大器工作在甲类时，$\theta_c = 180°$，$g_1(\theta_c) = 1$，$\eta_{cmax} = 50\%$；工作在乙类时，$\theta_c = 90°$，$g_1(\theta_c) = \pi/2$，$\eta_{cmax} = 78.5\%$；工作在丙类时，$\theta_c < 90°$，$g_1(\theta_c)$ 随 θ_c 减小而增大，极限情况下（$\theta_c = 0°$），$g_1(\theta_c) = 2$，$\eta_{cmax} = 100\%$，实际上，θ_c 不可能等于 0°（此时 $P_o = 0$），因此效率也不可能达到 100%。丙类功率放大器可以获得比甲类、乙类更高的效率。θ_c 的减小，会引起输出功率的减小，为了兼顾效率与输出功率，实际中一般取 $\theta_c = 60° \sim 75°$ 左右。

丙类功率放大器的效率还可以从集电极损耗功率来理解。由式（3－13）和式（3－14）得

$$\eta_c = \frac{P_o}{P_E} = \frac{1}{1 + \frac{P_c}{P_o}}$$

可知，当 P_o 一定时，减小 P_c 可提高 η_c。也就是说，当晶体管导通时，尽量减少 u_{ce}，可减小 P_c，从而提高效率。

例 3－1 有一个用硅 NPN 高频功率管 3 DA1 做成的谐振功率放大器，已知 $E_C = 24$ V，$P_o = 2$ W，工作频率 $f_0 = 1$ MHz。查晶体管手册知参数为特征频率 $f_T \geqslant 70$ MHz，功率增益

$A_p \geqslant 13$ dB，集电极最大允许电流 $I_{cmax}=750$ mA，饱和压降 $V_{CE(SAT)} \geqslant 1.5$ V，集电极最大耗散功率 $P_{CM}=1$ W。试求它的能量关系。

解　(1) 由前面讨论已知，工作状态最好选用临界状态。此时有 $u_{cmin}=V_{CE(SAT)}=1.5$ V。于是

$$U_{cm}=E_C-u_{cmin}=24-1.5=22.5\ (\text{V})$$

(2) 由式 (3-11) 得

$$R_p=\frac{1}{2}\frac{U_{cm}^2}{P_o}=\frac{(22.5)^2}{2\times 2}=126.5\ (\Omega)$$

$$I_{c1m}=\frac{U_{cm}}{R_p}=\frac{22.5}{126.5}=0.178\ (\text{A})=178\ (\text{mA})$$

(3) 选取 $\theta_c=70°$，则由附录 A 可查得

$$\alpha_0(70°)=0.253,\ \alpha_1(70°)=0.436$$

(4) 由式 (3-8b) 得

$$i_{cmax}=I_{c1m}/\alpha_1(70°)=178/0.436=408\ (\text{mA})<I_{cmax}\ (750\ \text{mA})$$

(5) $I_{co}=i_{cmax}\alpha_0(70°)=408\times 0.253=103\ (\text{mA})$

(6) 由式 (3-12) 得

$$P_E=E_C I_{c0}=24\times 103=2\ 472\ (\text{mW})=2.472\ (\text{W})$$

(7) 由式 (3-13)

$$P_c=P_E-P_o=2.472-2=0.472\ (\text{W})<P_{CM}\ (1\ \text{W})$$

$$\eta_c=P_o/P_E=2/2.472=80.9\%$$

(8) 由功率增益的定义

$$A_p=10\lg\frac{输出功率}{输入功率}=10\lg\frac{P_o}{P_i}$$

得

$$P_i=\frac{P_o}{\lg^{-1}\left(\frac{A_p}{10}\right)}=\frac{2}{\lg^{-1}\left(\frac{13}{10}\right)}=0.1\ \text{W}$$

以上计算可以作为实际谐振功率放大器设计的依据。

3.2 谐振功率放大器的工作状态分析

3.2.1 谐振功率放大器的动态特性

为了获得大功率、高效率的信号输出，必须对谐振功率放大器的工作状态进行分析。高频功率放大器因工作于大信号的非线性状态，不能用线性等效电路分析。常用的分析方法有解析法和图解法。解析法简单，概念清楚，可给出定量的近似结果；图解法形象直观，但是要给出定量的结果比较麻烦。工程上普遍采用解析近似分析方法——折线法来分析其工作原理和工作状态，这种分析方法的物理概念清楚，分析工作状态方便，但计算准确度较低。谐振功率放大器的动态特性是指当加上激励信号及接上负载阻抗时，晶体管集电极电流 i_c 与

集电极电压 u_{CE} 的关系曲线，它在 i_c-u_{CE}（也可以是 i_c-u_{BE}）坐标系统中是一条曲线。其作法是，由式（3-1）和式（3-10）知，$u_{be}=-E_B+U_{bm}\cos\omega t$，$u_{ce}=E_c-U_{cm}\cos\omega t$，逐点（以 ωt 为变量，如 $0\sim\pi$ 变化）由 u_{CE}（或 u_{BE}）从晶体管输出特性上找出 i_c，并连成线，一般不是直线。当晶体管的特性用折线近似时则为直线，此时的作法是，取 $\omega t=0$，则 $u_{ce}=E_c-U_{cm}$，$u_{be}=-E_B+U_{bm}$，得到 A 点；取 $\omega t=\pi/2$，则 $u_{ce}=E_c$，$u_{be}=-E_B$，得到 Q 点；取 $\omega t=\pi$，则 $i_c=0$，$u_{ce}=E_c+U_{cm}$，得到 C 点；连接 A、Q 两点，横轴上方用实线表示，横轴下方用虚线表示，交横轴于 B 点，则 A、B、C 三点连线即为动态特性曲线；如果 A 点进入到饱和区时（假定为 A'），饱和区中的线用临界饱和线 E、F 连线代替，此时 F、E、B'、C' 四点连线为动态特性曲线，如图 3-5 所示。

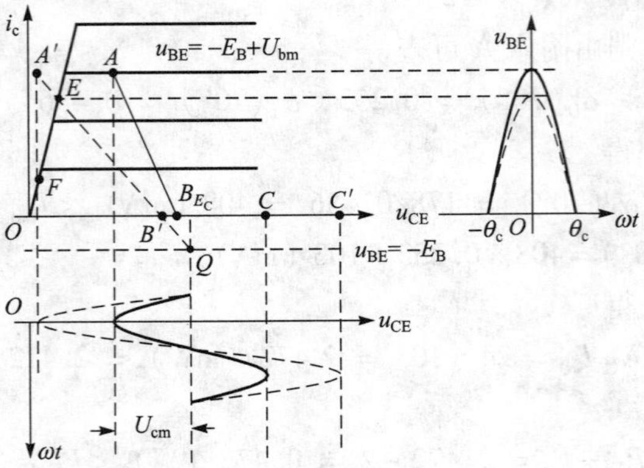

图 3-5　动特性曲线波形图

在 A 点没有进入饱和区时，动态特性曲线的斜率为

$$-\frac{i_{cmax}}{U_{cm}(1-\cos\theta_c)}=-\frac{2\pi}{R_p(2\theta_c-\sin\theta_c)}$$

可见，动态特性曲线不仅与 R_p 有关，而且与 θ_c 有关。

3.2.2　谐振功率放大器的三种工作状态及其判别方法

谐振功率放大器的工作状态是根据 $u_{BE}=u_{BEmax}$、$u_{CE}=u_{CEmin}$ 时瞬时工作点在静态曲线上所处位置确定的。当 A 点落在输出特性（对应 u_{BEmax} 的那条）的放大区时，为欠压状态；当 A 点正好落在临界点上时，为临界状态；当 A 点落在饱和区时，为过压状态。一般来说，谐振功率放大器的工作状态由 E_C、E_B、U_{bm}、U_{cm} 四个参量决定，缺一不可，其中任何一个量的变化都会改变 A 点所处的位置，工作状态就会相应地发生变化，图 3-6 所示的对应各种不同负载阻抗 R_p 的动态特性曲线以及相应的集电极电流脉冲波形。

从图中可以看出，当 R_p 较小时，U_{cm} 也较小，此时 A 点处在放大区（水平线上），晶体管只是在截止和放大区变化，集电极电流 i_c 为余弦脉冲，此区域内 U_{cm} 增加时，i_c 基本保持不变，所以输出功率 P_o 随 U_{cm} 的增加而增加，而 P_E 基本不变，说明此时集电极电压利用得不充分，这种工作状态称为欠压状态，对应波形①；随着 R_p 的增加，动态线斜率逐渐变小，输出电压 U_{cm} 也逐渐增加，当 A 点处在饱和线与水平线转折点（A'）时，此时 U_c 处于欠压和过压状态之间，动特性曲线的上端正好位于电流下降线上，这种状态称为临界状态，

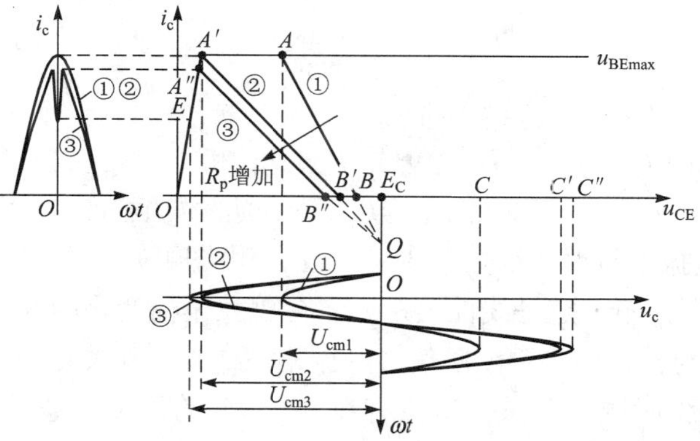

图3-6 三种状态下的动特性及电流波形

对应波形②；负载阻抗 R_p 继续增加，此时 A 点处在饱和区（与饱和线交点为 A''），此时 U_{cm}基本保持不变，接近 E_C，i_c 为顶部出现凹陷的余弦脉冲，这种工作状态称为过压状态，对应波形③。

由此可见，当 E_C、E_B、U_{bm}等保持不变时，R'_L变化会引起电流脉冲的变化，同时也引起 U_{cm}、P_o 与 η_c 等的变化。各个电压、电流、功率与效率等随 R_p 而变化的曲线就是负载特性曲线，是高频功率放大器的重要特性之一。通常将分别对高频功率放大器运用中可能出现的负载 R_p、直流电源以及交流信号源发生变化带来的 U_{cm}、P_o 与 η_c 等影响（称之为谐振功率放大器的外部特性）进行定性分析。

3.2.3 谐振功率放大器的外部特性

1. 负载特性

负载特性是指当 E_C、E_B、U_{bm} 等保持不变而改变 R_p 时，谐振功率放大器的 I_{c0}、I_{c1m}、U_{cm}、P_o、P_c、P_E 和 η_c 等随之变化的特性。由式（3-8）~式（3-14）可画出放大器的负载特性图，如图3-7所示。

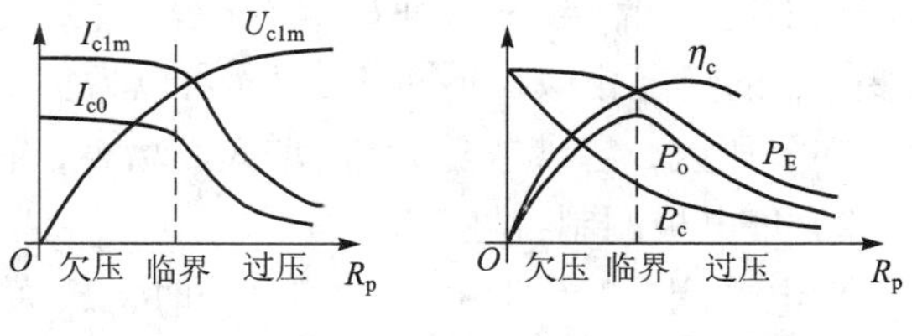

图3-7 高频功率放大器的负载特性

由图3-7可得出如下结论。

（1）在欠压状态下的大部分范围内，输出功率和效率都比较低，损耗也比较大，而且随着谐振阻抗的变化，输出电压的振幅波动比较大。因此，除了特殊情况外，很少采用这种状态。

（2）在临界状态下，输出功率最大，效率也比较高（次高），常用于发射机的功率输出级，以获得最大的输出功率。

（3）在过压状态下，当谐振阻抗变化时，输出电压的振幅变化较小，多用于要求输出电压维持比较平稳的场合，如发射机的中间级放大器。值得注意的是，在弱过压状态下，效率最高，输出功率比较大（次大）。

2. 振幅特性

高频功率放大器的振幅特性是指当 E_C、E_B、R_p 等保持不变而改变激励信号振幅 U_{bm} 时，谐振功率放大器的 I_{c0}、I_{c1m}、U_{cm}、P_o、P_c、P_E 和 η_c 等随之变化的特性。由于基极回路的电压 $u_{be} = -E_B + U_{bm}\cos\omega t$，因此当 E_B 不变时，u_{be} 随 U_{bm} 的增加而增加，从而导致 i_{cmax} 和 θ_c 的增加。其振幅特性曲线如图 3－8 所示。由图可知，在欠压区，I_{co}、I_{c1m}、U_{cm} 随 U_{bm} 的增加而增加，但并不一定是线性关系。而在放大振幅变化的高频信号时，应使输出的高频信号的振幅 U_{cm} 与输入的高频激励信号的振幅 U_{bm} 成线性关系。为达到此目的，就必须使 U_{cm} 与 U_{bm} 特性曲线成线性关系，这只有在 $\theta_c = 90°$ 的乙类状态下才能得到。在过压区，U_{cm} 基本不随 U_{bm} 变化，可以认为是恒压区，放大等幅信号时，应选择在此状态工作。

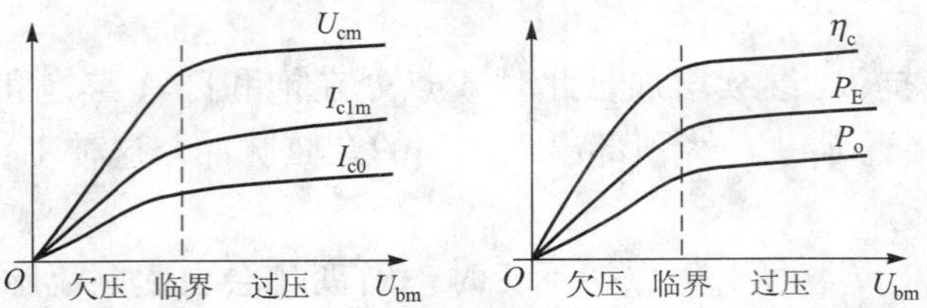

图 3－8　高频功率放大器的振幅特性

3. 调制特性

在高频功率放大器中，有时希望用改变它的某个直流电压来改变高频信号的振幅，从而实现振幅调制的目的。这就是调制特性，分为基极调制特性和集电极调制特性。

1）基极调制特性

基极调制特性是指仅改变 E_B 时，放大器电流、电压、功率及效率的变化特性。由于基极回路的电压 $u_{be} = -E_B + U_{bm}\cos\omega t$，$E_B$ 和 U_{bm} 决定了放大器的 u_{BEmax}，因此，改变 E_B 与改变 U_{bm} 的情况相似，不同的是 E_B 可以为负。图 3－9 所示为高频功率放大器的基极调制特性。在欠压区，各参数随 E_B 的增大而增大；在过压区，各参数基本保持不变。

2）集电极调制特性

集电极调制特性是指仅改变 E_C 时，放大器电流、电压、功率及效率的变化特性。当 E_B、U_{bm} 及 R'_L 不变时，动特性曲线将随 E_C 的变化左右平移，当 E_C 由大到小变化时，放大器的工作状态由欠压工作状态到临界，再进入到过压工作状态，集电极电流 i_c 从一个完整的余弦脉冲变化到凹顶脉冲。其调制特性曲线如图 3－10 所示。

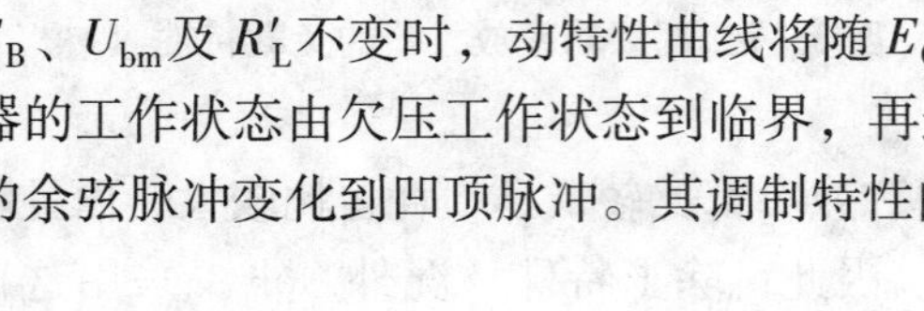

图 3－9　高频功率放大器的基极调制特性

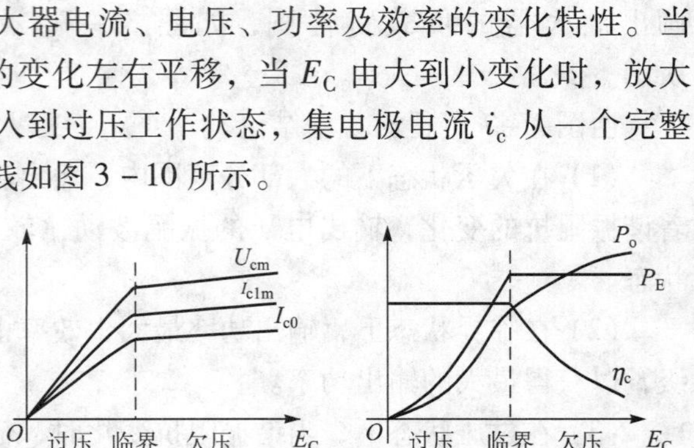

图 3－10　高频功率放大器的集电极调制特性

要实现振幅调制，就必须选择输出高频信号振幅 U_{cm} 与直流电压（E_B 或 E_C）成线性关系。因此在基极调制特性中，应选择在欠压状态工作；在集电极调制特性中，应选择在过压状态工作。在直流电压 E_B（或 E_C）上叠加一个较小的信号（调制信号），并使放大器工作在合适的工作状态，则输出信号的振幅将随调制信号的规律变化，从而完成振幅调制，使功放和调制一次完成，通常称为高电平调制。具体应用在第5章作介绍。

4. 调谐特性

上面所讨论的高频功率放大器的各种特性，都是认为其负载回路处于谐振状态，因而呈现为一电阻 R_p，但在实际中需要进行调谐，这是通过改变回路元件（一般是回路电容）来完成的。功放的外部电流 I_{c0}、I_{c1m} 和电压 U_{cm} 等随回路电容 C 的变化特性称为调谐特性。

当回路失谐时，不论是容性失谐还是感性失谐，阻抗 Z_p 的模值都要减小，而且会出现一幅角 φ，工作状态将发生变化。设谐振时功放工作在弱过压状态，当回路失谐后，由于阻抗 Z_p 的模值减小，根据负载特性可知，功放的工作状态将向临界及欠压状态变化，此时 I_{c0} 和 I_{c1m} 要增大，而 U_{cm} 要下降，如图3-11所示。

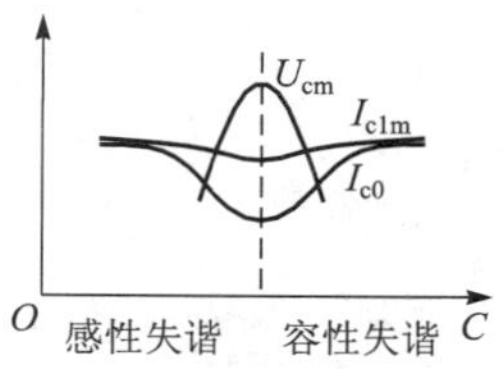

图3-11 高频功率放大器的调谐特性

由图可知，可以利用 I_{c0} 或 I_{c1m} 最小，或者利用 U_{cm} 最大来指示放大器的调谐。通常因 I_{c0} 变化明显，又只用直流电流表测量，故采用 I_{c0} 指示调谐的较多。应当指出，回路失谐时直流输入功率 $P_E = I_{c0}E_C$ 随 I_{c0} 的增加而增加，而输出功率 $P_o = U_{cm}I_{c1m}\cos\varphi/2$ 将主要因 $\cos\varphi$ 因子而下降，因此失谐后集电极耗散功率 P_c 将迅速增加。这表明高频功率放大器必须保持在谐振状态。调谐过程中失谐状态的时间要尽可能短，调谐动作要迅速，以防止晶体管因过热而损坏。为了防止调谐时损坏晶体管，在调谐时可降低 E_C 或减小激励电压。

3.3 谐振功率放大器的实用电路分析及仿真

谐振功率放大器可分成有源器件（如晶体管、场效应管等）、输入回路和输出回路三个部分，而输入回路和输出回路中含有直流电源和匹配网络，其作用是为有源器件提供所需的直流偏置并实现滤波和阻抗匹配。下面分别进行讨论。

3.3.1 直流馈电电路

所谓馈电是指直流通路。为了使功率放大器能工作于所需要的状态（如丙类状态），各电极必须有相应的馈电电源。直流馈电电路分为基极馈电电路和集电极馈电电路，按连接形式可分为串联馈电和并联馈电两种形式。

1. 基极直流馈电电路

基极直流馈电电路中，信号源、直流电源 E_B 和晶体管 b、e 三者是串联连接的称为串联馈电，如图3-12（a）所示；三者是并联连接的称为并联馈电，如图3-12（b）所示。

基极偏置电压 E_B 可为小的正偏压、负偏压和零偏压。正偏压 E_B 可以由集电极电源 E_C 分压获得；负偏压不给出能量，只消耗能量，可用自给偏压电路获得，自给偏压能随激励信号的大小而变化，即自动维持放大器工作的稳定性，如图 3－12（c）所示；将 3－12（b）中 E_B 去掉，L_B 一端接地，就是零偏压电路。图 3－12 中，C_B、C_{B2} 和 C_e 是滤波旁路电容，C_{B1} 是信号耦合电容，其作用是对高频信号相当短路；L_B 是扼流圈，其作用是阻止高频信号源流过电源，对直流相当短路，对交流相当开路。其大小根据信号频率确定，在短波范围内，电容一般为 0.01～0.1 μF，扼流圈一般为 10～1 000 μH。

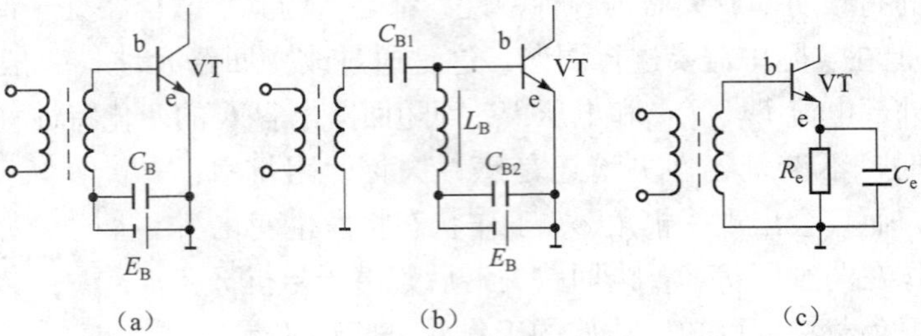

图 3－12　基极馈电电路几种形式

（a）串联馈电；（b）并联馈电；（c）自给偏置馈电

这是三种基本电路，不是一成不变的，可以根据情况稍加改变成其他形式，要举一反三。

2. 集电极馈电电路

集电极馈电电路也有串联连接和并联连接两种形式。谐振回路（负载）、直流电源 E_C 和晶体管 c、e 三者是串联连接的称为串联馈电，如图 3－13（a）所示；三者是并联连接的称为并联馈电，如图 3－13（b）所示。

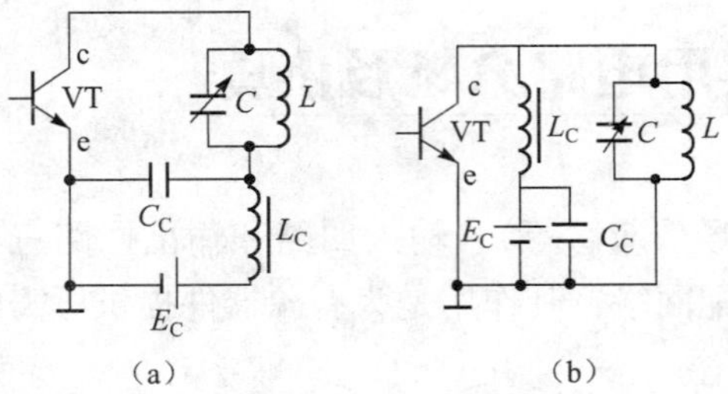

图 3－13　集电极馈电电路两种形式

（a）串联馈电；（b）并联馈电

图 3－13 中，C_C 是滤波旁路电容，其作用是对高频相当于短路，对直流相当于开路；L_C 是扼流圈，其作用是阻止高频电流流过电源，对交流相当于开路，对直流相当于短路。上述两种馈电形式是最基本的形式，实际电路中可根据情况作适当变换，但要遵循以下原则。

集电极电流 i_c 中的直流分量 I_{c0} 只流过电源 E_C，以便直流电源提供的直流功率全部交给晶体管；还应保证谐振回路两端仅有基波分量压降，以便将变换后的交流功率传给回路负载；另外还应保证外电路对高次谐波分量 i_{cn} 呈现短路，以免产生附加损耗。

串联馈电的优点是馈电元件 L_C、C_C 和 E_C 均处于高频地电位，它们的分布电容和分布电感就不会影响回路；缺点是回路处于直流的高电位，回路的电容动片不能接地，调试不方便。所以，串联馈电适用于频率较高的场合。

并联馈电的优点是回路处于直流低电位，克服了串联馈电的缺点；缺点是 L_C 处于高频高电位，它对地的分布电容很大，影响回路谐振频率。所以，并联馈电适用于频率较低的场合。

例 3－2　改正图 3－14（a）所示的高频功率放大功率放大器电路中的错误，不得改变馈电形式，重新画出正确的电路。

题意分析： 针对输入回路和输出回路，分析时主要看两点，一点是各自回路交流通道是否正常，另一点是各自回路直流通道是否正常，即是否满足直流馈电原则。

解　输入回路中，显然输入信号 $\dot{U}_i$ 经过 C_1 后将直接流过电源 E_B，应加扼流圈 L_b；输出回路中，由于扼流圈 L_c 对高频信号呈断开作用，故输出回路没有交流通道，应加一个电容 C_C。改正后的电路如图 3－14（b）所示。

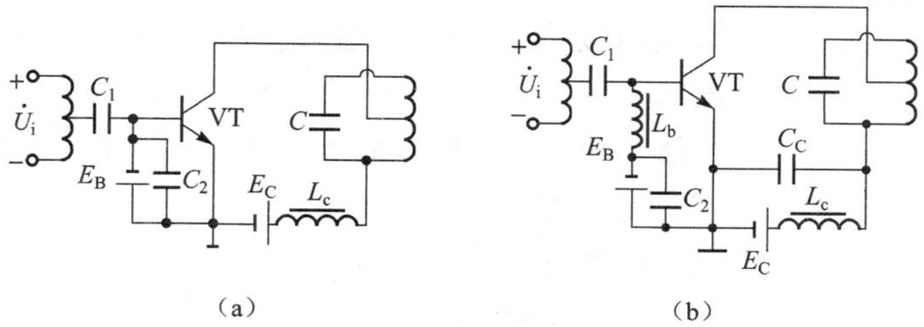

图 3－14　例 3－2 图

（a）错误电路；（b）改正后电路

3.3.2　输入、输出匹配网络

谐振高频功率放大器中都要采用一定形式的回路，使其输出功率能有效地传输到负载（下级输入回路或天线回路）。这种使外负载与谐振功率放大器最佳工作要求相匹配的网络称为匹配网络。如果谐振功率放大器的负载是下级放大器输入阻抗，应采用“输入匹配网络”或“级间耦合网络”；如果谐振功率放大器的负载是天线或其他终端，应采用“输出匹配网络”。输入匹配网络的作用是自前级放大器或信号源区获取最大的激励功率；输出匹配网络是保证放大器的输出功率有效地加到负载（天线）上。

1. 输出匹配网络

无论是哪种匹配网络都可以由电感和电容元件按一定连接形式组成，常用匹配网络结构有 L 型、π 型和 T 型等，如图 3－15 所示。

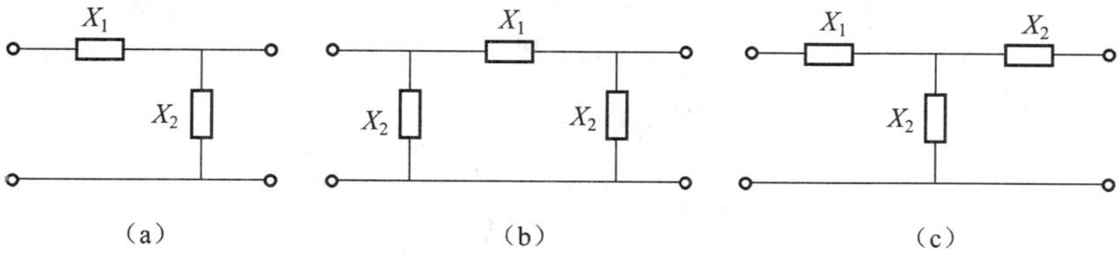

图 3－15　常用匹配网络结构

（a）L 型网络；（b）π 型网络；（c）T 型网络

图中 X_1、X_2 和 X_3 表示电抗，可以是纯电感或电容，也可以是电感或电容与电阻的串联或并联。

在设计输出匹配网络时要求匹配网络的谐振频率等于输入信号的中心频率，并能实现选频滤波和阻抗匹配，还要能将功率管给出的信号功率高效地传送到外接负载上，即网络的效率（称为回路效率 η_k）要高。实际的匹配网络，滤波效果和回路效率 η_k 是矛盾的，一般应兼顾考虑。

2. 输入匹配网络

由于中间级和末级的输入信号电平、工作状态和负载往往不同，所以对它们的要求也不同。对于末级电路来说，力求输出功率大，集电极效率高。正常情况下，末级的负载（如天线、传输线等）是不变的，因而可以使集电极回路匹配，并使末级电路工作在临界状态，以获得最大的输出功率和比较高的效率。但是，对于中间级来说，情况就不同了，中间级的负载是下一级的输入阻抗，它的值会随着激励电压的大小和电子元器件本身工作状态的变化而变化，就使得级间耦合网络的等效阻抗发生变化，从而引起中间级放大器工作状态的变化。如果中间级工作在欠压状态，则输出电压将是不稳定的，这是下一级电路不希望的。所以对于中间级来说，最重要的是应该保证输出电压（下一级的激励电压）稳定，而集电极效率则降为次要问题。事实上对于中间级工作于低电平、集电极效率低一些，对整个系统影响不大。

为了保证给下一级电路提供稳定的激励电压，中间级可以采取如下措施。

(1) 中间级工作于过压状态。此时，它等效为一个恒压源，其输出电压几乎不随负载的变化而变化。

(2) 降低级间耦合网络的效率。耦合回路的效率低，意味着它本身的损耗加大，使得下一级的阻抗对耦合回路的阻抗影响小，也就是削弱了下一级电路对本级电路工作状态的影响。中间级耦合回路的效率一般为 0.1 ~ 0.5，也就是中间级的输出功率应该是下一级所需功率的 2 ~ 10 倍。

匹配网络在谐振高频功率放大器中非常重要，如果匹配网络设计和调整得好，就能够保证谐振功率高频放大器工作于最佳状态。

知识扩展

在进行匹配网络设计时，要注意各种匹配网络的阻抗变换特性，它是以串、并联阻抗转换为基础。设串联电路为 R_s、X_s，并联电路为 R_p、X_p，则它们之间的关系为

$$R_p = R_s(1 + Q^2) \tag{3-15}$$

$$X_p = X_s\left(1 + \frac{1}{Q^2}\right) \tag{3-16}$$

式中

$$Q = \frac{|X_s|}{R_s} = \frac{R_p}{|X_p|} \tag{3-17}$$

为品质因数，一般大于1。由式（3－15）和式（3－16）知，并联电阻大于串联电阻，转换

前后电抗性质不变，且电抗值相差很小。如果负载为天线，一般是阻容性负载，可以将它的电容归入到匹配网络中去，作为纯电阻进行分析。

常用匹配网络及相应设计公式见表 3－1。

表 3－1　常用匹配网络及相应设计公式

名称	结　构	计算公式	实用条件
L型网络	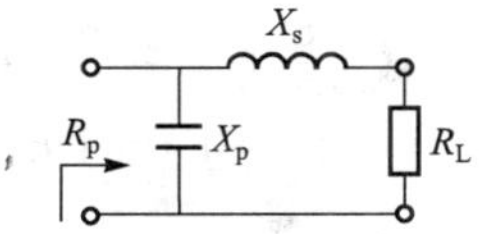	$Q=\sqrt{\frac{R_p}{R_L}-1}$ $\lvert X_s\rvert=\sqrt{R_L(R_p-R_L)}$ $\lvert X_{p1}\rvert=R_p\sqrt{\frac{R_L}{R_p-R_L}}$	$R_p>R_L$
π型网络	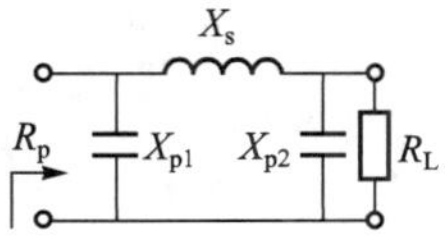	$\lvert X_{p1}\rvert=\frac{R_p}{Q}$ $\lvert X_{p2}\rvert=\frac{R_L}{\sqrt{\frac{R_L}{R_p}(1+Q^2)-1}}$ $\lvert X_s\rvert=R_p\frac{Q+\sqrt{\frac{R_L}{R_p}(1+Q^2)-1}}{1+Q^2}$	$\frac{R_L}{R_p}(1+Q^2)>1$
π型网络	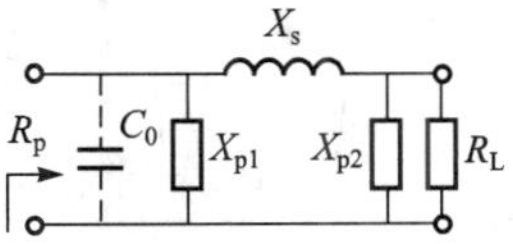	$\lvert X_{p1}\rvert=\frac{R_p}{Q+\frac{R_p}{\lvert X_{C_0}\rvert}}$ $\lvert X_{p2}\rvert=\frac{R_L}{\sqrt{\frac{R_L}{R_p}(1+Q^2)-1}}$ $\lvert X_s\rvert=R_p\frac{Q+\sqrt{\frac{R_L}{R_p}(1+Q^2)-1}}{1+Q^2}$	$\frac{R_L}{R_p}(1+Q^2)>1$ X_{p1}呈感性
T型网络	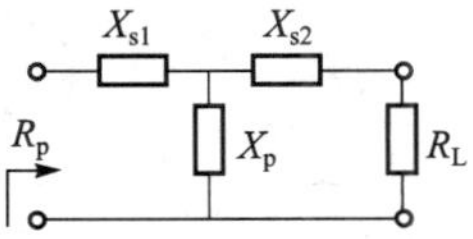	$\lvert X_{s1}\rvert=R_p\sqrt{\frac{R_L}{R_p}(1+Q^2)-1}$ $\lvert X_{s2}\rvert=QR_L$ $\lvert X_p\rvert=\frac{X_{p1}X_{p2}}{X_{p1}+X_{p2}}$ 其中： $\lvert X_{p1}\rvert=\frac{R_L(1+Q^2)}{\sqrt{\frac{R_L}{R_p}(1+Q^2)-1}}$ $\lvert X_{p2}\rvert=\frac{R_L(1+Q^2)}{Q}$	$\frac{R_L}{R_p}(1+Q^2)>1$

3.3.3 实例电路分析与仿真

例 3－3 图 3－16 所示电路是工作频率为 50 MHz 的晶体管谐振功率放大电路，它向 50 Ω外接负载提供 25 W 功率，功率增益达 7 dB。电路基极采用零偏馈电，并由 C_1、C_2 和 L_1 组成 T 型匹配网络；集电极采用串联馈电，并由 L_2、L_3、C_3 和 C_4 组成 π 型匹配网络。

仿真时，软件库中功率管的型号找不到时，可用相关的晶体管代替，或自己设计元件库，此时仿真结果与理论计算会有些差别，但调整元件的参数对波形的影响规律是一致的，如增大 L_1 会减小输入回路的匹配频率。仿真时，输入端先加入 VAC 信号，进行 AC Sweep/Noise 仿真，找出匹配中心频率后，再加入 VSINE 或 VSFFM 信号，进行 Time Domain (Transient) 仿真。仿真波形如图 3－17 所示。

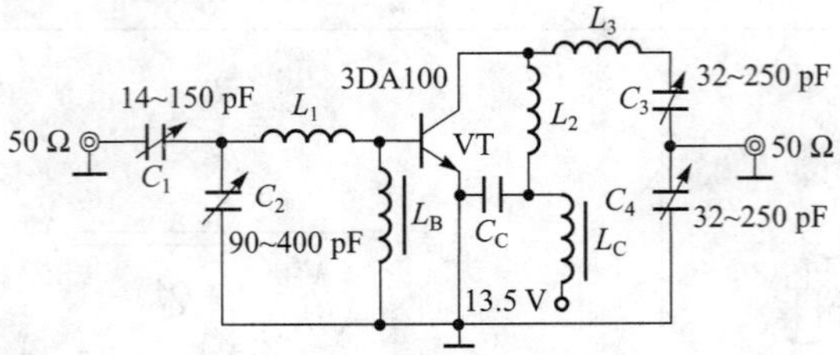

图 3－16 50 MHz 晶体管谐振功率放大器

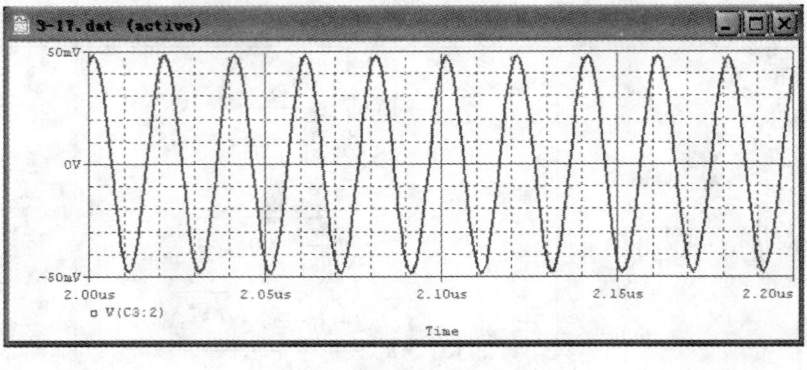

图 3－17 仿真波形图

例 3－4 图 3－18 所示电路是工作频率为 175 MHz 的 VMOS 场效应管谐振功率放大电路，可向 50 Ω 外接负载提供 10 W 功率，效率大于 60%，栅极采用了 C_1、C_2、C_3 和 L_1 组成了 T 型匹配网络，漏极采用 L_2、L_3、C_5、C_6 和 C_7 组成了 π 型匹配网络。仿真波形如图 3－19 所示。

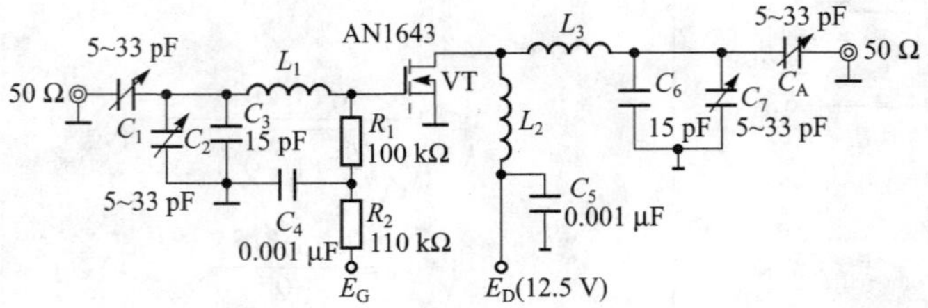

图 3－18 175 MHz 场效应管谐振功率放大器

读者可以改变输入、输出回路滤波元件参数，观测仿真波形的变化。

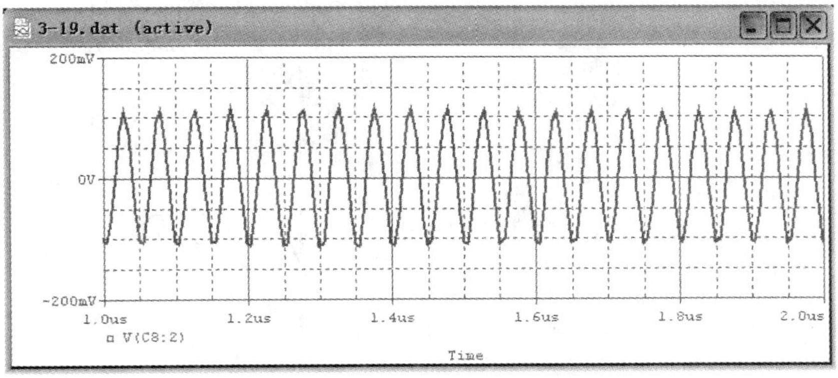

图3-19 仿真波形图

3.3.4 其他功率放大器介绍

除了以上几种按电流导通角来分类的工作状态外，又有使电子器件工作于开关状态的丁类放大和戊类放大。丁类放大器的效率比丙类放大器的效率还高，理论上可达100%，但它的最高工作频率受到开关转换瞬间所产生的器件功耗（集电极耗散功率或阳极耗散功率）的限制。如果在电路上加以改进，使电子器件在通断转换瞬间的功耗尽量减小，则工作频率可以提高。这就是戊类放大器。近年来，宽频带发射机的各中间级还广泛采用一种新型的宽带高频功率放大器，它不采用选频网络作为负载回路，而是以频率响应很宽的传输线作负载。这样，它可以在很宽的范围内变换工作频率，而不必重新调谐。

1. 丁类功率放大器

在丙类功率放大器中，是通过减小集电极电流导通角 θ_c 来提高集电极效率的，也就是在使集电极电流 i_c 只在集电极电压 u_{ce} 为最小值附近的一段时间内流通，从而减少了集电极损耗，提高了效率。但减小导通角是有限度的，太小时，效率虽然很高，但因为 I_{c1m} 下降太多，输出功率反而下降。要想保持 I_{c1m} 不变，就要加大激励电压，这会引起晶体管的击穿。因此很自然地想到如果使集电极电流 i_c 导通期间，让集电极电压 u_{ce} 尽可能小或接近于零，则可进一步提高效率，又使输出功率足够大。丁类功率放大器正是根据这一原理设计的高效放大器。

根据晶体管集电极电流或电压是否工作于开关状态划分的电流开关型电路和电压开关型电路，都是由两个晶体管组成的，它们轮流导通，来完成功率放大任务。控制晶体管工作于开关状态的激励电压波形可以是正弦波，也可以是方波。

电流开关型丁类功率放大器典型电路如图3-20（a）所示。

其工作原理是两管推挽工作，电源 E_C 通过大电感 L_C 供给一个恒定电流 I_C，两管轮流饱和导通，因而回路电流方向也随之轮流改变。加入 L_C 的目的是利用通过电感的电流不能突变的原理，使 E_C 提供一个恒定的电流以保证当两管轮流导通时，通过每管的电流波形是矩形方波。各点的电压与电流波形如图3-20（b）所示。

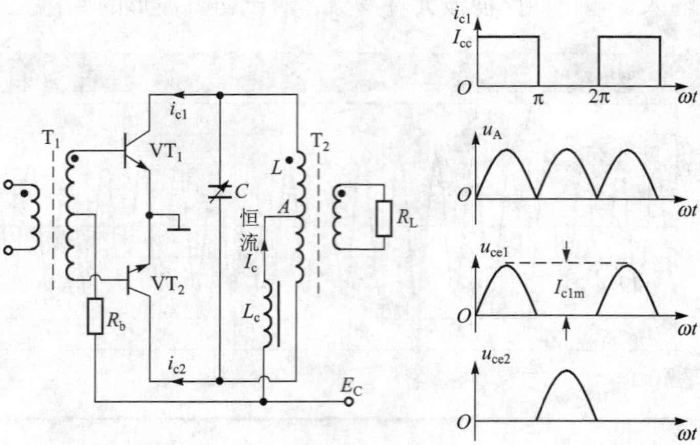

（a） （b）

图 3－20 电流开关型电路和波形

实际上丁类功率放大器的效率低于 100%，引起实际效率下降的主要原因有两点：一点是晶体管的饱和压降 $V_{CE(SAT)}$ 不为零，导通时有损耗；另一点是激励电压的大小总是有限的，且由于晶体管的高频电容效应，从截止到饱和或从饱和到截止，电流实际上有上升沿和下降沿，即存在转换时间。此转换期间电压不保持为零，从而会引起功率损耗。工作频率越高，上升沿和下降沿越长，损耗也越大，这限制了最高工作频率。从这一点来看，电压开关型电路要好一些。

电压开关型丁类功率放大器典型电路如图 3－21（a）所示。其工作原理是两管与电源电压 E_C 相串联，晶体管 VT_1 饱和导通时，VT_2 截止，A 点电位接近 E_C；当 VT_1 截止时，VT_2 饱和导通，A 点电位接近零。因而 A 点电压波形为矩形方波。各点的电压与电流波形如图 3－21（b）所示。

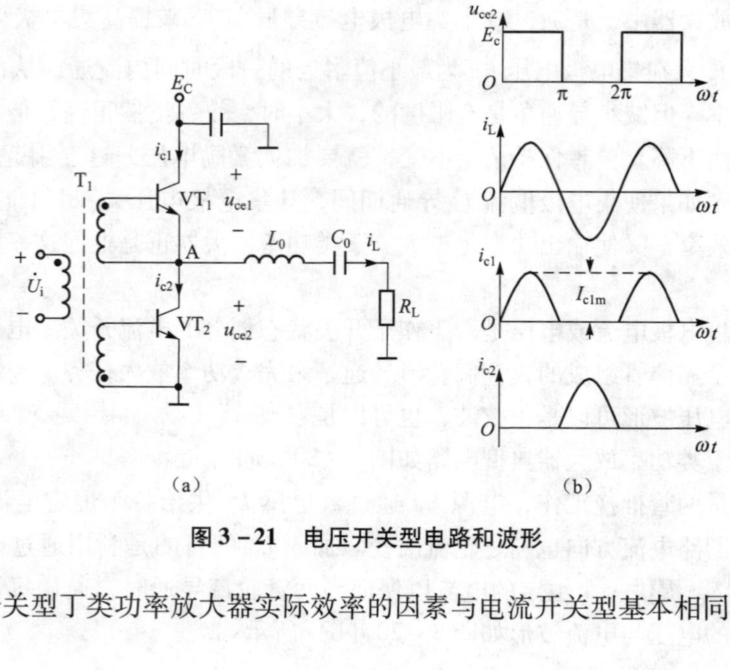

（a） （b）

图 3－21 电压开关型电路和波形

影响电压开关型丁类功率放大器实际效率的因素与电流开关型基本相同。只是晶体管从截止到饱和或从饱和到截止期间，晶体管集电极电压 u_{ce} 存在一个开关转换时间，引起功率损耗。

综上所述，与丙类功率放大器相比，丁类功率放大器有以下优点：由于它是两管工作，输出中最低谐波是三次的，而不是二次的，因此谐波输出较小；效率高（主要优点），一般超过 90%，因而特别适用于功率放大器。当然，丁类功率放大器也有缺点：由于存在开关转换期间的器件功耗随开关频率的升高而加大，因此最高工作频率受到限制；在开关转换期间，晶体管可能同时导通或同时断开，就可能由于二次击穿作用使晶体管损坏。为了克服这个缺点，就有了戊类功率放大器。

2. 戊类功率放大器

戊类功率放大器原理电路如图 3－22（a）所示。它单管工作于开关状态，来驱动无源负载网络。若选取适当的负载网络参数，则可以使它的瞬态响应达到最佳。即当开关导通（或断开）的瞬间，只有等器件的电压（或电流）降为零后，才导通（或断开）。这样，即使开关转换时间与工作周期相比较已相当长，也能避免在开关器件内同时产生的电压或电流。

图中 C_1 是晶体管输出结电容，C_2 是外加电容，使放大器获得所期望的性能，同时消除在丁类功率放大器中由 C_1 所引起的功率损失，以提高放大器的效率；L_0、C_0、C 组成串联谐振回路，即无源网络；L_c 是扼流圈，使流过的电流 I_c 为恒定值；jX 是补偿电抗，当激励信号频率 f 等于谐振频率 f_0 时，$X=0$，当 $f=nf_0$ 时，$X=\infty$，用于校正输出电压相位，提高效率。

图 3－22（c）所示为戊类功率放大器的等效电路，在一个周期内的工作过程是如下。

（1）在 $\omega t=0$ 时，开关刚闭合，$u_{ce}=0$，i_s 将逐渐增大。

（2）在 ωt 从 0 到 π 的前半个周期内，是开关导通期间，激励电感电流 $i_o=i_s+I_c$。

（3）在 $\omega t=\pi$ 时，开关刚断开，i_s 突变为零，I_c 开始向 C 充电，电压 u_{ce} 将逐渐增大。

（4）在 ωt 从 π 到 2π 的后半个周期内，是开关断开期间，C 接受两部分电流充电，即 $i_c=I_c+i_o$，随后不久又向负载（L_0、C_0、R_L）放电。

通过滤波后一个周期内负载上的输出电压 u_o 波形如图 3－22（b）所示，可以看出它和开关上 u_s 有一个相移 θ，可以通过调整 jX 改变。

以上分析是基于以下假定的。

（1）扼流圈 L_c 电抗很大。流过它的电流 I_c 为常数。

（2）串联谐振电路 L_0C_0 的 Q 值极高，输出电流、电压均为正弦波。

（3）晶体管作为开关，接通时电压为零，断开时电流为零。

（4）电容 C 和开关电压无关，即不存在参变效应。

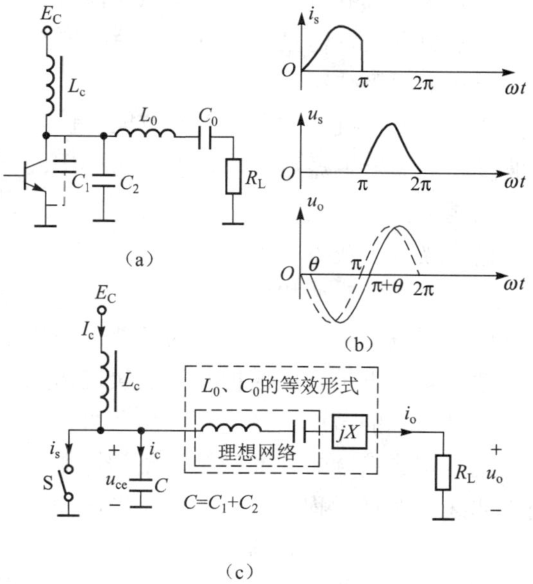

图 3－22 戊类功率放大器及等效电路和波形图

知识扩展

对于戊类功率放大器设计，当 Q 值给定时，可用下列经验公式获得最佳运用状态时的 X 与 B 值为

$$X=\frac{1.110Q}{Q-0.67}R_{\mathrm{L}} \tag{3-18}$$

$$B=\frac{0.183\,6Q}{R_{\mathrm{L}}}\left(1+\frac{0.81Q}{Q^2+4}\right) \tag{3-19}$$

输出电压、输出功率、输入电流、峰值集电极电压分别为

$$u_{\mathrm{om}}\approx 1.074E_{\mathrm{C}} \tag{3-20}$$

$$P_{\mathrm{o}}\approx 0.577\frac{E_{\mathrm{C}}^2}{R_{\mathrm{L}}} \tag{3-21}$$

$$I_{\mathrm{c}}=\frac{E_{\mathrm{C}}}{1.734R_{\mathrm{L}}} \tag{3-22}$$

$$u_{\mathrm{cemax}}\approx 3.56E_{\mathrm{C}} \tag{3-23}$$

3.4* 倍频器

所谓倍频器就是使输出信号频率等于输入信号频率整数倍的电路。若输入频率为 f_1，则输出频率 $f_0=nf_1$，系数 n 为任意正整数，称为倍频次数。在无线电发射机、频率合成器等电子设备中，广泛地运用了倍频器。采用倍频器的优点如下。

(1) 能降低电子设备的主振频率，对提高设备的频率稳定度有利。因为振荡器的频率越高，频率稳定度就越差，一般主振器频率不宜超过 5 MHz。因此，当发射机频率高于 5 MHz 时，通常采用倍频器。

(2) 在通信机的主振器工作波段不扩展的条件下，可利用倍频器扩展发射机输出级的工作波段。例如，主振器工作在 1.5 ~ 3 MHz，在其后采用放大倍频级，该级在波段开关控制下，既能工作在放大状态，又能工作在二倍频或四倍频状态。这样，随波段开关的改变，发射机输出级就可获得 1.5 ~ 3 MHz、3 ~ 6 MHz 和 6 ~ 12 MHz 三个波段的输出。

(3) 在调频和调相发射机中，采用倍频器可加大频移或相移，即可加大调制深度。

倍频器按其工作原理可分为三类。一类是和丙类放大器电流脉冲中的谐波经选频回路获得倍频；第二类是利用模拟乘法器实现倍频；第三类是利用 PN 结电容的非线性变化，得到输入信号频率的谐波，经选频回路获得倍频，称为参量倍频器；用其他非线性电阻、电感和电容也能构成倍频器，如铁氧体倍频器等。非线性电阻构成的倍频器，倍频噪声较大。这是由于非线性变换过程中产生的大量谐波使输出信号相位不稳定而引起的。倍频次数越高，倍频噪声就越大，使倍频器的应用受到限制。在要求倍频噪声较小的设备中，可采用根据锁相环原理构成的锁相环倍频器和同步倍频器。但是，这类倍频器线路比较复杂，倍频次数一般不太高，而且还可能出现相位失锁等问题。当工作频率为几十兆赫兹时，主要采用三极管丙

类倍频器，而当工作频率高于1 GHz时，主要采用变容二极管、阶跃二极管构成的参量倍频器。乘法器构成的倍频器主要受乘法器的上限工作频率的限制。目前，乘法器的上限工作频率为1 GHz。另外，多级倍频器级联起来，可以使倍频次数大大提高。例如，二倍频器和三倍频器级联可产生六次倍频，m 级 N 倍频器级联，总倍频次数为 Nm。不过，倍频级数增加，倍频噪声也加大，故倍频上限仍受到限制。

下面只讨论丙类倍频器电路的工作原理。

3.4.1 丙类倍频器的工作原理

在丙类工作时，晶体管集电极电流脉冲中含有丰富的谐波分量。如果把集电极谐振回路调谐在二次谐波或三次谐波频率上。那么，放大器只有二次谐波电压或三次谐波电压输出。这样的丙类放大器就成为二倍频器或三倍频器。其原理电路与图3－1相同，只是谐振回路的谐振频率是激励信号频率的 n 倍。由前节对 i_c 讨论可知

$$I_{c0}=i_{cmax}\frac{\sin\theta_c-\theta_c\cos\theta_c}{\pi(1-\cos\theta_c)} \tag{3-24 a}$$

有用频率的振幅，即输入信号的 n 次谐波振幅为

$$I_{cnm}=i_{cmax}\frac{2\sin n\theta_c\cos\theta_c-2n\sin\theta_c\cos n\theta_c}{n\pi(n^2-1)(1-\cos\theta_c)} \tag{3-24 b}$$

通过对式（3－24b）分析可知，在 i_{cmax} 不变的条件下，谐波振幅随 n 增大而下降。这对倍频器是不利的，即不利于在输出回路中滤除小于 n 次谐波的各交流分量。为此，可采用两种方法来克服这一不利因素：一是采用性能优越的选频网络作为放大器的输出负载；二是采用多个非线性放大器的特殊组合方式，消除或削弱小于 n 次谐波的交流分量，以利于有效地提取 n 次谐波。

可以对式（3－24b）画出 I_{cnm} 与 θ_c 的关系图知，在 $n\leqslant5$，i_{cmax} 不变的情况下，可近似认为 $\theta_c=2\pi/3n$ 时，I_{cnm} 最大。但要保证 I_{cnm} 不变，输入激励电压的振幅必须随 θ_c 的减小而增大才行。而 U_{bm} 增大又可能导致发射结被击穿。所以通常情况下，丙类倍频器的倍频数 n 不应取得过大。

另外，与丙类放大器类似的公式有

$$U_{cm}=I_{cnm}R_p \tag{3-25}$$

$$\eta_c=P_o/(E_CI_{cnm}) \tag{3-26}$$

3.4.2 实例电路分析与仿真

例3－5 设计一个丙类二倍频器，它在 $E_C=12$ V时，向负载提供0.5 W的功率，放大器工作于临界状态，晶体管饱和压降 $V_{CE(sat)}=0.5$ V。

解 设丙类二倍频器原理电路如图3－1所示。由题意知

$$u_{cmin}=V_{CE(SAT)},\quad U_{cm}=E_C-u_{cmin}=12-0.5=11.5\ (\text{V})$$

由式（3－11）得，$R_p=\dfrac{U_{cm}^2}{2P_o}=\dfrac{11.5^2}{2\times0.5}\approx132\ (\Omega)$

为了获得最大输出，可通过改变输入激励和偏置使导通角 $\theta_c=60°$，这时由式（3－24b）得

$$I_{c2m}=i_{cmax}\frac{2\sin 120°\cos60°-4\sin°60\cos120°}{2\pi(2^2-1)(1-\cos60°)}\approx 0.276i_{cmax}$$

由式（3－25）得

$$I_{c2m}=\frac{U_{cm}}{R_p}=\frac{11.5}{132}\approx 0.0871\text{（A）}=87.1\text{（mA）}$$

所以 $$i_{cmax}=0.316\text{（A）}$$

代入式（3－24a）得 $$I_{c0}=0.07\text{（A）}$$

代入式（3－26）得 $$\eta_c=59.5\%$$

仿真电路及波形如图 3－23 所示。谐振回路谐振频率理论上约为 8.4 MHz，实际仿真频率为 8 MHz，这是由于晶体管仿真模型中的结电容产生的结果。图 3－23（c）所示的谐振频

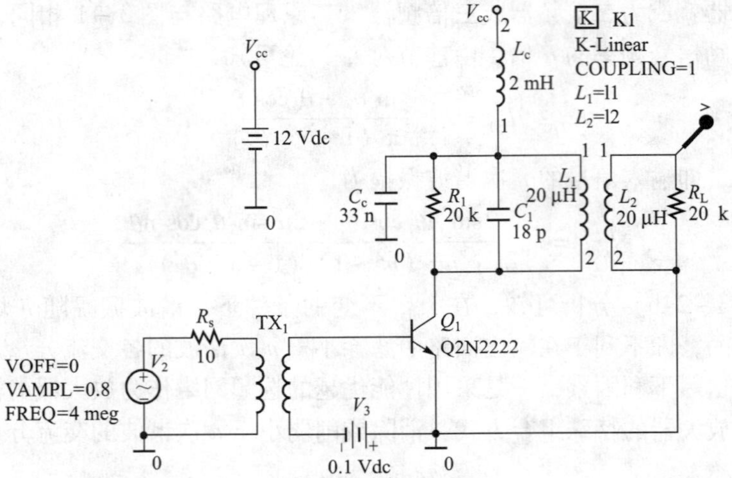

（a）

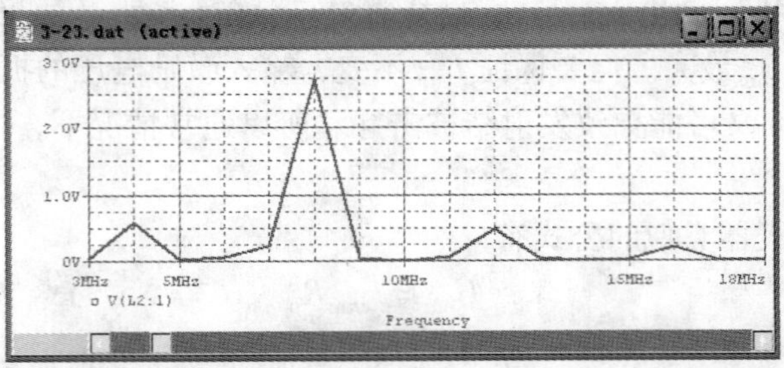

（b）

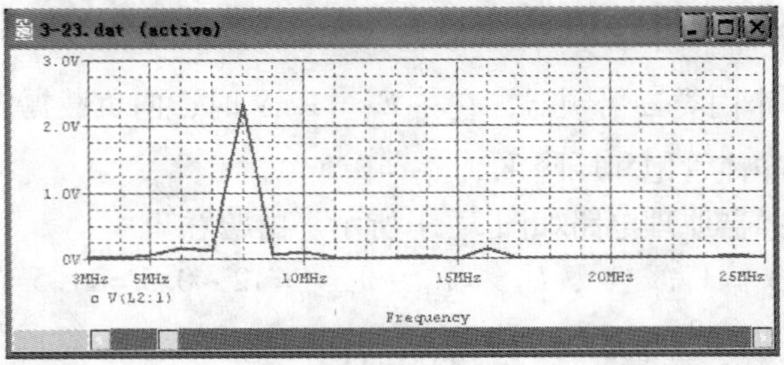

（c）

图 3－23　仿真电路及波形图

（a）仿真电路；（b）倍频频谱图；（c）谐振频谱图

谱图中 8 MHz 与 16 MHz 输出幅度比为 15，说明二次谐波分量很小。当信号源频率为 8 MHz 信号时，电路工作于丙类工作状态；当信号源频率为 4 MHz 信号时，由于谐振回路的谐振频率仍为 8 MHz，于是电路工作于倍频工作状态。图 3－23（b）所示的倍频频谱图中 8 MHz 与 4 MHz 幅度比为 4.5，说明电路谐振于二倍频上，仿真结果符合理论分析。

可以让输入信号源频率为 8 MHz 不变，改变谐振回路参数使其谐振于 16 MHz，具体可让 C_1 或 L_1 之一减小到$\frac{1}{4}$或同时减小到$\frac{1}{2}$，此时谐振频率增大一倍，看看仿真波形如何？笔者改变参数后，仿真结果完全一致，读者可以试一试。

【提示】 仿真中改变晶体管型号，仿真时的谐振频率会改变，这与理论好像不符，其实，这是由于晶体管仿真模型不同所造成的，特别是模型中有些参数对此影响较大，仿真时，一定要注意各元件模型参数。

3.5* 功率合成与分配

由于技术上的限制，单个高频晶体管的输出功率一般为 10～1 000 W。当需要更大的输出功率时，除了采用电子管外，一个可行的方法就是采用功率合成技术。所谓功率合成，就是采用多个高频晶体管，让它们产生的功率在一个公共负载上相加。一个理想的功率合成电路除能无损失地完成各功率放大器输出功率合成外，还应有较好的隔离作用，即任一放大器的工作状态的变化不应影响其他放大器工作状态变化，而影响输出功率。一般功率合成电路所用器件较多，为使结构简单、性能可靠，放大器都不带调谐元件，而采用宽带工作方式。常用的有传输线变压器构成的功率合成器。下面进行简要介绍。

3.5.1　传输线变压器介绍

传输线变压器是在传输线和变压器理论基础上发展起来的新元件。将两根等长的导线（传输线）绕在铁氧体的磁环上，就构成了传输线变压器，如图 3－24（a）所示。图中所用导线可以是双绞线、平行双线或同轴线，磁环的直径视传输功率的大小而定。一般情况下，15 W 的功率放大器，在磁环直径为 10～15 mm 即可。

图 3－24 中 1、3 两端连接的是激励信号源，2、4 两端连接的是负载，构成 1∶1 传输线变压器。需要注意的是，作为传输线变压器，必须 2、3 两端（或 1、4 两端）接地，使输出电压与输入电压的极性相反，因而是一个倒相变压器。信号电压从 1、3 端经传输线变压器将能量传输到 2、4 端的负载上。

传输线变压器既有传输线的特性，又有变压器的特性。前者称为传输线模式，如图 3－24（d）所示，后者称为变压器模式，如图 3－24（c）所示。所谓传输线模式，是指由两根导线传输能量。低频时，两根传输线就是普通导线连接线；而当所传输的信号波长可以跟导线的长度相比拟时，两根导线分布参数的影响不容忽视。此时，可以等效成图 3－24（b）所示的电路，能量的传输是靠电能和磁能互相转换实现的。总之，传输线变压器对不同频率信号是以不同的方式传输能量的，对于输入信号的高频分量，以传输线模式为主；对于输入信号的低频分量，则以变压器模式为主，频率越低，变压器模式越突出。

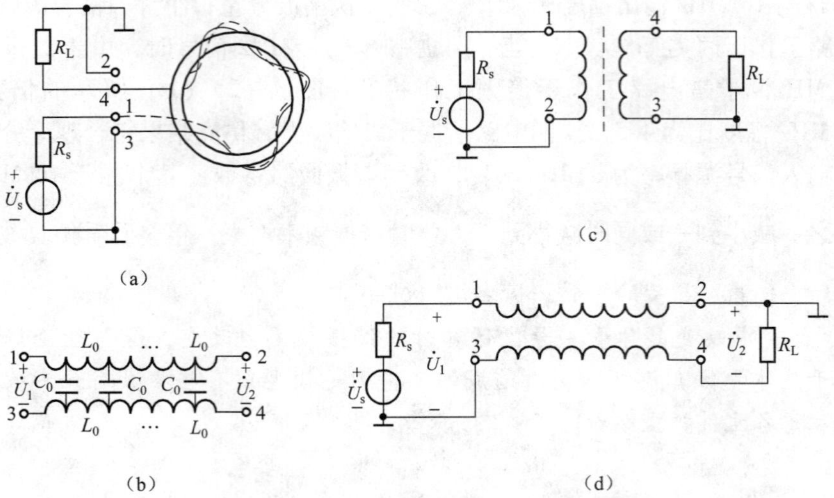

图 3-24　传输线变压器的结构及等效电路

(a) 接线示意图；(b) 传输线等效电路图；

(c) 变压器特性等效电路图；(d) 传输线特性等效电路图

1. 1∶1 传输线变压器电路

假定图 3-24 中传输线无损耗，且负载电阻 R_L 等于传输线特性阻抗 Z_c 时，传输线终端电压 $\dot{U}_2$ 与始端电压 $\dot{U}_1$ 的关系是

$$\dot{U}_2 = \dot{U}_1 e^{-j\alpha B} \tag{3-27}$$

式中，$\alpha = 2\pi/\lambda$ 为传输线相移常数，单位为 rad/m；λ 为 波长；B 为传输线长度。

如果传输线长度相对很短，满足 $\alpha B \ll 1$，则 $e^{-j\alpha B} \approx 1$，于是 $\dot{U}_2 \approx \dot{U}_1$，同理，$\dot{I}_2 \approx \dot{I}_1$。负载电阻上获得了一个与输入端幅度相等，相位相反的电压。

根据匹配原理知，1∶1 传输线变压器电路的最佳匹配条件是

$$R_s = R_L = Z_c \tag{3-28}$$

此时，负载电阻 R_L 上获得的最大功率为

$$P_o = I_2^2 R_L = I_1^2 R_L = \frac{U_s^2}{4Z_c} \tag{3-29}$$

由于放大器中负载电阻等于信号源内阻的情况是很少的，因此 1∶1 传输线变压器电路很少用作阻抗匹配元件，大多数情况下都是用作倒相器。

2. 1∶4 传输线变压器电路

由于传输线变压器结构的限制，它不能像普通变压器那样，利用改变匝数比来实现任何阻抗匹配的变换，而只能完成某些特定阻抗比的变换，如 1∶4、1∶9、1∶16，或者 4∶1、9∶1、16∶1 等。所谓 1∶4，是指传输线变压器电路的信号源内阻 R_s 与负载电阻 R_L 的关系是 $R_s : R_L = 1 : 4$。图 3-25 所示为 1∶4 传输线变压器阻抗变换电路图及等效电路图。

由上述讨论可知，当 $\dot{U}_2 \approx \dot{U}_1$，$\dot{I}_2 \approx \dot{I}_1$ 时，在无损耗传输线变压器的最佳匹配条件下，

可得

$$Z_i=\frac{\dot{U}_1}{\dot{I}_1+\dot{I}_2}=\frac{\dot{U}_1}{2\dot{I}_1}=\frac{1}{2}Z_c,\ Z_o=\frac{\dot{U}_1+\dot{U}_2}{\dot{I}_2}=\frac{2\dot{U}_1}{\dot{I}_1}=2Z_c$$

因此，$R_s=Z_i=Z_c/2$，$R_L=Z_o=2Z_c$，即 $R_s:R_L=1:4$。

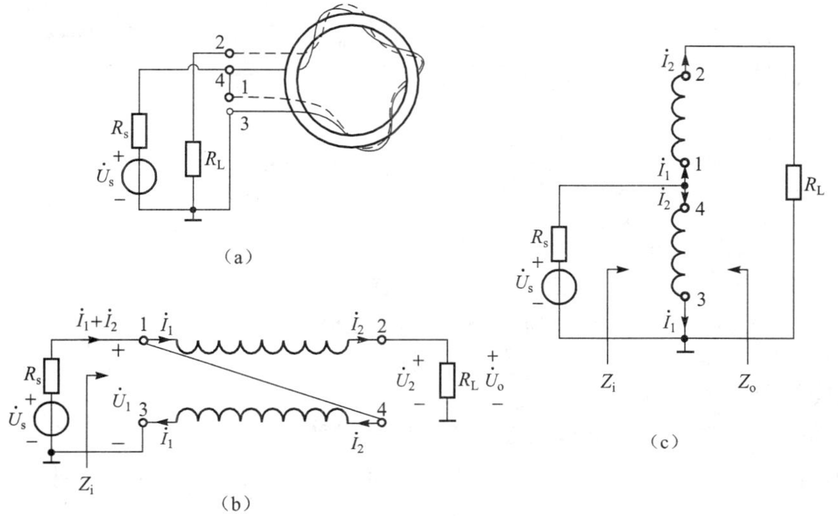

图 3－25　1:4 传输线变压器的阻抗变换及等效电路

（a）接线示意图；（b）等效电路图；（c）等效电路图

3.5.2　功率合成器

功率合成电路种类很多，这里只简略介绍用传输线变压器构成的功率合成电路。

功率合成器原理框图如图 3－26 所示。图中，三角形代表一级功率放大器，菱形代表功率分配或合成电路（无源器件），这些功率分配或合成电路是由传输线变压器构成的 3 dB 耦合器；虚线方框所示是功率合成器的基本单元。需要注意的是菱形一端还应接一平衡阻抗（俗称假负载），图中未画出。

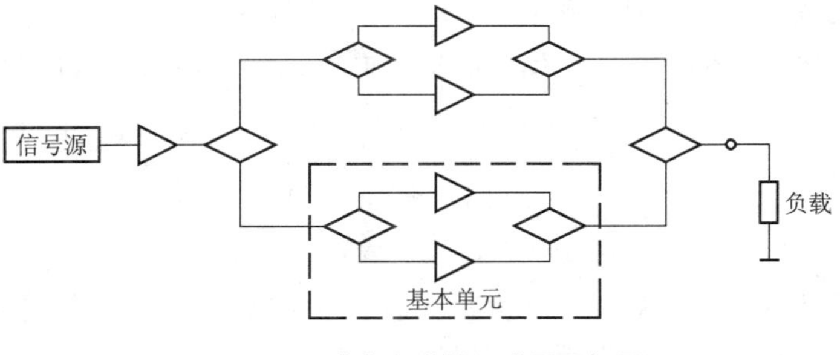

图 3－26　功率合成器组成原理框图

图 3－27 所示为利用 1:4 传输线变压器组成的一种基本单元线路，称为同相功率合成器。T_1 为分配网络，T_2 为合成网络。当 VT_1、VT_2 两晶体管的输入电阻相等时，两晶体管输入电压与耦合器输入电压相等，即 $\dot{U}_A=\dot{U}_B=\dot{U}_1$，而且 $R_D=2R_A=2R_B=4R_s$。当其中一

个晶体管的输入阻抗偏离上述值时，由于平衡电阻 R_D 的隔离作用，另一晶体管输入电压不会因此而变化。

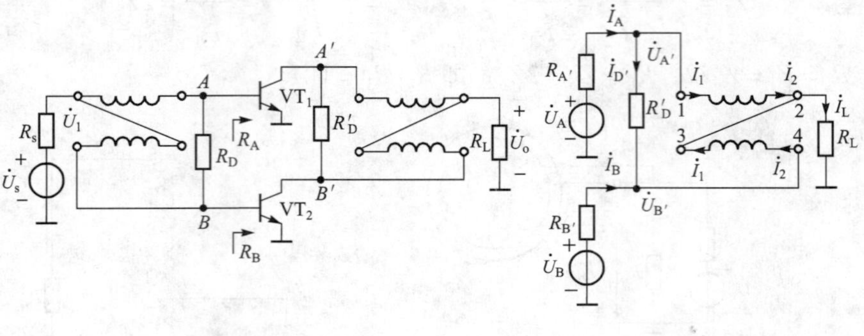

（a）　　　　（b）

图 3－27　同相功率合成电路

（a）原理图；（b）等效电路

分析时要注意以下两点。

（1）根据传输线理论，两个线圈中对应点所通过的电流必定是大小相等，方向相反的；

（2）满足匹配条件下，并略去传输线上的损耗时，传输线变压器输入端与输出端电压的振幅也应该是相等的。

根据电路的对称性，可得

$$\dot{I}_A = \dot{I}_B$$

在节点 A' 和 B' 处，由 KCV 定律，可得

$$\dot{I}_A = \dot{I}_1 + \dot{I}_{D'},\ \dot{I}_B = \dot{I}_1 - \dot{I}_{D'}$$

两式相减得 $2\dot{I}_{D'}=0$，即 $\dot{I}_{D'}=0$，$\dot{I}_A=\dot{I}_1$，$\dot{I}_B=\dot{I}_1$，$\dot{I}_L=\dot{I}_1+\dot{I}_2=2\dot{I}_1$。

为了满足匹配条件，通常取 $R_A=R_B=Z_c=R$，$R_L=Z_c/2=R/2$，$R'_D=2Z_c=2R$。此处 Z_c 为传输线变压器的特性阻抗。所以 R_L 上获得的功率为

$$P_o=(2I_1)^2R_L=2I_1^2R=I_A^2R+I_B^2R=P_A'+P_B'$$

为两晶体管输出功率之和，此时平衡电阻 R'_D 上无功率损耗。

当两个晶体管因各种因素造成输出电压变化而不完全平衡时，假设图 3－27（b）所示的等效电路中 $\dot{U}_B$ 和 R_B' 发生变化，根据 3 dB 耦合器原理，$\dot{U}_{A'}$ 由 $\dot{U}_A$ 产生，$\dot{U}_{B'}$ 由 $\dot{U}_B$ 产生，$\dot{U}_{B'}$ 变化不会引起 $\dot{U}_{A'}$ 的变化。当 $\dot{U}_{B'}=0$ 时，负载 R_L 上电压减小一半，为 $\dot{U}_{A'}/2$，负载电流也减小一半，功率则减小为原来的 1/4，VT_1 晶体管输出的另一半功率消耗在平衡电阻 R'_D 上。这样，当一只晶体管损坏后，虽然负载功率下降为原来的 1/4，但另一只晶体管仍能维持正常工作，这是晶体管并联工作无法实现的。

3.5.3　功率分配器

功率分配器正好与功率合成器相反，它是一种将一路输入信号能量分成两路或多路输出相等或不相等能量的网络，一个功率分配器的输出端口之间应保证一定的隔离度。功率分配器通

常为能量的等值分配，通过阻抗变换线的级联与隔离电阻的搭配，具有很宽的频带特性。

常见的功率分配网络是功率二分配器，如图3－28所示。图中传输线变压器的阻抗变换比为4∶1。当信号功率为P_s时，负载电阻R_A、R_B上获得的功率都是$P_s/2$。为了满足匹配条件，通常取$R_A=R_B=Z_c=R$，$R_s=Z_c/2=R/2$，$R_D=2Z_c=2R$。此处Z_c为传输线变压器的特性阻抗。

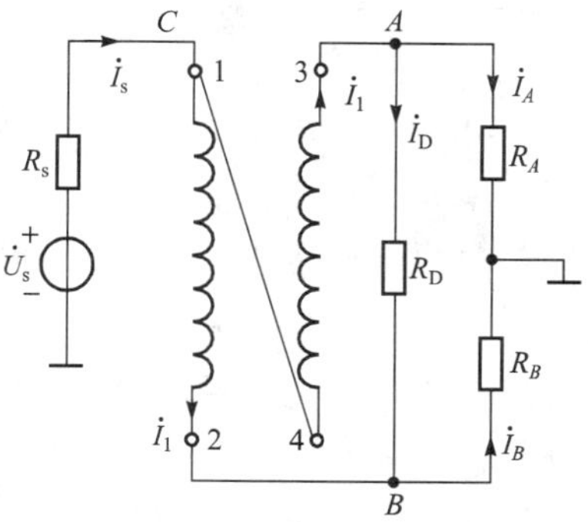

图3－28　功率二分配器电路

根据传输线理论，当传输线变压器为理想网络时，在最佳匹配条件下，流过两个线圈的电流大小相等，方向如图所示，且输入电压$\dot U_{13}$与输出电压$\dot U_{24}$相等，即$\dot U_{13}=\dot U_{24}$。由电路对称性可得$\dot I_A=\dot I_B$，A、B两端电压为

$$\dot U_{AB}=\dot I_A R_A-\dot I_B R_B=0$$

因此

$$\dot I_D=0,\ \dot I_A=\dot I_B=\dot I_1$$

所以，传输线变压器和平衡电阻R_D消耗的功率均为零，且负载电阻R_A、R_B消耗的功率相同，为

$$P_A=P_B=I_A^2R_A=I_1^2R=\left(\frac{I_s}{2}\right)^2R=\frac{1}{2}I_s^2\frac{R}{2}=\frac{1}{2}I_s^2R_s=\frac{1}{2}P_s$$

平分了信号源功率，实现了功率二分配。

如果负载电阻R_A、R_B之一出现故障，如R_B开路或短路，由上述分析方法不难分析出R_A上仍能得到一部分功率，只是比没有故障时的功率要小一些，这是因为信号源与传输线变压器不匹配的缘故。

本章小结

谐振功率放大器的主要作用是放大高频信号，以高效率输出大功率。为了提高效率，高频谐振功放多工作在丙类状态，而且一般采用选频网络作为负载，完成阻抗匹配和滤波的功能，不同于纯电阻负载的情况。

丙类高频谐振功率放大器中功放管的导通角小于90°，所以输出电流为脉冲电流，但是利用了选频网络的滤波作用，可以得到正弦电压输出。

本章重点介绍了：① 丙类谐振功率放大器的工作原理及三种工作状态——欠压状态、过压状态、临界状态；② 丙类谐振功率放大器的外部特性——负载特性、振幅特性、调制特性；③ 直流馈电线路——基极馈电和集电极馈电，分串联馈电和并联馈电形式；④ 输出匹配网络——主要实现阻抗变换与滤波。简要介绍了丙类倍频器的电路组成及工作原理和功率合成与功率分配（主要利用传输线变压器构成）。

通过一些实例仿真，读者不仅摆脱了理论学习的枯燥，而且很直观地知道相关电路的性能，并逐步掌握通过仿真软件调试电路的方法。

思考题与习题

3-1　丙类功放与小信号谐振放大器中的增益元器件工作时的差异是什么？谁对输出失真的影响大？为什么？

3-2　丙类功放与乙类功放有何差异？谐振电路的主要功能是什么？为什么谐振功放可以丙类工作？丙类功放与乙类功放在晶体管输出特性曲线饱和区工作时各有什么特点？

3-3　在丙类谐振功放晶体管的集电极电流中存在哪些频率分量？负载上又存在哪些频率分量，各分量的相对大小如何？

3-4　某一晶体管谐振功率放大器，已知 $E_C=24$ V，$I_{c0}=250$ mA，$P_o=5$ W，电压利用系数 $\xi=1$。试求 P_E、η_c、R_p、I_{c1m}、电流导通角 θ_c。

3-5　晶体管放大器工作于临界状态，$R_p=200\ \Omega$，$I_{c0}=90$mA，$E_C=30$ V，$\theta_c=90°$。试求 P_o 与 η_c。

3-6　已知某晶体管功率放大器，工作频率为 100 MHz，$R_L=50\ \Omega$，$P_o=1$ W，$E_C=12$ V，饱和压降 $V_{CE(SAT)}=0.8$ V。试设计一个 π 型匹配网络。

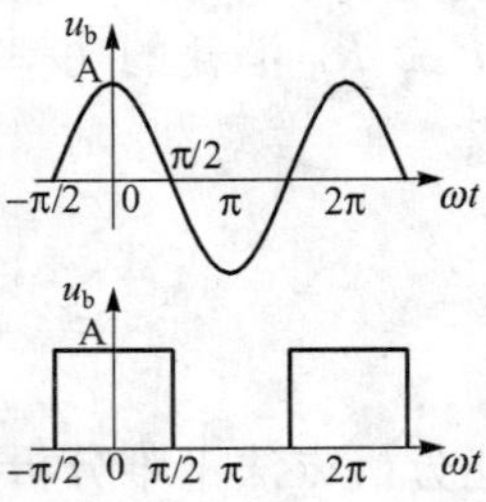

图 3-29　题 3-7 图

3-7　一谐振功率放大器，基极偏压 E_B 大小等于截止电压 U_{BZ}，分别用图 3-29 所示的正弦波和方波两种输入信号作激励。若保持两种情况下的激励电压振幅、电源电压 E_C 相同，且均工作于临界状态，求此两种情况下的集电极效率之比（$\eta_{c正}$：$\eta_{c方}$）。

3-8　在例 3-1 中，其他条件不变，试问当 E_C 变为 25 V 后，效率 η_c 为多少？

3-9　一谐振功率放大器工作于临界状态，根据理想化负载特性曲线，求出当 R_p 增大 1 倍和减小 1/2 时，P_o 如何变化？

3-10　问丙类倍频器的输出波形变化，在 i_c（或 i_D）为零期间靠什么来维持，其特点是什么？

3-11　试画出用 3 个 1∶1 的传输线变压器和短路线组成的阻抗变比为 8∶1 传输线变压器的组成图。

3-12　证明式表 3-1 中 L 型网络计算公式。

3-13　有一谐振功率放大器，已知晶体管的 $g_m=2$ S，$U_{BZ}=0.5$ V，$E_C=12$ V，谐振回路谐振电阻 $R_p=130\ \Omega$，集电极效率 $\eta_c=74.6\%$，输出功率 $P_o=0.5$ W，且工作于欠压状态。试求：

（1）U_{cm}、θ_c、I_{c1m}、I_{c0}、i_{cmax}；

（2）为了提高效率 η_c，在保持 E_C、R_p、P_o 不变的条件下，将导通角 θ_c 减小到 60°，计算I_{c1m}、I_{c0}、i_{cmax}和 η_c；

（3）采用什么样的措施才能达到将 θ_c 变为 60°的目的？

3-14　指出图 3-30 所示的功放电路中各元件的作用。此电路的工作频率为

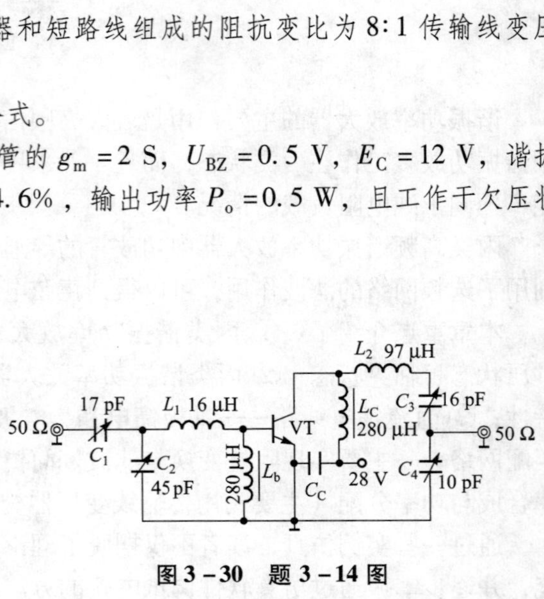

图 3-30　题 3-14 图

160 MHz，功率增益达 9 dB，能向 50 Ω 负载提供 13 W 的功率。

3－15 $\theta_c=55°$的二倍频电路工作于临界状态。如激励电压的振幅不变，频率提高 1 倍，问原电路成了什么电路？管子是否进入饱和区工作？

3－16 谐振动率放大器原工作于欠压状态。现在为了提高输出功率，将放大器调整到临界工作状态。试问，可分别改变哪些量来实现？当改变不同的量调到临界状态时，放大器输出功率是否都一样大？

3－17 已知丁类放大器如图 3－31 所示。试确定 R_L、I_c，以及流过管子的 i_{cmax}。其中 $n/m=2$，$E_C=28$ V，输出功率为 50 W。并回答为什么图中的变压器要用高频宽带放大器。

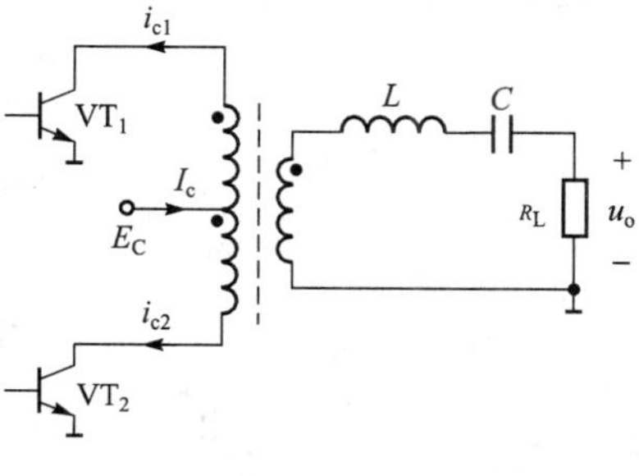

图 3－31 题 3－17 图

3－18 某高频功率放大器工作于临界状态，$\theta_c=75°$，$E_C=28$ V，输出功率 $P_o=30$ W，晶体管的饱和临界线斜率 $g_m=1.67$ S，试求：

（1）集电极效率和临界负载电阻；

（2）若负载电阻、电源电压不变，要使输出功率不变，而提高集电极效率，应如何调整？

（3）输入信号的频率减小一半，而保持其他条件不变，问功率放大器变为什么工作状态？其输出功率和集电极效率各为多少？

3－19 为什么说丙类功放输出失谐时，功率管容易损坏？

3－20 丁类功放可以通过改变什么电量来改变输出信号的幅度？

3－21 电流和电压开关型两类丁类功放中，哪一类由饱和压降引起的管耗要大些，为什么？

3－22 试设计一个戊类功率放大器，工作频率为 50 MHz，输出 15 W 功率到 50 Ω 负载，$E_C=36$ V，假定饱和压降 $V_{CE(SAT)}=1$ V。

3－23 试确定图 3－32 所示电路中 L 和 C 的大小。电路工作频率为 175 MHz，$R_L=50$ Ω，$R_i=60$ Ω，$C_{oe}=80$ pF。

3－24 试分析图 3－33 所示的理想传输线变压器的阻抗变换关系。

3－25 传输线阻抗变换电路图 3－34 所示。当负载电阻为 R_L 时，求输入阻抗 R_i。

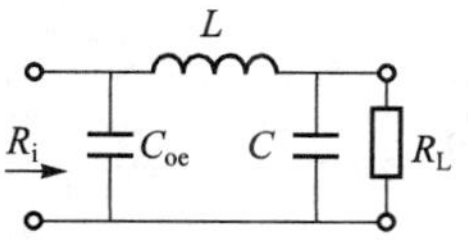

图 3－32 题 3－23 图

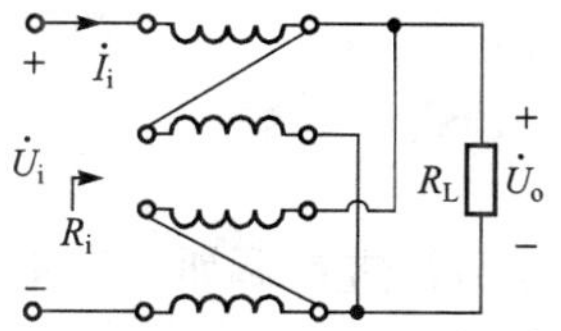

图 3－33 题 3－24 图

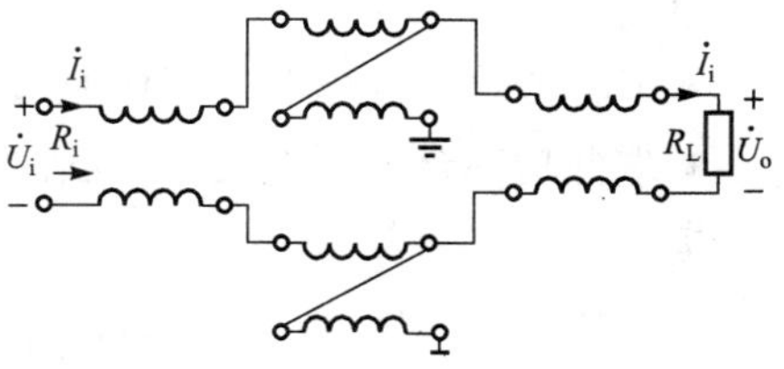

图 3－34 题 3－25 图

3－26 试用传输线变压器功率合成网络将 4 个 100 W 的功率放大器合成为 400 W 输出功率，已知负载电阻为 50 Ω。

研究项目

项目一：谐振功率放大器匹配网络设计

要求：

• 利用丙类功率放大器，负载电阻为 10 Ω，输出功率为 10 W，工作频率为 30 MHz，设计 L 型、π 型、T 型三种匹配网络；

• 对整个电路进行仿真，并对三种匹配网络仿真结果与理论计算进行比较，评价各自的性能；

• 在仿真电路的基础上制作实物，并测量相关数据与仿真结果进行比较；

• 提交有关格式的报告。

目的：

• 了解丙类功率放大器的工作原理；

• 掌握功率放大器匹配网络电路的设计方法；

• 提高实际电路制作的动手能力。

指导：

• 指导学生对常用匹配网络中各元件参数进行计算；

• 指导学生用仿真软件对设计电路进行仿真；

• 指导学生对几种匹配网络的测试结果进行分析，总结出各自的特点。

思考题：

• 如果用丁类或戊类功率放大器连接上述匹配网络，性能会有所改善吗？

项目二：功率合成器电路设计

要求：

• 利用传输线变压器将 4 个 10 W 的功率放大器（可用稳压电源代替）合成为 40 W 的功率输出；

• 负载电阻为 50 Ω，工作频率为 1 MHz ~ 50 MHz；

• 制作实物，并测量相关功率；

• 提交有关格式的报告。

目的：

• 了解传输线变压器的工作原理；

• 掌握功率合成器的设计方法。

指导：

• 指导学生走访本地相关公司的技术部门，进行调研，获取现场信息；

• 指导学生查找相关传输线变压器的资料；

• 指导学生用传输线变压器设计功率合成器电路。

思考题：

• 工作频率的变化对功率合成器的性能的影响。

第 4 章

正弦波振荡器

本章目的

- 理解反馈型正弦振荡原理，即平衡条件、起振条件和稳定条件的含义，并能以此为依据分析各类振荡电路。
- 掌握LC振荡电路的构成规则。能够熟练画出各种LC三点式振荡器的交流等效电路，判别其类型及估算振荡频率。
- 理解振荡器频率稳定度的概念。了解影响LC振荡器频率稳定的主要因素及稳频的基本方法。
- 理解石英晶体振荡器的电抗特性，掌握晶体振荡器类型判别方法及其特点。
- 了解压控振荡器的基本原理。
- 了解振荡器中的几种现象。

知识点

- 反馈式振荡器的平衡条件、起振条件和稳定条件；
- LC振荡电路的构成规则及其判别方法；
- 频率稳定度及提高频率稳定度的措施；
- 负阻器件的类型以及构成负阻振荡器的方法；
- RC振荡器的结构形式及其使用场合；
- 压控振荡器的基本原理及用途；
- 串联型、并联型晶体振荡器构成原则及其分析方法。

正弦波振荡器广泛应用于各种电子设备中。例如，无线发射机中的载波信号源，超外差式接收机中的本地振荡信号源，电子测量仪器中的正弦波信号源等。在这些应用中，对振荡器提出的要求主要是振荡频率和幅值的稳定性和准确性，特别是振荡频率的稳定性和准确性。

从能量转换的角度来看，振荡器是一种可以在没有外加信号作用下，自动将直流电源的能量变换为特定频率和幅值的交变振荡能量的装置。振荡器按其构成原理，可分为反馈式振荡器和负阻式振荡器两大类。按照振荡器所产生的波形则可将振荡器分为正弦波振荡器和非正弦波振荡器。

4.1 反馈型振荡器原理

4.1.1 反馈型振荡器结构分析

反馈振荡器实质上是建立在放大和反馈的基础上的，它由放大器和反馈网络两大部分组成。反馈型振荡器的原理框图如图 4 - 1 所示。由图可见，反馈型振荡器是由放大器和反馈网络组成的一个闭合环路，为了使振荡器的输出为一个固定频率的正弦波，即自激振荡只能在某一频率上产生，而在其他频率上不能产生，则闭合环路内必须含有选频网络，使得只有在选频网络中心频率的信号满足 u_f 与 u_i 相同的条件而产生自激振荡，因此放大器通常是以某种选频网络（如振荡回路）作为负载，是一调谐放大器，反馈网络一般是由无源器件组成的线性网络。为了能产生自激振荡，必须有正反馈，即反馈到输入端的信号和放大器输入端的信号相位相同。

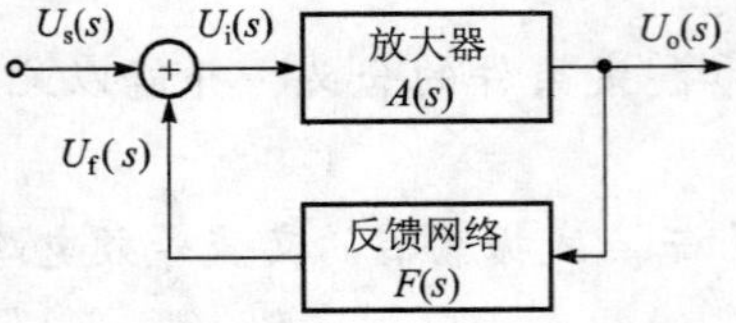

图 4 - 1 反馈型振荡器原理框图

图 4 - 1 中，设放大器的电压放大倍数为 $A(s)$，反馈网络的电压反馈系数为 $F(s)$，闭环电压放大倍数为 $A_f(s)$。

由

$$A(s) = \frac{U_o(s)}{U_i(s)} \tag{4-1}$$

$$F(s) = \frac{U_f(s)}{U_o(s)} \tag{4-2}$$

有

$$A_f(s) = \frac{U_o(s)}{U_s(s)} = \frac{U_o(s)}{U_i(s) + U_f(s)} = \frac{A(s)}{1 - A(s)F(s)} = \frac{A(s)}{1 - T(s)} \tag{4-3}$$

其中

$$T(s) = A(s)F(s) = \frac{U_f(s)}{U_i(s)} \tag{4-4}$$

称为反馈系统的环路增益。用 $s = j\omega$ 代入，就得到稳态下的环路增益，若在某一频率 ω_0 下使得 $T(j\omega_0) = 1$，则 $A_f(j\omega_0)$ 将趋于无穷大，这表明即使没有外加信号，也可以维持振荡输出，因此自激振荡的条件就是环路增益为 1，即

$$T(j\omega_0) = A_f(j\omega_0)F(j\omega_0) = 1 \tag{4-5}$$

通常又称为振荡器的平衡条件。

当 $|T(j\omega_0)| > 1$，$|U_f(s)| > |U_i(s)|$ 时，形成增幅振荡；当 $|T(j\omega_0)| < 1$，$|U_f(s)| < |U_i(s)|$ 时，形成减幅振荡。

4.1.2 振荡的起振条件与平衡条件

我们知道，放大器本质上是靠电子的运动工作的。电子的运动在时间上是波动的，是含

有噪声成分的。如果使放大电路具有频率选择性，那么在这些波动成分中，只有特定频率成分的振动才能逐渐加强，在平衡状态下持续振动。为了使振荡过程中输出幅度不断增加，应使反馈回来的信号比输入到放大器的信号大，即振荡开始时应为增幅振荡，于是有

$$T(\mathrm{j}\omega_0) > 1 \tag{4-6}$$

称为自激振荡的起振条件，也可写为

$$|T(\mathrm{j}\omega_0)| = AF > 1 \tag{4-7}$$

$$\varphi_T = \varphi_f + \varphi_a = 2n\pi \qquad n = 0,1,2,\cdots \tag{4-8}$$

式（4-7）和式（4-8）分别称为起振的振幅条件和相位条件，其中起振的相位条件即为正反馈条件。

放大器输出不能为无穷大，因此一旦振动加强，振幅限制就会发生作用。当反馈信号等于放大器的输入信号时，环路增益等于1，振荡器达到稳幅振荡，因此振荡器的平衡条件为

$$T(\mathrm{j}\omega_0) = A(\mathrm{j}\omega_0)F(\mathrm{j}\omega_0) = 1 \tag{4-9}$$

也可以表示为

$$|T(\mathrm{j}\omega_0)| = AF = 1 \tag{4-10}$$

$$\varphi_T = \varphi_a + \varphi_f = 2n\pi \qquad n = 0,1,2,\cdots \tag{4-11}$$

式（4-10）是振幅平衡条件，式（4-11）是相位平衡条件。

综上所述，反馈振荡器既要满足起振条件，又要满足平衡条件，其中相位起振条件与相位平衡条件是一致的，相位条件是构成振荡电路的关键，即振荡闭合环路必须是正反馈。同时，振荡电路中的放大环节应具有非线性放大特性，即具有放大倍数随振荡幅度的增大而减小的特性，如图4-2所示。这样在起振时，放大倍数$|A|$比较大，又满足$AF>1$，振荡幅度迅速增大，随着振荡幅度的增大，放大倍数$|A|$跟随减小，直到$AF=1$，振荡幅度不再增大，振荡器进入平衡状态。

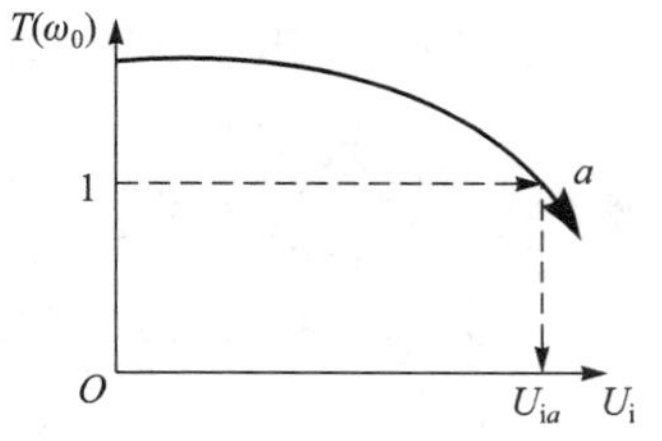

图4-2　满足起振和平衡条件时的环路增益特性

4.1.3　振荡的稳定条件

由于振荡器在工作的过程中不可避免地要受到外界各种因素的影响，如温度改变、电源电压的波动等，这些变化将使放大器的放大倍数和反馈系数改变，从而破坏原来的平衡状态，对振荡器的正常工作产生影响。因而处于平衡状态的振荡器还应考虑其工作的稳定性。

振荡器的稳定条件分为振幅稳定条件和相位稳定条件。

1. 振幅稳定条件

要使振幅稳定，振荡器在其平衡点 a 必须具有阻止振幅变化的能力，如图4-2所示。具体来说，就是在平衡点附近，当不稳定因素使振幅增大时，环路增益将减小，形成减幅振荡，从而阻止振幅的增大，并保证在原平衡点的附近达到新的平衡。而当不稳定因素使振幅减小时，环路增益将增大，形成增幅振荡，阻止振幅的减小，在原平衡点的附近重新建立新的平衡。因此，振幅稳定条件

$$\left.\frac{\delta T}{\delta U_{\mathrm{i}}}\right|U_{\mathrm{i}} = U_{\mathrm{i}a} < 0 \tag{4-12}$$

由于反馈网络为线性网络，即反馈系数大小 F 不随输入信号改变，故振幅稳定条件又可写为

$$\left.\frac{\delta A}{\delta U_{\mathrm{i}}}\right|U_{\mathrm{i}} = U_{\mathrm{i}a} < 0 \tag{4-13}$$

2. 相位稳定条件

在讨论振荡器的相位稳定性之前，必须清楚一个正弦信号的相位 φ 与它的频率 ω 之间的关系

$$\omega = \frac{\mathrm{d}\varphi}{\mathrm{d}t} \tag{4-14}$$

$$\varphi = \int \omega \mathrm{d}t \tag{4-15}$$

由式（4-14）和式（4-15）可知，相位的变化必然要引起频率的变化，同样，频率的变化也会引起相位的变化。在相同时间内，相位超前了，则意味着频率必然上升；相位滞后了，则意味着频率必然下降。因此，振荡器的相位稳定条件也就是振荡器的频率稳定条件。

设振荡器原在 $\omega=\omega_0$ 时处于相位平衡状态，当外界原因使振荡器的反馈电压的相位超前原输入信号，由于反馈相位的提前，振荡周期将缩短，振荡频率将提高到 ω_1，当外界因素消失时，显然 ω_1 处不满足相位平衡条件。要保证振荡的相位平衡点的稳定，必须当振荡器频率发生变化的同时，要求振荡电路内部能够产生一个新的相位变化，而这个相位变化与外因引起的相位变化 $\Delta\varphi_z$ 的符号应相反，以削弱或抵消由外因引起的变化，相位平衡条件即要求选频网络的相频特性曲线 φ_z 在工作频率附近应具有负斜率，才能满足频率稳定条件。实际中的并联 LC 谐振回路正好具有这种相频特性，如图 4-3 所示，其相频特性可近似表示为

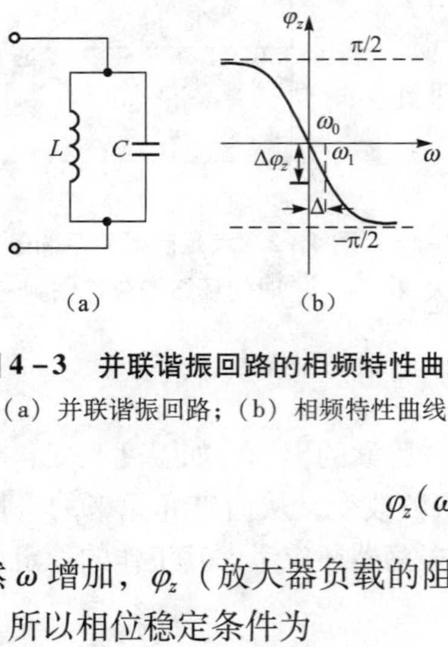

图 4-3 并联谐振回路的相频特性曲线

（a）并联谐振回路；（b）相频特性曲线

$$\varphi_z(\omega) \approx -\arctan\frac{2(\omega-\omega_0)}{\omega_0}Q_{\mathrm{e}} \tag{4-16}$$

显然 ω 增加，φ_z（放大器负载的阻抗角）降低，即并联振荡回路的相位特性保证了相位稳定。所以相位稳定条件为

$$\left.\frac{\delta\varphi_z}{\delta\omega}\right|\omega = \omega_0 < 0 \tag{4-17}$$

振荡回路的 Q_{e} 值越高，$|\partial\varphi_z/\partial\omega|$ 值越大，其相位稳定性越好，即振荡器的频率稳定度越高。

【提示或重点】（1）要产生稳定的正弦振荡，振荡器的起振条件、平衡条件和稳定条件三者缺一不可。因此，在由放大器和反馈网络组成的闭合环路中，必须含有可变增益放大器和选频网络。可变增益放大器不仅要提供足够的增益，还要具有随输入电压增大而减小的特性。而选频网络则应具有负斜率变化的相频特性，且能为环路提供合适的相移，保证环路在

振荡频率上的相移为零（或 $2n\pi$）。

（2）由于电路中有源元件、寄生参量和阻隔元件等的影响，振荡器的实际工作频率并不等于回路的固有谐振频率，因此，一般振荡器的振荡回路总处于微小失谐状态。可在振荡电路中加入电感或电容辅助元件，使 $\varphi_z=0$。

4.2 LC 振荡电路

反馈型 LC 振荡器按照反馈耦合元件不同可分为：互感耦合振荡器、电感反馈式振荡器和电容反馈式振荡器。对于振荡器的集电极直流电源可采用串联馈电与并联馈电两种形式。为了兼顾起振过程和振荡建立后的稳定平衡，振荡器都采用自偏压电路，且应采用具有高稳定性的混合反馈式偏置电路，而场效应管振荡器一般采用栅极自偏压电路。

4.2.1 变压器耦合振荡电路分析与仿真

变压器耦合振荡器也称互感耦合振荡器，是依靠线圈之间的互感耦合实现正反馈的，耦合线圈同名端的正确位置的放置，选择合适的耦合量 M，使之满足振幅起振条件很重要。

变压器耦合振荡器有三种形式：调基电路、调集电路和调发电路，这是根据振荡回路是在集电极电路、基极电路和发射极电路来区分的。

1. 调基电路

调基电路也称为基级调谐振荡器。如图 4－4 所示。

图中，L_1 与 L_2 耦合产生 M，将电容 C 与 L_1 并联构成基极调谐振荡器，为满足产生自激振荡的相位平衡条件，图中用 · 点表示出了同名端，在连线时应加注意。为满足起振条件，所选放大器件的电流增益 h_{fe} 应满足

$$h_{fe} > \frac{L_1}{M} \tag{4-18}$$

其振荡频率 f_0 为

$$f_0 = \frac{1}{2\pi\sqrt{L_1 C}} \tag{4-19}$$

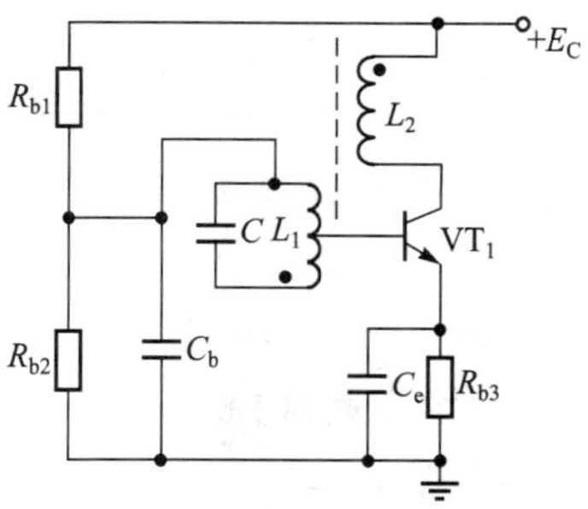

图 4－4　调基电路

可见 M 与振荡频率无关，因此，任意改变 L_1 和 L_2 的耦合以满足振荡条件，频率仍会保持不变。这是调基电路的一大特征。为了使频率连续可变，若将 C 取作可变电容器，那么其一端可接地，这也是一个有利之处。该电路振荡频率在较宽的范围改变时，振幅比较平衡。

由于基极和发射极之间的输入阻抗比较低，为了避免过多地影响回路的 Q 值，故在调基和调发这两个电路中，晶体管与振荡回路作部分耦合。

2. 调集电路

调集电路也称集电极调谐振荡器，其电路如图 4－5 所示，调谐回路 L_1C 接在集电极回路中。为满足产生自激振荡的相位平衡条件，图中用 · 点表示出了同名端，在连线时应加注

意。为满足起振条件，所选放大器件的电流增益 h_{fe} 应满足

$$h_{fe} > \frac{M}{L_1} \tag{4-20}$$

其振荡频率 f_0 为

$$f_0 = \frac{1}{2\pi\sqrt{L_1 C}} \tag{4-21}$$

可见 M 与振荡频率无关，因此，调整 L_1 和 L_2 的耦合不会影响振荡频率。调集电路在高频输出方面比其他两种电路稳定，而且幅度较大，谐波成分较小。

3. 调发电路

调发电路如图 4-6 所示，其调谐回路 L_1C 接在发射极回路中。

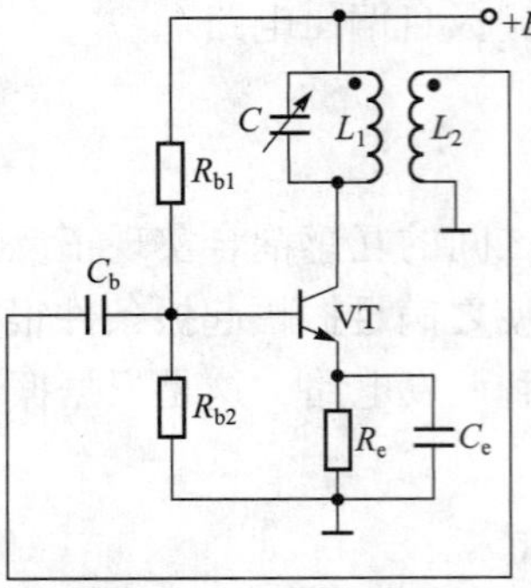

图 4-5　调集电路图

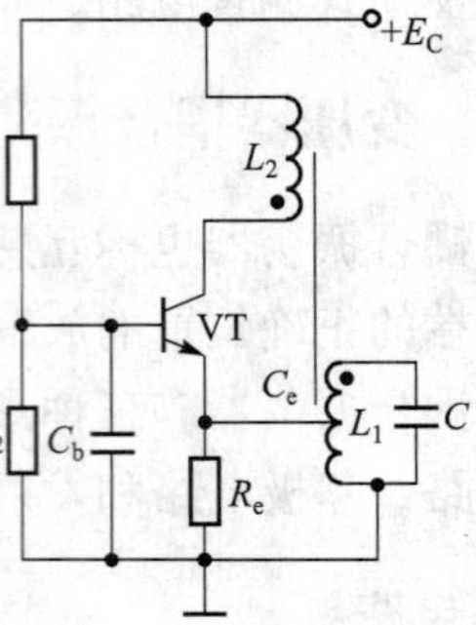

图 4-6　调发电路

由于基极和发射极之间的输入阻抗比较低，为了避免过多地影响回路的 Q 值，故在调基和调发这两个电路中，晶体管与振荡回路作部分耦合。

变压器耦合振荡器在调整反馈（改变 M）时，基本上不影响振荡频率。但由于分布电容的存在，在频率较高时，难以做出稳定性高的变压器。因此，它们的工作频率不宜过高，一般应用于中、短波波段。

【提示或重点】(1) 振荡电路的振荡频率的大小并不完全取决于 LC 回路，而是与晶体管参数、电路的工作状态以及负载有关。所以，变压器耦合振荡器的频率稳定度较差，且由于变压器耦合元件分布电容的存在，限制了振荡频率的提高，所以只适用于较低频段，如中波广播。

(2) 变压器耦合振荡器是依靠线圈之间的互感耦合实现正反馈，所以，应注意耦合线圈同名端的正确位置。同时耦合系数要选择合适。使之满足振幅起振条件。

知识扩展

根据 h 参数等效电路分析可知调集振荡器的振荡频率

$$f_0 = \frac{1}{2\pi}\sqrt{\frac{1}{L_1C}\left(\frac{\Delta h_b}{h_{ib}}\frac{\gamma}{r}+1\right)} \approx \frac{1}{2\pi}\sqrt{\frac{1}{L_1C}} \tag{4-22}$$

起振条件为

$$h_{\mathrm{fb}} > \frac{h_{\mathrm{ib}} r C + L_1 \Delta h_{\mathrm{b}}}{M} \tag{4-23}$$

其中 r 为 L_1 中的损耗电阻，$\Delta h_{\mathrm{b}} = h_{\mathrm{ob}} h_{\mathrm{fb}} - h_{\mathrm{fb}} h_{\mathrm{rb}}$（详细分析请见参考文献［1］）显然 M 与 h_{fb} 越大，越容易起振。

4. 反馈振荡电路的判断

根据上述反馈振荡电路的基本原理和应当满足的起振、平衡和稳定三个条件，判断一个反馈振荡电路能否正常工作，需考虑以下几点。

（1）可变增益放大器件（晶体管，场效应管或集成电路）应有正确的直流偏置，起振开始时应工作在甲类状态，以便于起振。

（2）开始起振时，环路增益幅值应大于1。由于反馈网络通常由无源器件组成，反馈系数 F 通常小于1，故要求 A（$j\omega_0$）必须大于1。一般共发射极、共基极电路都可以满足这一条件。另外，为了增大 A（$j\omega_0$），负载电阻不能太小。

（3）环路增益的相位在振荡频率点应为2π的整数倍，即环路应为正反馈。

（4）选频网络在振荡频率点附近应具有负斜率的相频特性。

例4-1　判断图4-7所示两极互感耦合振荡电路能否起振。

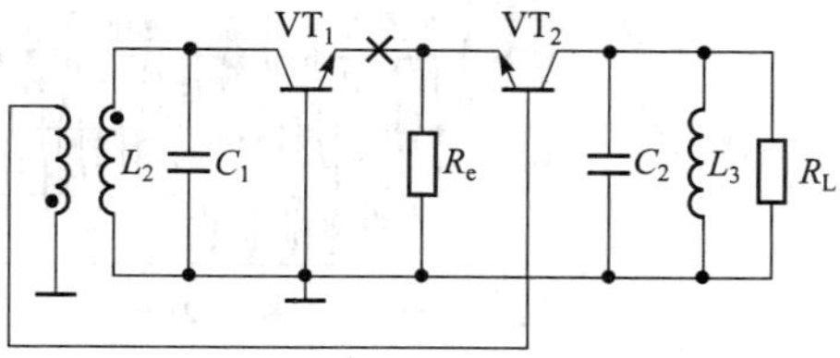

图4-7　双极互感耦合电路

解　在 T_1 的发射极与 T_2 之间断开（见图4-7中开断点“×”）。这是一个共基-共集反馈电路。振幅条件是可以满足的，所以只要相位条件满足，就可以起振。

利用瞬时极性判断法，根据同名端位置，可以得到

$$U_{\mathrm{e1}} \uparrow \rightarrow U_{\mathrm{c1}} \uparrow \rightarrow U_{\mathrm{b2}} \downarrow \rightarrow U_{\mathrm{e2}}(U_{\mathrm{e1}}) \downarrow$$

可见电路是负反馈，不能产生振荡。

如果把变压器次级同名端位置换一下，则可改为正反馈。而变压器初级回路是并联 LC 回路，作为 T_1 的负载，考虑其阻抗特性满足相位稳定条件，因此电路有可能产生振荡。

5. 变压器耦合振荡器的仿真

变压器耦合振荡器的仿真电路如图4-8（a）所示。该电路利用变压器将 Q_1 管的集电极信号耦合到 Q_2 管的输入端，由于 Q_1 管的集电极为同相输出端，从而形成正反馈。Q_1 管的集电极选频网络调谐为10 MHz，因此其振荡频率也应为10 MHz左右。仿真时，在Transient Analysis（瞬态分析）中，设置绘图的时间增量，设定为2 μs；设置瞬态分析终止时间，设定为50 μs。仿真结果如图4-8（b）所示。

4.2.2　基本三点式振荡电路分析与仿真

三点式LC振荡电路是目前应用最广的振荡电路之一。其工作频率约在几兆赫兹到几百兆赫兹的范围内，频率稳定度也比变压器耦合振荡电路高一些，约为 $10^{-3} \sim 10^{-4}$ 数量级，

采取一些稳频措施后，还可以再提高一点，这种振荡器的另一个优点是电路比较简单，易于制作。

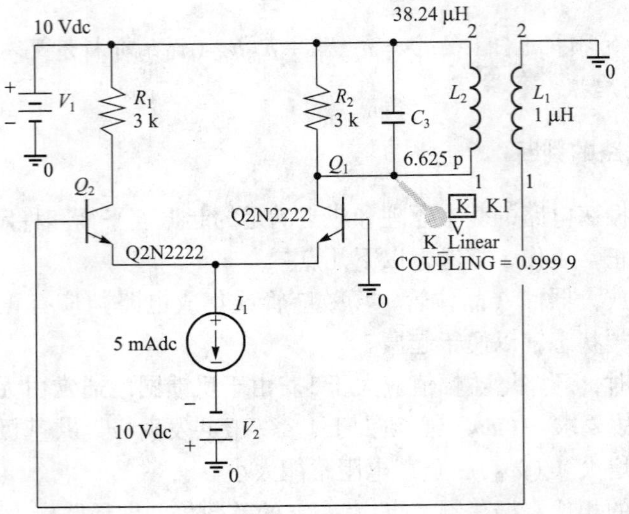

（a）

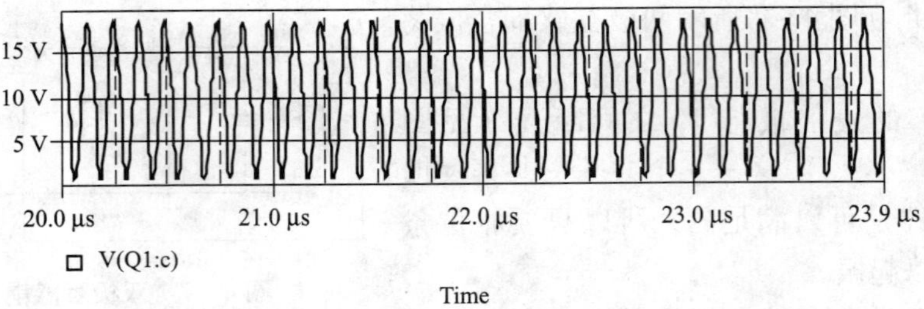

（b）

图 4 -8　变压器耦合振荡器的仿真电路及其输出波形

（a）仿真电路；（b）输出电压波形

1. 三点式振荡基本电路

图 4 -9 所示的电路就是通常所说的三点式（又称三端式）的振荡器，即 LC 回路的三个端点与晶体管的三个电极分别连接而成的电路。

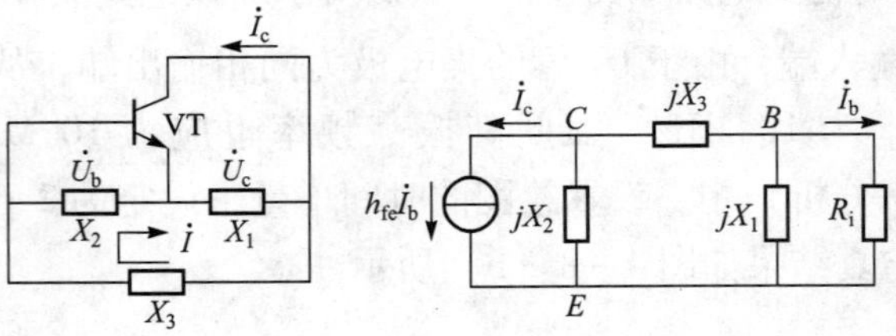

图 4 -9　三点式振荡器的组成及等效电路

（a）原理图；（b）等效电路

因为晶体管是电流控制器件，所以增益 A 最好采用电流增益，这样反馈系数 F 也必须用电流反馈系数表示了。这样图4-9（a）的等效电路就如图4-9（b）所示，其中 R_i 是晶体管的输入阻抗，输出导纳非常小，忽略不计。

因为 $A=h_{fe}$，由振荡平衡条件 $AF=1$ 可知，$F=1/h_{fe}$。于是有

$$F=\frac{\dot{I}_b}{h_{fe}\dot{I}_b}=-\frac{jX_2}{jX_2+jX_3+\dfrac{jX_1R_i}{jX_1+R_i}}\times\frac{jX_1}{jX_1+R_i} \tag{4-24}$$

整理可得

$$h_{fe}X_1X_2+X_1(X_2+X_3)+j(X_1+X_2+X_3)R_i=0$$

因而有幅度平衡条件

$$h_{fe}X_2+(X_2+X_3)=0 \tag{4-25}$$

相位平衡条件

$$X_1+X_2+X_3=0 \tag{4-26}$$

进一步整理可得

$$X_3=-(1+h_{fe})X_2 \tag{4-27}$$

$$X_1=h_{fe}X_2 \tag{4-28}$$

综上所述，从相位平衡条件判断图4-9所示的电路能否振荡的原则如下。

（1）X_1、X_2 应为同性质的电抗元件。即与晶体管发射极相连的两个电抗元件性质相同，要么均为感性元件，要么均为容性元件。

（2）X_3 与 X_1、X_2 的电抗性质相反。

可以简称为："射同余异"或"射同基反"。

三点式振荡器有两种基本电路，如图4-10所示。图4-10（a）中 X_1 和 X_2 为容性，X_3 为感性，满足三点式振荡器的组成原则，反馈网络是由电容元件完成的，称为电容反馈振荡器，也称为考必兹（Colpitts）振荡器。图4-10（b）中 X_1 和 X_2 为感性，X_3 为容性，满足三点式振荡器的组成原则，反馈网络是由电感元件完成的，称为电感反馈振荡器，也称为哈特莱（Hartley）振荡器。

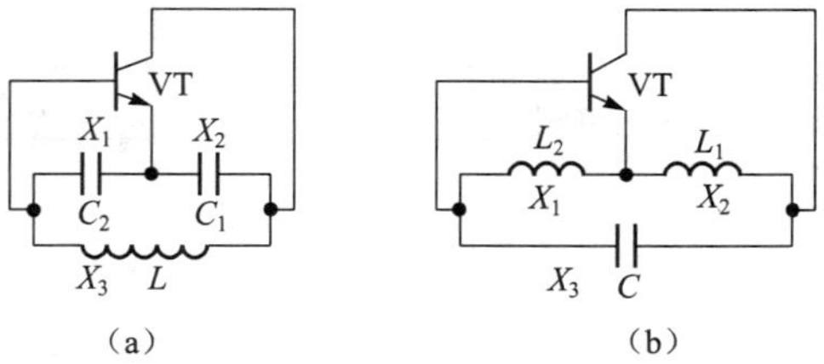

图4-10 两种基本的三点式振荡器

（a）电容反馈振荡器；（b）电感反馈振荡器

2. 电容反馈振荡器

图4-11（a）是一电容反馈振荡器的原理电路，图中 R_1、R_2 和 R_e 为分压式偏置电阻，C_b 和 C_e 为隔直和旁路电容。L、C_1、C_2 为谐振回路。L_c 为高频扼流线圈，构成集电极直流通路，对高频信号可视为开路。图4-11（b）是其交流等效电路，反馈电压取自 L 与 C_2 组成的分压器。

1）振荡角频率

由式（4-26）可得振荡角频率为

$$\omega_0 = \sqrt{\frac{1}{L\frac{C_1C_2}{C_1+C_2}}} \qquad (4-29)$$

2）起振条件

由振荡器的振幅起振条件 $AF>1$，可以得到

$$h_{fe} > \frac{C_1}{C_2} \qquad (4-30)$$

经验证明，C_2/C_1 取 1/3 ~ 1/8 较为适宜。电容反馈振荡器的优点是输出波形较好，这是因为集电极和基极电流可通过对谐波为低阻抗的电容支路回到发射极，因此高次谐波的反馈减弱，输出的谐波分量减小，波形更加接近于正弦波。其次，该电路中的不稳定电容都是与该电路并联的，因此适当加大回路电容量，就可以减弱不稳定因素对振荡频率的影响，从而提高频率稳定度。因而电容反馈振荡器适用于较高的工作频率。缺点是调节 C_1 或 C_2 来改变振荡频率时，反馈系数也将改变。因此，一般的电容反馈振荡器很难用作频率可变的振荡器。

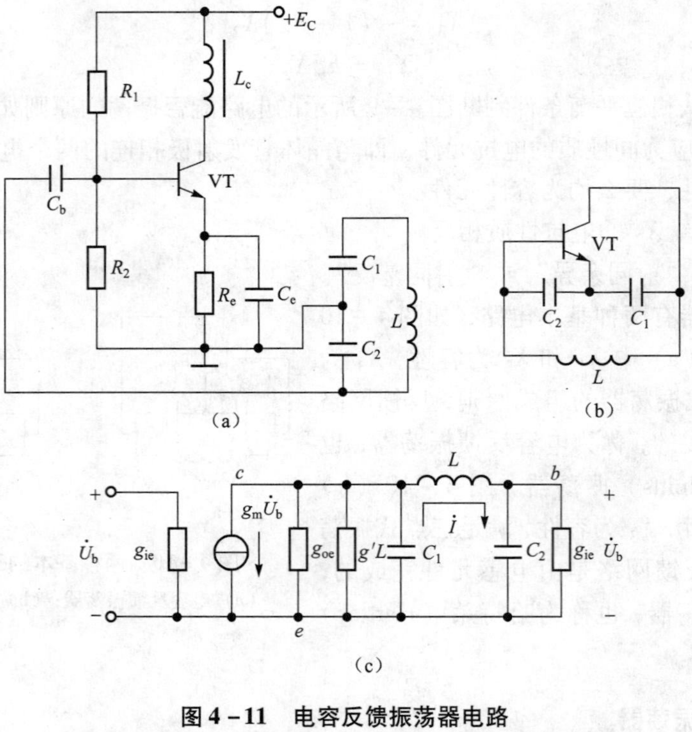

图 4－11　电容反馈振荡器电路

（a）原理电路；（b）交流电路；（c）等效电路

3. 电感反馈振荡器

本电路的特点是集电极与基极接 LC 回路的两端，发射极则接线圈中部某一点。因此 L_1 与 L_2 组成一个分压器，通常它们是绕制在同一线圈架上的，其绕的方向相同，互感系数为 M。L_1 上的电压要比 L_2 上的电压约大 2 ~ 5 倍。图 4－12 所示为一电感反馈振荡器的实际电路和交流电路。电路中集电极馈电采取串联馈电方式，基极则采取并联馈电方式，C_b 为隔

直电容，防止 E_c 通过电感 L_2 加到基极，以免高压击穿管子。

1）振荡频率

由式（4-26）可得振荡角频率为

$$\omega_0 = \sqrt{\frac{1}{(L_1 + L_2 + 2M)C}} \tag{4-31}$$

2）起振条件

由振荡器的振幅起振条件 $AF>1$，可以得到

$$h_{fe} > \frac{L_2 + M}{L_1 + M} \tag{4-32}$$

电感反馈振荡器的优点是电路易于起振和频率调节比较方便。缺点是振荡波形质量较差，波形失真较大。当工作频率较高时由于分布电容和极间电容的影响会随工作频率的升高面加重，因而不利于振荡器的正常工作。因此，虽然该电路的工作频率也能达到甚高频波段，但在甚高频波段里，优先选用的还是电容反馈振荡器。

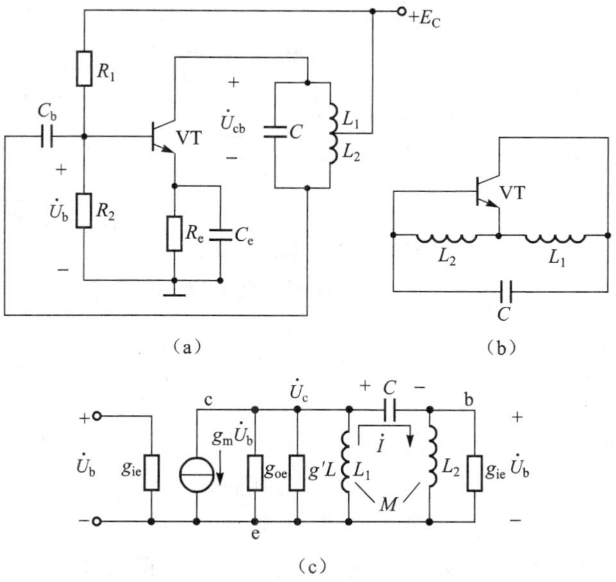

图4-12　电感反馈振荡器电路

（a）原理电路；（b）交流电路；（c）等效电路

电容反馈式振荡器与电感反馈式振荡器特点比较如下。

电容反馈振荡器：输出波形较好、输出频率较高，但振荡频率调节不方便；

电感反馈振荡器：振荡频率调节比较方便，但输出波形较差、输出频率不能太高。

【提示或重点】（1）三点式振荡电路中，作为可变增益器件的三极管，必须由偏置电路设置合适的静态工作点，以保证起振时工作在放大区，提供足够的增益，满足振幅起振条件。起振后，振荡振幅增长，直到三极管开始呈现非线性放大特性时，放大器的增益将随振荡振幅增大而减小。同时，偏置电路产生的自给偏置效应又进一步加速放大器增益的下降，从而进一步提高了振荡振幅稳定性。因此，电感三点式电路中 L_2 必须通过隔直电容 C_b 或 C_e 接到基极或发射极上，以防止偏置电路 R_{b2} 或 R_e 被 L_2 短路。

(2) 对三点式振荡电路进行分析时，也可延用第二章的分析方法，此时电容三点式和电感三点式高频等效电路可近似简化为图 4－11（c）和图 4－12（c）。在进行起振条件分析时，先将闭合环路开断，画出推导 T（$j\omega$）的开环等效电路（环路断开处的不同，并不影响起振条件，只是开断点的不同，放大器的组态和反馈网络的组成就不同了，相应地的放大器的增益和反馈系数亦不相同），求出谐振回路的固有角频率 ω_0，一般将其近似看作振荡器的振荡频率。将接在谐振回路各部分的电导折算到集电极上，分别求出放大器回路谐振时的增益和反馈系数，便可得到振幅起振条件。

4. 例题分析

例 4－2 振荡电路如图 4－13 所示，试画出交流等效电路，并判断电路在什么条件下起振，属于什么形式的振荡电路。

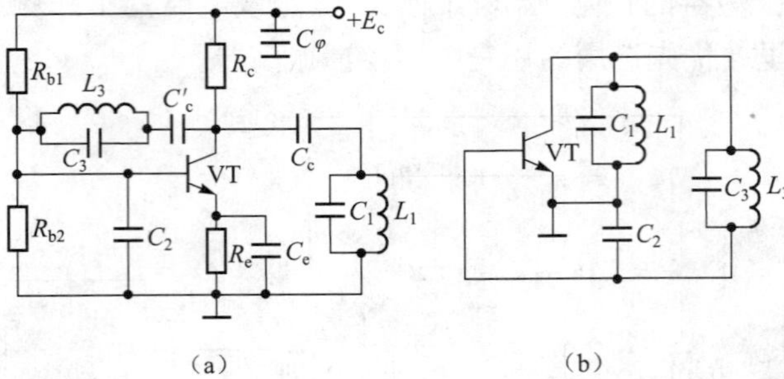

图 4－13 例 4－2 题图

(a) 原理图；(b) 交流电路

解 画交流等效电路的原则是：将所有偏置视为开路，将隔直电容和旁路电容视为短路，高频扼流线圈则视为开路。由此，可得该电路的交流等效电路如图 4－13（b）所示。

比较图 4－9 和图 4－13，由三点式振荡电路的相位平衡条件可知，L_1C_1 应呈容性，即应等效为电容，而 L_3C_3 则应呈感性，即可等效为电感。

由并联谐振电路的相频特性可知，当振荡频率 $f_0>f_1$（回路 L_1C_1 的固有频率）时，L_1C_1 呈容性，即可等效为电容，而当 $f_0<f_3$（回路 L_3C_3 的固有频率）时，L_3C_3 则应呈感性，即可等效为电感。此时，电路等效为电容反馈振荡电路。其条件可写为

$$\frac{1}{2\pi\sqrt{L_1C_1}}<\frac{1}{2\pi\sqrt{L_3C_3}}$$

即 $L_1\mathrm{C}_1>L_3C_3$。

例 4－3 试分析图 4－14 所示电路是否满足振荡的相位条件，若满足，试求该电路的振荡频率，并指出为何种振荡电路。

解 图中 L_c、C_{c2} 为直流电源滤波器，R_{b1}、R_{b2}、R_e 为直流偏置电阻，C_b 为基极旁路电容，使基极交流接地，C_1、C_2、L 构成并联谐振回路，R_L 为外接负载电阻。依据画交流等效电路的原则可得该电路的交流等效电路如图 4－14（b），根据三点式振荡器组成法则不难判断，该电路满足振荡的相位条件。由已知电路参数，可求得该电路的振荡频率为

$$f_0=\frac{1}{2\pi\sqrt{L\frac{C_1C_2}{C_1+C_2}}}=\frac{1}{2\pi\sqrt{6.5\times10^{-6}\frac{200\times100}{200+100}\times10^{-12}}}=7.65\times10^6\ (\text{Hz})\ =7.65\ (\text{MHz})$$

由图4－14（b）可知，其基极接地，反馈电压从电容 C_2 两端取出馈送给发射极，即发射极为放大器的输入端，因此，此电路为共基电容反馈振荡器。

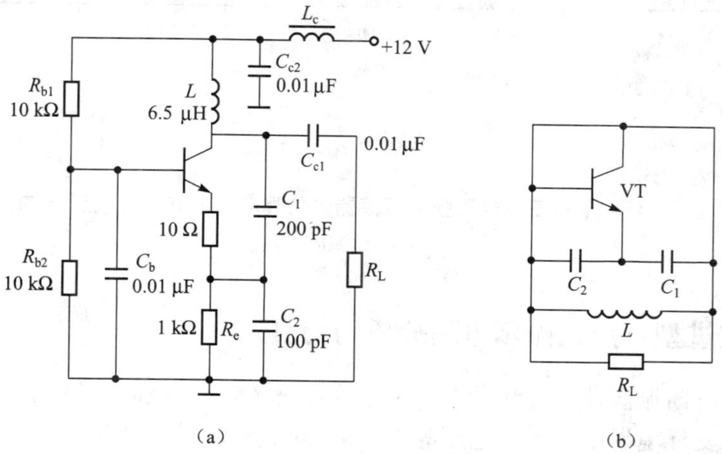

图4－14　例4－3题图

（a）原理图；（b）交流电路

5. 三点式振荡电路的仿真分析

图4－15（a）所示为电容三点式正弦波振荡电路的仿真电路。对该电路进行瞬态分析，瞬态分析时的参考设置为瞬态分析的最大步长设定为10 ns；瞬态分析终止时间，设定为10 μs。（注意最大步长设置应合理，否则模拟得到的波形不理想，或不能观测振荡波形。）于是可得到该电路的瞬时分析的仿真结果如图4－15（b）所示。

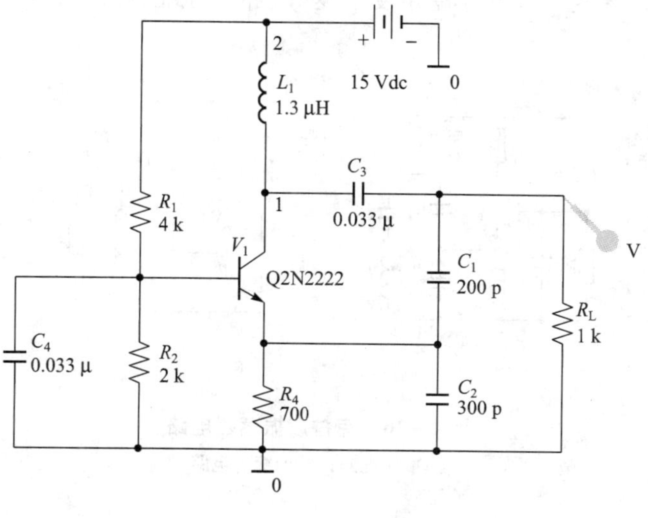

图4－15　电容三点式正弦波振荡器的仿真电路及其输出波形（一）

（a）仿真电路

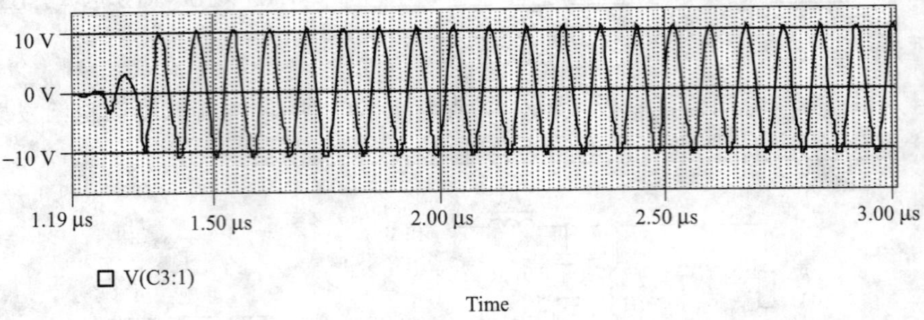

（b）

图 4－15　电容三点式正弦波振荡器的仿真电路及其输出波形（二）

（b）输出电压波形

4. 2. 3　改进型三点式振荡电路分析与仿真

无论是电容反馈振荡器还是电感反馈振荡器，晶体管的极间电容均会对振荡频率有影响，而极间电容受环境温度、电源电压等因素的影响较大，故它们的频率稳定度不高，需要对其进行改进以减少晶体管极间电容对回路的影响，可采用减弱晶体管与回路之间的耦合的方法，因此得到两种改进型电容反馈振荡器——克拉泼振荡器和西勒振荡器。

1. 克拉泼振荡器

图 4－16 所示为克拉泼振荡器的实际电路和交流等效电路，是由电容反馈振荡电路改进而来的，它用电感 L 和可变电容 C_3（$C_3 \ll C_1$、C_2）的串联电路代替原电容反馈振荡电路的电感。可变电容 C_3 的作用是把 L 与 C_1、C_2 分隔开，使反馈系数仅取决于 C_1 与 C_2 的比值，振荡频率则基本上由 C_3 和 L 决定。这样，C_3 就减弱了晶体管与振荡回路之间的耦合，从而提高了频率稳定度。C_3 越小，频率稳定度就越好，但起振也就越困难，因此，C_3 也不能无限制地减小。

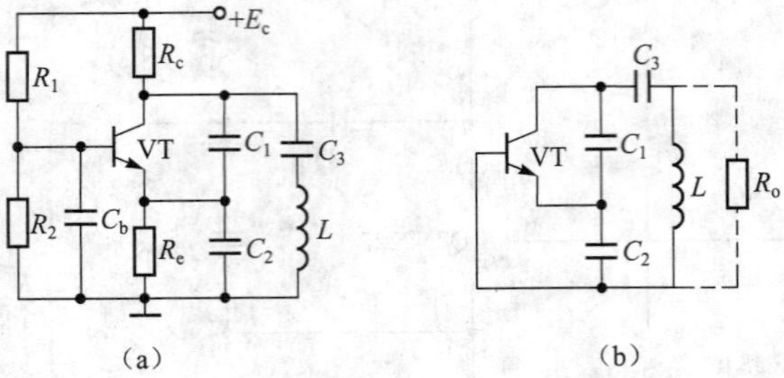

图 4－16　克拉泼振荡器电路

（a）原理图；（b）交流电路

由图 4－16（b）可知，回路的总电容为

$$\frac{1}{C}=\frac{1}{C_1}+\frac{1}{C_2}+\frac{1}{C_3}\overset{C_3\leqslant C_1C_2}{\approx}\frac{1}{C_3} \tag{4-33}$$

可见，回路的总电容 C 将主要由 C_3 决定，于是可得改进后振荡器的振荡频率和反馈系数分别为

$$\omega_0=\sqrt{\frac{1}{LC}}\approx\sqrt{\frac{1}{LC_3}} \tag{4-34}$$

$$F=\frac{C_1}{C_2} \tag{4-35}$$

需要注意的事项如下。

（1）由于电容 C_3 远小于电容 C_1、C_2，所以电容 C_1、C_2 对振荡器的振荡频率影响不大，因此可以通过调节 C_3 调节振荡频率；

（2）由于反馈回路的反馈系数仅由 C_1 与 C_2 的比值决定，所以调节振荡频率不会影响反馈系数；

（3）由于晶体管的极间电容与 C_1、C_2 并联，因此极间电容的变化对振荡频率的影响很小；

（4）当通过调节 C_3 调节振荡频率时，负载电阻 R_L 将随之改变，导致放大器的增益变化，因此调节频率时有可能因环路增益不足而停振，故主要用于固定频率或窄带的场合（最高振荡频率/最低振荡频率为 1.2 ~ 1.3 Hz）。

2. 西勒振荡器

图 4-17 所示为西勒振荡器的实际电路和交流等效电路。西勒振荡器的主要特点，就是与电感 L 并联一可变电容 C_4，同克拉泼振荡器一样有 $C_3 \ll C_1$、C_2。因此，晶体管与振荡回路之间的耦合较弱，频率稳定度高。与 L 并联的可变电容 C_4 是用来改变振荡器的工作波段的，而 C_3 则是起微调频率的作用。

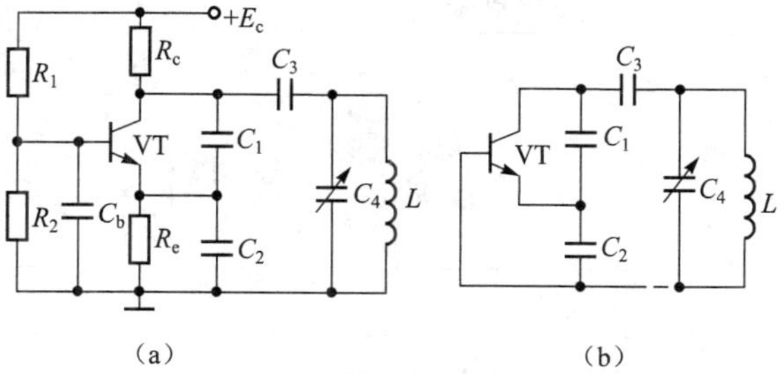

图 4-17　西勒振荡器电路

（a）原理图；（b）交流电路

由图 4-17 知，回路的总电容为

$$C=\frac{1}{\frac{1}{C_1}+\frac{1}{C_2}+\frac{1}{C_3}}+C_4\approx C_3+C_4 \tag{4-36}$$

振荡器的振荡频率为

$$\omega_0 = \sqrt{\frac{1}{LC}} \approx \sqrt{\frac{1}{L(C_3 + C_4)}} \tag{4-37}$$

需要注意的事项如下。

(1) 通过调节 C_4 实现振荡频率的调节；

(2) C_4 的改变不会影响接入系数和反馈系数；

(3) 适合于振荡频率需要在较宽范围内可调的场合（最高振荡频率/最低振荡频率可达 1.6 ~1.8 Hz）。

【提示或重点】

(1) 在克拉泼电路中，根据所需振荡频率决定 L、C_3 的值，然后取 C_1、C_2 远大于 C_3 即可。但 C_3 和 C_1、C_2 不能相差太大，这是因为 C_3 的减小会导致环路增益下降，也就是说减小 C_3 来提高回路标准性是以牺牲环路增益为代价的。如果 C_3 过小，振荡器就会因不满足振幅起振条件而停振。

(2) 在西勒电路中，由于 C_3 与振荡器的振荡频率有关，因此，C_3 的选择要合理。C_3 过小时，振荡管与回路间的耦合过弱，振幅平衡条件不易满足，电路难于起振；C_3 过大时，振荡频率主要由 L 和 C_3 决定，从而限制频率调节范围。此外，C_3 过大也不利于消除三极管极间电容对频率稳定的影响，也就是说频率稳定度会下降，因此，应在保证起振条件得到满足的前提条件下，尽可能地减小电容 C_3 的值。

(3) 由于 LC 元件的标准性较差，因而谐振回路的 Q 值较低，空载 Q 值一般不超过 300，有载时 Q 值更低。因此，LC 振荡器的频率稳定度不高，一般为 10^{-3} 量级，克拉泼电路和西勒电路的稳定度则为 10^{-4} ~ 10^{-5} 量级。

(4) 四种三点式振荡电路的性能比较，见表 4-1。

表 4-1　三点式振荡电路的性能比较

名　称	电容反馈型（考毕兹）	电感反馈型（哈特莱）	电容串联改进型（克拉泼）	电容并联改进型（西勒）
振荡频率 f_0 近似式	$\frac{1}{2\pi\sqrt{LC}}$ $\frac{1}{C} = \frac{1}{C_1} + \frac{1}{C_2}$	$\frac{1}{2\pi\sqrt{LC}}$ $L = L_1 + L_2 + M$	$\frac{1}{2\pi\sqrt{LC}}$ $\frac{1}{C} = \frac{1}{C_1} + \frac{1}{C_2} + \frac{1}{C_3} \approx \frac{1}{C_3}$	$\frac{1}{2\pi\sqrt{LC}}$ $C \approx C_3 + C_4$
波形	好	差	好	好
反馈系数	$\frac{C_1}{C_2}$	$\frac{L_2 + M}{L_1 + M}$	$\frac{C_1}{C_2}$	$\frac{C_1}{C_2}$
做可变 f_0 振荡器	不方便	可以	方便，但幅度不平稳	方便，幅度平稳
频率稳定度	差	差	好	好
最高振荡频率	几百至几千兆赫兹，但频率稳定度下降	几十兆赫兹	百兆赫兹，但幅度下降	百兆赫兹至千兆赫兹

3. 例题分析

例 4-4　一实用 LC 振荡电路如图 4-18 所示，试分析该电路，并求出振荡频率。

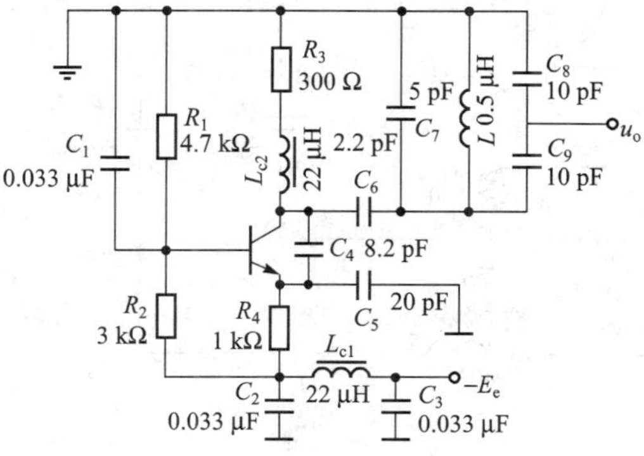

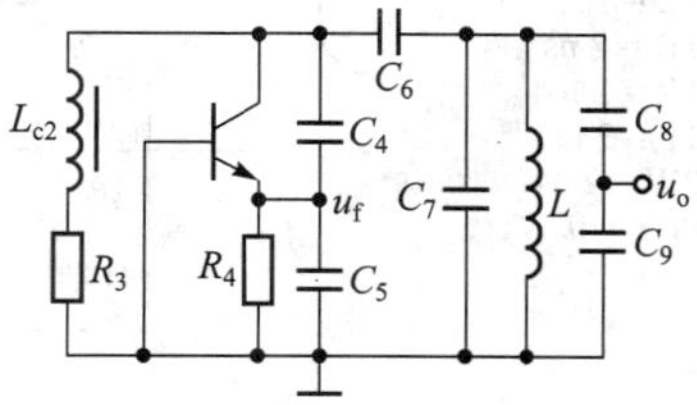

图 4-18　例 4-4 题图

(a) LC 振荡电路；(b) 交流通路

解　该电路采用负电源供电，C_2、L_{c1}、C_3 构成直流电源滤波器。R_1、R_2、R_4 为晶体管的直流偏置电路，用以确定静态工作点。R_3、L_{c2} 为高频扼流线圈。C_1 为基极旁路电容，C_8、C_9 为输出电容分压器，以减小实际负载对谐振回路的影响。

其交流通路如图所示。由图可见，C_4、C_5 构成正反馈电路，反馈电压取自 C_5 两端电压，$C_4 \sim C_9$ 与 L 组成谐振回路，故振荡电路构成了并联改进型电容三点式振荡器，即西勒电路。

由图，可得谐振回路总的电容等于

$$C = \frac{1}{\frac{1}{C_4}+\frac{1}{C_5}+\frac{1}{C_6}} + C_7 + \frac{1}{\frac{1}{C_8}+\frac{1}{C_9}}$$

$$= \frac{1}{\frac{1}{8.2}+\frac{1}{20}+\frac{1}{2.2}} + 5 + \frac{1}{\frac{1}{10}+\frac{1}{10}}$$

$$= 11.6(\text{pF})$$

由此，可求出该振荡器的振荡频率为

$$f_0 = \frac{1}{2\pi\sqrt{LC}} = \frac{1}{2\pi\sqrt{0.5\times10^{-6}\times11.6\times10^{-12}}} = 66\times10^6(\text{Hz}) = 66(\text{MHz})$$

4. 改进型三点式振荡电路的仿真

图 4-19（a）所示为克拉泼正弦波振荡电路的仿真电路。外加脉冲源是为了产生一个起始冲击信号，加速振荡电路起振，对该电路进行瞬态分析，选取合适的最大步长和瞬态分析终止时间，可得到该电路的输出电压仿真波形，如图 4-19（b）所示。

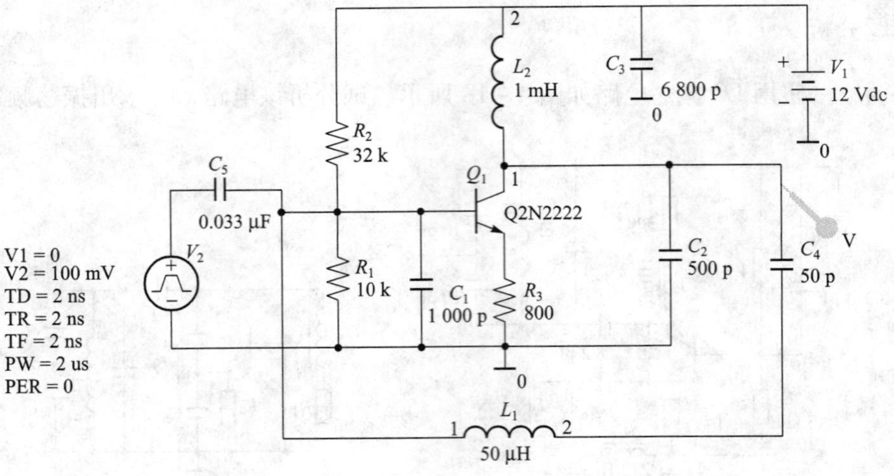

（a）

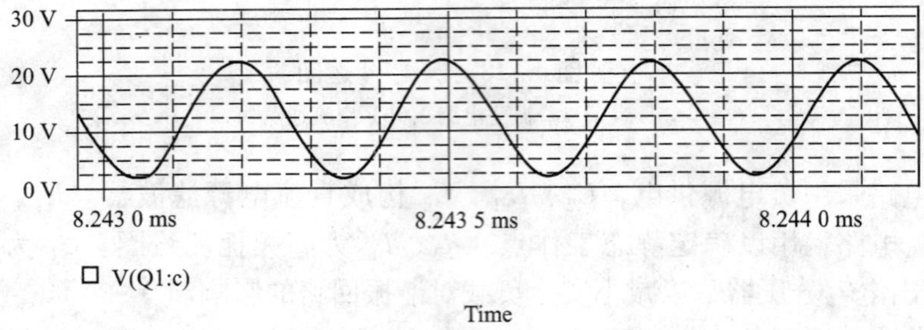

（b）

图 4－19　克拉泼正弦波振荡电路的输出电压仿真波形

（a）仿真电路；（b）输出波形

4.2.4　其他 LC 振荡器

1. 由场效应管构成的 LC 振荡器

用场效应管构造 LC 振荡器，由于其输入阻抗比晶体管大，故可得到较好的振荡状态。为了通过自偏压产生振幅限制效果，因此需要在振荡状态下栅极电流流通的结型场效应管。原则上讲，前述各种晶体管振荡器电路，均可用场效应管构成，可根据振荡原理导出用场效应管参数表示的振荡条件，其分析方法与晶体管振荡器类似。在这里仅举例说明场效应管振荡器，图 4－20 所示为结型场效应管构成的栅极调谐振荡器实例，其中 L_1 和 L_2 的互感系数 M 为 38.7 μH，振荡频率为 342 kHz。

2. 差分对管振荡电路

在集成电路中，广泛采用图 4－21 所示的差分对管 LC 振荡电路（因是日本索尼公司首次提出，所以也称为索尼振荡器）。图中，T_1 和 T_2 为差分对管，其中 T_2 管的集电极上外接

LC 谐振回路，调谐在振荡频率上，并将其上的输出电压直接加到 T_1 管的基极上，形成正反馈。接到 T_2 管基极上的直流电压 E_B 又通过 LC 谐振回路（对直流近似短路）加到 T_1 基极上，为两管提供等值的基极偏压，同时 E_B 又作为 T_2 管的集电极电源电压，这样，就会使得 T_2 管的集电极和基极直流同电位。因此，必须限制 LC 谐振回路两端的振荡电压振幅（一般在 200 mV 左右），以防止 T_2 管饱和导通。这种振荡器是由振荡管进入截止区（而不是饱和区）来实现稳幅的，这就保证了回路有较高的有载品质因数，有利于提高频率稳定度。此外，在实际电路中，还采用了负反馈的方法控制恒流值 I_0 来进一步改进稳幅作用，并限制振荡电压振幅。

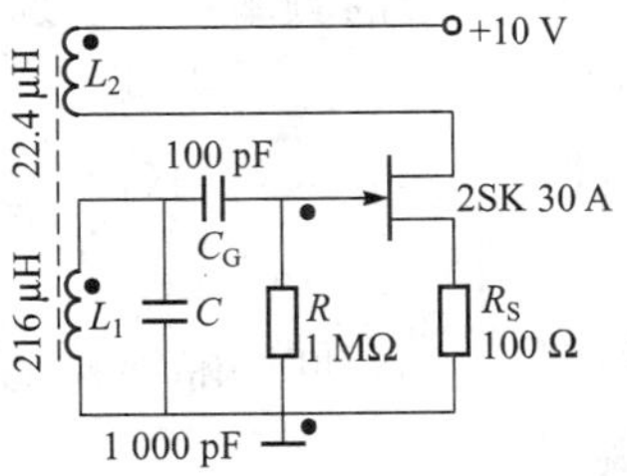

图 4-20　栅极调谐振荡器

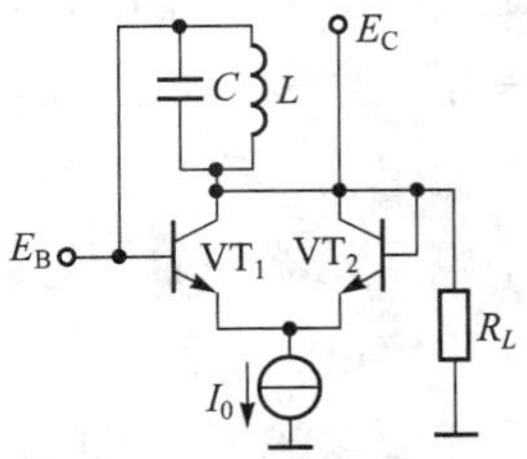

图 4-21　差分对管振荡器

4.3 LC 振荡器频率稳定性分析

4.3.1 频率稳定性的概念及稳频原理

1. 频率稳定度

振荡器的频率稳定度是指由于外界条件的变化，引起振荡器的实际工作频率偏离标称频率的程度，它是振荡器的一个很重要的指标。其定义是：在规定时间内，规定的温度、湿度、电源电压等变化范围内振荡频率的相对变化量。

2. 频率稳定度的描述

频率稳定度在数量上通常用频率偏差来表示。频率偏差是指振荡器的实际频率和指定频率之间的偏差。可分为绝对频率偏差和相对频率偏差。若设 f_1 为实际工作频率，f_0 为标称频率，则绝对频率偏差（即绝对频率稳定度）定义为实际振荡工作频率 f_1 与标称频率 f_0 之间的差值，即

$$\Delta f = f_1 - f_0 \tag{4-38}$$

Δf 越小，频率稳定度就越高。有些情况下，也用一定时间内的频率变化值作为绝对频率稳定度的定义。

相对频率偏差（即相对频率稳定度）的定义为在一定条件下，绝对频率偏差 Δf 与标称频率 f_0 之间的比值

$$\frac{\Delta f}{f_0}=\frac{f_1-f_0}{f_0} \tag{4-39}$$

通常人们最关心的是频率随时间变化而产生的偏差，通常称为频率稳定度（实际上称为频率不稳定度最恰当）。它的定义为在一定时间间隔内，振荡器频率的相对变化，用

$$|\delta=\Delta f/f_1|_{时间间隔}$$

来表示，δ 数值越小，则表示频率稳定度越高。

3. 频率稳定度的分类

根据规定时间长短的不同，频率稳定度可分为长期、短期和瞬时频率稳定。通常所说的频率稳定度是指短期频率稳定度。

长期频率稳定度：一般是指一天以上甚至几个月的时间间隔内频率的相对变化。通常是因为振荡器中电子元器件的老化造成的。

短期频率稳定度：一般是指一天以内，以小时、分钟或秒记的时间间隔内频率的相对变化。主要是由于温度的变化和电源电压的不稳定所产生的。

瞬时频率稳定度：一般是指秒或毫秒的时间间隔内频率的相对变化。这种频率变化一般具有随机性质，有时也被看作振荡信号附有相位噪声。引起这类频率不稳定的因素主要是振荡器内部的噪声，一般常用统计规律来进行衡量。

频率稳定度用10的负几次方来表示，其次方的绝对值越大，表示频率稳定度越高。频率稳定度的要求视要求而定，一般短波、超短波发射机的频率稳定度为 $10^{-4}\sim10^{-5}$，电视发射台的频率稳定度为 5×10^{-7}左右。

4. 振荡器的稳频原理

振荡器的振荡频率是由相位平衡条件决定的，当满足相位平衡条件，即 $\varphi_T=\varphi_a+\varphi_f=2n\pi$（$n$ 为整数，为方便分析，一般取 $n=0$）时，振荡器的频率就稳定下来。而不满足相位平衡条件时振荡频率就发生变化。由于主要取决于并联谐振回路的相移，它在谐振频率附近的变化十分剧烈，反之，变化相对地要缓慢得多，可近似认为它是与频率无关的常数，这样，相位平衡条件就可写成

$$\varphi_T=\varphi_z+\varphi_f=0 \tag{4-40}$$

其中

$$\varphi_z(\omega)\approx-\arctan\frac{2(\omega-\omega_0)}{\omega_0}Q_e \tag{4-41}$$

由此可见，影响振荡频率的参数是 ω_0、Q_e 和 φ_f，因此，讨论频率稳定度就是分析外界因素变化是如何通过这3个参数影响振荡频率变化的。

ω_0 由构成谐振回路的电感L和电容C决定，它不仅要考虑回路的线圈电感、调谐电容和反馈电路元件，还应考虑并在回路上的其他电抗，如晶体管的极间电容、后级负载电容或电感等。设回路电感和电容由于环境温度和湿度的变化而引起的总变化量分别为 ΔL、ΔC，当电感由 L_0 变为 $L_0+\Delta L$，电容由 C_0 变为 $C_0+\Delta C$ 时，振荡频率则由 ω_0 变为 $\omega_0+\Delta\omega$。由

$\omega_0 = 1/\sqrt{LC}$ 可得

$$\frac{\Delta\omega}{\omega_0} = -\frac{1}{2}\left(\frac{\Delta L}{L_0} + \frac{\Delta C}{C_0}\right) \tag{4-42}$$

可见，回路元件 L 和 C 的稳定度将影响振荡器的频率稳定度。

其次，频率稳定度还与 $\Delta(\varphi_a + \varphi_f)$ 和 ΔQ_e 有关，其中 $\Delta(\varphi_a + \varphi_f)$ 主要取决于晶体管内部的状态，受晶体管电流 i_c、i_b 变化的影响，当温度和电源电压变化时，必然会引起晶体管的静态工作点和结电容发生变化。ΔQ_e 则通常是因负载变化而引起的，回路的 Q_e 越大，$(\varphi_a + \varphi_f)$ 的绝对值越小，频率稳定度就越高。通常振荡器工作频率越高，由于晶体管的高频效应，φ_a 的绝对值越大。φ_f 主要是由于基极输入电阻引起的，输入电阻对回路的加载越重，反馈系数越大，φ_f 的值也越大。当回路线圈的无载 Q_0 值一定时，提高 Q_e，就意味着负载对回路的加载要轻，回路的效率要降低。在稳定性要求高的振荡器中，只是将很小的一部分功率送给了负载，因此，振荡器的总效率是很低的。

4.3.2 提高频率稳定性的方法

由前面的分析可知，振荡器的频率主要取决于谐振回路的参数，同时与晶体管的参数也有关，这些参数不可能固定不变，因此造成了振荡器的振荡频率不稳定。稳频的主要措施如下。

1. 减小外界因素变化的影响

影响振荡频率的外界因素有温度、湿度、大气压力、电源电压、周围磁场、机械振动以及负载变化等，尤以温度的影响最为严重。这些外界因素的变化一般是无法控制的，但可以设法减小它们作用在振荡器上的变化。例如，为减小温度的影响，可将振荡器或其中的回路元件置于恒温槽内来减小温度变化；或选用温度系数小的元件；或用负温度系数的电容补偿正温度系数的电感的变化。采用屏蔽罩来减小回路参数受寄生电容及周围电磁场的影响。加装弹性垫圈等防振措施来减小机械振动对振荡频率的影响。采用密封工艺来减小作用在振荡器上的湿度和大气压力的变化。采用高稳定的稳压电源来减小电源电压的变化。在负载与振荡器之间插入缓冲器来减小加在振荡器上负载的变化。此外，选取合理的电路形式也可增强抗外界因素变化的影响。

2. 提高回路的标准性

振荡回路标准性是指在因外界因素变化，回路元件保持回路固有频率不变的能力。也就是说，振荡回路的标准性是指回路电感和电容的标准性。回路标准性越高，外界因素变化引起的变化就越小。由式（4－42）知，为了提高回路标准性，必须减小 L 和 C 的相对变化量。在 L 和 C 中，除了外加的集总电感和电容外，还包括元件和引线的分布电容和分布电感以及管子的极间电容等寄生参量。由此可知，可通过采用高稳定的集总电感和电容器，减小不稳定的寄生参量及其在 L 和 C 中的比重以及采用温度补偿等方法提高回路的标准性。

3. 减少晶体管的影响

晶体管的极间电容将影响频率稳定度，在设计电路时应尽可能减少晶体管和回路之间的耦合，如采用克拉泼和西勒电路形式。此外，应选择 f_T 较高的晶体管，f_T 越高，高频性能越好，可以保证在工作频率范围内均有较高的跨导，电路易于起振。而且，f_T 越高，晶体管内部相移越小。一般可选择 $f_T > (3 \sim 10) f_{\mathrm{omax}}$，$f_{\mathrm{omax}}$ 为振荡器最高工作频率。

4. 提高回路的品质因数

根据 LC 回路的特性知，回路的 Q 值越大，回路的相频特性斜率就越大，即相位越稳定。振荡频率也越稳定。减小电容量可提高回路的 Q 值，但电容太小时，晶体管的输出、输入电容对回路的等效引入电容和分布电容在回路总电容量中所占的比例将增大，从而使得频率稳定度降低，因而应兼顾这两方面。

4.4* RC 振荡电路

当要求产生频率在几十千赫兹以下的低频正弦波信号时，需采用 RC 振荡器。其电路由 RC 选频网络和放大器组成。RC 选频网络有 RC 导前移相电路、RC 滞后移相电路和 RC 串并联选频电路，它们的电路结构及相应的频率特性曲线见表 4－2。

表 4－2　RC 移相电路的结构及其频率特性

	导前移相电路	滞后移相电路	串并联选频电路
电路	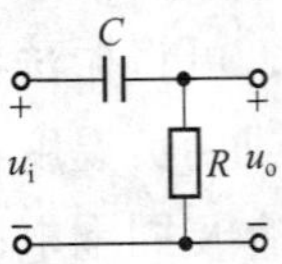 $A(j\omega) = j\dfrac{\omega/\omega_0}{1 + j\omega/\omega_0}$	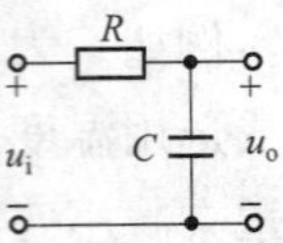 $A(j\omega) = \dfrac{R}{1 + j\omega/\omega_0}$	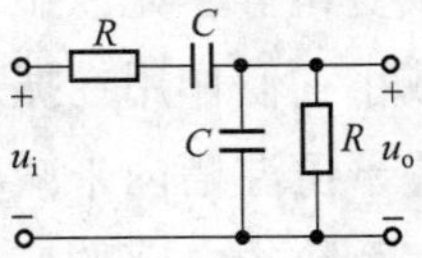 $A(j\omega) = j\dfrac{\omega/\omega_0}{\left(1 - \dfrac{\omega^2}{\omega_0^2} + j3\dfrac{\omega}{\omega_0}\right)}$
幅频特性	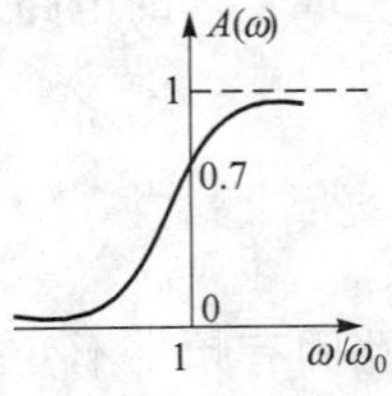	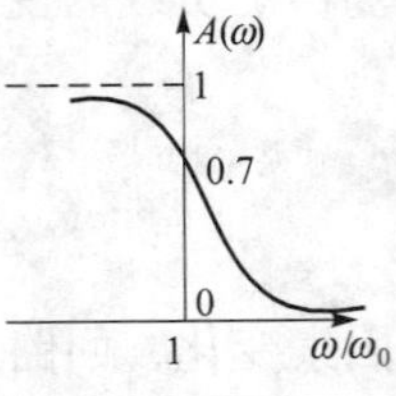	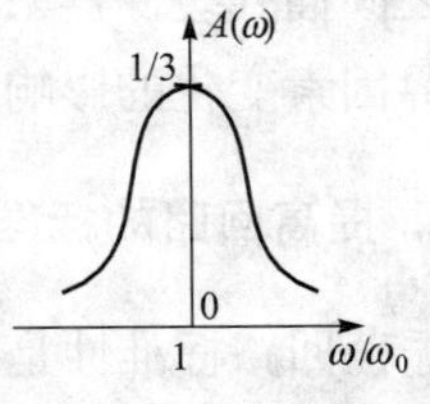
相频特性	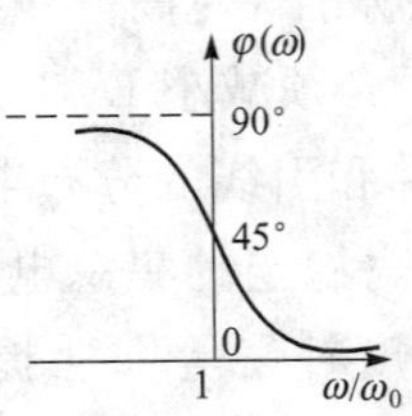	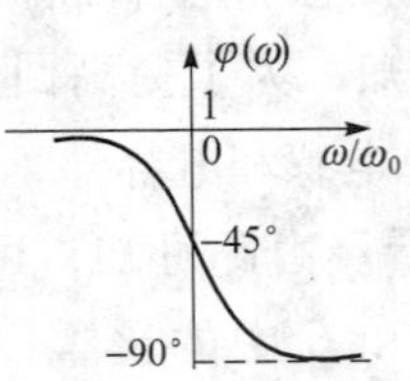	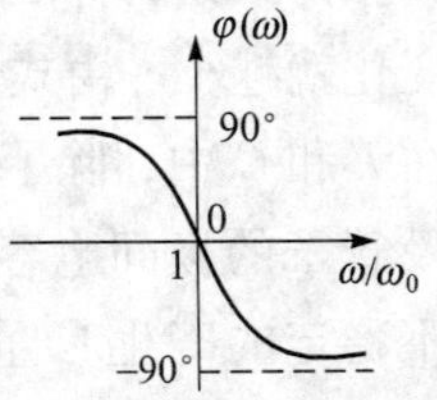

由表4－2知，RC导前和滞后两种移相电路均具有单调变化的幅频特性。在 $\varphi(\omega) \to 90°$（导前移相电路）或 $\varphi(\omega) \to -90°$（滞后移相电路）时，$A(\omega) \to 0$。可见要想产生180°同时 $A(\omega)$ 的值足够大，必须至少用三节导前或滞后移相电路级联才能满足要求，由此构成的振荡器称为RC相移振荡器。而RC串并联选频电路则具有类似于LC谐振电路的选频特性，由此构成的振荡器称为串并联RC振荡器或称文氏电桥振荡器。

4.4.1　文氏电桥振荡器分析与仿真

1. 文氏电桥振荡器分析

图4－22所示电路便是由RC串并联选频电路和集成运算放大器构成的文氏电桥振荡器。显然，集成运放必须接成同相放大器，提供零相移，这样，当振荡频率等于RC串并联选频电路的谐振频率时，环路满足相位平衡条件。

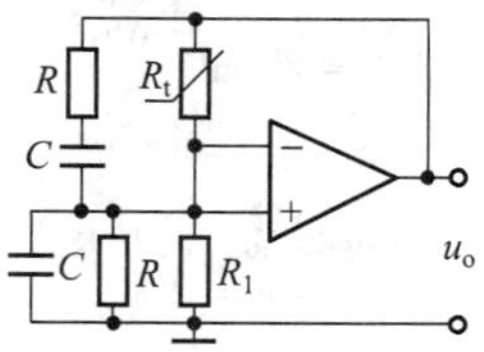

图4－22　集成运放文氏电桥振荡器

此时振荡频率为 $\omega_0 = 1/RC$。由幅度平衡条件 $AF=1$ 可知，因 $F=1/3$，所以放大器的增益 A 为

$$A = \frac{3(R_t + R_1)}{R_t - 2R_1} \tag{4-43}$$

A 必须为正实数，故负反馈支路必须满足 $R_t > 2R_1$，否则不满足振荡条件。图中，R_t 为热敏电阻，具有负温度系数（若用正温度系数的热敏电阻，则 R_t 和 R_1 的位置应互换）。当振荡刚起振时，R_t 的温度最低，相应的阻值最大，因而 A 也最大，使得 $T(\omega_0) > 1$。随着振荡幅度的增大，R_t 上消耗的功率也将增大，致使其温度升高，R_t 阻值下降，A 也随之减小，直到 $T(\omega_0) = 1$，振荡器进入平衡状态。采用外稳幅（依靠外加热敏电阻形成可变负反馈来实现振幅的平衡和稳定的方法称为外稳幅；依靠晶体管本身的非线性特性来稳定振幅的方法称为内稳幅）的方法，放大元件可以工作在线性状态下，有利于改善振荡电压波形。

文氏电桥振荡器产生的信号频率范围很宽，可从几赫兹到几百千赫兹，个别可到几兆赫兹。其电路结构简单，调整方便，波形失真系数约为千分之几。缺点是运放的输入阻抗和输出阻抗对选频网络特性有较大的影响。

2. 文氏电桥振荡器的仿真

图4－23（a）所示为外稳幅RC振荡电路的仿真电路。在对该电路进行瞬态分析时，为加速其起振，外加脉冲源PULSE产生一起始冲击信号，其瞬时分析仿真输出电压波形如图4－23（b）所示。

4.4.2　移相式振荡器分析

图4－24所示电路给出了由三节RC导前移相电路和集成运放组成的RC相移振荡器，称为微分型移相振荡器。

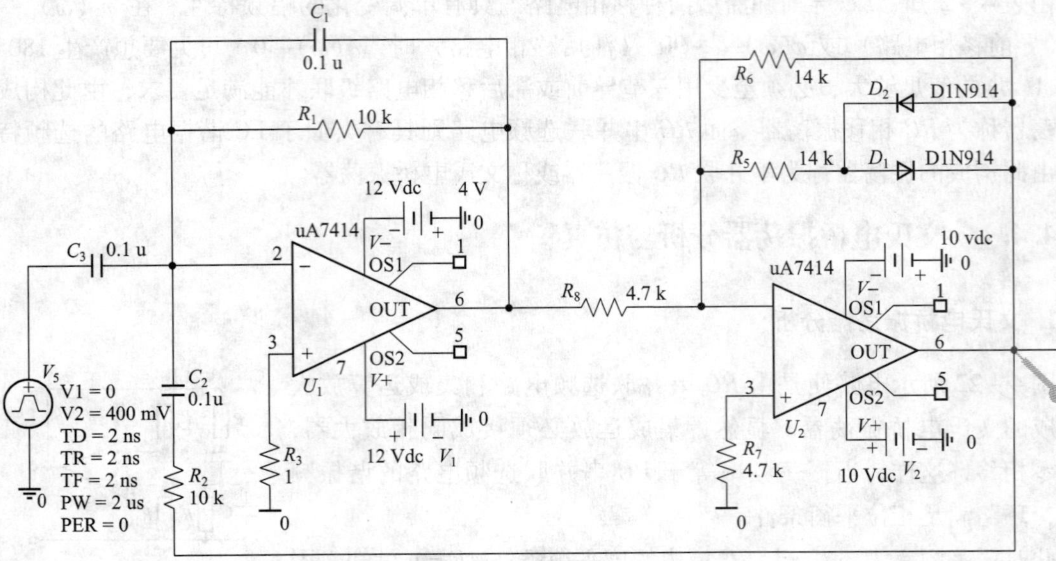

(a)

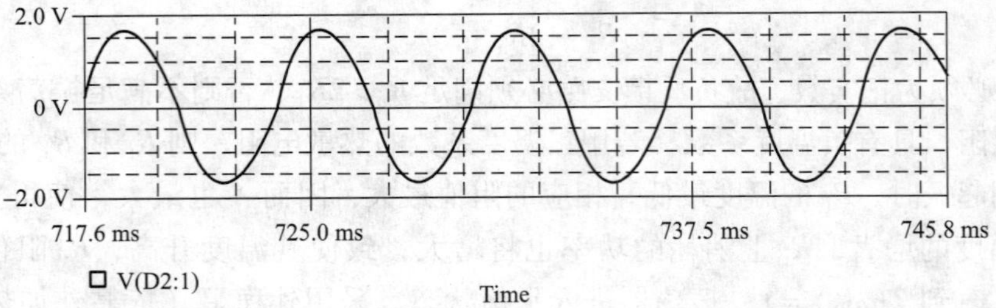

(b)

图 4－23　外稳幅 *RC* 振荡电路的仿真波形

（a）仿真电路；（b）输出波形

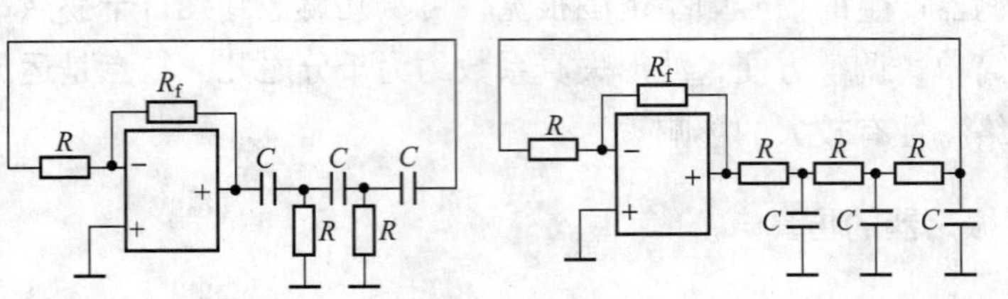

（a）　　　　　　　　　　　　　（b）

图 4－24　移相式振荡器

（a）微分型移相振荡器；（b）积分型移相振荡器

由于移相电路具有微分特性，频率越高，电路增益越大。因此，在频率特别高时往往伴随有寄生振荡。若高频区的电路增益太大，除了产生寄生振荡外，也会发生其他模式的振荡，如弛张振荡等。该振荡器的振荡频率和振幅起振条件分别为

$$f_0 = \frac{1}{2\pi\sqrt{6}RC} \tag{4-44}$$

$$\frac{R_f}{R} > 29 \tag{4-45}$$

由三节 RC 滞后移相电路和集成运放组成的 RC 相移振荡器称为积分型移相振荡器。因为积分型移相振荡器有滤去高次谐波成分的能力，所以即使增益偏大一些，振荡波形也是正弦波形。该振荡器的振荡频率和振幅起振条件分别为

$$f_0 = \frac{\sqrt{6}}{2\pi RC} \tag{4-46}$$

$$\frac{R_f}{R} > 29 \tag{4-47}$$

RC 相移振荡器结构简单，经济方便，但改变频率不方便。因而只用作技术指标要求不高的固定频率振荡器。要想得到良好的振荡波形和稳定的输出，放大器的增益应能自动保持为29，因此在实际上常需加入自动控制增益电路。

4.5 石英晶体振荡器

4.5.1 石英晶体电参数模型

石英晶体是一种各向异性的二氧化硅结晶体，具有正、逆压电效应。所谓正压电效应是指沿石英晶体的机械轴（或电轴）对其施加压力时，则会在与它们垂直的两个表面上产生异性电荷，其值与机械压力产生的形变位移成正比。若在晶体两面之间加一电场，则根据电场方向的不同，晶体将沿电轴（或机械轴）延伸或压缩，其延伸或压缩量与电场强度成正比，这一现象称为逆压电效应。正、逆压电效应是石英晶体用作谐振器的物理基础。

为了得到良好的谐振效果，石英晶体谐振器都是把晶体严格地按照一定方位切割成晶体片，再在一块石英晶片的两面涂上银层作为电极，并从电极上焊出引线固定于管脚上，通常做成金属封装的小型化元件，壳内通常被抽成真空或充以惰性气体。

石英晶体谐振器是一种体波谐振器，其谐振频率主要由切割方位、振动模式及晶体片的尺寸决定。根据晶体加工成使其工作在基波频率还是谐波频率上，将晶体分为基频晶体和泛音晶体。泛音晶体是指以谐波频率作为输出谐振频率的晶体，而基频晶体则是指把基波频率作为输出谐振频率的晶体。常用的泛音晶体均工作在3次、5次、7次等奇次泛音下。基频晶体可调节控制的相对频率范围较宽，但频率稳定度略差。而泛音晶体的可调节控制的相对频率范围较窄，但频率稳定度高。因此，常用基频晶体做成压控晶体振荡器，而用泛音晶体做成高稳定度的晶体振荡器。

石英晶体谐振器的电路符号如图4-25（a）所示。从电的观点来看，当外加交变电压与石英晶体的机械振动发生共振时，晶片两电极上的交变电荷量最大，也就是说，通过晶片的交变电流最大，因而具有串联谐振的特性。其等效电路中的 C_0 为石英谐振器的静态电容和支架、引线等分布电容之和；L_{qn} 与 C_{qn} 为压电谐振的等效参数；r_{qn} 为振动时摩擦损耗的

等效电阻（$n=1$、3、5、7）。则可用图所示的串联谐振电路来等效晶体谐振器的电特性。其中，L_{q1}、C_{q1}、r_{q1} 等效它的基频谐振特性，L_{q3}、C_{q3}、r_{q3} 等效它的三次泛音的谐振特性……。作为基频晶体谐振器时其等效电路简化为图 4－25 所示电路。

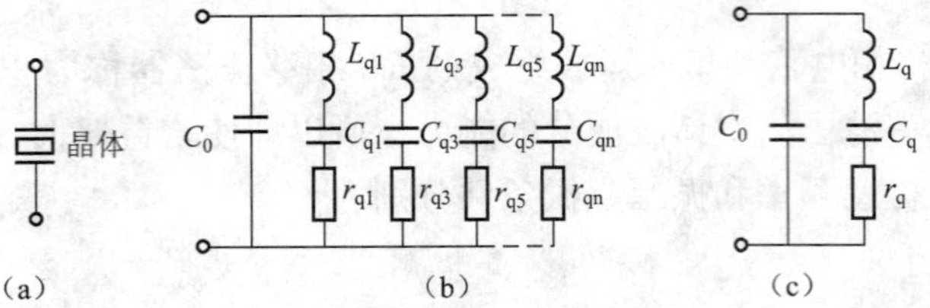

图 4－25　石英晶体谐振器的等效电路

（a）电路符号；（b）完整等效电路；（c）基频等效电路

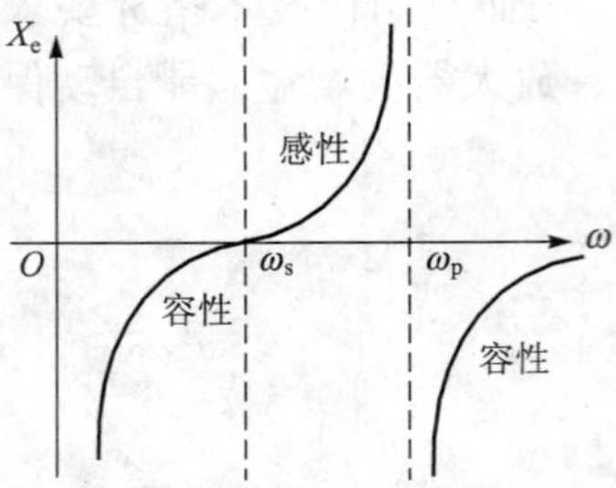

图 4－26　石英晶体谐振器的等效电路

静态电容 C_0 约为 1 ~ 10 pF；动态电感 L_q 约 10^{-3} ~ 10^{-2} H；动态电容 C_q 约 10^{-4} ~ 10^{-1} pF；动态电阻 r_q 约几十欧姆至几百欧姆。由此可知，石英晶体谐振器的 Q 值很高，可达几万到几百万。而且其接入系数很小，因此外接元器件参数对石英晶体谐振器的影响很小。由上所述，不难理解石英晶体谐振器的频率稳定度非常高。

由图 4－25（c）可以看到，石英晶体谐振器可以等效为一个串联谐振回路和一个并联谐振回路。若忽略，则晶振两端呈现纯电抗，其电抗—频率特性曲线如图 4－26 所示。

串联谐振角频率为

$$\omega_s = \frac{1}{\sqrt{L_q C_q}} \tag{4-48}$$

并联谐振角频率为

$$\omega_p = \frac{1}{\sqrt{L_q \dfrac{C_0 C_q}{C_0 + C_q}}} = \omega_s \sqrt{1 + \frac{C_q}{C_0}} \tag{4-49}$$

由晶振的电抗频率特性知，在 ω_s ~ ω_p 的频率范围内，X_e 为正值，呈感性；而在其他频段内，X_e 均为负值，呈容性。在 ω_s 上，$X_e=0$，具有串联谐振特性，相应的 ω_s 称为串联谐振角频率；在 ω_p 上，$X_e\to\infty$，具有并联谐振特性，相应的 ω_p 称为并联谐振角频率。由于 $C_0 \gg C_q$，C_q/C_0 很小，因而与的间隔很小。其相对频差为

$$\frac{\omega_p - \omega_s}{\omega_s} = \sqrt{1 + \frac{C_q}{C_0}} - 1 \approx \frac{C_q}{2C_0} \tag{4-50}$$

通常小于 1%，这就使得 ω_s 与 ω_p 之间等效电感的电抗频率特性曲线非常陡。实用中，石英谐振器便工作在这一频率范围狭窄的电感区内，从而具有很强的稳频作用。

在实际振荡电路中，石英晶体两端往往并接一定量的负载电容 C_L，标在晶体外壳上的振荡频率（称标称频率 f_N）就是接有规定负载 C_L 后晶体的并联谐振频率。通常对于高频晶体 C_L 为 30 pF 或标为∞（指无须外接负载电容，常用于串联型晶体振荡器中）。此外，晶振工作时，必须要有合适的激励电平，并尽量保持激励电平的稳定。激励电平过大，频率稳定

度会显著变坏，甚至可能将晶片振坏；但激励电平太小，则噪声影响加大，振荡输出过小，甚至可能停振。

4.5.2 石英晶体振荡器分析与仿真

晶体振荡器的电路类型很多，根据晶体在电路中的作用，可以将晶体振荡器分为两大类：一类是石英晶体作为高 Q 电感元件与回路中其他元件形成并联谐振的并联型晶体振荡器；另一类是石英晶体工作在串联谐振状态，作为高选择性短路元件串接于正反馈支路上的串联型晶体振荡器。

1. 并联型晶体振荡器

并联型晶振电路的工作原理和一般三点式 LC 振荡器相同，只是把其中的一个电感元件用石英晶体谐振器置换，目的是保证反馈电压中仅包含所需要的基音频率或泛音频率，而滤除其他的奇次谐波分量。图 4-27（a）所示为一种典型的晶体振荡器电路，当振荡器的振荡频率在晶体的串联谐振频率和并联谐振频率之间时晶体呈感性，该电路满足三点式振荡器的组成原则，而且该电路与电容反馈振荡器相对应，通常称为皮尔斯（Pierce）振荡器。

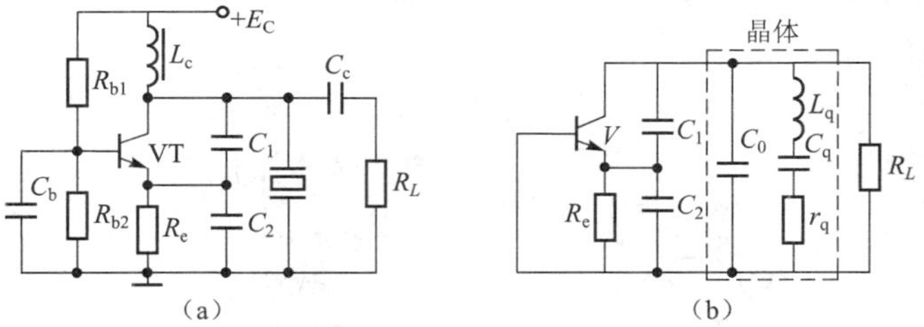

图 4-27 晶体振荡器电路

（a）原理图；（b）交流电路

图 4-27（a）中，R_{b1}、R_{b2}、R_e 构成分压式偏置电路，L_c 为高频扼流圈，C_b 为旁路电容。相应的交流通路如图 4-27（b）所示，其中晶体用等效电路表示，可以看出，它与克拉泼电路十分相似（C_q 类似于 C_3），利用晶体的高 Q 和极小 C_q，便可获得很高的频率稳定度。

其振荡频率几乎由石英晶体谐振器的参数决定，振荡角频率为

$$\omega_0 = \frac{1}{\sqrt{L_q \dfrac{(C_0 + C_L)C_q}{C_0 + C_q + C_L}}} = \omega_s \sqrt{1 + \frac{C_q}{C_0 + C_L}} \qquad (4-51)$$

其中 C_L 是和晶振两端并联的外电路各电容的等效值，即根据产品要求的负载电容。实用时，一般需加入微调电容，用以微调回路的谐振频率，保证电路工作在晶振外壳上所标注的标称频率 f_N 上。

例 4-5 图 4-28 所示电路是一个数字频率计晶体振荡电路，试分析其工作原理。

解 先画出 VT_1 管高频交流等效电路，如图所示，0.01 μF 电容较大，作为高频旁路电容，VT_2 管构成跟随器。

由高频交流等效电路可以看出，VT_1 管的 c、e 极之间有一个 LC 回路，其谐振频率为

$$f_0=\frac{1}{2\pi\sqrt{4.7\times10^{-6}\times330\times10^{-12}}}\approx4.0(\mathrm{MHz})$$

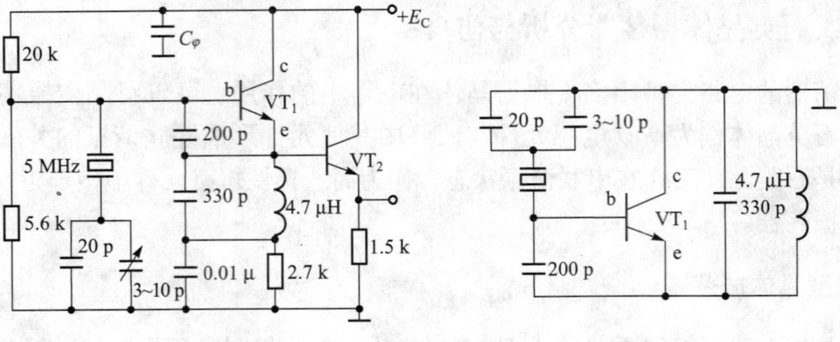

(a) (b)

图 4－28　例 4－5 题图及高频交流等效电路

(a) 电路图；(b) 高频交流等效电路

因此，在晶振工作频率 5 MHz 处，此 LC 回路等效为一个电容。所以，这是一个皮尔斯振荡电路，晶振等效为电感，容量为 3～10 pF 的可变电容起微调作用，使振荡器工作在晶振的标称频率 5 MHz 上。

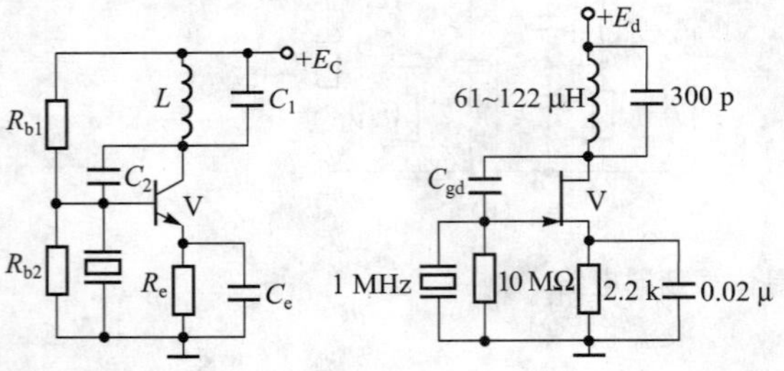

(a) (b)

图 4－29　密勒振荡电路

图 4－29（a）所示电路是另一种并联型晶体振荡电路，该电路晶体接在基极和发射极之间，只要晶体呈现感性，即满足三点式振荡器的组成原则，且电路类似于电感反馈的振荡器，称为密勒（Miler）振荡器。由于晶体与晶体管的低输入阻抗并联，降低了有载品质因数 Q_e，故密勒振荡器的频率稳定度较低。实际上，密勒振荡电路通常不采用晶体管，而是采用输入阻抗高的场效应管来提高回路的标准性和频率的稳定性，如图 4－29（b）所示。

集电极电路的并联谐振回路有两个重要功能。一个是在振荡频率点上产生高电感受性的电抗，另一个是在伪频率和倍频处不振荡。对于密勒振荡器而言，一旦 LC_1 的谐振频率 f_r 与晶体的固有频率相差太大时，集电极电流的高次谐波成分被子增强，因而难以得到正弦波输出。在设计上应注意使振荡只在 f_r 稍大于 f_s 处发生。由于这种设计上的困难，密勒振荡器不太常用。

由图 4－25（b）可以看到，在石英晶体谐振器的完整等效电路中，不仅包含了基频串联谐振支路，还包含了其他奇次谐波的串联谐振支路，也就是说，石英晶体谐振器具有多谐性。但泛音晶体所工作的奇次谐波频率越高，可能获得的机械振荡和相应的电振荡越弱。

在工作频率较高的晶体振荡器中，多采用泛音晶体振荡电路，如图 4－28（a）所示。与基频晶体振荡电路不同，在泛音晶体振荡电路中，为了保证振荡器能准确地振荡在所需要的奇次泛音上，不但必须有效地抑制掉基频和低次泛音上的寄生振荡，而且必须正确地调节电路的环路增益，使其在工作泛音频率上略大于 1，满足起振条件，而在更高的泛音频率上都小于1，不满足起振条件。图4－30所示是泛音晶体振荡电路的交流等效电路，假设泛音晶振为五次泛音，标称频率为5 MHz，基频为1 MHz，为了抑制基波和三次泛的寄生振荡，LC_1 回路必须调谐在三次和五次泛音频率之间。这样，在5 MHz频率上，LC_1 回路呈容性，振荡电路符合三点式振荡电路组成法则。对于基频和三次泛音频率而言，LC_1 回路呈感性，电路不符合三点式振荡电路组成法则，因此不能在这些频率上振荡。至于七次及以上的泛音频率，LC_1 回路虽呈容性，但其等效电容量过大，致使电容分压比 n 过小，不满足振幅起振条件，因而也不能在这些频率上振荡。

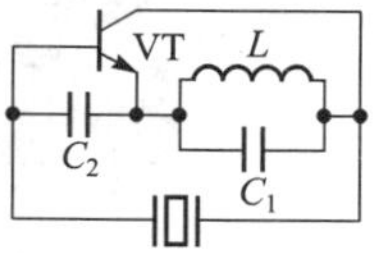

图4－30　泛音晶振的交流等效电路

2. 串联型晶体振荡器

串联型晶体振荡器是将石英晶体用于正反馈支路中，利用其串联谐振时等效为短路元件的特性，电路反馈作用最强，满足振幅起振条件，使振荡器在晶体串联谐振频率 f_s 上起振。图4－31所示是一种串联型晶体振荡器的实际线路和等效电路。由图可知，这种振荡器与电容三点式振荡器基本相似，只不过在正反馈支路上增加了一个石英晶体谐振器。L、C_1、C_2 组成并联谐振回路且调谐在振荡器的振荡频率上。如振荡频率与晶体谐振器的串联谐振频率相同，则晶体谐振器近似为短路，其相移为零。可见，这种电路的振荡频率受晶体谐振器控制，具有很高的频率稳定度。

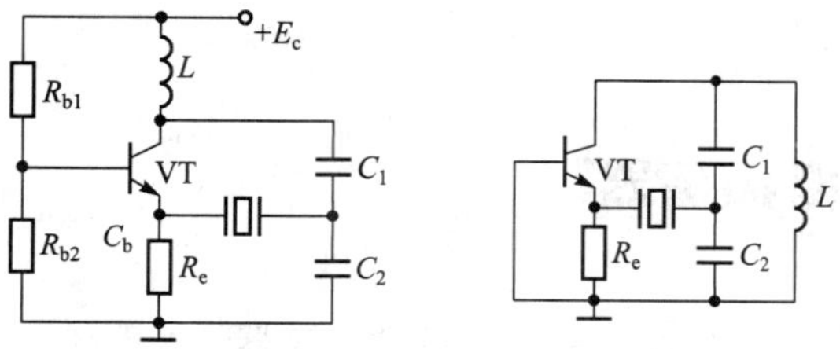

（a）　　（b）

图4－31　串联型晶体振荡器

（a）电路图；（b）等效电路

3. 石英晶体振荡器的仿真

图4－32（a）所示为石英晶体振荡电路的仿真电路。对该电路进行瞬态分析，选取合适的最大步长和瞬态分析终止时间，可得到该电路如图4－32（b）所示的瞬时分析仿真结果。

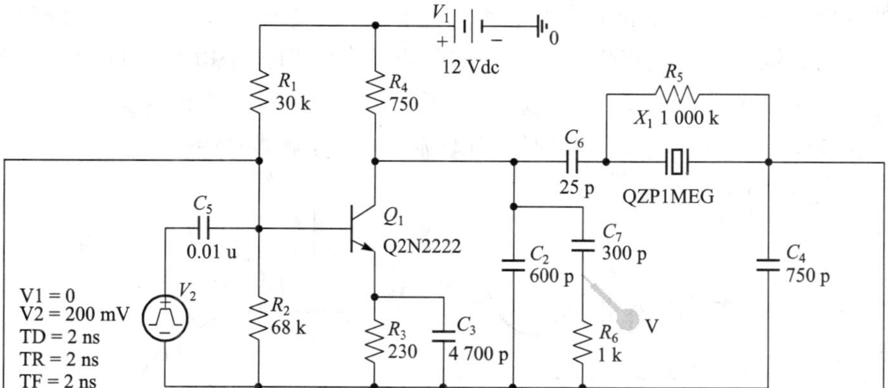

（a）

图4－32　石英晶体振荡电路的仿真（一）

（a）仿真电路

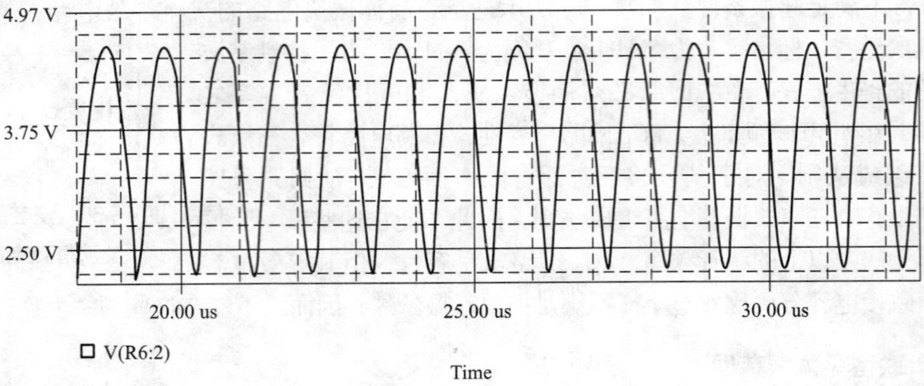

（b）

图 4－32　石英晶体振荡电路的仿真（二）

（b）输出波形

4.6* 负阻振荡器

负阻振荡器是利用负阻器件与 LC 谐振回路共同构成的一种正弦波振荡器，主要工作在 100 MHz 以上的超高频段，目前其振荡频率范围已扩展到几十 GHz 以上。

4.6.1　负阻器件的基本特性

负阻器件是指具有负增量电阻特性的电子器件，可分为电压控制型和电流控制型两类。其伏安特性如图 4－33 所示。它们的共同点是：特性曲线中间 AB 段的斜率值为负，即在该区域内，器件的增量电阻为负值。对于电压控制型负阻器件，其伏安特性曲线上，同一电流值可以有多个对应的电压值，但一个电压值只对应一个电流值。可见，只要确定了电压控制型负阻器件的电压值，其工作的工作点也就确定了。对于电流控制型负阻器件则相反，在其伏安特性曲线上，同一电压值可以有多个对应的电流值，但一个电流值只对应一个电压值。因此，确定了其工作电流，其工作点也就确定了。实用中，隧道二极管具有电压控制型负阻器件特性，而单结晶体管、雪崩管等则具有电流控制型负阻器件特性。

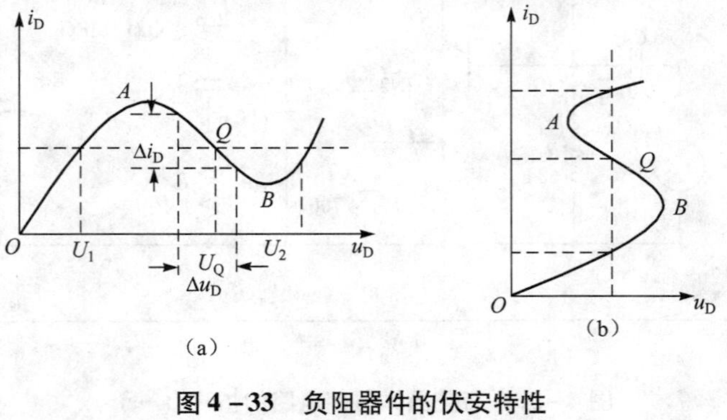

图 4－33　负阻器件的伏安特性

（a）电压控制型；（b）电流控制型

由图4-33（a）可见，在负阻区内 Q 点处，当电压增量为 Δu_{D} 时，其对应的电流增量为 Δi_{D} 为负值，因此，该点处的动态电阻（或称增量电阻）为负值，用 $-r_n$ 表示增量电阻，于是有

$$r_n = -\frac{\Delta u_{\mathrm{D}}}{\Delta i_{\mathrm{D}}} = \frac{1}{g_n} \tag{4-52}$$

式中，$-g_n$ 为 $-r_n$ 的倒数，表示增量电导，称为负电导。显然，负阻器件是指它的增量电阻为负值的器件。

若在负阻区内工作点电压 U_Q 上叠加一幅度很小的正弦电压 $u=U_{\mathrm{m}}\sin\omega t$，在负阻特性线性化后，流过负阻器件的交流电流 i 也是正弦波，电压、电流波形如图4-34所示。其增量电流 i 为

$$i = (-g_n)u = -g_n U_{\mathrm{m}}\sin\omega t = -I_{\mathrm{m}}\sin\omega t \tag{4-53}$$

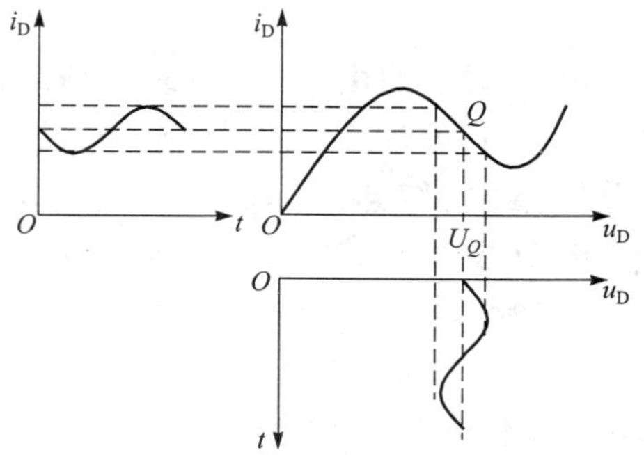

图4-34　负阻器件的伏安特性

由图4-34可知，施加在负阻器件上的电压和流过器件的电流分别为

$$u_{\mathrm{D}} = U_Q + u = U_Q + U_{\mathrm{m}}\sin\omega t \tag{4-54}$$

$$i_{\mathrm{D}} = I_{\mathrm{Q}} + i = I_{\mathrm{Q}} - I_{\mathrm{m}}\sin\omega t \tag{4-55}$$

因此，负阻器件消耗的平均功率为

$$P = \frac{1}{T}\int_0^T u_{\mathrm{D}} i_{\mathrm{D}}\mathrm{d}t = \frac{1}{T}\int_0^T (U_Q + U_{\mathrm{m}}\sin\omega t)(I_Q - I_{\mathrm{m}}\sin\omega t)\mathrm{d}t$$
$$= U_Q I_Q - \frac{1}{2}U_{\mathrm{m}}I_{\mathrm{m}} \tag{4-56}$$

式（4-56）中第一项是直流电源供给负阻器件的直流功率，第二项是负阻器件加上交流电压后形成交流电流所产生的功率，它是一个负功率。这说明负阻器件在交流电压的作用下，能把从直流电源获得的直流能量的一部分转换为交流电能，传送给外电路，这是负阻器件能构成负阻振荡器的基础。

4.6.2　负阻振荡电路分析

负阻器件本身总是消耗功率的，它之所以能够通过负电导给出交流功率，是由于它具有将直流功率的一部分转换为交流功率的作用。为保证振荡器的正常工作，电流型负阻器件应与串联谐振回路相连接；电压型负阻器件则应与并联谐振回路相连接。图4-35（a）所示电路是由隧道二极管构成的负阻正弦波振荡器，图中V为隧道二极管，它具有电压控制型负阻特性，L、C 构成并联谐振回路；E_{d}、R_1、R_2 构成隧道二极管的直流偏置电路，提供隧道二极管工作在负阻区所需的直流工作点电压，同时，R_1、R_2 的取值应保证直流负载线与隧道二极管的伏安特性的交点处于负阻区，否则，就会引起静态工作点不稳定，甚至导致振荡器停振。C_1 是高频旁路电容，用以对 R_2 产生交流旁路作用。其等效交流电路如图4-35（b）所示，其中，隧道二极管用其等效的负电导替代，同时应考虑其极间电容 C_{d} 的影响，$G_{\mathrm{e}}=G_{\mathrm{p}}+G_{\mathrm{L}}$，其中，$G_{\mathrm{p}}$为 LC 谐振回路的固有谐振电导，G_{L} 为负载电导。

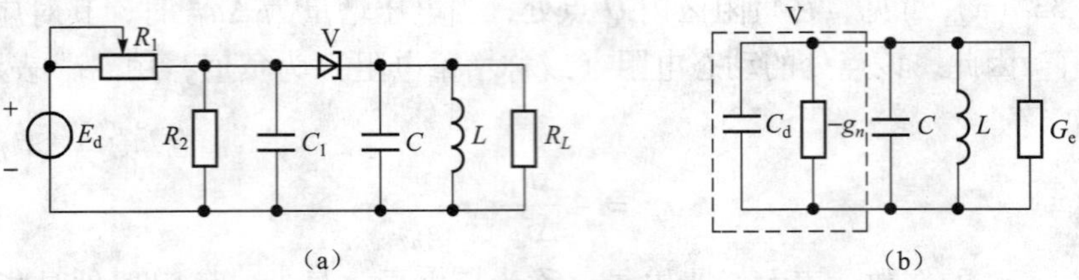

图 4-35　隧道二极管负阻振荡器

(a) 电路图；(b) 交流电路

由 LC 回路自由振荡的原理可知，当负阻器件所呈现的负阻与 LC 振荡回路的等效损耗电阻相等时，即负阻器件向 LC 振荡回路所提供的能量恰好能补偿 LC 回路的能量损耗时，电路就能维持稳定的等幅振荡。也就是说，当 $G_e = g_e$ 时，就能产生正弦波振荡了。其振荡频率由 LC 谐振回路的参数决定，即

$$f_0 = \frac{1}{2\pi\sqrt{L(C + C_d)}} \tag{4-57}$$

其起振条件为

$$g_n > G_e \tag{4-58}$$

4.7 压控振荡器

压控振荡器是以某一电压来控制振荡频率或相位大小的一种振荡器，常简写为 VCO (Voltage Controlled Oscillator)。在电子设备中，压控振荡器应用极其广泛，如彩色电视接收机高频头中的本机振荡电路、各种自动频率控制（AFC）系统中的振荡电路、锁相环路（PLL）中所用的振电路等均为压控振荡器。振荡器输出的波形有正弦型的，也有方波形的。这里只对其工作原理及电路作简要介绍。

4.7.1 VCO 基本原理

在 LC 振荡器决定振荡频率的 LC 回路中，只要并接或串接某一受电压控制的电抗元件后，即可对振荡频率实行控制，一般受控元件常为变容二极管，由于变容二极管的电容量 C_j 受电压控制，从而可在一定的频率范围内构成电调谐振荡器。这种包含有压控元件作为频率控制器件的振荡器就称为压控振荡器。其原理如图 4-36 所示，图中控制电压 u 中的直流分量用来提供变容二极管的反向偏压，应保证在控制电压 u 作用下，始终反偏工作；C_1 为隔直电容，用来防止直流电压分量通过 L 短路，其高频容抗很小，可视为短路；L_1 为高频扼流圈，对高频而言，可视为开路，对控制电压 u 视为短路，从而使得控制电压有效地加到变容二极管上，又可避免振荡回路与控制信号源之间的相对影响；C_2 为高频旁路电容，对高频可视为短路，对低频控制信号则可视为开路。其振荡频率为

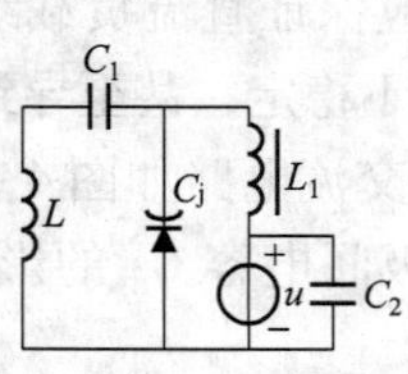

图 4-36　压控振荡器原理图

$$f_0 = \frac{1}{2\pi\sqrt{LC_j}} \tag{4-59}$$

变容二极管是利用半导体PN结的结电容受控于外加反向电压的特性而制成的一种晶体二极管，是一种受电压控制的可变电抗器件，其结电容 C_j 与外加电压 u 的关系如下

$$C_j = \frac{C_{j0}}{\left(1 - \frac{u}{U_P}\right)^r} \tag{4-60}$$

式中，C_{j0} 是偏置 $u=0$ 时的电容量；U_P 是势垒电位差（一般为0.5 V）；r 是电容变化指数，它取决于PN结的工艺结构，在1/3 ~ 6之间。

压控振荡器的主要性能指标为压控灵敏度和线性度。压控灵敏度定义为单位控制电压引起的振荡频率的变化量，用 S 表示，即

$$S = \frac{\Delta f}{\Delta u}$$

压控振荡器的频率—控制电压特性一般是非线性的，其非线性程度与变容二极管变容指数及电路形式有关。

4.7.2 VCO电路分析

在压控振荡器中，振荡频率应只随加在变容二极管上的控制电压变化而变化，但实际电路中，振荡电压也加在变容二极管两端，从而使得振荡频率在一定程度上也随振荡幅度而变化，显然这是我们不期望的。为了减小振荡频率随振荡幅度的变化，应尽量减小振荡器的输出振荡电压幅度，并使变容二极管工作在较大的固定直流偏压（如大于1 V）上，图4-37所示为一个压控振荡器线路。它的基本电路是一个栅极电路调谐的互感耦合振荡器。振荡器的振荡频率由回路元件 L_1、C_1、C_2 和压控变容二极管 VD_2 的电容 C_j 所决定。

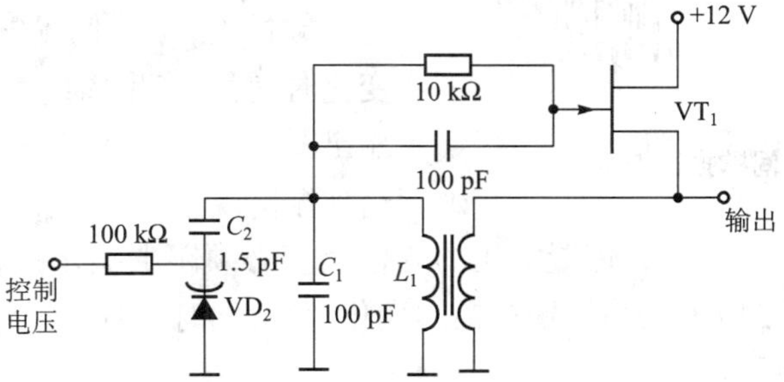

图4-37 压控振荡电路

4.8* 振荡器中的几种现象

在实际振荡电路中，由于各种原因，还可能产生一些特殊的振荡现象。如寄生振荡、间歇振荡、频率占据、频率拖曳等。这些振荡现象一般应尽量避免，但有时也可以利用间歇振荡和频率占据现象来实现某些功能。

4.8.1 寄生振荡

寄生振荡是指在某些特定频率上，由电路中某些集总参数和分布参数构成的闭合环路，满足振荡条件而自行产生的一种不希望振荡，一般是叠加在正常振荡的波形上的，从而引起振荡波形的畸变。寄生振荡不仅产生于振荡器中，还产生于放大器等其他功能电路中，寄生振荡一旦产生，各种功能电路的性能就会受到严重破坏，甚至不能正常工作。

寄生振荡有远低于工作频率上发生的低频寄生振荡和远高于工作频率上发生的超高频寄生振荡。低频寄生振荡是由电路中的电感量较大的高频扼流圈、电容量较大的隔直流电容或旁路电容所引起的。因此，消除这种寄生振荡常用措施是：合理选择扼流圈的电感量或旁路电容量，扼流圈中串接小电阻或并接大电阻来增加闭合回路中的损耗。而超高频寄生振荡则是由分布参数（如引线电感、管子极间电容）所引起的。消除这类寄生振荡的常用措施是：采用粗而短的引线和贴片元件，以减小分布参数；管子的基极或集电极上串接小的无感电阻，以破坏振荡条件；隔直流或旁路的大电容上并接几百 pF 的小电容，保证超高频段仍可看作短路元件等。

4.8.2 间歇振荡

LC 振荡器在建立振荡的过程中，有两个互有联系的暂态过程，一个是回路上高频振荡的建立过程；另一个是偏置电压的建立过程。回路的有载 Q_e 值越低，起振条件 AF 越大于 1，回路振荡建立就越快。偏压的建立主要由偏置电路的电阻、电容决定，同时也决定于基极激励的强弱。当高频振荡建立较快，而偏置电路因时间常数过大，导致偏置电压跟不上振荡振幅的变化时，就会产生周期性的起振和停振的现象，输出图 4－38 所示的断续振荡的波形，通常将这种振荡现象称为振荡器的间歇振荡。

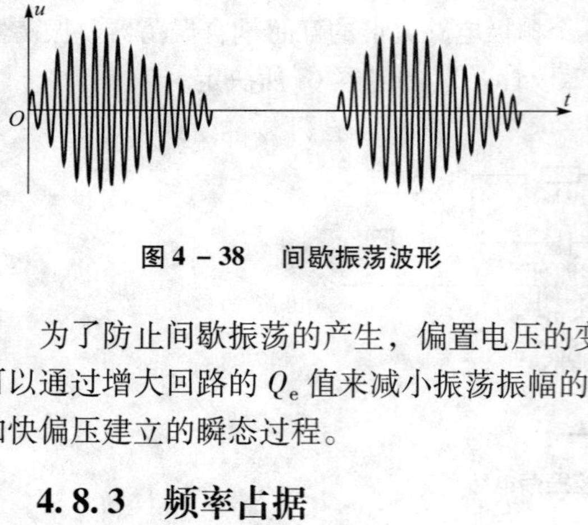

图 4－38 间歇振荡波形

为了防止间歇振荡的产生，偏置电压的变化速度必须跟上振荡振幅的变化速度。为此，可以通过增大回路的 Q_e 值来减小振荡振幅的变化速度，同时要减小偏置电路中 C_b、C_e 取值来加快偏压建立的瞬态过程。

4.8.3 频率占据

振荡器的振荡频率 f_o 一般都近似等于振荡回路的谐振频率 f_o，若从外部引入一个频率为 f_s 的信号，当 f_s 接近振荡器的振荡频率 f_o 时，振荡器的振荡频率 f_o 将受到 f_s 的牵引，会向 f_s 附近变化，甚至就等于 f_s，从而产生强迫同步。通常将这一现象称为频率占据。

实际中，外来信号往往来自周围的干扰或邻近的其他信号，当发生频率占据时，整个系统的工作就会受到影响，因此，一般都采取措施切断或减弱振荡器与外来信号之间的耦合，以防止产生频率占据。但在某些情况下，可以利用频率占据现象实现注入同步，即对振荡器进行强制的频率和相位的同步；或者实现同步分频，即对振荡频率的某次谐波进行强制同步。

4.8.4 频率拖曳

频率拖曳现象是指在紧耦合振荡回路的振荡器中，当变化一个回路（如次级回路）的谐振频率时，振荡器频率具有非单值的变化，即振荡器频率不是唯一确定的，它可能受外部条件的影响而产生频率突跳现象。

为避免产生频率拖曳现象，应该减小两回路的耦合或减小次级回路 Q 值。此外，若次级回路频率远离所需的振荡频率范围，也不会产生拖曳现象。频率拖曳现象一般应该避免，但在某些微波振荡器中也可利用拖曳效应用高 Q 值和高稳定参数的次级回路进行稳频，这种稳频方法称为牵引稳频。

本章小结

（1）振荡器是无线发射机和超外差式接收机的心脏部分，也是各种电子测量仪器的主要组成部分。振荡器按其构成原理可分为反馈式振荡器和负阻式振荡器两大类，按照振荡器所产生的波形则可将振荡器分为正弦波振荡器和非正弦波振荡器。

（2）反馈式正弦波振荡器是由放大电路、选频网络和反馈网络和稳幅电路四个环节构成的，按照选频网络所采用元件的不同，正弦波振荡器可分为 LC 振荡器、RC 振荡器和晶体振荡器等类型。

（3）反馈式振荡器要正常工作必须满足起振、平衡、稳定三个条件，每个条件都包含振幅和相位两个方面的要求。

（4）LC 正弦波振荡器的主要有变压器耦合振荡器、三点式振荡器以及改进型电容三点式振荡器。三点式振荡器的构成原则是“射同它异”，分为电容三点式和电感三点式两种基本类型。克拉泼振荡器和西勒振荡器是两种较适用的改进型电容三点式电路，前者适用于固定频率振荡器，后者可作为波段振荡器。

（5）频率稳定度是振荡器的一项重要性能指标。为了提高频率稳定度，可通过减小外界因素变化、提高回路标准性和减小三极管极间电容影响等方法稳频措施。

（6）RC 振荡器是应用在低频段的正弦波振荡器，其电路由 RC 选频网络和放大器组成。RC 选频网络有 RC 导前移相电路、RC 滞后移相电路和 RC 串并联选频电路，因此，RC 振荡分为 RC 相移振荡器和 RC 文氏电桥振荡器。文氏电桥振荡器由于采用外稳幅方式，放大器件工作在线性区，而移相式振荡器则采用内稳幅方式，因而波形质量较差。

（7）晶体振荡器分为并联型和串联型两类。并联型晶体振荡器有基频晶振和泛音晶振两种，晶体在电路中等效为电感元件；串联型晶体振荡器，晶体在电路中起短路线作用。晶体振荡器由于回路元件标准性很高，所以频率稳定度很高。

（8）负阻振荡器由负阻器件和 LC 谐振回路组成。在这种电路中，负阻器件所起的作用相当于反馈振荡器中的正反馈的作用，振荡频率取决于 LC 谐振回路。由于负阻器件有电压控制型和电流控制型，因此，在构成电路时，电路连接方式是不同的。

（9）利用变容二极管组成的压控振荡器可使振荡频率随外加电压的变化而变化，广泛应用于电视机电调谐高频头本机振荡电路、自动频率控制电路及锁相环路中。

（10）在实际振荡电路中，由于各种原因，还可能产生一些特殊的振荡现象，如寄生振荡、间歇振荡、频率占据、频率拖曳等。这些振荡现象一般应尽量避免，但有时也可以利用频率占据和频率拖曳现象来实现某些功能。

思考题与习题

4－1　图4－39所示为互感耦合反馈振荡器，画出其高频等效电路，并注明电感线圈的同名端。

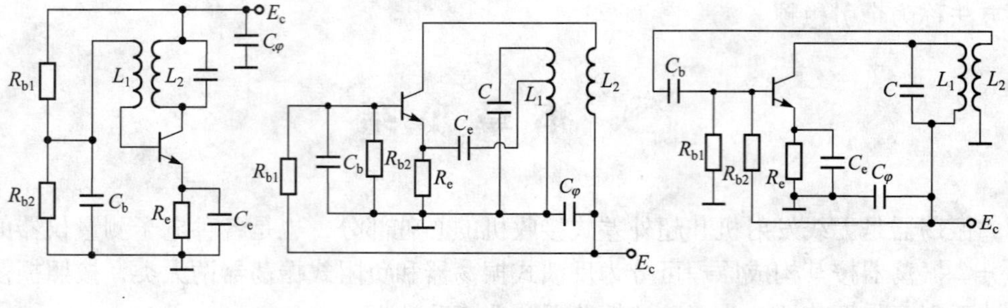

（a）　　（b）　　（c）

图4－39　题4－1图

4－2　图4－40所示各振荡电路中，哪些能够产生振荡？哪些不能够产生振荡？为什么？

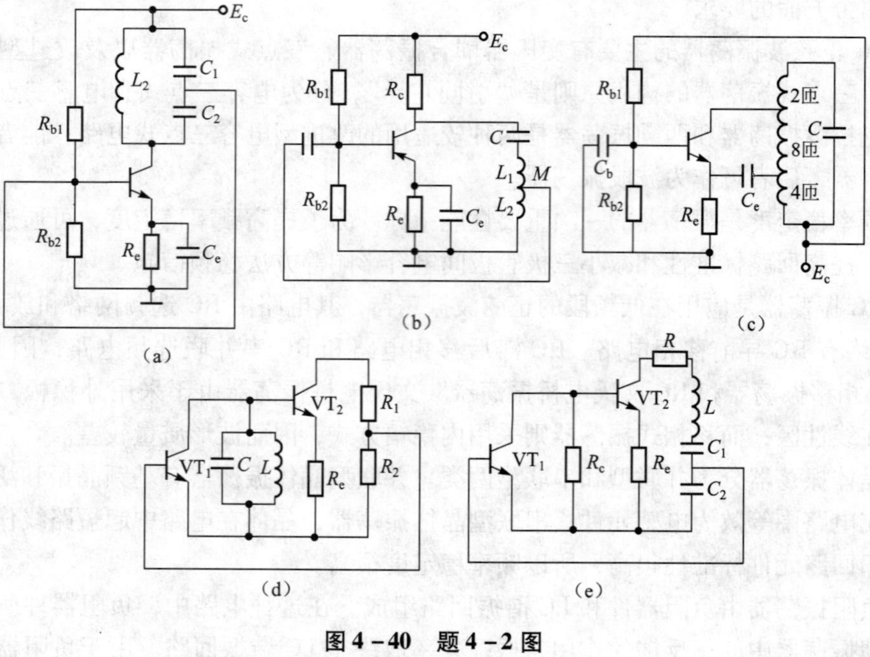

（a）　　（b）　　（c）　　（d）　　（e）

图4－40　题4－2图

4－3　什么是振荡器的起振条件、平衡条件和稳定条件？振荡器输出信号的振幅和频率分别是由什么条件决定的？

4－4　试分析图4－41所示电路是否满足相位平衡条件？若能，试计算其振荡频率。

4－5　某振荡器振荡频率$f_0=5$ MHz，在一天内进行多次测量，测量结果为：4.995 MHz、4.997 MHz、4.999 MHz、5.004 MHz、5.001 MHz、4.996 MHz，试求该振荡器的短期频率稳定度。

4－6　在图4－42所示的电容三点式电路中，$C_1=100$ pF，$C_2=300$ pF，$L=50$ uH，试求电路的振荡频率f_0和维持振荡所必须的最小电压增益$A_{u\min}$。

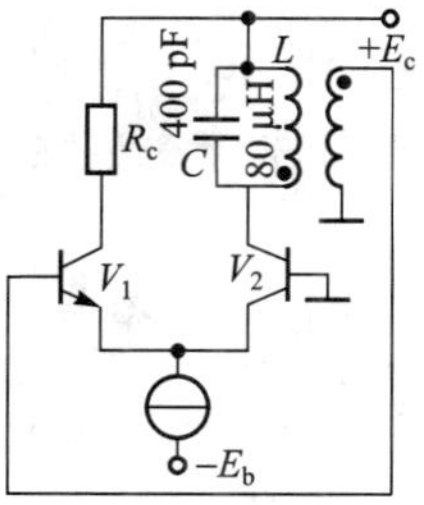

图4－41　题4－4图

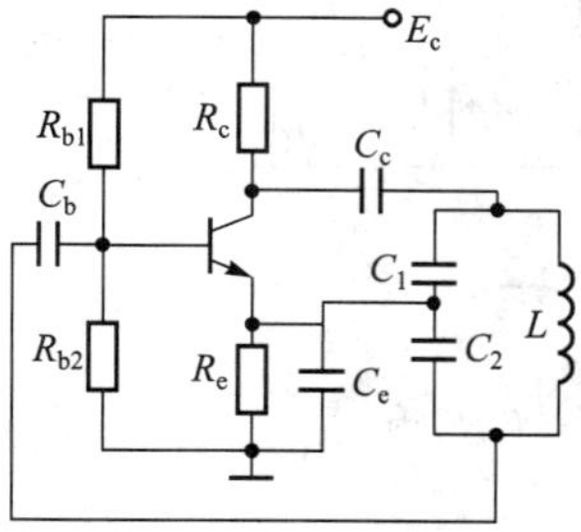

图4－42　题4－6图

4－7　为什么LC振荡器中LC回路一般都工作在失谐状态？它对振荡频率稳定度有什么影响？

4－8　在LC振荡器中，频率稳定度与LC谐振回路特性有何关系？影响频率稳定度的外界因素主要有哪些？采用哪些措施可提高振荡器的频率稳定度？

4－9　已知图4－43中所示振荡器中晶体管在工作条件下的Y参数为：$g_{ie}=2$ ms，$g_{oe}=20$ us，$|y_{fe}|=20.6$ ms，L，C_1和C_2组成的并联回路$Q=100$。

（1）画振荡器的共射交流等效电路。

（2）估算振荡频率和反馈系数。

（3）根据振幅起振条件判断该电路是否起振。

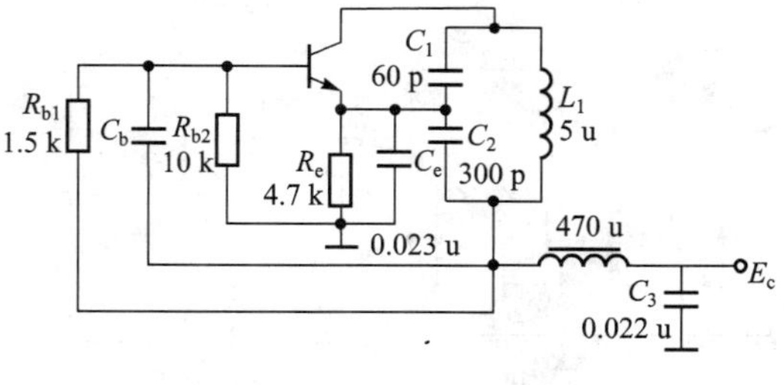

图4－43　题4－9图

4－10　图4－44所示振荡电路的振荡频率为$f_0=50$ MHz，画出其交流等效电路并求回来电感L。

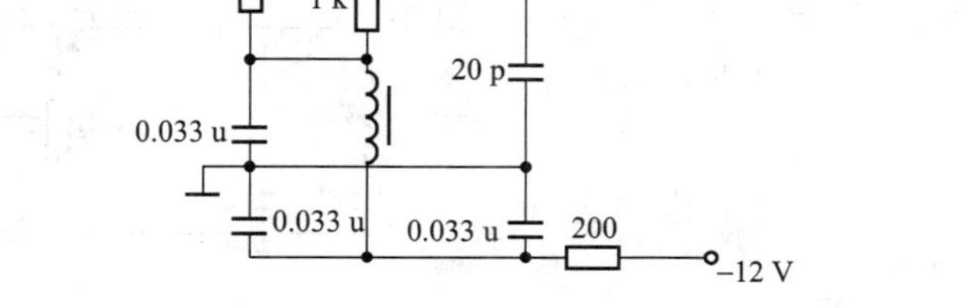

图4－44　题4－10图

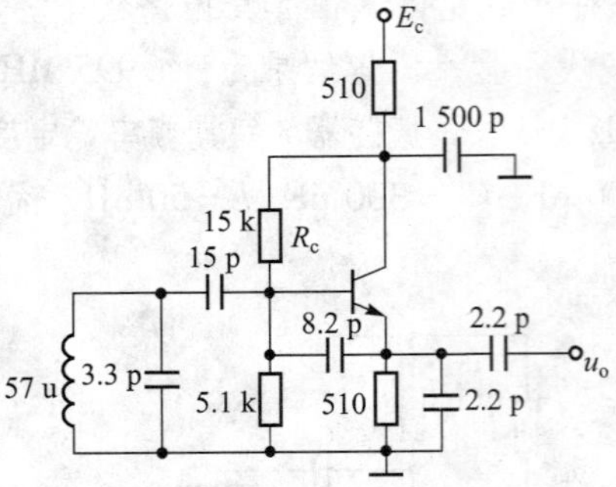

图 4-45 题 4-11 图

4-11 图 4-45 所示振荡电路。

(1) 画出高频交流等效电路，说明振荡器类型；

(2) 计算振荡频率。

4-12 克拉波和西勒振荡线路是怎样改进了电容反馈振荡器的性能的？

4-13 RC 振荡电路如图 4-22 所示，已知 $R_1 = 10\ \text{k}\Omega$，$R = 8.2\ \text{k}\Omega$，$C = 0.02\ \mu\text{F}$。试问：

(1) R_t 应具有怎样的温度系数，为什么？如何选择其冷态电阻？

(2) 该电路输出信号的振荡频率是多少？

(3) 若将 R_t 和 R_1 的位置互换，则 R_t 应具有怎样的温度系数，其冷态电阻又应如何选取？

4-14 在图 4-46 所示的两个振荡电路中，两个 LC 并联谐振回路的谐振频率分别是 $f_1 = 1/2\pi\sqrt{L_1 C_1}$ 和 $f_2 = 1/2\pi\sqrt{L_2 C_2}$，试分别求两个电路中振荡频 f_0 与 f_1、f_2 之间的关系，并说明振荡电路的类型。

4-15 图 4-47 所示为 10 MHz 的晶体振荡器。试画出交流等效电路，说明晶体在电路中的作用，并计算反馈系数。

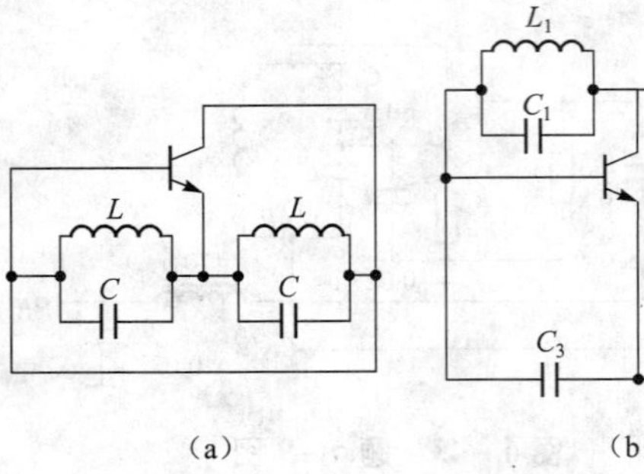

图 4-46 题 4-14 图

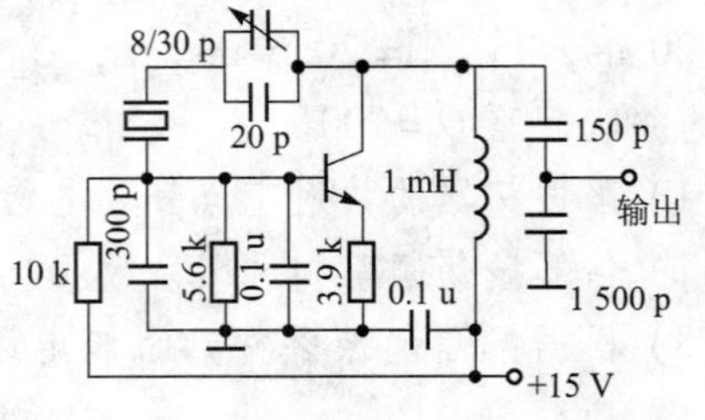

图 4-47 题 4-15 图

4-16 试画出同时满足下列要求的一个实用晶体振荡电路。

(1) 采用 NPN 管；

(2) 晶体谐振器作为电感元件；

(3) 晶体管 c、e 极之间为 LC 并联回路；

(4) 晶体管发射极交流接地。

4-17 试将晶体谐振器正确地接入图 4-48 所示的电路中，以组成并联型或串联型晶振电路。

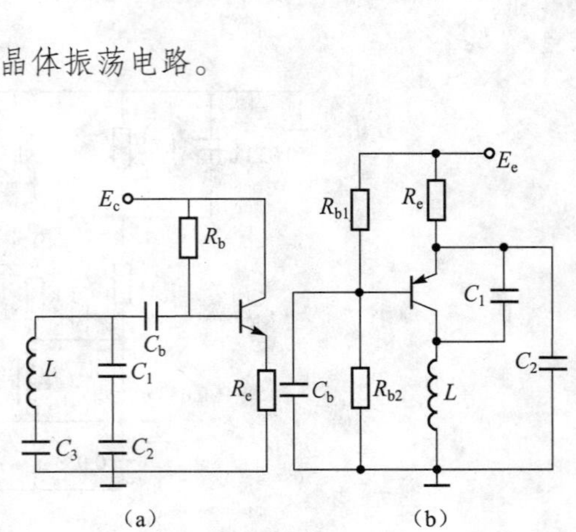

图 4-48 题 4-17 图

4-18 泛音晶体振荡器的电路构成有什么特点？试说明在何种场合应选用泛音晶体振荡器？

4-19 在并联型晶体振荡器中，为什么把石英晶体作为电感元件使用？说明石英晶体振荡器频率稳定度高的原因。

4－20 负阻振荡器由哪几部分组成，其中，负阻器件起何种作用？振荡频率由什么决定？

研究项目

项目一：电压控制 LC 振荡器设计

要求：

- 振荡器输出为正弦波，波形无太明显失真；输出频率范围 15～35 MHz；输出电压峰－峰值为 1 V；
- 进行 VCO 方案论证，通过对 *LC* 正弦振器常用的哈特莱振荡器、克拉泼振荡器和西勒振荡器进行比较，选取合理的压控 *LC* 振荡器设计方案，并进行相应电路的仿真；
- 在仿真电路的基础上制作实物，并测量相关数据与仿真结果进行比较；
- 提交有关格式的报告。

目的：

- 了解压控 *LC* 振荡器的工作原理；
- 掌握 *LC* 正弦振荡器电路的设计方法；
- 提高实际电路制作的动手能力。

指导：

- 指导学生对常用的哈特莱振荡器、克拉泼振荡器和西勒振荡器进行原理分析并确立设计方案；
- 指导学生对方案电路各元件参数进行计算；
- 指导学生用仿真软件对设计电路进行仿真。

思考题：

- 如果输出频率变化范围较小，要求输出电压频率较稳定，输出波形失真较小，选用哪种设计方案较好？

项目二：*LC* 高频振荡器电路设计

要求：

- 振荡器振荡频率为 5 MHz，频率稳定度 $\Delta f_0/f_0 \leqslant 5\times10^{-4}$/小时，输出电压 $U_o \geqslant 1$ V；
- 确立设计方案并对电路相关参数进行计算；
- 对设计电路进行仿真分析并制作实物，对实物进行调试及相关参数测试；
- 提交有关格式的报告。

目的：

- 了解 *LC* 正弦波振荡器的工作原理；
- 掌握正弦波振荡器的设计方法与电路调试方法；
- 掌握正弦波振荡器的仿真分析方法。

指导：

- 指导学生对对所学 *LC* 正弦波振荡器电路进行分析比较；
- 指导学生对正弦波振荡器的设计计算与电路调试；

• 指导学生使用仿真软件对电路进行仿真分析。

思考题：

• 当反馈系数过大或过小时，对电路起振有何影响？对振荡的输出电压的振幅有何影响？

第 5 章

振幅调制与解调

本章目的

- 掌握振幅调制、解调与混频的基本原理；
- 理解二极管环形相乘器和双差分对模拟相乘器的工作原理，了解它们在振幅调制、解调和混频电路中的应用；
- 了解高电平调幅和低电平调幅的基本概念及常用电路；
- 理解二极管包络检波电路的工作原理及性能特点，了解同步检波电路的组成及其工作原理；
- 了解晶体管混频电路的工作原理及混频干扰的基本知识。

知识点

- 几种调幅信号的表达式、波形及频谱图；
- 振幅调制、解调及混频的基本原理；
- 高电平调幅电路与低电平调幅电路、二极管环形相乘器与差分对模拟相乘器构成的调幅电路、检波电路和混频电路；
- 二极管包络检波电路及其性能指标；
- 乘积型和叠加型同步检波电路；
- 晶体管混频电路与混频干扰。

在绪论中已经知道，无线电通信的基本任务是不用导线远距离地传送语音、图像和数据等各种信息，而以电波形式发射的信号的振动频率不能低于 20 kHz，因此，需要将语音等转换而来的低频信号加载到具有合适频率的振动（载波）上，信号才能以电波形式在空中发射。通常把将信号加载到载波上的手段称为调制，它是用低频信号去控制高频振荡器，使高频振荡器输出信号的振幅、频率、相位随着低频信号的变化而变化，从而将低频信号搬移到高频段，由高频信号携带低频信号进行传播。解调则是从接收到的调制波中抽取出所携带的原信号的过程。

根据所采用的载波波形的不同，调制分为连续波（正弦波）调制和脉冲调制。连续波调制以单频正弦波为载波，根据载波受控参数的不同，分为调幅（AM）、调频（FM）和调相（PM）三种调制方式。脉冲调制以矩形脉冲为载波，其受控参数可以是脉冲幅度、脉冲重复频率、脉冲宽度或脉冲位置。相应地，脉冲调制有脉冲调幅（PAM，包括脉冲编码调制 PCM）、脉冲调频（PFM）、脉冲调宽（PWM）和脉冲调位（PPM）四种调制方式。

本课程只研究各种正弦波调制方法、性能和电路，而本章只讨论振幅调制与解调。

5.1 振幅调制

振幅调制是用调制信号去控制载波的振幅，使其随调制信号线性变化，而保持载波的频率不变。在振幅调制中，根据所取出的已调信号的频谱分量的不同，分为普通调幅（AM）、抑制载波的双边带调幅（DSB）和抑制载波的单边带调幅（SSB）等。

5.1.1 振幅调制基本原理

1. 普通调幅波的调制

1）单频调制

振幅调制是用需传送的信息（调制信号）u_Ω 去控制高频载波 u_c 的振幅 U_{cm}，使其随调制信号 u_Ω 线性变化。也就是说，若载波信号电压为 $u_c = U_{cm}\cos\omega_c t = U_{cm}\cos 2\pi f_c t$，调制信号为 $u_\Omega = U_{\Omega m}\cos\Omega t = U_{\Omega m}\cos 2\pi Ft$，$\Omega$ 和 ω_c 分别是调制信号和载波信号的角频率，F 和 f_c 则分别是调制信号和载波信号的频率，且有 $F \ll f_c$。由于已调信号的振幅与调制信号成正比，则普通调幅波的振幅 $U_{AM}(t)$ 为

$$U_{AM}(t) = U_{cm} + k_a U_{\Omega m}\cos\Omega t = U_{cm}\left(1 + \frac{k_a U_{\Omega m}}{U_{cm}}\cos\Omega t\right) = U_{cm}(1 + m_a\cos\Omega t) \quad (5-1)$$

式（5-1）中 k_a 为由调制电路决定的比例系数，$m_a = k_a U_{\Omega m}/U_{cm}$ 为调幅系数或调幅度，是调幅波的主要参数之一，它表示载波电压振幅受调制信号控制后改变的程度。一般 $0 < m_a < 1$。因此，普通调幅波的数学表示式可写为

$$U_{AM}(t) = U_{cm}(1 + m_a\cos\Omega t)\cos\omega_c t \quad (5-2)$$

普通调幅波也叫标准调幅波，用 AM 表示。由式（5-2）可以看出，调幅波也是一个高频振荡，其振幅变化的规律（即包络变化）是与调制信号完全一致的。因此，调幅波携带着原调制信号的信息。调幅波的波形如图 5-1 所示。图中，$U_{cm}(1 + m_a\cos\Omega t)$ 是 $U_{AM}(t)$ 的振幅，它反映了调制信号的变化，称为调幅信号（调幅波）的包络。由图可知，在输入调制信号的一个周期内，调幅信号的最大振幅 U_{AMmax} 为 $U_{cm}(1 + m_a)$，最小振幅 U_{AMmin} 为 $U_{cm}(1 - m_a)$。则调幅度可定义为

$$m_a = \frac{U_{AMmax} - U_{AMmin}}{U_{AMmax} + U_{AMmin}} \times 100\% \quad (5-3)$$

显然，m_a 必须小于或等于 1。否则由式（5-2）可知，当 $m_a > 1$ 时，在 $\Omega t = \pi$ 附近，$U_{AM}(t)$ 变为负值，如图 5-2（a）所示，它的包络已不能反映调制信号的变化而造成失真，通常将这种失真称为过调幅失真。不过，在实际调幅电路中，由于管子截止，过调幅波形如图 5-2（b）所示。

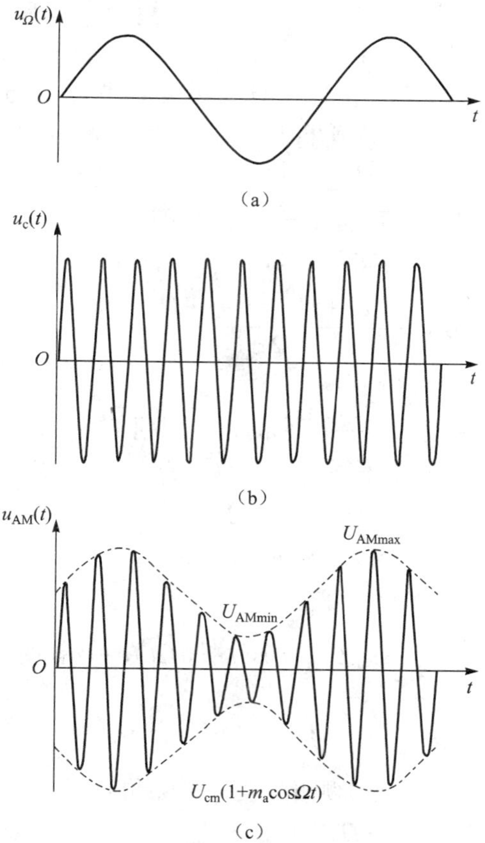

图5-1 调幅信号的波形

(a) 调制信号；(b) 载波信号；(c) 调幅信号

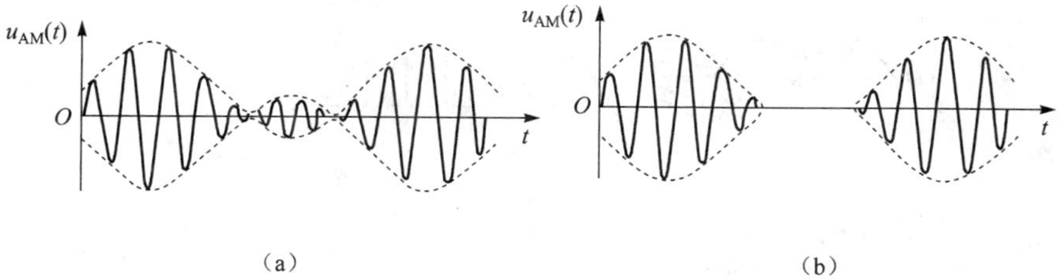

图5-2 过调幅失真

(a) 理论上的波形；(b) 实际上的波形

将式（5-2）用三角函数展开，有

$$u_{AM}(t)=U_{cm}\cos\omega_c t+m_a U_{cm}\cos\Omega t\cos\omega_c t$$

$$=U_{cm}\cos\omega_c t+\frac{1}{2}m_a U_{cm}\cos(\omega_c+\Omega)t+\frac{1}{2}m_a U_{cm}\cos(\omega_c-\Omega)t \qquad (5-4)$$

式（5-4）表明，单频调制（也称单音调制）时调幅信号的频谱由三个频率分量组成：角频率为 ω_c 的载波分量，角频率分别为$(\omega_c+\Omega)$和$(\omega_c-\Omega)$的上、下边频分量，如图5-3所示。

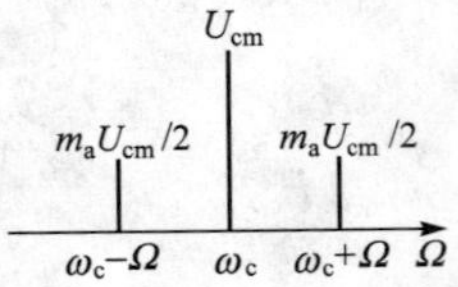

图 5-3 单频调制时 AM 信号的频谱

在图 5-3 中，调幅波的每一个正弦分量都用一个线段表示，线段的长度代表其振幅的大小，线段在横轴上的位置代表其（角）频率。由以上分析可知，调幅的过程就是在频谱上将低频调制信号搬移到高频载波分量两侧的过程。显然，在调幅波中，载波并不含有任何有用信息，要传送的信息只包含在边频分量中。从图 5-3 可以看出，在单频调制时，其调幅波的频带宽度为调制信号频谱的两倍，即

$$BW=\frac{(\omega_c+\Omega)-(\omega_c-\Omega)}{2\pi}=\frac{\Omega}{\pi}=2F \tag{5-5}$$

2）多频调制

实际上的调制信号往往并不是单一频率的正弦周期信号，而是包含若干频率分量的复杂信号。在多频调制时，如有若干个不同角频率 Ω_1、Ω_2、…、Ω_k 的信号被调制，其调制度分别为 m_{a1}、m_{a2}、…、m_{ak}，则其调幅波表达式为

$$u(t)=U_{cm}(1+m_{a1}\cos\Omega_1t+m_{a2}\cos\Omega_2t+\cdots+m_{ak}\cos\Omega_kt)\cos\omega_ct \tag{5-6}$$

将式（5-6）用三角函数展开，有

$$u(t)=U_{cm}\cos\omega_ct+\frac{1}{2}m_{a1}U_{cm}[\cos(\omega_c+\Omega_1)t+\cos(\omega_c-\Omega_1)t]+\cdots+\frac{1}{2}m_{ak}U_{cm}[\cos(\omega_c+\Omega_k)t+\cos(\omega_c-\Omega_k)t] \tag{5-7}$$

由式（5-7）可以看出，$u(t)$的频谱结构中，除角频率为 ω_c 的载波频率（简称载频）分量外，还有一系列角频率为$(\omega_c\pm\Omega_1)$、$(\omega_c\pm\Omega_2)$、…、$(\omega_c\pm\Omega_k)$的高低边频分量，它们的振幅与调制信号中相应频谱分量的振幅成正比，也就是说，这些上下边频分量是将调制信号频谱不失真地搬移到 ω_c 两边而形成的，如图 5-4 所示。

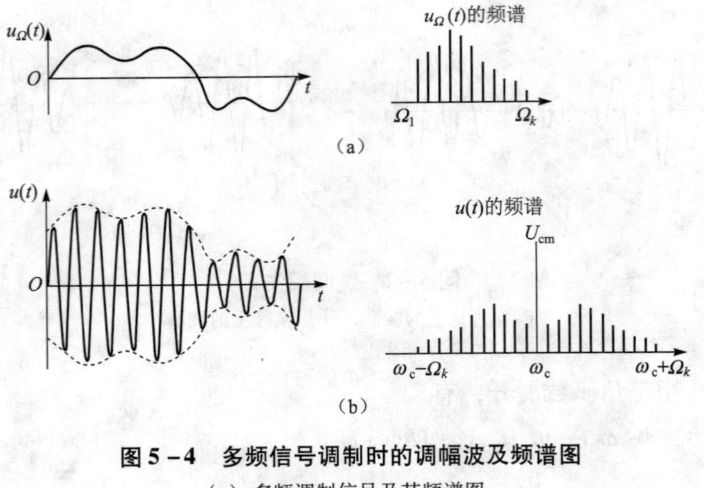

图 5-4 多频信号调制时的调幅波及频谱图

（a）多频调制信号及其频谱图；

（b）普通调幅信号及其频谱图

多频调制信号的调幅波的频谱宽度为

$$BW=\frac{(\omega_c+\Omega_{max})-(\omega_c-\Omega_{max})}{2\pi}=\frac{(\omega_c+\Omega_k)-(\omega_c-\Omega_k)}{2\pi}=\frac{\Omega_k}{\pi}=2F_k(=2F_{max}) \quad (5-8)$$

由此可见，在多频调制时，一个调幅波实际上是占有某一个频率范围，这个频率范围称为频带。总的频带宽度为最高调制频率的两倍，即 $BW=2F_{max}$。这是一个很重要的结论，在接收和发送调幅波的通信设备中，所有的选频网络不仅要能够通过载频，还要能够通过上下边频成分。如果选频网络的通频带太窄，将导致调幅波失真。

3）调幅波的功率

若负载电阻为 R_L，则单频调制时调幅信号电压在载频信号一个周期内的平均功率为

$$\begin{aligned}P(t)&=\frac{1}{2\pi}\int_{-\pi}^{\pi}\frac{[u_{AM}(t)]^2}{R_L}\mathrm{d}\omega_c t=\frac{1}{2\pi R_L}\int_{-\pi}^{\pi}[U_{cm}(1+m_a\cos\Omega t)\cos\omega_c t]^2\mathrm{d}\omega_c t\\&=\frac{U_{cm}^2}{2R_L}(1+m_a\cos\Omega t)^2\end{aligned} \quad (5-9)$$

$P(t)$在一个调制信号周期内的平均功率 P_{av} 为

$$\begin{aligned}P_{av}&=\frac{1}{2\pi}\int_{-\pi}^{\pi}P(t)\mathrm{d}\Omega t=\frac{1}{2\pi}\int_{-\pi}^{\pi}\frac{U_{cm}^2}{2R_L}(1+m_a\cos\Omega t)^2\mathrm{d}\Omega t\\&=\frac{U_{cm}^2}{2R_L}\left(1+\frac{1}{2}m_a^2\right)=\frac{U_{cm}^2}{2R_L}+\frac{1}{4}m_a^2\frac{U_{cm}^2}{R_L}=P_0+P_{SB}\end{aligned} \quad (5-10)$$

式（5-10）中，$P_0=U_{cm}^2/2R_L$ 是载频电压分量产生的平均功率；$P_{SB}=m_a^2P_0/2$ 是上、下边频电压分量产生的功率（每个边频分量的振幅为 $m_aU_{cm}/2$，相应产生的功率为 $P_{SB}/2$），称为边频功率。因此，P_{av}是调幅信号中各频率分量产生的平均功率之和。由于 $0<m_a<1$，所以，当 m_a 变化时，P_{av} 和 P_{SB} 也随之而变化，而 P_0 不变。例如，$m_a=1$ 时，$P_{av}=1.5P_0$，$P_{SB}=0.5P_0$；而当 $m_a=0.5$ 时，$P_{av}=1.125P_0$，$P_{SB}=0.125P_0$。可见，随着 m_a 的减小，边频功率也随之减小。即使在 $m_a=1$ 时，边频功率为最大，也只占整个调幅波功率的1/3。这说明，用这种调制方式，发送端发送的功率被不携带信息的载波占去了很大的比例，这显然是不经济的。不过，由于这种调制设备简单，特别是解调更简单，便于接收，所以它仍在某些领域，如无线电广播中广泛采用。

2. 抑制载波双边带调幅的调制

在调幅波中，载波并不含有任何有用信息，要传送的信息只包含在上下边频分量中。因此，为了节省发射功率，可以只发射含有信息的上下边带信号，而不发射载波，这种调制方式称为抑制载波的双边带调幅，简称双边带调幅，用 DSB（或 BSB）表示。对于单频信号而言，其双边带调幅信号的数学表达式为

$$u_{DSB}(t)=\frac{1}{2}m_aU_{cm}\cos(\omega_c+\Omega)t+\frac{1}{2}m_aU_{cm}\cos(\omega_c-\Omega)t \quad (5-11)$$

或

$$u_{DSB}(t)=m_aU_{cm}\cos\Omega t\cos\omega_c t \quad (5-12)$$

由式（5-12）可知，双边带调幅信号的振幅仍随调制信号变化，但不像普通调幅信号那样在 U_{cm}值的基础上变化，而是在零值上下变化。这样，在调制信号 $u_\Omega(t)=0$ 的瞬间，高频载波的相位出现180°突变，呈现 M 型。与普通调幅波相比，双边带调幅的频谱图中抑

制掉了载波分量。其所占据的频带宽度并无变化，即仍为调制信号频谱中最高频率的两倍，即 $BW = 2F_{\max}$。对于单频调制信号而言，双边带调幅信号的频带宽度为 $BW = 2F$。

双边带调幅的调制信号和调幅波及其相应的频谱图如图 5－5 所示。

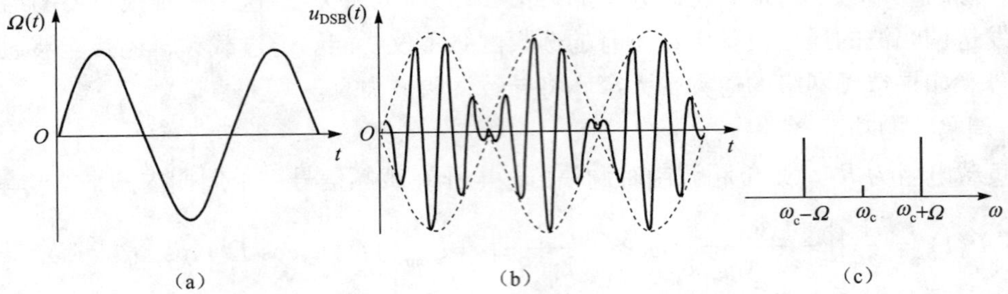

图 5－5　单频调制双边带调幅信号及其频谱图

（a）调制信号；（b）双边带调幅波；（c）频谱图

3. 单边带调幅波的调制

从图 5－5 可以看出，双边带调幅的上边频与下边频的频谱分量是对称的，都含有调制信号的全部信息。从传输信息的观点来看，可以把其中的一个边带抑制掉，而只保留一个边带（上边带或下边带）。这样既可以节省所占有的频带，提高频段利用率，又可以节省发射功率。这种既抑制了载波又只传送一个边带的调制方式，称为单边带调幅，用 SSB 表示。

实现抑制载波的单边带调幅的方法很多，其中最简单的方法是在双边带调制器后面接一个边带滤波器，利用边带滤波器抑制掉一个边带，而取出另一个边带，从而就得到了上边带信号或下边带信号，其频谱如图 5－6 所示。

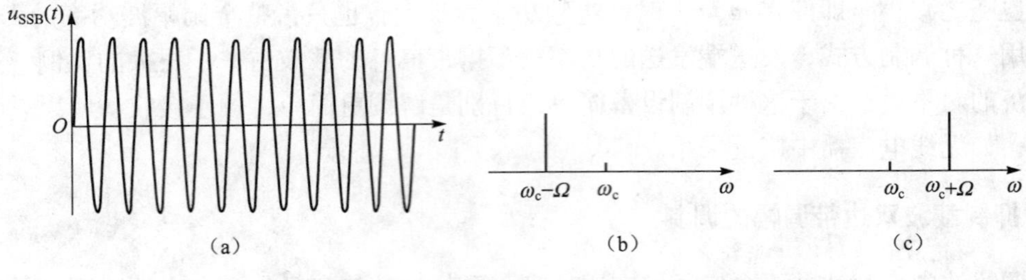

图 5－6　单频调制单边调幅波及其频谱图

（a）单边调幅波；（b）下边带频谱图；（c）上边带频谱图

对于单频调制信号，其上边带信号为

$$u_{\mathrm{SSBH}}(t) = \frac{1}{2} m_{\mathrm{a}} U_{\mathrm{cm}} \cos(\omega_{\mathrm{c}} + \Omega) t \tag{5-13}$$

下边带信号为

$$u_{\mathrm{SSBL}}(t) = \frac{1}{2} m_{\mathrm{a}} U_{\mathrm{cm}} \cos(\omega_{\mathrm{c}} - \Omega) t \tag{5-14}$$

可见，当单频信号进行单边带调幅时，其调幅波为一等幅的高频振荡信号，振荡频率为（$\omega_{\mathrm{c}} - \Omega$）或（$\omega_{\mathrm{c}} + \Omega$）如图 5－6 所示。它所占据的频带宽度则只有双边带调幅的一半，即等于调制信号频谱中最高频率，即 $BW=F_{max}$。对于单频调制而言，其占据的频带宽度就等于调制信号的频率，即 $BW=F$。

知识扩展

当调制信号的频谱有位于0频率附近的值时，SSB方式处理起来就十分困难了，此时，单边带的调制与解调设备就比较复杂。在某些应用中，既希望压缩频带，又希望接收设备简单，因此，可采用残留边带调幅（记为VSB）。它在发射端发送一个完整的边带信号、载波信号和另一个部分被抑制的边带信号（即残留一小部分）。这样它既保留了单边带调幅节省频带的优点，又具有滤波器易于实现、解调电路简单的特点。在广播电视系统中图像信号就是采用残留边带调幅，它在发送端和接收端都有斜切滤波器，频率特性如图5－7所示。发送端先产生普通调幅信号，然后利用具有图5－7（a）所示特性的滤波器取出一个完整的上边带、一部分下边带以及载频分量。这样只发射上边带和下边带中载波附近0.75 MHz部分，抑制掉其余部分。电视接收机对含载波分量的VSB信号，经混频及图5－7（b）所示中频滤波后，可以使用对普通调幅波解调的电路，不失真地恢复图像信号，因而对VSB信号的解调可以大大简化，并降低成本。

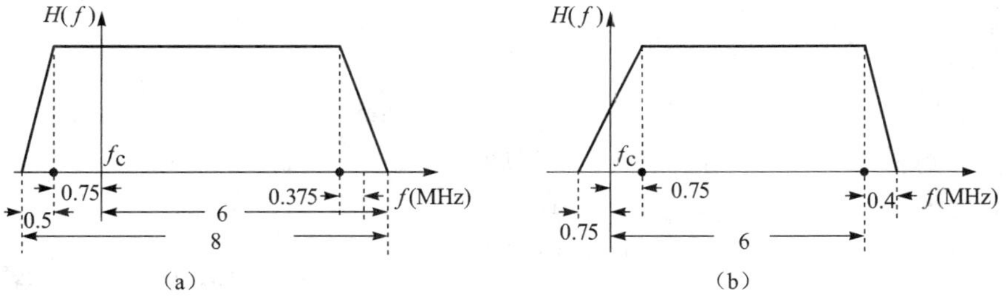

图5－7 残留边带调幅发送和接收滤波器的幅频特性

（a）发送滤波器幅频特性；（b）接收滤波器幅频特性

例5－1 试指出下列电压是什么已调信号？写出已调信号的电压表达式，并指出它们在单位电阻上消耗的平均功率及相应的频谱宽度。

（1）$u(t)=2\cos(4\times10^6\pi t)+0.1\cos(3\,996\times10^3\pi t)+0.1\cos(4\,004\times10^3\pi t)(\mathrm{V})$；

（2）$u(t)=4\cos(2\pi\times10^6 t)+1.6\cos[2\pi(10^6+10^3)t]+0.4\cos[2\pi(10^6+10^4)t]+1.6\cos[2\pi(10^6-10^3)t]+0.4\cos[2\pi(10^6-10^4)t](\mathrm{V})$；

（3）$u(t)=5\cos 2\pi(10^6+10^3)t+5\cos 2\pi(10^6-10^3)t$。

解 （1）$u(t)$为单频调制的普通调幅信号。

$$u(t)=2[1+0.1\cos(4\pi\times10^3 t)]\cos(4\pi\times10^6 t)$$

其中，$U_{cm}=2\mathrm{V}$，$m_a=0.1$，$\Omega=4\pi\times10^3$ rad/s，$\omega_c=4\pi\times10^6$ rad/s，$R_L=1\Omega$

所以
$$P_0=U_{cm}^2/2R_L=2^2/2=2(\mathrm{W})$$

$$P_{av}=\frac{U_{cm}^2}{2R_L}\left(1+\frac{1}{2}m_a^2\right)=P_0\left(1+\frac{1}{2}m_a^2\right)=2(1+0.5\times0.1^2)=2.01(\mathrm{W})$$

频带宽度 $BW=2F=\Omega/\pi=4\times10^3$ Hz $=4$ kHz。

(2) $u(t)$为双频调制的普通调幅信号。

$$u(t)=4[1+0.8\cos(2\pi\times10^3t)+0.2\cos(2\pi\times10^4t)]\cos(2\pi\times10^6t)$$

其中，$U_{cm}=4V$，$m_{a1}=0.8$，$m_{a2}=0.2$，$\Omega_1=2\pi\times10^3$ rad/s，$\Omega_2=2\pi\times10^4$ rad/s，$\omega_c=2\pi\times10^6$ rad/s，$R_L=1\ \Omega$，所以

$$P_0=U_{cm}^2/2R_L=4^2/2=8(\text{W})$$

$$P_{av}=\frac{U_{cm}^2}{2R_L}\left(1+\frac{1}{2}m_{a1}^2+\frac{1}{2}m_{a2}^2\right)=P_0\left(1+\frac{1}{2}m_{a1}^2+\frac{1}{2}m_{a2}^2\right)$$
$$=8(1+0.5\times0.8^2+0.5\times0.2^2)=10.72(\text{W})$$

频带宽度$BW=2F_2=20$ kHz。

(3) $u(t)$为单频调制的双边带调制信号。

$$u(t)=5\cos2\pi(10^6+10^3)t+5\cos2\pi(10^6-10^3)t$$

由上式可知，$\frac{1}{2}m_aU_{cm}=5$ V，即边带幅度为5 V，所以

$$P_{av}=\frac{1}{2}m_a^2\frac{U_{cm}^2}{2R_L}=\frac{\left(\frac{1}{2}m_aU_{cm}\right)^2}{R_L}=5^2=25(\text{W})$$，频带宽度$BW=2F=2$ kHz。

5.1.2 AM波调制电路分析与仿真

由式（5－2）可以看出，要完成AM调制，既可以将调制信号叠加一直流分量再与载波信号相乘来得到，也可以将调制信号与载波信号相乘再叠加载波信号来产生，其原理框图如图5－8所示。

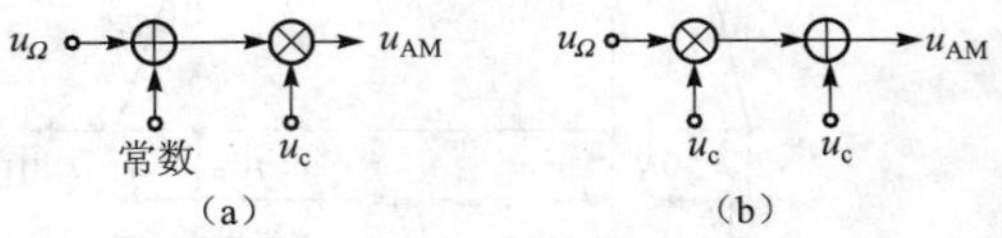

图5－8　AM信号的产生原理图

AM信号的产生可以采用高电平调制和低电平调制两种，目前，AM信号大多用于无线电广播，因此，多采用高电平调制方式。

高电平调制主要用于普通调幅信号的调制，其调幅电路一般置于发射机的最后一级，是在功率电平较高的情况下进行调制的。因此，电路除了能实现振幅调制外，还具有高效率功率放大的功能，以提供有一定功率要求的调幅波。一般是使调制信号叠加在直流偏置电压上，再一起控制丙类工作的末级谐振功放，实现高电平调幅，因此，只能产生普通调幅信号（即AM信号）。高电平调幅的优点是整机效率高，不需要效率低的线性功率放大器。

低电平调制是将调制和功放分开，调制后的信号电平较低，还需要经过功率放大后达到一定的发射功率再发送出去。DSB、SSB信号均采用这种方式，AM信号也可采用这种方式。

1. 高电平调幅电路

在第3章已经讲述过，丙类谐振功率放大器具有集电极调制特性和基极调制特性。因此，高电平调制通常分为基极调幅、集电极调幅以及集电极—基极（或发射极）组合调幅。其基本工作原理就是利用改变某一电极的直流电压以控制集电极高频电流振幅。

根据谐振功率放大器的集电极调制特性，将调制信号叠加到集电极上，控制输出功率而

构成的集电极调幅电路，如图5－9所示。图中，V_1管为推动级，通过变压器耦合双调谐回路，将载波电压加到V_2管的基极上，作为丙类谐振功放的输入信号。L_3为高频扼流圈，同R_2一起给V_2管提供合适的基极偏压，使谐振功放工作在丙类状态。V_2管的基极和集电极偏置电路均为并馈方式。其输出端采用由C_6、C_7、L_5构成的Π型匹配网络，L_4和C_5分别为高频扼流圈和隔直电容。调制信号经低频变压器Tr和L_4加到集电极上，并与直流电源E_c相串联，C_8为高频滤波电容。对于高频放大信号（即载波信号）而言，L_4开路，C_8短路，从而确保高频信号对调制信号发生器和直流电源产生不利影响。对于调制信号来说，L_4短路，C_8开路，从而将调制信号和直流电源电压叠加在一起作为放大器的等效集电极电压源，当谐振功率放大器工作在过压状态，且将谐振负载调谐在载波频率上时，集电极电流的直流分量和基波分量正比于集电极偏置电压，从而使得谐振功率放大器输出信号的振幅正比于调制信号，即产生普通调幅信号。

根据谐振功率放大器的基极调制特性，将调制信号叠加在基极上，控制输出功率而构成的基极调幅电路，如图5－10所示。图中，载波电压通过变压器耦合以及L_2、C_1构成的L型网络加到V管的基极上，调制信号则通过低频变压器Tr叠加直流电压E_b构成基极偏置电压。L_3、L_4和C_2、C_4分别是高频扼流圈和高频滤波电容，C_3为低频旁路电容，C_5为隔直电容。基极和集电极直流馈电电路均采用并馈方式，输出端采用由C_6、C_7、L_5构成的Π型匹配网络。当谐振负载调谐在载波频率上，且功率放大器工作在欠压状态时，输出回路中的基波电流I_{c1m}、输出电压均按基极偏置电压变化，从而使得谐振功率放大器输出信号的振幅正比于调制信号，即产生普通调幅信号。

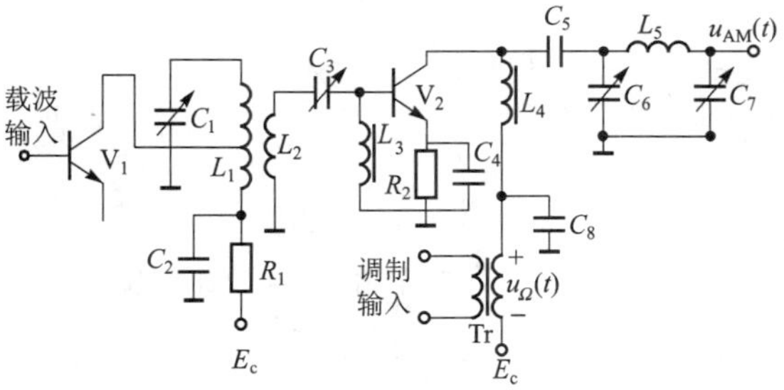

图5－9　集电极调幅电路

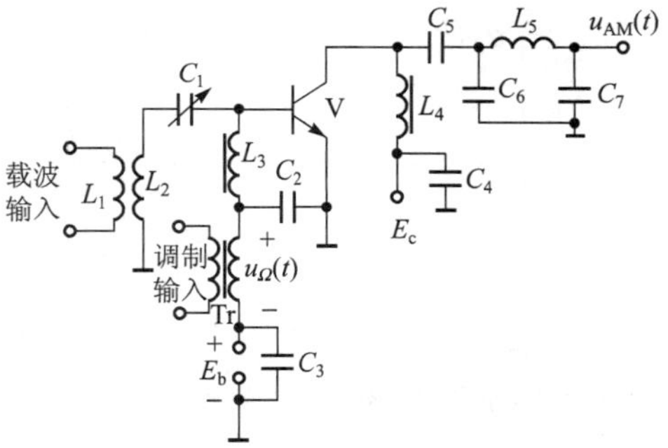

图5－10　基极调幅电路

可见，利用谐振功率放大器的基极调制特性和集电极调制特性，可产生普通调制信号。由以上分析可知，高电平调幅电路只可以用来产生普通调幅信号。

2. 低电平调幅电路

要完成AM信号的低电平调制的方法有多种，例如用单二极管电路和平衡二极管电路作为调制电路产生AM信号；利用双差分对电路或模拟乘法器产生AM信号；利用集成高频放大器、可变跨导乘法器等电路产生AM信号。

这里只简单介绍利用单二极管电路和模拟乘法器产生AM信号的电路。

图5－11所示电路是一个简单的二极管调幅电路，调制信号和载波信号相加后，通过二极管非线性特性的变换，在电流i中产生了各种组合频率分量，将谐振回路调谐于ω_c，便能

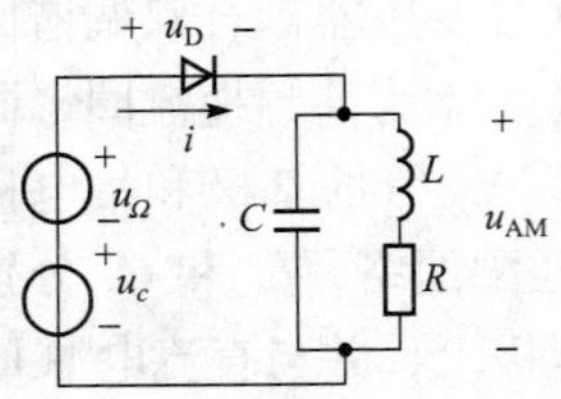

图 5－11　二极管调幅电路

得到 ω_c 和 $\omega_c \pm \Omega$ 的成分，从而得到 AM 波，由于信号的大小不同，二极管的工作状态可分为小信号和大信号两种情况。

小信号调幅又称为平方律调幅，其工作原理可用幂级数法进行分析；将二极管的伏安特性用幂级数表示为

$$i = I_0 + a_1 u_D + a_2 u_D^2 + a_3 u_D^3 + \cdots \qquad (5-15)$$

其中 I_0 为流过二极管上电流的直流分量，a_1、a_2、…为由二极管的特性所决定的比例系数。为了简化分析，忽略输出电压对二极管的反作用，则

$$u_D \approx u_c + u_\Omega = U_{cm}\cos\omega_c t + U_{\Omega m}\cos\Omega t$$

当 u_D 很小时，级数可只取前四项，于是有

$$\begin{aligned} i =& I_0 + a_1(U_{cm}\cos\omega_c t + U_{\Omega m}\cos\Omega t) + a_2(U_{cm}\cos\omega_c t + U_{\Omega m}\cos\Omega t)^2 \\ &+ a_3(U_{cm}\cos\omega_c t + U_{\Omega m}\cos\Omega t)^3 \end{aligned}$$

利用三角公式展开并整理，可得

$$\begin{aligned} i =& I_0 + \frac{1}{2}a_2(U_{cm}^2 + U_{\Omega m}^2) + \left(a_1 U_{cm} + \frac{3}{2}a_3 U_{cm}^2 U_{\Omega m}^2 + \frac{3}{4}a_3 U_{cm}^3\right)\cos\omega_c t + \\ &(a_1 U_{\Omega m} + \frac{3}{2}a_3 U_{cm}^2 U_{\Omega m} + \frac{3}{4}a_3 U_{\Omega m}^3)\cos\Omega t + \\ &a_2 U_{cm} U_{\Omega m}[\cos(\omega_c + \Omega)t + \cos(\omega_c - \Omega)t] + \frac{1}{2}a_2(U_{cm}^2\cos 2\omega_c t + U_{\Omega m}^2\cos 2\Omega t) + \\ &\frac{3}{4}a_3 U_{cm}^2 U_{\Omega m}[\cos(2\omega_c + \Omega)t + \cos(2\omega_c - \Omega)t] + \\ &\frac{3}{4}a_3 U_{cm}^2 U_{\Omega m}^2[\cos(\omega_c + 2\Omega)t + \cos(\omega_c - 2\Omega)t] + \\ &\frac{1}{4}a_3(U_{cm}^3\cos 3\omega_c t + U_{\Omega m}^3\cos 3\Omega t) \end{aligned} \qquad (5-16)$$

由式（5－16）可知，经过二极管非线性变换后，出现了许多新的频率，但其中只有 $\omega_c \pm \Omega$ 才是所需要的上、下边频。这对边频是由平方项 $a_2 u_D^2$ 产生的，故称为平方律调幅。其他频率分量均是无用的寄生产物，必须将它们抑制掉。其中最有害的分量是 $\omega_c \pm 2\Omega$ 项，因为它们和载波、边频都很接近，滤波器不易滤除。如果能使 $a_3 = 0$，那幂级数就成为标准的平方特性了。显然，二极管起初的弯曲部分不容易得到较理想的平方特性，因而调制效率低，无用成分多，故较少采用平方律调幅器。

大信号调幅也称为开关式调幅，其工作原理可用折线法进行分析。在大信号时，依靠二极管的导通和截止来实现频率变换，这时，二极管就相当于一个开关。一般情况下，调制信号很小（约几十毫伏），而载波信号较大（约几百毫伏）。此时，$U_{cm} \gg U_{\Omega m}$，因此二极管的通、断由载波信号决定，电路中通过二极管的电流为

$$i = S(\omega_c t)\frac{u_c + u_\Omega}{r_D + R_L} = gS(\omega_c t)(u_c + u_\Omega) \qquad (5-17)$$

式中，R_L 为负载对载频谐振时所呈现的电阻；r_D 是二极管导通电阻；$g = 1/(r_D + R_L)$。

开关函数 $S(\omega_c t)$ 为

$$S(\omega_c t)=\frac{1}{2}+\frac{2}{\pi}\cos\omega_c t-\frac{2}{3\pi}\cos 3\omega_c t+\cdots+(-1)^{n+1}\frac{2}{(2n-1)\pi}\cos(2n-1)\omega_c t+\cdots \tag{5-18}$$

代入式（5－17）中并展开整理可得

$$\begin{aligned}i=&\frac{g}{\pi}U_{cm}+\frac{g}{2}(U_{\Omega m}\cos\Omega t+U_{cm}\cos\omega_c t)+\frac{g}{\pi}U_{\Omega m}[\cos(\omega_c+\Omega)t+\cos(\omega_c-\Omega)t]+\\&\frac{2g}{3\pi}U_{cm}\cos 2\omega_c t-\frac{g}{3\pi}U_{cm}\cos 4\omega_c t-\frac{g}{3\pi}U_{\Omega m}[\cos(3\omega_c+\Omega)t+\cos(3\omega_c-\Omega)t]+\cdots\end{aligned} \tag{5-19}$$

与式（5－16）相比较，式（5－19）中的无用组合分量进一步减小，输出电流中只含有直流，ω_c、Ω 及 ω_c 的偶次谐波，ω_c 及其奇次谐波与 Ω 的组合频率分量，而不存在 ω_c 的奇次谐波以及 ω_c 偶次谐波与 Ω 的组合频率分量。重要的是不再含有最为有害的组合分量（$\omega_c\pm2\Omega$），且其他无用分量较易于滤除。显然若只保留 ω_c 和（$\omega_c\pm\Omega$），而将其余成分滤除，便可得到AM信号了。因此，在二极管调制器，大信号开关式运用比小信号平方律运用有效率高、无用成分少的优点，因而应用较广。

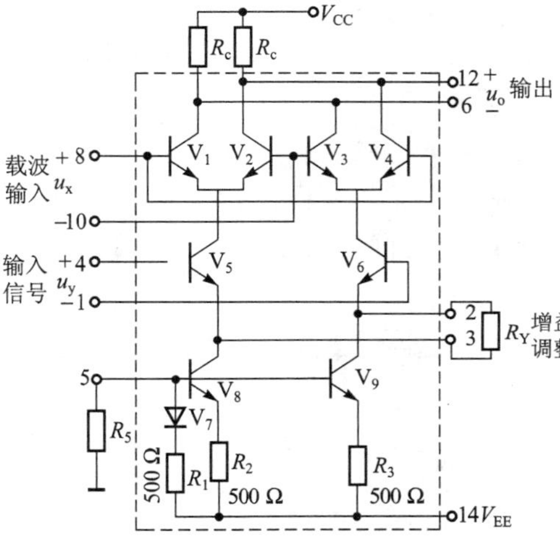

图5－12　MC1496/1596的内部电路

图5－12所示为根据双差分对模拟相乘器基本原理制成的单片集成模拟相乘器MC1496/1596的内部电路原理图。图中由 V_7、R_1、V_8、R_2、V_9、R_3 和通过5脚外接电阻 R_5 等组成多路电流源电路，其引脚排列如图5－13所示。R_5、V_7、R_1 为电流源的基准电路，V_8、V_9 分别供给 V_5、V_6 管恒值电流 $I_0/2$，改变外接电阻 R_5 的大小，可用以调节 $I_0/2$ 的大小。R_c 为外接负载电阻。由 V_5、V_6 管的发射极引出接线端2和3脚外接反馈电阻 R_Y，改变反馈电阻 R_Y 的大小，可调节输入信号电压的动态范围。其输出电压的表达式为

$$u_o=\frac{2R_c}{R_Y}u_y th\frac{u_x}{2U_T} \tag{5-20}$$

u_y 的动态范围与外接电阻 R_Y 的关系为

$$-\left(\frac{1}{4}I_0R_Y+U_T\right)\leqslant u_y\leqslant\left(\frac{1}{4}I_0R_Y+U_T\right) \tag{5-21}$$

当 $|u_x|\leqslant U_T$ 时，式（5－20）可写成

$$u_o=\frac{R_c}{R_YU_T}u_xu_y \tag{5-22}$$

当 $u_x=U_{xm}\cos\omega_x t$，$th\dfrac{U_{xm}\cos\omega_x t}{2U_T}$ 为周期性函数，当 $U_{xm}>260$ mV 时，双曲正切函数 $th\dfrac{U_{xm}\cos\omega_x t}{2U_T}$ 趋于周期性方波，幅值为±1，此时双差分对模拟相乘器工作在双向开关状态，

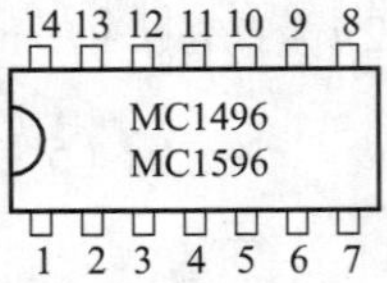

图 5-13 MC1496/1596 的引脚排列

式（5-20）中双曲正切函数可用双向开关函数表示，即

$$u_o=\frac{2R_c}{R_Y}u_y th\frac{U_{xm}\cos\omega_x t}{2U_T}=\frac{2R_c}{R_Y}u_y S(\omega_x t) \qquad (5-23)$$

可见，双差分对模拟相乘器工作在线性时变状态或开关工作状态，因而特别适合用来作频谱搬移电路。在作振幅调制电路时，u_x 加载波电压，u_y 加调制信号（如图 5-12 所示）；作同步检波电路时，u_x 为恢复载波电压，u_y 加输入信号；而作混频器使用时，u_x 加本振电压，u_y 加输入信号。MC1496 工作频率高，常用作调制、解调和混频。

图 5-14 所示为用 MC1496 或 MC1596 产生 AM 信号的电路，将调制信号叠加上直流分量就可产生普通调幅波，调节 50 kΩ 电位器中间触头的位置即可调节直流分量大小，从而调节调制度 m_a 值。

例 5-2 一调制电路如图 5-15 所示，设载波电压 $u_c(t)=100\cos 10\pi\times10^6 t$（mV），调制信号电压 $u_\Omega(t)=5\cos 2\pi\times10^3 t$（V）。求输出电压 $u_o(t)$。（晶体管的电流放大系数很高，基极电流可以忽略不计）。

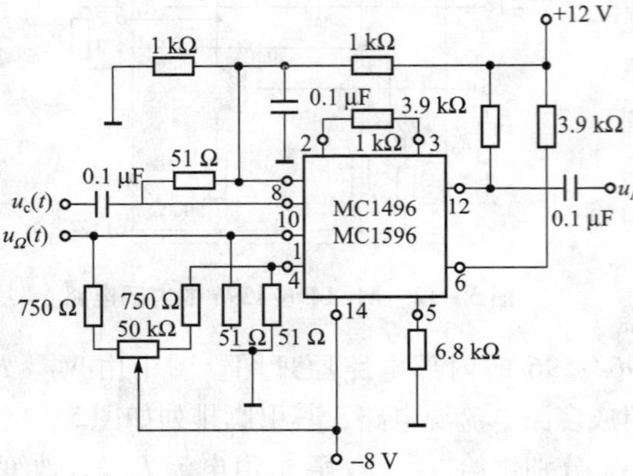

图 5-14 MC1496/MC1596 型相乘器普通调幅电路

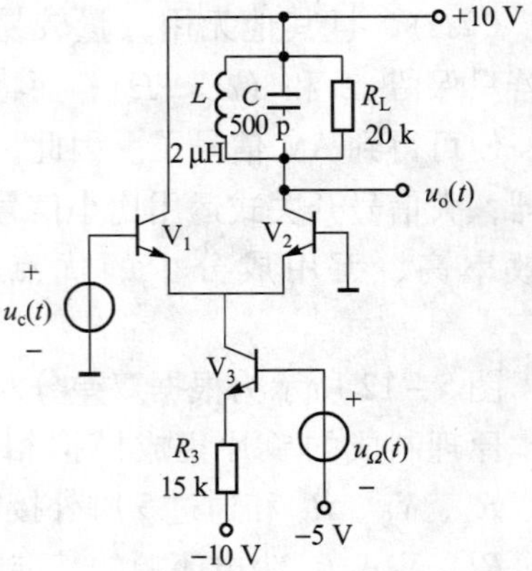

图 5-15 差分对管调制电路

解 由图 5-15 可知，V_3 管的集电极电流 I_0 为

$I_0=\dfrac{u_\Omega-5+10}{R_3}=\dfrac{1}{3}(1+\cos 2\pi\times10^3 t)$（mV），这表明 V_3 管的集电极电流 I_0 受控于调制信号 u_Ω。在载波 u_c 的作用下，差分对管 V_1、V_2 的输出交流电流 i 与 u_c 和 I_0 有关

$$i=\frac{1}{2}I_0 th\left(\frac{qu_c}{2kT}\right)=\frac{1}{2}I_0 th\left(\frac{1}{2}\frac{100\cos 10^7\pi t}{26}\right)=\frac{1}{2}I_0 th\ (2\cos 10^7\pi t)\ (\text{mA})。$$

对上式用傅里叶级数展开，并查表求基波分量 ω_c 的系数（查看数学手册），可得 i 中的基波分量 $i_1=0.56I_0\cos\omega_c t=0.56I_0\cos 10^7\pi t\approx0.19\ (1+\cos 2\pi\times10^3 t)\ \cos 10^7\pi t$（mV）。

又 LC 回路的谐振频率为

$$\frac{1}{\sqrt{LC}}=\frac{1}{\sqrt{2\times10^{-6}\times500\times10^{-12}}}\approx10^7\pi=\omega_c$$

即 LC 回路调谐在载波频率上，所以回路两端的交流电压 $u_o(t)$ 为

$$u_o(t)=i_1R_L=0.38(1+\cos 2\pi\times10^3)\cos 10^7\pi t\ (\text{V})$$

可见图 5－15 所示差分对电路可以实现普通调幅，如果合理选择 V_3 管的直流电压源值，也可使电路完成双边带调幅。

3. AM 波调制电路的仿真

对利用差分对模拟相乘器构成的 AM 波调幅电路进行仿真，观察普通调幅电路的输出波形及频谱结构图。

（1）请建立一个项目例如 N_1，然后绘出如图 5－16（a）所示的电路图。

（2）电路元件参数及两输入信号的相关参数按如图 5－16（a）所示进行设置。

（3）存档，进行 Transient Analysis（瞬态分析），设置瞬态分析终止时间，设定为 100 μs，设置瞬分析起始时间，设定为 20 μs，设置绘图的时间增量，设定为 400 ns。

（4）启动 PSpice 进行仿真，这时的 Probe 窗口出现普通调幅电路的输出波形，如图 5－16（b）所示。

（5）在 Probe 窗口中，选择 TRACE 命令菜单中的 Fourier 傅里叶分析命令。这时的 Probe 窗口出现普通调幅波的频谱图，如图 5－16（c）所示，从图中可以测得频谱宽度。

5.1.3 DSB 波调制电路分析与仿真

1. DSB 波调制电路

DSB 信号的产生采用低电平调制。与 AM 信号相比，DSB 信号抑制了载波信号，而只发送两个带有信息的上下边带信号，因而其功率利用率较高。DSB 信号的获取，关键在于调制电路中的乘积项，故具有乘积项的电路均可用作 DSB 信号的调制电路。

图 5－11 所示的二极管调幅电路只能产生 AM 信号，不能产生 DSB 信号。因为其输出仍有载波成分，为了抑制载波，应采用平衡调制电路，如图 5－17 所示。平衡调制是两个开关式调制器对称连接电路，载波成分因为对称而被抵消，在输出中不再出现，因而平衡调制电路是产生 DSB 和 SSB 信号的基本电路。

为了分析的方便，假设 $N_1:N_2=1:1$。若 $U_{cm}\gg U_{\Omega m}$，二极管工作在开关状态。由式（5－17）有

$$i_1=S(\omega_c t)\frac{u_c+u_\Omega}{r_D+2R_L}=gS(\omega_c t)(u_c+u_\Omega) \tag{5-24}$$

$$i_2=S(\omega_c t)\frac{u_c-u_\Omega}{r_D+2R_L}=gS(\omega_c t)(u_c-u_\Omega) \tag{5-25}$$

于是有

$$i_L=i_1-i_2=2gS(\omega_c t)u_\Omega \tag{5-26}$$

将式（5－18）和 $u_\Omega=U_{\Omega m}\cos\Omega t$ 代入式（5－26）并整理得

$$i_L=gU_{\Omega m}\cos\Omega t+\frac{2g}{\pi}U_{\Omega m}[\cos(\omega_c+\Omega)t+\cos(\omega_c-\Omega)t]-\frac{2g}{3\pi}U_{\Omega m}[\cos(3\omega_c+\Omega)t+\cos(3\omega_c-\Omega)t]+\cdots \tag{5-27}$$

比较式（5－19）和式（5－27）可以看出，单二极管开关式调幅电路频谱中的直流分

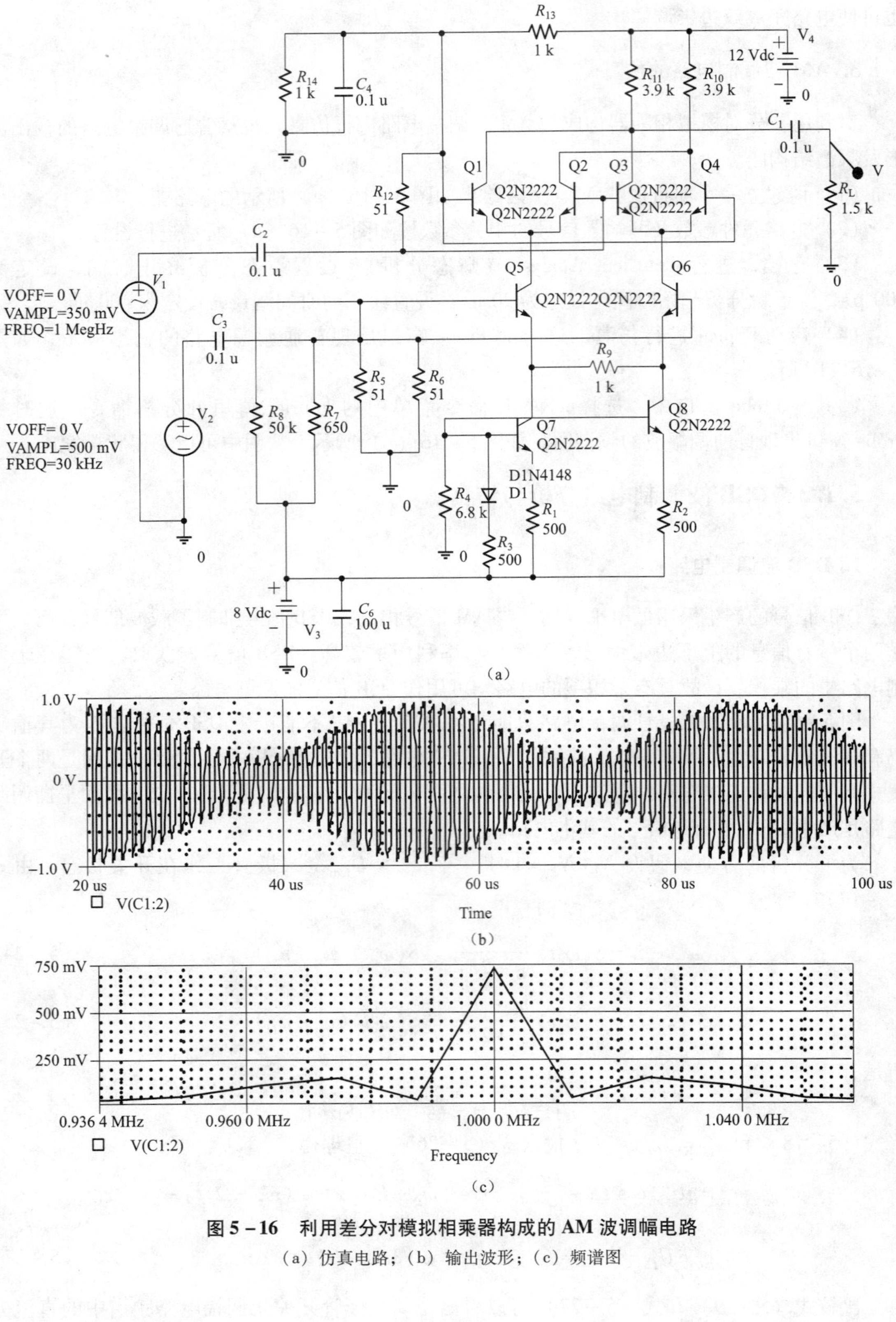

图 5－16　利用差分对模拟相乘器构成的 AM 波调幅电路

（a）仿真电路；（b）输出波形；（c）频谱图

量、载波分量以及载波的各次谐波分量，在平衡调制电路中都被抑制掉了，无用成分的频率都远离了有用信息的频率，因而很容易滤除。

若输出滤波器的中心频率为f_c，带宽为$2F$，谐振阻抗为R_L，则输出电压为

$$u_{DSB}(t)=R_L\frac{2g}{\pi}U_{\Omega m}[\cos(\omega_c+\Omega)t+\cos(\omega_c-\Omega)t]=4U_{\Omega m}=\frac{R_L g}{\pi}\cos\Omega t\cos\omega_c t \tag{5-28}$$

对平衡调制电路的主要要求是调制线性好，载漏小（输出端的残留载波电压要小，一般应比有用边带信号低 20 dB 以上），同时希望调制效率高及阻抗匹配等。对于图 5-17 所示的电路，其条件要求两变压器的中心抽头必须是严格对称的，VD_1 和 VD_2 的特性也应完全相同。否则，载波电压就会泄漏到输出端。

在图 5-17 中，如果将载波信号与调制信号施加的位置互换，就可构成普通调幅电路。此时只能产生 AM 信号，而不能产生 DSB 信号。

在平衡调制电路中再增加两个二极管，使电路中四个二极管首尾相接构成环形，便形成了环形调制器，如图 5-18 所示。由于 $U_{cm}\gg U_{\Omega m}$，因此，二极管的开关作用完全由 u_c 控制。在 u_c 的正半周，VD_1、VD_2 导通，VD_3、VD_4 截止，此时等效电路如图 5-19（a）所示。在 u_c 的负半周，VD_3、VD_4 导通，VD_1、VD_2 截止，此时等效电路如图 5-19（b）所示。由图 5-19 可知，环形调制器在载波的正、负半周内可分为两个平衡调制器，因此，环形调制器也称为双平衡调制器。

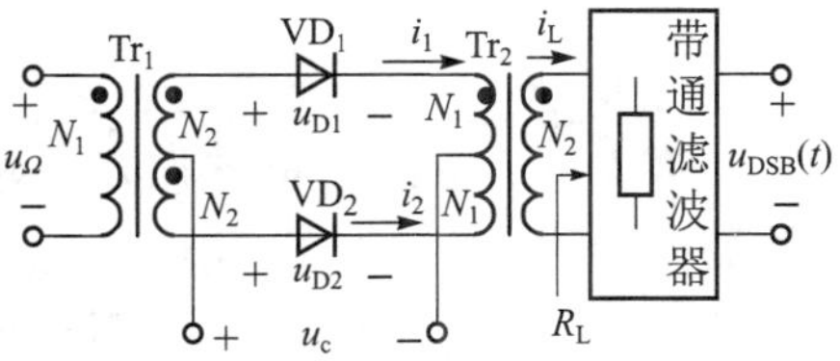

图 5-17 二极管平衡调制电路

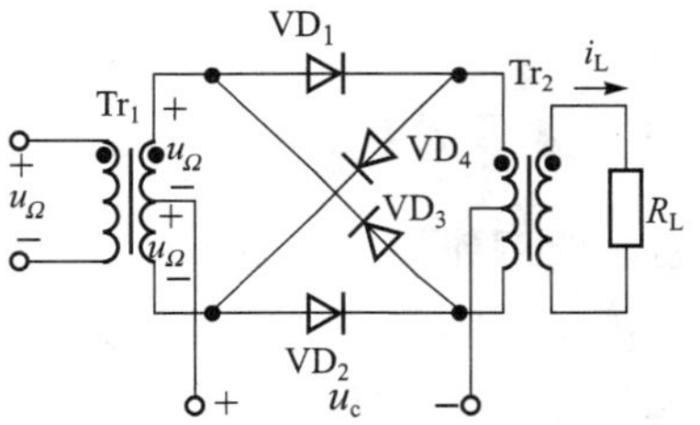

图 5-18 环形调制电路

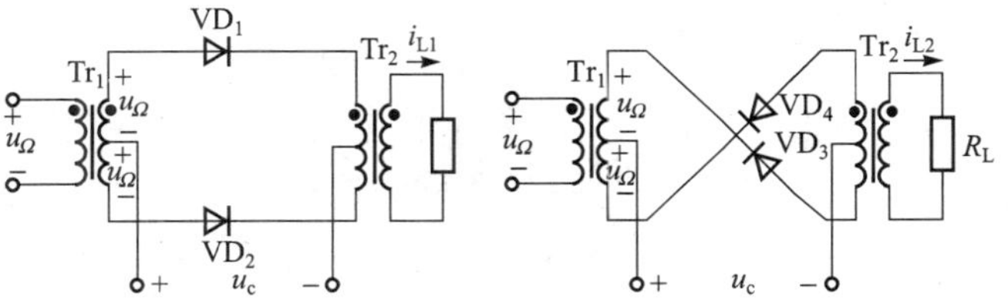

（a） （b）

图 5-19 环形调制器等效电路

不难分析，环形调制电路输出电流的有用频率分量（$\omega_c\pm\Omega$）的振幅比平衡调制电路提高了一倍，同时抑制了低频 Ω 分量，因而得到了广泛的应用。同样，为了保证电路的质量，必须注意元件性能和安装方面的平衡与对称问题。

与平衡调制电路不同，将载波信号与调制信号施加的位置互换，仍然产生 DSB 信号，而不会得到 AM 信号。

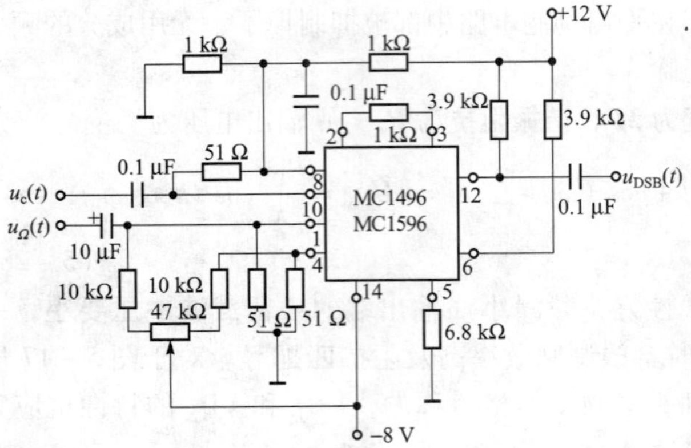

图 5-20 MC1596 构成的双边带调制电路

利用双差分对集成模拟相乘器可构成性能良好的调幅电路。图 5-20 所示采用 MC1596 构成的双边带调幅电路，图中，+12 V 电源电压经两个 1 kΩ 的电阻分压，为相乘器内部 $V_1 \sim V_4$ 管提供基极偏压；-8 V 电源电压则通过 47 kΩ 电位器分别经 10 kΩ 和 51 Ω 电阻构成分压电路为相乘器内部 V_5、V_6 管的基极提供偏置电压。47 kΩ 电位器为载波调零电位器，调节电位器可使电路对称以减小载波信号输出。此外，5 脚与地之间外接 6.8 kΩ 电阻用来设定电流源 V_8、V_9 的电流 $I_0/2$ 的大小，2 脚与 3 脚之间外接 1 kΩ 电阻用来扩展 u_Ω 的线性动态范围，6 脚和 12 脚外接 3.9 kΩ 为输出端的负载电阻。

在 MC1496/1596 中，调制信号的振幅不能过大，其最大值主要由 $I_0/2$ 与 R_Y 的乘积所限定。若振幅过大，输出调幅波形就会产生严重的失真。工程上，载波信号常采用大信号输入，即 $U_{cm} \geqslant 260$ mV，此时，双差分对管在载波信号的作用下工作在开关状态，因而电路增益不受载波电压大小的影响。同时，输出频谱比较纯净，只有 $k\omega_c \pm \Omega$（k 为奇数）的组合频率分量，因此，只要用滤波器滤除高次谐波分量，便可得到抑制载波的双边带调幅波，且调制失真很小。

2. DSB 波调制电路的仿真

仿真电路图如图 5-21（a）所示，电路参数同图 5-20 所示电路，不过为方便起见，仿真时，可将图中 47 kΩ 电位器去掉，载波信号源和调制信号源的参数设置如图 5-21（a）所示。具体步骤同 AM 波调制电路的仿真。输出波形及频谱图如图 5-21（b）和图 5-21（c）所示。

5.1.4 SSB 波调制电路分析

在电波传播过程中，对载波和上、下边带等不同频率的电波可能产生不同的衰减和相移，从而引起接收信号失真和不稳定，这一现象称为选择性衰落现象。由于单边带信号只有一个边频分量，因而这种衰落现象的影响不大，同时，具有节约频带、节省功率等优点，在短波通信中应用广泛。但单边带通信设备复杂，价格昂贵，收发信机需要很高的频率稳定度及其它技术措施。单边带调幅信号一般是先产生双边带调幅信号，然后采取滤波法除去一个边带或采用移相法来产生。

1. 滤波法

图 5-22 所示为采用滤波法实现单边带调幅的原理图。图中，利用相乘器产生的 DSB 信号经过带通滤波器后滤除一个边带，就获得了 SSB 信号。由于 $\omega_c \gg \Omega_{max}$，上、下边带之间的距离很近，要想滤除一个边带而让另一个边带通过，就要求滤波器在载频处具有非常陡

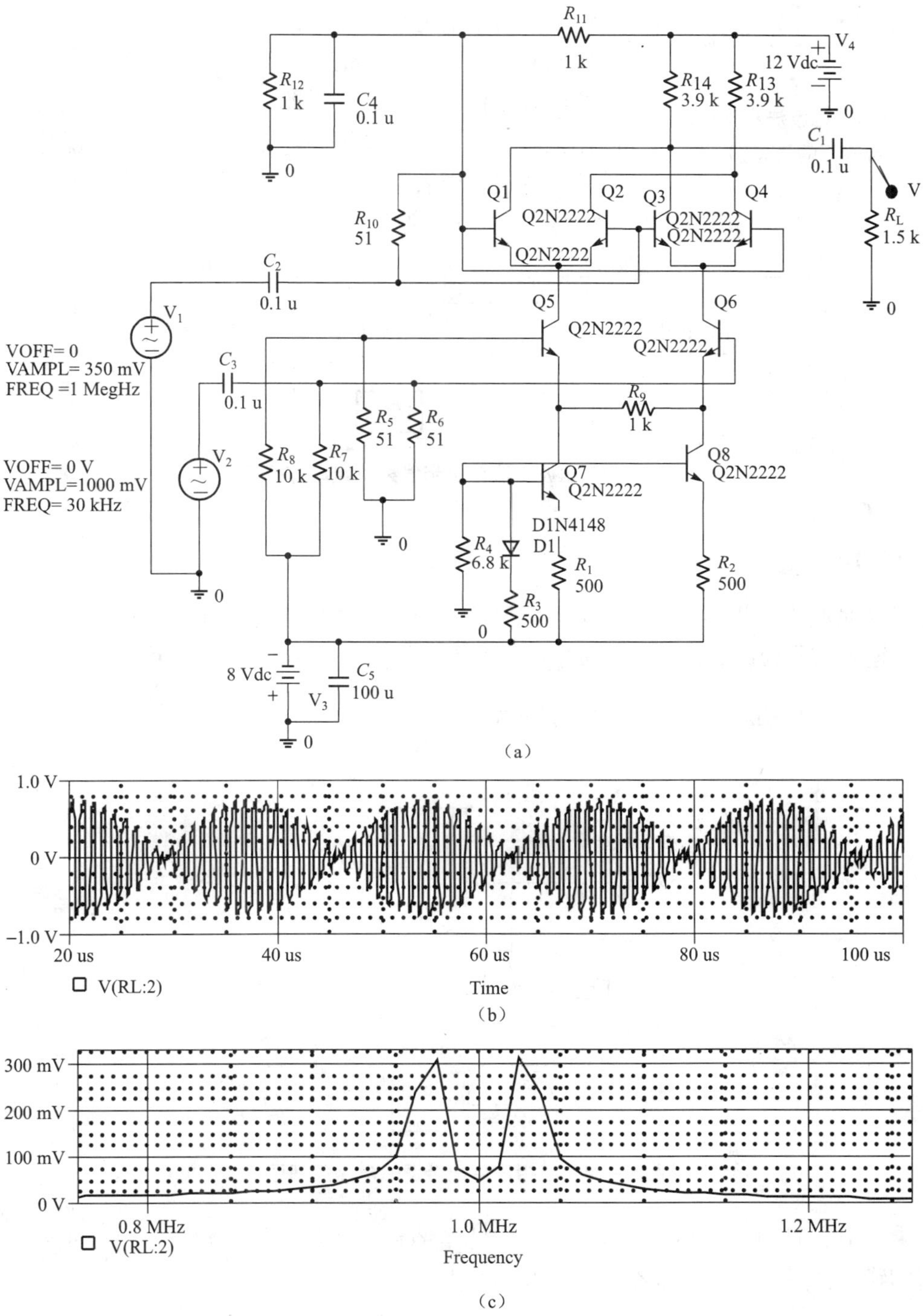

图 5-21　利用差分对模拟相乘器构成的 DSB 波调幅电路

(a) 仿真电路；(b) 输出波形；(c) 频谱图

峭的滤波特性。在相同带外衰减时，相对频率间隔越大，滤波器就越容易实现。因此，在采用滤波器法构成单边带发射机时，一般均在低载波频率上产生单边带信号，然后再对另一个较高的载频进行第二次调制、滤波，直到把载波频率提高到所需要的频率上为止，如图 5－23 所示。由图可知，每经过一次调制，实际上是把频谱搬移一次，这样，信号的频谱结构并没有变化，但上、下边带之间的间距拉大了，滤波器的制作就容易了。常用作第一滤波器的有：石英晶体滤波器、陶瓷滤波器、声表面波滤波等。而第二、第三滤波器等，因中心频率已经提高，采用 LC 调谐回路，即能进行滤波。

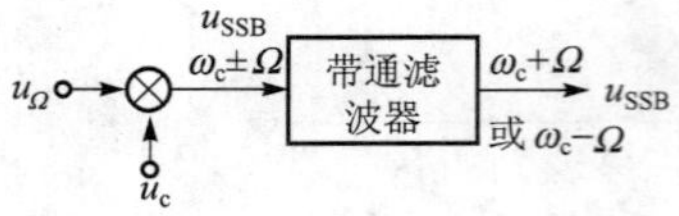

图 5－22　滤波法实现单边带调幅的原理图

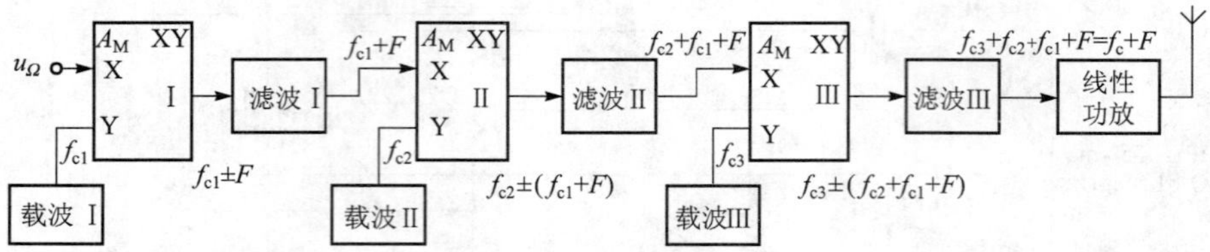

图 5－23　滤波器法单边带发射机组成方框图

2. 移相法

移相法是利用移相的方法，消去不需要的边带，其电路组成框图如图 5－24 所示。相乘器 I 的两输入信号为调制信号 $u_\Omega = U_{\Omega m}\cos \Omega t$ 和载波信号 $u_c = U_{cm}\cos \omega_c t$，则其输出电压为

$$u_{o2}(t) = A_M U_{\Omega m} U_{cm} \cos \Omega t \cos \omega_c t = \frac{1}{2} A_M U_{\Omega m} U_{cm} [\cos(\omega_c + \Omega)t + \cos(\omega_c - \Omega)t] \tag{5-29}$$

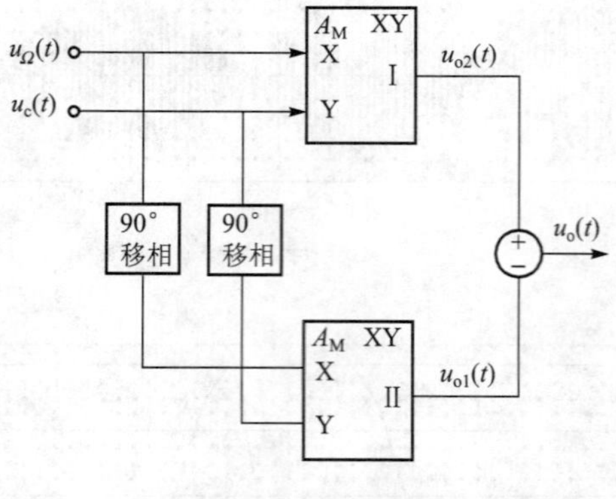

图 5－24　移相法单边带调幅电路原理图

相乘器 II 的两输入信号为调制信号 $u_\Omega = U_{\Omega m}\cos \Omega t$ 和载波信号 $u_c = U_{cm}\cos \omega_c t$ 经过 90° 移相器的输出信号，因此相乘器 II 的输出电压为

$$u_{o1}(t) = A_M U_{\Omega m} U_{cm} \sin \Omega t \sin \omega_c t = \frac{1}{2} A_M U_{\Omega m} U_{cm} [\cos(\omega_c - \Omega)t - \cos(\omega_c + \Omega)t] \tag{5-30}$$

将 u_{o1} 与 u_{o2} 相加，则有

$$u_0(t) = A_M U_{\Omega m} U_{cm} \cos(\omega_c - \Omega)t \tag{5-31}$$

将 u_{o1} 与 u_{o2} 相减，则有

$$u_0(t)=A_M U_{\Omega m} U_{cm} \cos(\omega_c+\Omega)t \tag{5-32}$$

移相法的优点是省掉了滤波器，但实现这种方法的关键是两个移相器，要求对载波和调制信号的移相在整个频带范围内均为准确的90°，这一点实际上是很难做到的。为此有人提出了产生单边带的第三种方法——修正的移相滤波法，如图5-25所示。这种方法所用的90°移相网络工作于固定频率 ω_1 与 ω_2 上，因此制造和维护上都比较简单，特别适用于小型轻便设备，是一种有发展前途的方法。

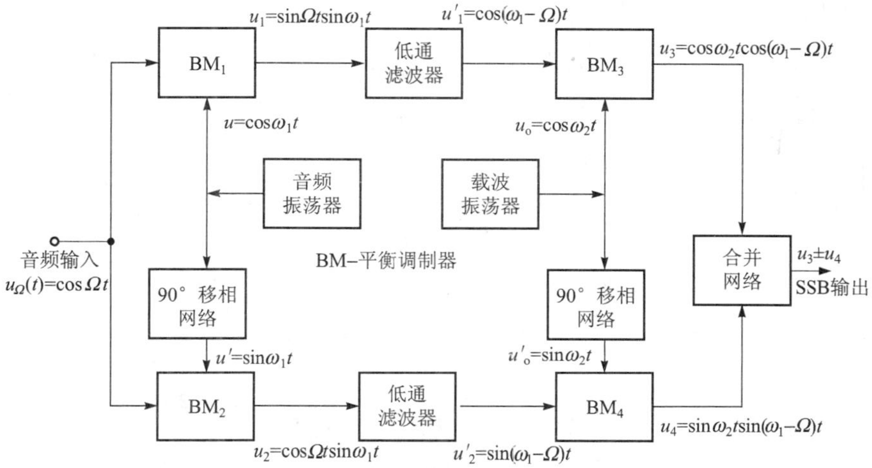

图5-25　修正的移相滤波器法

5.2 振幅调制信号的解调

5.2.1 解调的基本原理

解调是调制的逆过程，实质上是将高频信号搬移到低频端，这种搬移正好与调制的搬移过程相反。振幅调制信号的解调电路称为振幅检波电路，简称检波电路。其作用是从振幅调制信号中不失真地检出调制信号来。在频域上，这种作用就是将振幅调制信号频谱不失真地搬回到零频率附近。可见，同振幅调制一样，振幅解调也属于线性频谱搬移，因此，所有的线性搬移电路均可用于振幅解调。

振幅解调的方法可分为包络检波和同步检波两大类。包络检波是指解调电路输出电压与输入已调信号的包络成正比的检波方法。由于AM波的包络与调制信号成线性关系，而DSB信号和SSB信号的包络并不与调制信号成正比，因此，包络检波仅适用于AM波的解调。其原理框图如图5-26所示。它利用非线性元件产生新的所需频率分量，再用低通滤波器选出所需分量。根据电路及其工作状态的不同，包络检波又分为峰值包络检波、平均律检波和平均包络检波。DSB信号和SSB信号的检波只能使用同步检波而不能使用包络检波。同步检波电路是一个六端网络，它有两个输入信号端口，一个输入已调信号，一个外加恢复载波电压。为了正常地进行同步检波，恢复载波电压应与调制端的载波电压完全同步（即同频同相)，这也是同步检波名称的由来。同步检波也可用于 AM 信号的检波，但因它比包络检波器复杂而很少采用。

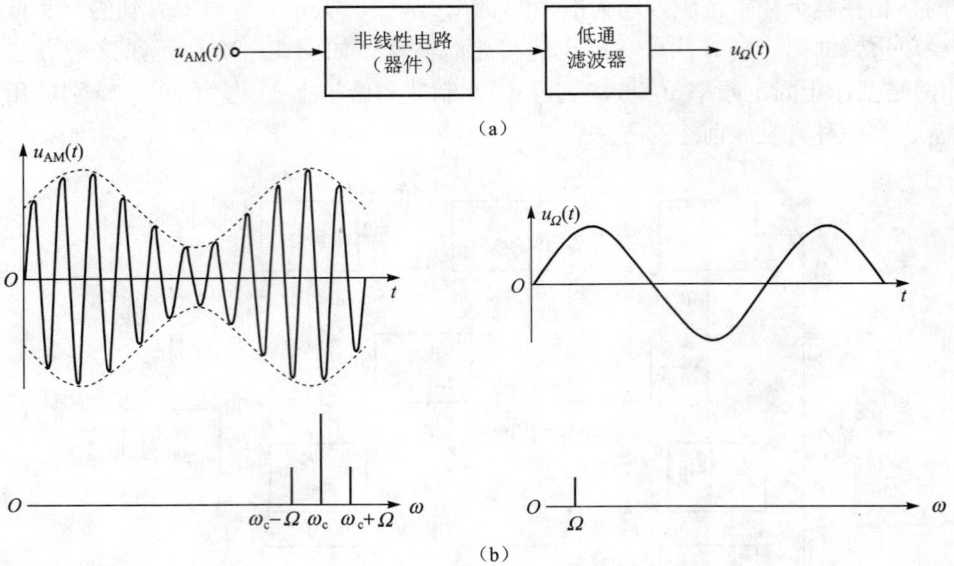

图 5－26　包络检波的原理图

同步检波又分为乘积型和叠加型两类，其原理图如图 5－27 所示。乘积型同步检波(以 DSB 信号的检波为例)，是将 DSB 信号 $u_{\mathrm{DSB}}(t)$ 先与恢复载波电压 $u_{\mathrm{r}}=U_{\mathrm{rm}}\cos\omega_{\mathrm{c}}t$ 相乘，其结果是将输入 DSB 信号 $u_{\mathrm{DSB}}(t)$ 的频谱搬移到 ω_{c} 的两边，一边搬移到 $2\omega_{\mathrm{c}}$ 上，构成载波频率为 $2\omega_{\mathrm{c}}$ 的双边带调制信号，显然，这是一个无用的寄生分量，需要滤除掉。另一边则搬移到零频率上，于是 DSB 信号 $u_{\mathrm{DSB}}(t)$ 的一个边带就必然被搬移到负频率轴上，显然，负频率是不存在的，实际上，这些负频率分量均叠加到相应的正频率分量上，构成实际的频谱，因而它比搬移到 $2\omega_{\mathrm{c}}$ 上的任一边带频谱在数值上加倍。最后用低通滤波器滤除掉无用的寄生分量，取出所需的解调电压。叠加型同步检波则是先将 DSB 信号叠加一个恢复载波信号而变换成 AM 信号，再利用包络检波电路检出调制信号。

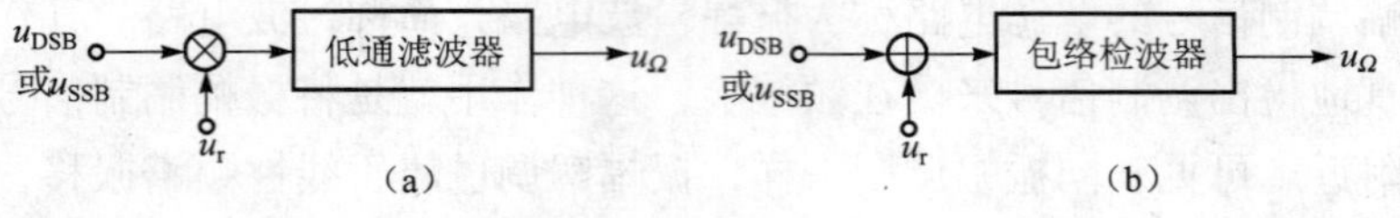

图 5－27　同步检波器

（a）乘积型；（b）叠加型

5.2.2　峰值包络检波电路分析与仿真

二极管峰值包络检波器有串联型和并联型两种电路形式。串联型是指检波二极管与信号源以及负载三者串接；而并联型则是指三者并接，如图 5－28 所示。这里主要讲述串联型二极管包络检波器。

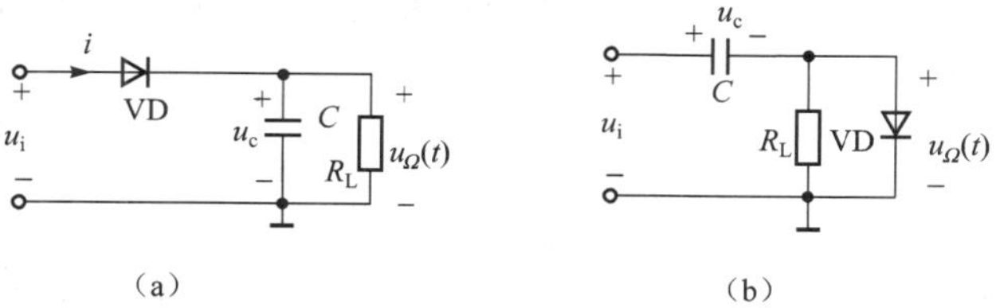

图 5－28　二极管包络检波器的原理图

(a) 串联型；(b) 并联型

1. 串联型二极管包络检波器

图5－28 (a) 所示为串联型二极管包络检波器的原理图。图中，二极管选用导通电压小、r_D 小的锗管。R_LC 电路有两个作用：一个是作为检波器的负载，在其两端输出已恢复的调制信号；另一个是起到高频滤波作用。为此，必须满足

$$\frac{1}{\omega_c C} \ll R_L \text{ 及 } \frac{1}{\Omega C} \gg R_L \tag{5-33}$$

式中，ω_c 为输入信号的载频，在超外差接收机中则为中频；Ω 为调制频率。在峰值包络检波电路中，检波器工作在大信号状态，输入信号电压要大于0.5 V，通常在1 V左右，因此，串联型二极管包络检波器全称为串联型二极管大信号峰值包络检波器。

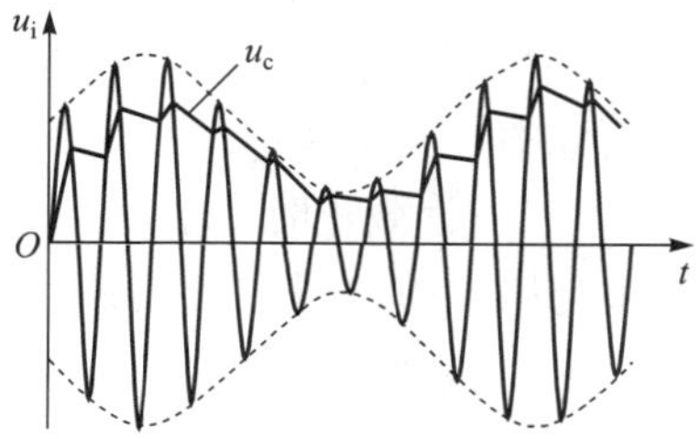

图 5－29　二极管包络检波器的波形图

由于负载电容 C 的高频阻抗很小，因此，输入高频电压大部分加在二极管 VD 上，图5－29 所示为检波器的原理波形图。其检波物理过程如下：在输入高频信号的正半周，二极管导通，电容 C 被充电，由于 r_D 小，充电电流很大，同时充电时间常数 r_DC 很小，电容 C 上电压建立得很快，这个电压又反作用于二极管 VD。此时，二极管的导通与否，由电容 C 上的电压 u_C 与输入高频电压 u_i 共同决定。当输入高频电压由最大值下降到小于电容 C 上的电压时，二极管就截止，电容 C 通过负载电阻 R_L 放电。由于放电时间常数 R_LC 远大于高频电压的周期，因此放电很慢。当电容 C 上的电压下降不多时，输入高频信号的下一个正半周已经到来。当输入电压 $u_i > u_C$ 时，VD 管再次导通，电容 C 再次被充电，如此循环反复，电容 C 不断通过 VD 管充电和通过 R_L 放电，就得到了图5－29 所示的电压 u_C 的波形。由此可见，由于电容电压的反作用，二极管只在输入信号的峰值附近才导通，导通时间很短。因此，只要合理选取 R_LC 和二极管 VD，使充电时间常数 r_DC 足够小，充电迅速；而放电时间常数 R_LC 足够大，放电十分缓慢（$r_D \ll R_L$），就可使电容 C 上的电压幅值与输入信号的幅值相当接近，即传输系数接近于1。另外，电容电压 u_C 虽然呈锯齿形，但因 VD 管正向导通时间很短，而电容放电时间常数又远大于输入信号的周期，因此电容电压 u_C 的起伏很小，可看成与输入信号的包络基本一致，所以称作峰值包络检波。

如果只需要输出调制频率电压，则可在图5－28 (a) 上增加隔直电容 C_c 和负载电阻 R_g，如图5－30 (a) 所示。若需要检波器提供与载波电压大小成比例的直流电压，例如作

自动控制放大器增益的偏压时，则可用低通滤波器 $R_φ$ $C_φ$取出直流分量，如图 5－30（b）所示。其中，$C_φ$对调制分量短路。

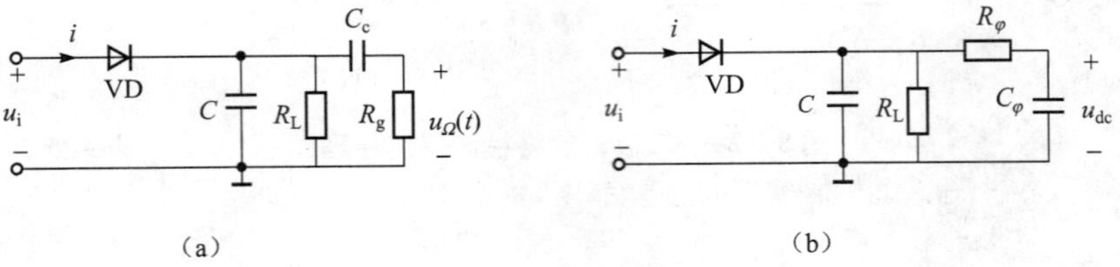

图 5－30　包络检波器的输出电路

从检波过程可以看出，R_LC 的数值对检波器输出的性能有很大的影响。如果 R_L 值很小(或 C 值很小)，则放电快，高频纹波加大，平均电压下降；而 R_LC 数值大则作用相反。当检波器电路一定时，它跟随输入信号的能力取决于输入信号的振幅变化的速度。当振幅变化快时，电容 C 放电必须加快，以使电容 C 上的电压能跟随输入信号峰值包络的下降而下降，此时，如果 R_LC 数值太大，电容 C 上的电压就会因无法跟随输入信号峰值包络而下降，从而造成惰性失真。

2. 并联型二极管包络检波器

由图 5－28（b）可知，并联型二极管包络检波器是由二极管、负载电阻和信号源三者并联而成的。其工作原理与串联型相似。当 VD 导通时，u_i 向电容 C 充电，充电时间常数为 r_DC；当二极管截止时，电容 C 通过 R_L 放电，放电时间常数为 R_LC。于是，在电容 C 上就会产生与串联检波器类似的锯齿状波动电压，实际上加到二极管上的电压为 $u_Ω=u_i-u_c$。电容 C 起检波兼隔离作用，但不能起到高频滤波作用，因此，输出电压就是二极管上的电压。所以，输出端除需加隔直电容外，还需加高频滤波电路，以滤除高频分量。

当电路参数相同时，并联型检波器具有与串联型检波器相同的检波效率 $η_d$，但因高频电流通过负载电阻 R_L 时，损耗了部分高频功率，因此其输入电阻比串联型检波器小。

3. 峰值包络检波电路的仿真

峰值包络检波电路的仿真电路图如图 5－31（a）所示，其输出波形及输入信号的频谱如图 5－31（b）和图 5－31（c）所示（瞬态分析终止时间 10 ms，最大步长 400 ns）。

5.2.3　同步检波电路分析与仿真

包络检波器只能用于普通调幅信号或残留边带调幅信号的检波，对于 DSB 信号和 SSB 信号，因其波形的包络不直接反映调制信号的变化规律，不能用包络检波器进行检波，同时，由于其频谱中不含载频 $ω_c$ 分量，解调时必须在检波器的输入端另加一个与发射载波同频同相并保持同步变化的恢复载波信号，此恢复载波信号与调幅信号共同作用于非线性器件电路，经过频率变换后，恢复出调制信号。这种检波方式称为同步检波，又称相干检波。前面已指出，同步检波分为乘积型和叠加型两种方式。下面分别介绍这两种检波方法。

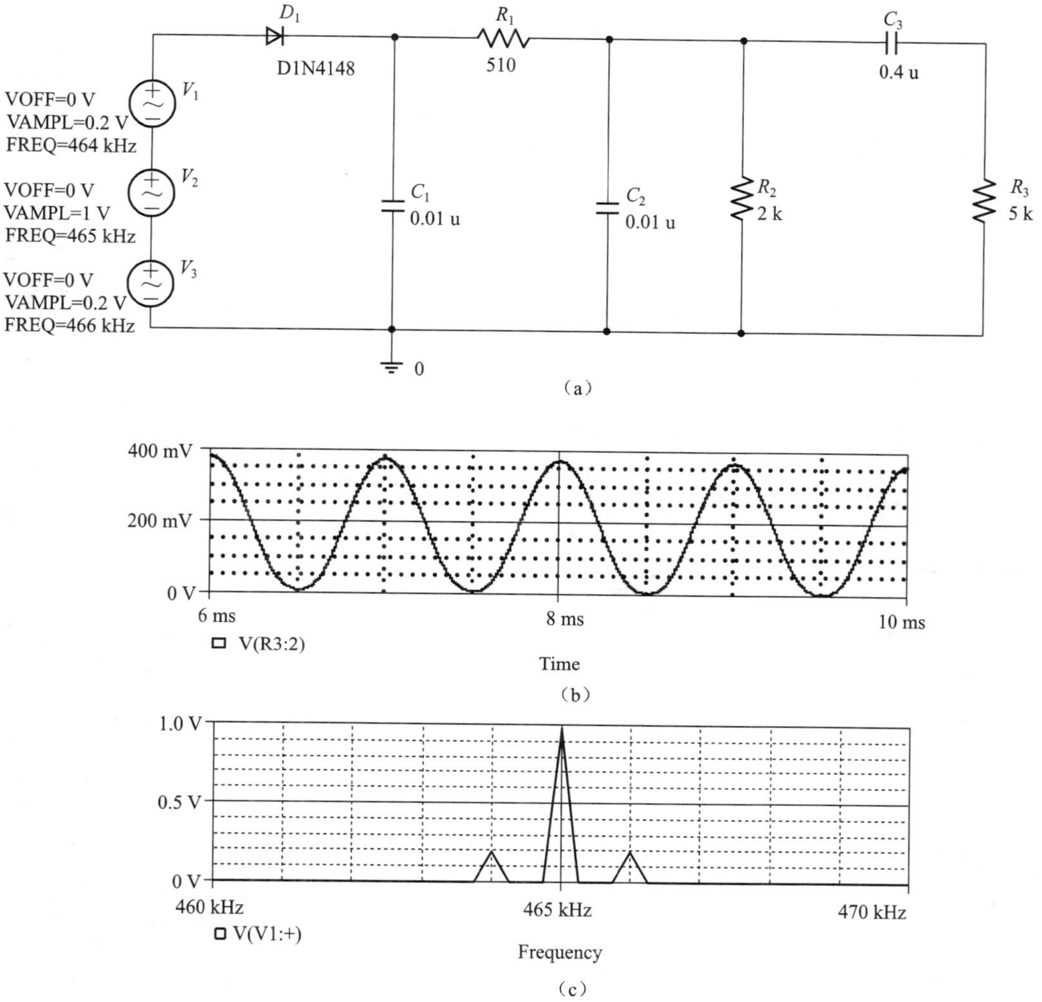

图 5-31 峰值包络检波电路的仿真波形

（a）仿真电路；（b）输出波形

1. 乘积型同步检波器

乘积型同步检波器是直接把本地恢复载波与接收信号相乘，然后用低通滤波器将低频信号提取出来。

设输入信号为 DSB 信号，即 $u_{\mathrm{i}} = U_{\mathrm{im}} \cos \Omega t \cos \omega_{\mathrm{c}} t$，本地恢复载波信号为 $u_{\mathrm{r}} = U_{\mathrm{rm}} \cos(\omega_{\mathrm{r}} t + \varphi)$，两者相乘得

$$\begin{aligned} u_{\mathrm{i}} u_{\mathrm{r}} &= U_{\mathrm{im}} U_{\mathrm{rm}} \cos \Omega t \cos \omega_{\mathrm{c}} t \cos(\omega_{\mathrm{r}} t + \varphi) \\ &= \frac{1}{2} U_{\mathrm{im}} U_{\mathrm{rm}} \cos \Omega t \{ \cos[(\omega_{\mathrm{r}} - \omega_{\mathrm{c}}) t + \varphi] + \cos[(\omega_{\mathrm{r}} + \omega_{\mathrm{c}}) t + \varphi] \} \end{aligned} \tag{5-34}$$

显然，只有当恢复载波与发射载波同频且同相时，即 $\omega_{\mathrm{r}} = \omega_{\mathrm{c}}$，$\varphi = 0$ 时，经低通滤波器滤除 $2\omega_{\mathrm{c}}$ 附近的频率分量之后，就得到了频率为 Ω 的低频输出信号 u_{Ω}。

$$u_{\Omega} = \frac{1}{2} U_{\mathrm{im}} U_{\mathrm{rm}} \cos \Omega t \tag{5-35}$$

当 $\omega_r-\omega_c=\Delta\omega_c$，$\varphi=0$ 时，若 $\Delta\omega_c$ 在低通滤波器频带之内，则有

$$u_\Omega=\frac{1}{2}U_{im}U_{rm}\cos\Delta\omega_c t\cos\Omega t \tag{5-36}$$

显然，若恢复载波与发射载波的频率不同，即存在频差，会引起振幅失真。同样，当 $\omega_r-\omega_c=0$ 但 $\varphi\neq0$ 时，即存在一定的相差，则

$$u_\Omega=\frac{1}{2}U_{im}U_{rm}\cos\varphi\cos\Omega t \tag{5-37}$$

由式（5-37）可知，低频信号的振幅正比于 $\cos\varphi$，当 φ 是一个随时间变化的变量，即 $\varphi=\varphi(t)$ 时，恢复时解调信号将产生振幅失真。因此，在理想情况下，除要求恢复载波与发射载波的频率相等外，还希望二者的相位也相同。否则就会引起输出的检波信号对于原调制信号的频率偏移和相位偏移，特别是频率偏移将引起严重失真。

类似的分析也可用于 AM 波和 SSB 波。这种解调的方式关键在于获得两个信号的乘积。前面所讲述的环形调制电路和双差分对模拟相乘器组成的调制电路也可改做成同步检波器电路，只是将调制电路中的音频信号输入改为双边带或单边带信号输入，即成为乘积型同步检波电路。例如在图 5-18 所示的调制电路中，为了避免制作体积较大的低通变压器，常把本地恢复载波信号 u_r 和高频输入调幅信号 u_i 分别从变压器 Tr_1 和 Tr_2 接入，将含有低频分量的信号相乘输出信号从 Tr_1 和 Tr_2 的中心抽头处取出，再经低通滤波器，即可检出原调制信号。若同步信号振幅比较大，使二极管工作在开关状态，就可减小检波失真。

图 5-32 所示为采用 MC1496 双差分对模拟相乘器组成的乘积型同步检波电路。图中本地恢复载波信号加到相乘器的 X 输入端，其值一般比较大，以使相乘器工作在开关状态。调幅信号，加到 Y 输入端，其振幅可以很小，即使在几 mV 以下，也能获得不失真的解调信号。解调信号由 12 脚单端输出，C_5、R_6、C_6 组成 π 形低通滤波器，C_7 为输出耦合隔直电容，用以耦合低频、隔除直流。MC1496 采用单电源供电，因此 14 脚接地，为了设定 I_0，5 脚必须通过外接电阻 R_5 接到 12 V 的电源电压上，同时，12 V 电源电压经 1.3 kΩ 电阻加到 8 脚，并经 51 Ω 电阻加到 10 脚，向 $V_1\sim V_4$ 管提供偏置，通过 800 Ω 和 1 kΩ 电阻分压后经 1 kΩ 电阻加到 1 脚和 4 脚，为 V_5、V_6 提供偏置电流。

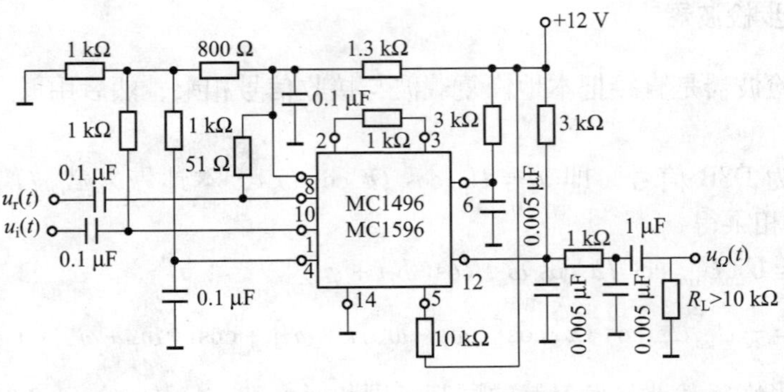

图 5-32　MC1496 组成的乘积型同步检波电路

2. 叠加型同步检波器

叠加型同步检波器是先将需要解调的调幅信号（DSB 信号或 SSB 信号）与本地恢复载波信号进行叠加，使之成为或近似为 AM 信号，再用包络检波电路进行解调的电路。其电路原理图如图 5－33 所示。

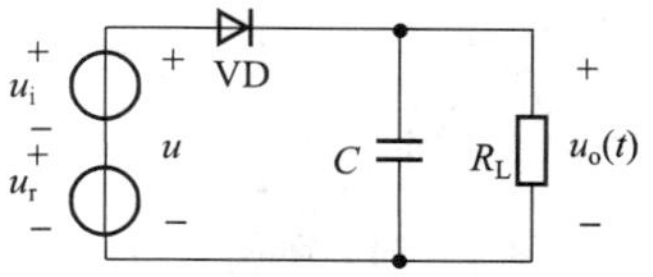

图 5－33 叠加型同步检波器原理电路

若输入调幅信号为 DSB 信号，设 $u_i = U_{im}\cos\Omega t\cos\omega_c t$，本地恢复载波信号为

$u_r = U_{rm}\cos\omega_r t = U_{rm}\cos\omega_c t$，则它们叠加后的信号为

$$u = u_i + u_r = U_{im}\cos\Omega t\cos\omega_c t + U_{rm}\cos\omega_c t = U_{rm}\left(1+\frac{U_{im}}{U_{rm}}\cos\Omega t\right)\cos\omega_c t \quad (5-38)$$

式（5－38）说明，当 $U_{rm} > U_{im}$ 时，合成信号为不失真的 AM 波，因而通过包络检波器便可解调出所需要的调制信号。若包络检波器的检波效率为 η_d，则检波输出电压为

$$u_o = \eta_d U_{rm}\left(1+\frac{U_{im}}{U_{rm}}\cos\Omega t\right) = U_o + u_\Omega \quad (5-39)$$

式（5－39）中，$U_o = \eta_d U_{rm}$ 为检波输出的直流分量；$u_\Omega = \eta_d U_{im}\cos\Omega t$ 为检波输出低频信号。

若输入调幅信号为 SSB 信号，设 $u_i = U_{im}\cos(\omega_c+\Omega)t$，本地恢复载波信号为 $u_r = U_{rm}\cos\omega_r t = U_{rm}\cos\omega_c t$，则叠加后的信号为

$$\begin{aligned} u &= u_i + u_r = U_{im}\cos(\omega_c+\Omega)t + U_{rm}\cos\omega_c t \\ &= U_{rm}\left(1+\frac{U_{im}}{U_{rm}}\cos\Omega t\right)\cos\omega_c t - U_{im}\sin\Omega t\sin\omega_c t \\ &= U_m\cos(\omega_c t+\varphi) \end{aligned} \quad (5-40)$$

式（5－40）中

$$\left.\begin{aligned} U_m &= \sqrt{(U_{rm}+U_{im}\cos\Omega t)^2 + (U_{im}\sin\Omega t)^2} \\ \varphi &= -\arctan\frac{U_{im}\sin\Omega t}{U_{rm}+U_{im}\cos\Omega t} \end{aligned}\right\} \quad (5-41)$$

可见，合成信号的包络 U_m 和相角 φ 均受调制信号的控制，但它们都不能不失真地反映调制信号的变化。当 $U_{rm} \gg U_{im}$ 时，式（5－41）可近似为

$$\begin{aligned} U_m &= U_{rm}\sqrt{1+\left(\frac{U_{im}}{U_{rm}}\right)^2 + 2\frac{U_{im}}{U_{rm}}\cos\Omega t} \approx U_{rm}\sqrt{1+2\frac{U_{im}}{U_{rm}}\cos\Omega t} \\ &\approx U_{rm}\left(1+\frac{U_{im}}{U_{rm}}\cos\Omega t\right) \end{aligned} \quad (5-42)$$

$$\varphi \approx 0$$

由式（5－42）知，当本地恢复载波信号的振幅远大于单边带调幅信号的振幅时，其叠加后的合成信号近似为 AM 波。为了进一步地抵消众多的失真频率分量，可采用图 5－34 所示的平衡同步检波电路。可以证明，它的输出解调电压中抵消了 2Ω 及其以上各偶次谐波的失真分量。

同样，实现叠加型同步检波的关键也是要产生一个与发射载波同频同相的本地恢复载波

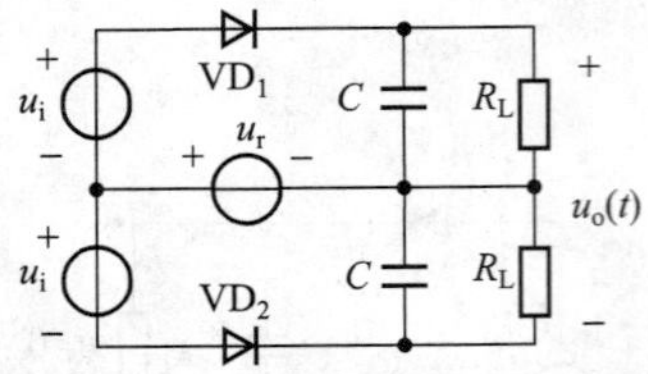

图 5－34 平衡同步检波电路

信号，否则就会引起解调失真。

3. 产生本地恢复载波的方法

可见，无论是乘积型还是叠加型同步检波器实现检波的关键均是要产生一个与发射载波同频同相的本地恢复载波信号。

对于 AM 波，恢复载波信号可直接从信号中提取。AM 波通过限幅器就能除去其包络变化，从而得到的等幅载波信号就是所需的与发射载波同频同相的恢复载波信号。

对于 DSB 信号，先将其取平方，再从中取出角频率为 $2\omega_c$ 的分量，然后经二分频器，就可得到角频率为 ω_c 的恢复载波信号。

对于 SSB 信号而言，恢复载波是无法从 SSB 信号中直接提取的。为了产生恢复载波信号，往往在发射机发射单边带调幅信号的同时，附带发送一个功率远低于边带信号功率的载波信号，称其为导频信号，在接收端利用高选择性的窄带滤波器从输入信号中取出该导频信号，将导频信号放大后就可作为恢复载波信号。若发射机不附带导频信号，接收机就只能采用高稳定度晶体振荡器或频率合成器产生指定频率的恢复载波。显然，在这种情况下，要使恢复载波与发射载波严格同步是不可能的，而只能要求频率和相位的不同步量限制在允许值范围内。

4. 同步检波电路的仿真

图 5－35（a）所示电路是利用差分对模拟相乘器 MC1496 构成的乘积型同步检波器的仿真电路图，其中恢复载频为 3.579 MHz，输入信号是双边带调幅信号。输入信号和恢复载波信号如图 5－35（a）所示，进行瞬时分析时，最大步长为 10 ns，瞬态分析终止时间为 100 μs，输出仿真波形如图 5－35（b）所示。

5.2.4 振幅检波器的性能指标

包络检波器的几个重要质量指标如下。

1）检波效率 η_d

检波器的检波效率也称为检波系数或电压传输系数，是用来描述检波器对输入已调信号的解调能力或效率的一个物理量。若检波器输入的调幅信号为

$$u_i = U_{cm}(1 + m_a \cos \Omega t)\cos \omega_c t$$

由于包络检波器输出电压与输入高频电压振幅成正比，所以，检波器输出电压 u_o 为

$$u_o = \eta_d U_{cm}(1 + m_a \cos \Omega t) = \eta_d U_{cm} + \eta_d m_a U_{cm} \cos \Omega t \tag{5-43}$$

式中，$\eta_d U_{cm}$ 为检波器输出电压中的直流分量；$\eta_d m_a U_{cm} \cos \Omega t$ 为解调输出原调制信号电压。若输出直流电压为 U_{om}，则有

$$\eta_d = \frac{U_{om}}{U_{cm}} = \cos \theta \tag{5-44}$$

式中，θ 是二极管 VD 的导通角，其值为

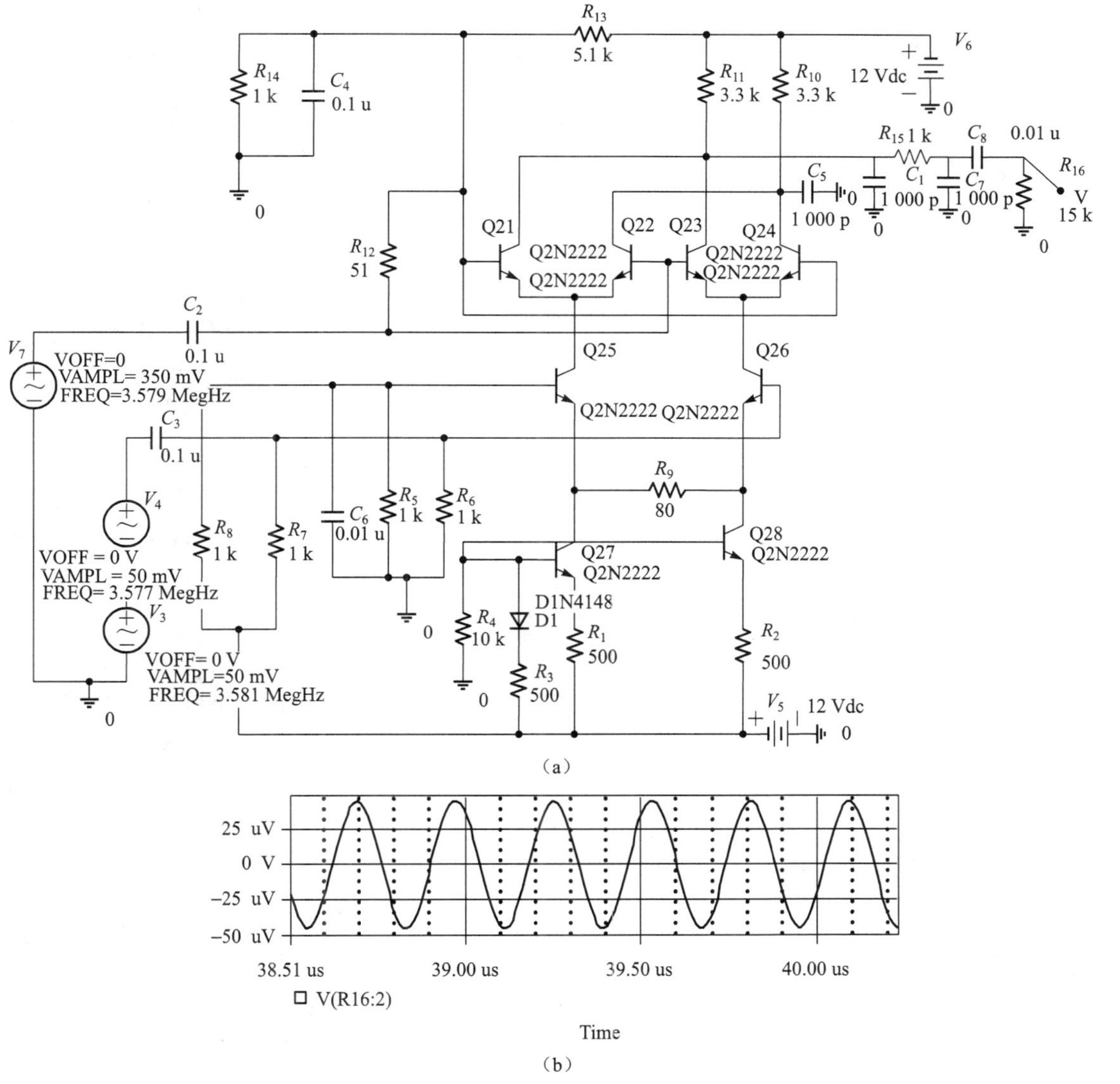

图 5-35　同步检波电路仿真及波形

(a) 仿真电路；(b) 输出波形

$$\theta \approx \sqrt[3]{\frac{3\pi r_D}{R_L}} \tag{5-45}$$

可见，当检波器一定时，在大信号检波器中 θ 是恒定的，它与输入信号的大小无关。其原因是由于负载电阻 R_L 的反作用，使电路具有自动调节作用而维持 θ 不变。因此，检波器输出与输入间是线性关系，即是线性检波。θ 越小，η_d 越大，并趋近于 1。而 θ 随 $g_D R_L$ 增大而减小，当 $g_D R_L > 50$ 时，η_d 变化不大，且 $\eta_d > 0.9$。这是包络检波的主要优点。

2）输入电阻 R_i

对于高频输入信号源而言，检波器相当于一个负载，此负载就是检波器的输入电阻 R_i，它定义为输入高频电压振幅与二极管电流（即输入高频电流）的基波分量振幅之

比。即

$$R_i = \frac{U_{im}}{I_{im}} \tag{5-46}$$

根据输入检波电路的高频功率与检波负载所得到的平均功率近似相等，可得串联型二极管包络检波器的输入电阻为

$$R_i = \frac{R_L}{2\eta_d} \approx \frac{R_L}{2} \tag{5-47}$$

即串联型包络检波器的输入电阻约等于负载电阻的一半。由于二极管输入电阻的影响，使得输入谐振回路的 Q 值降低，消耗一些高频功率，这是二极管检波器的主要缺点。

3）失真

理想情况下，包络检波器的输出波形应与调幅波的包络线的形状完全相同。但实际上，二者总是有一些差别的，亦即检波器的输出波形会产生某些失真，主要有惰性失真、负峰切割失真、非线性失真和频率失真。非线性失真是由检波二极管的伏安特性曲线的非线性所引起的。频率失真则是由于耦合电容 C_c 和滤波电容 C 所引起的，耦合电容 C_c 的存在主要影响检波的下限频率 Ω_{min}，滤波电容 C 主要影响检波的上限频率 Ω_{max}。一般 C_c 约为几 μF，C 约为 0.01 μF。这里主要讨论惰性失真和负峰切割失真。

（1）惰性失真，也称对角线切割失真，是由于负载电阻 R_L 与滤波电容 C 的时间常数太大所引起的，当 R_LC 太大时，电容 C 通过 R_L 的放电速度过慢时，电容 C 上的端电压便不能紧跟输入调幅波的幅度下降而及时放电，从而导致电容电压 u_C 大于输入调幅信号 u_i，即 $u_C > u_i$，因此，二极管始终处于截止状态，输出电压不再受输入电压控制（如图 5-36 所示）。当输入调幅信号的振幅重新超过电容电压时，二极管才重新导通，输出电压重新受调幅信号控制，即输出电压再次跟随调幅波的包络变化而变化。这种失真是由于电容 C 的惰性太大而引起的，故称为惰性失真。要克服惰性失真，必须减小 R_LC 的数值，使电容 C 的放电速率大于包络下降速率，因此要求

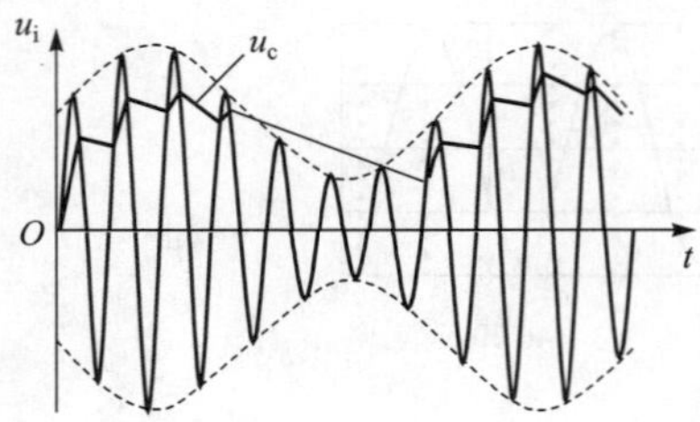

图 5-36 惰性失真

$$R_LC < \frac{\sqrt{1-m_a^2}}{m_a\Omega_{max}} \tag{5-48}$$

工程上可按下式计算

$$\Omega_{max}R_LC \leqslant 1.5 \tag{5-49}$$

（2）负峰切割失真。在实际电路中，检波电路的输出端一般需要经过一个隔直电容 C_c 与下级电路相连接，如图 5-30（a）所示。图中 R_g 为下级电路的输入电阻，为了有效地传送低频信号，要求对低频信号阻抗很小，$\frac{1}{\Omega C_c} \ll R_g$。在检波过程中，$C_c$ 两端建立了直流电压，其大小近似等于输入载波振幅 U_{cm}，由于 C_c 容量较大，在低频一周内，其端电压基本不变，经电阻 R_L 和 R_g 分压，在 R_L 上得到的直流电压为

$$U_o = \frac{R_L}{R_L + R_g} U_{cm} \tag{5-50}$$

对于二极管而言，U_o 是反向偏压，它有可能阻止二极管导通，当调制系数 m_a 较小时，它不影响二极管的检波作用；但当 m_a 较大时，在调制信号包络线的负半周内，输入信号幅值可能小于 U_o，二极管截止，在一段时间内，输出信号不能跟随输入信号包络变化，出现了底部切割现象，直到输入信号振幅大于 U_o 时，才恢复正常。这种失真叫负峰切割失真也叫底部切割失真，如图5-37所示。由图可知，为了避免负峰切割失真，调幅波的最小振幅 U_{cm}（$1-m_a$）必须大于 U_o。即

$$m_a < \frac{R_g}{R_L + R_g} = \frac{R_L /\!/ R_g}{R_L} = \frac{R'_L}{R_L} \tag{5-51}$$

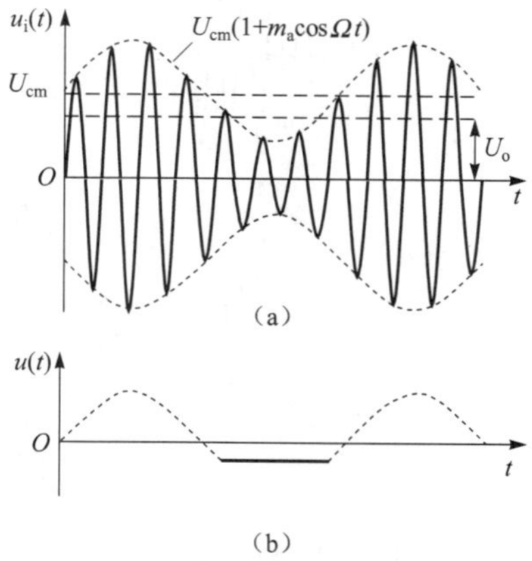

图5-37 负峰切割失真波形

式中，R_L 是检波器的直流负载；R'_L 是检波器的低频交流负载。多频调制时 m_a 为最大调幅系数。由式(5-51)可知，当 m_a 一定时，R_g 越大，R_L 越小，负峰切割失真就越不容易产生。

5.3 混 频

混频电路是超外差式收音机的重要组成部分，其作用是将已调信号变换为频率固定的中频信号，它的性能直接影响到收音机的动态范围等性能。混频电路在发送设备中可用来改变载波频率，以改善调制性能；在频率合成器中则常用来实现频率的加、减运算，从而得到各种不同频率等。

5.3.1 混频的概念

混频就是将已调信号的载频 f_c 变换为某一固定的载频 f_I（称为中频），而已调信号的调制类型（调幅、调频等）和调制参数（调制系数、调制频率等）均保持不变。如调幅广播接收机中，混频电路将载波频率为550～1 650 kHz的高频调幅信号变换为中频为465 kHz的已调幅信号，而其调幅规律保持不变。也就是说，混频前后，信号的频谱结构保持不变，只是信号的频谱从载频 f_c 搬移到中频 f_I 的位置上。图5-38所示为混频电路的作用示意图。

图中，u_i 是载频为 f_c 的普通调幅波，u_L 为本振信号，是由本地振荡器产生的、频率为 f_L 的等幅余弦信号，混频电路输出电压，为载频为 f_I 的中频信号。中频频率 f_I 可取载波频率 f_c 与本振频率 f_L 的和频和差频，即

$$f_I = f_c + f_L \text{（高中频或上混频）} \tag{5-52}$$

或

$$f_I = \begin{cases} f_c - f_L & f_c > f_L \\ f_L - f_c & f_L > f_c \end{cases} \text{（低中频或下混频）} \tag{5-53}$$

调幅广播收音机一般采用下混频，其中频规定为465 kHz。

混频器同振幅调制与解调器一样，均是频率变换电路，在频域中起加法器和减法器的作

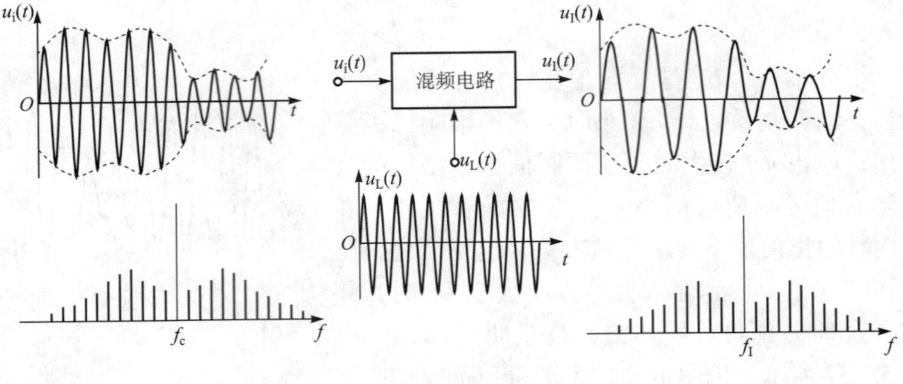

图 5-38 混频电路的作用示意图

用，同属于频谱的线性搬移。只不过，由于频谱搬移的位置不同，其功能完全不同。这三种电路均是六端网络，有两个输入端口、一个输出端口，可用同样形式的电路完成不同的搬移功能。从实现电路来看，输入、输出信号不同，因而输入、输出回路各异。调制电路的输入是调制信号 u_Ω、载波 u_c，输出为载波参数受调的已调波；解调电路的输入信号是已调信号 u_i、本地恢复载波 u_r，输出为恢复的调制信号 u_Ω；而混频器的输入信号是已调信号 u_i、本地振荡信号 u_L，输出是中频信号 u_L，三个信号均是高频信号。

混频器有两大类，即混频和变频。两者就功能而言是一致的，不同的是变频包括了混频和本机振荡两部分，即电路中的非线性器件本身既能产生本振信号，又能实现频率变换，故变频器又称为自激混频器。而混频器电路中的非线性器件只进行频率变换，其本振信号由另外的振荡电路产生，因此，混频器又称他激混频器。一般要求不高的接收机采用自激混频器，而要求高的则采用他激混频器。有时，也将振荡器和混频器两部分合起来称为变频器。应该指出的是，变频器是四端网络，而混频器是六端网络。实际应用中，“变频”和“混频”两词常混用而不作区分。

混频器广泛应用于通信及其他电子设备、测量仪器中。通常要求混频器的混频增益高，选择性好，噪声和失真小，抑制干扰信号的能力强。

混频增益（也称变频增益）A_{vc}是指混频器输出中频电压振幅 U_{Im}与输入电压振幅 U_{im}的比值，即 $A_{vc}=U_{Im}/U_{im}$。也可定义为输出中频信号功率 P_I 与输入信号功率 P_i 之比，通常用分贝数表示，即 $A_{pc}=10\lg(P_I/P_i)$（dB）。混频增益表征混频器把输入高频信号变换输出中频信号的能力。增益越大，变换能力越强，因此希望混频增益大。混频增益大后，对于接收机而言，有利于提高灵敏度。

噪声系数 N_F 定义为高频输入端信噪比与中频输出端信噪比的比值。它描述混频器对所传输信号的信噪比影响的程度。混频器处于接收机的前端，它的噪声电平高低对整机噪声系数影响大，特别是在接收机中没有高放级时影响更大，因此希望混频器的噪声系数越小越好。

混频器的失真有频率失真和非线性失真，是指输出中频信号的频谱结构相对于输入高频信号的频谱结构产生的变化，因此希望这种变化越小越好。

混频器中的非线性器件除了完成混频功能外，同时还会产生在中频附近的各种非线性干扰，如组合频率、交叉调制和互相调制等干扰。因此对混频器不仅要求频率特性好，还要求混频器最好工作在其特性曲线的平方项区域，使之既能完成频率变换，又能抑制各种干扰。

混频器的输出应该只有中频信号，由于各种原因其输出中会混杂很多干扰信号，为了抑制中频以外的这些干扰，必须要求输入、输出回路具有良好的选择性。

5.3.2　晶体管混频电路分析与仿真

原则上，凡是具有相乘功能的器件都可用来构成混频器。目前，高质量的通信接收机广泛采用二极管环形混频器和由双差分对模拟相乘器构成的混频器，而在现代接收机（如广播收音机）中，为了简化电路并具有较高的混频增益，仍会采用简单的三极管混频器。

二极管环形混频器的主要优点是工作频带宽，可达几千兆赫兹，噪声系数低，混频失真小，动态范围大等，其主要缺点是没有混频增益。应用于微波波段，混频后再进行放大，可减小整机的噪声系数。图5-39所示为一个用于0.5~500 MHz的典型环形混频器（SRA-1双平衡混频器）的电路图。使用时，8、9端外接输入高频信号，3、4端相连，5、6端相连，本振信号加在3、5端之间，中频信号从1、2端输出。为了保证二极管工作在开关状态，本振信号的功率必须足够大，且输入信号的功率应远小于本振信号的功率。实际应用中二极管环形混频器组件各端口的匹配阻抗均为50 Ω，各端口都必须接入滤波匹配网络，分别实现混频器与输入信号源、本振信号源以及输出负载之间的阻抗匹配。

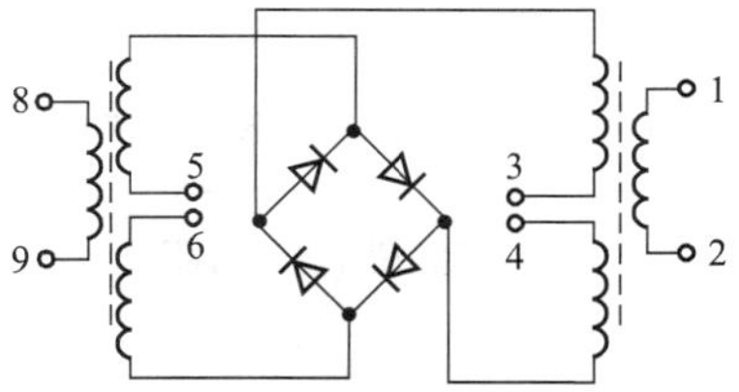

图5-39　SRA-1双平衡混频器的电路图

利用模拟相乘器构成的混频器的主要优点是混频增益大，输出信号频谱纯净，混频干扰小，输入信号动态范围较大，对本振信号的大小无严格的限制，端口之间隔离度高，主要缺点是噪声系数较大。图5-40所示是用MC1496构成的混频器。本振信号由10脚输入，其振幅约为100 mV；输入信号由1脚输入，其振幅最大约为15 mV；混频后的中频信号由6脚经带通滤波器输出。输出带通滤波器的中心频率约为9 MHz，其3 dB带宽为450 kHz。

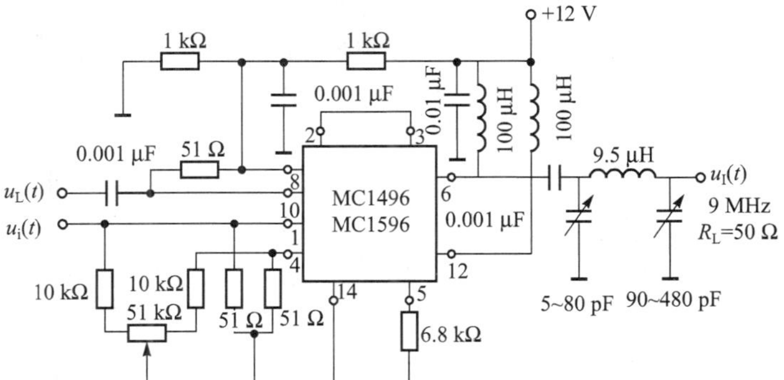

图5-40　MC1496构成的混频器

晶体管混频器是应用较广泛的一种混频电路，用于广播、电视、通信设备的接收机以及测量仪器中。其特点是电路简单，要求本振信号的振幅较小，取值范围为50~200 mV，并有一定的混频增益，要求的信号振幅较小，常在 mV 级以上。

1. 晶体管混频电路

图 5－41 所示为晶体管混频器的原理图，图中，E_b 为基极偏置电压，E_c 为集电极直流电压，L_1C_1 组成输入回路，它调谐于输入信号频率 ω_i 上。L_2C_2 为输出中频回路，调谐在中频 ω_I 上。本振信号为 $u_L=U_{Lm}\cos\omega_L t$，由图可见，$u_{BE}=E_b+u_L+u_i$。若将（E_b+u_L）作为晶体管的基极等效偏置电压，则晶体管的工作点按 u_L 的变化规律随时间而变化，因此称之为时变基极偏压。当输入信号 $u_i=U_{im}\cos\omega_c t$ 很小时，晶体管工作在线性时变状态，其集电极电流 i_c 为 $i_c\approx f(u_{BE})\approx I_c(u_L)+g_m(u_L)u_i$。

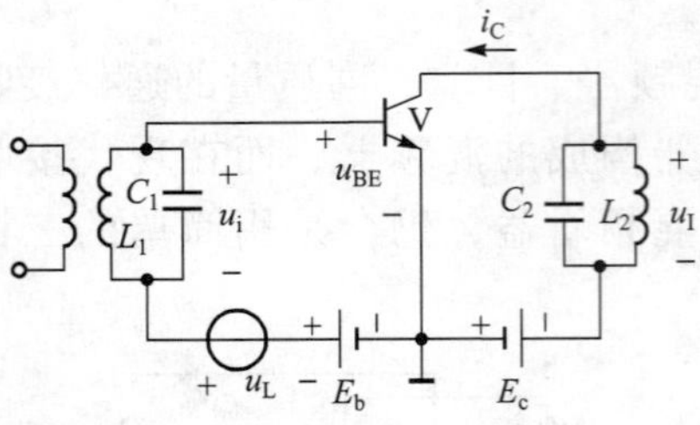

图 5－41　晶体管混频器的原理图

在时变基极偏压作用下，$g_m(u_L)$ 的傅里叶级数展开式为

$$g_m(u_L)=g_m(t)=g_{m0}+g_{m1}\cos\omega_L t+g_{m2}\cos 2\omega_L t+\cdots$$

$g_m(t)$ 中的基波分量 $g_{m1}\cos\omega_L t$ 与输入信号 u_i 相乘有

$$g_{m1}\cos\omega_L t\cdot U_{im}\cos\omega_c t=\frac{1}{2}g_{m1}U_{im}[\cos(\omega_L-\omega_c)t+\cos(\omega_L+\omega_c)t]$$

令 $\omega_I=\omega_L-\omega_c$，得到的中频电流分量为

$$i_I=I_{Im}\cos\omega_I t=\frac{1}{2}g_{m1}U_{im}\cos\omega_I t=g_{mc}U_{im}\cos\omega_I t \tag{5-54}$$

可见，输出中频电流的振幅与输入信号电压的振幅 U_{sm} 成正比，即混频后只改变了信号的载频，而其包络不变。利用带通滤波器，滤除无用的谐波及组合频率分量，取出中频信号，即实现了混频。式（5－54）中，g_{mc} 称为混频跨导，定义为输出中频电流振幅 I_{Im} 与输入信号电压振幅 U_{im} 之比，其值等于 $g_m(t)$ 中基波分量振幅 g_{m1} 的一半。即

$$g_{mc}=\frac{I_{Im}}{U_{im}}=\frac{1}{2}g_{m1} \tag{5-55}$$

若中频回路的谐振电阻为 R_e，则所需的中频输出电压 $u_I=-i_IR_e$，相应的混频增益为

$$A_c=\frac{U_{Im}}{U_{im}}=-g_{mc}R_e \tag{5-56}$$

可见，在满足线性时变条件下，三极管混频电路的混频增益与 g_{mc} 成正比。也即是说与 U_{Lm} 和静态偏置有关。实验指出，在中波广播收音机中，在 E_b 一定时，U_{Lm} 为 20～200 mV，g_{mc} 和相应的混频增益达到最大；而在 U_{Lm} 一定时，I_{EQ} 为 0.2～1 mA，g_{mc} 近似不变，且接近最大值。

图 5－42 所示为电视机采用的一个共发射极混频电路。电路中，R_1、R_2、R_3 组成混频管 VT 的分压式直流负反馈偏置电路，以确定其静态工作点（选在非线性区域），实现混频作用。C_4 为发射极旁路电容（不让交流信号负反馈）。R_5 为混频管 VT 集电极的直流供电电阻，R_5、C_5 组成电源供电的滤波去耦电路。

输入高频电视信号经双调谐回路的次级耦合到混频管 VT 的基极，次级回路由 C_1、C_2 和 L_2 组成，采用电容 C_1、C_2 分压输出可提高谐振回路的 Q 值，进行阻抗匹配和减小混频

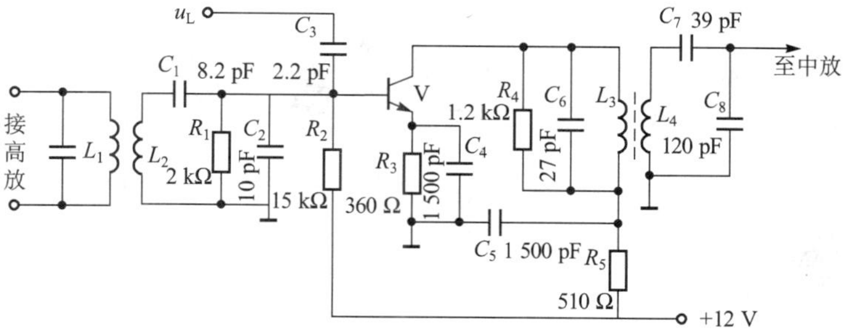

图5－42　电视机的混频电路

管输入电容对谐振回路的影响。

本机振荡信号 u_L 是由本机振荡电路通过电容 C_3 耦合也加到混频管 VT 的基极，利用其发射极进行混频。本振信号的频率要比信号的图像载频高 38 MHz，为了减小输入高频电视信号和本振信号之间的相互影响，耦合电容 C_3 的值取得很小。为了使输出电路在保证带宽的同时具有良好的选择性，混频管 VT 集电极接的是互感耦合双调谐电路，它由 R_4、C_6、C_7、C_8 和中频变压器组成。其中，L_3、C_6、R_4 组成初级调谐回路，并联 R_4 用以降低回路 Q 值，满足通带要求；L_4、C_7、C_8 组成次级调谐回路，采用电容 C_7、C_8 分压输出，目的是使混频输出端与 75 Ω 电缆特性阻抗相匹配。混频后的各种频率的信号被混频管 VT 放大，再由混频管输出端的选频回路（L_3、C_6、R_4、L_4、C_7、C_8 组成）选出差频（中频）信号，经过同轴电缆送到中放电路输入端。

2. 双栅 MOS 场效应管混频电路

图5－43 所示为采用双栅 MOS 场效应管构成的混频电路。图中场效应管 VT 有两个栅极，其中 G_1 加输入信号 u_i，G_2 加本振信号 u_L，输出中频滤波器采用双调谐耦合回路。R_1、R_2 和 R_4、R_5 组成分压器，分别给栅极 G_2、G_1 提供正向偏压；R_6、C_4 构成源极自给偏压电路。

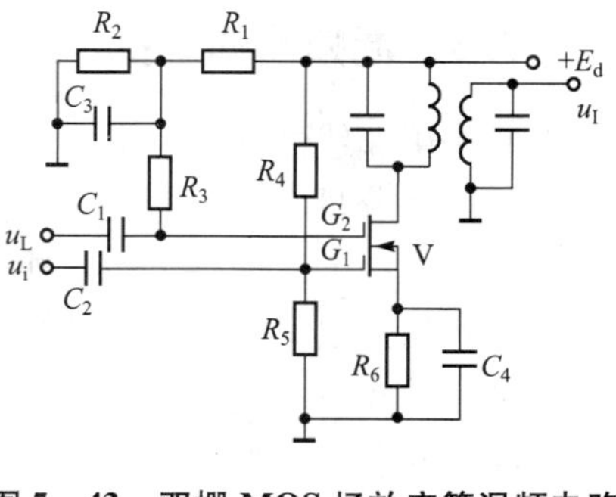

图5－43　双栅 MOS 场效应管混频电路

双栅场效应管的漏极电流 i_D 同时受 u_i、u_L 的控制，当 u_L 为大信号，u_i 为小信号时，场效应管即工作在线性时变状态，从而实现混频作用。由于场效应管的转移特性具有二次特性，因此双栅 MOS 场效应管混频电路输出信号中的组合频率分量比晶体管的少，此外，它还具有动态范围大、工作频率高等优点。

3. 晶体管混频电路的仿真

图5－44（a）所示为晶体管混频原理电路的仿真电路，若其输出中频频率为 f_I = 1 MHz，则可取 L = 1 μH，从而计算出 C = 0.002 533 μF，这样输出振荡回路谐振在 1 MHz 上，回路上并接 10 kΩ 的电阻。进行瞬态分析，最大步长为 10 ns，瞬态终止时间为 1.5 ms，可得输出中频信号波形如图5－44（b）所示。

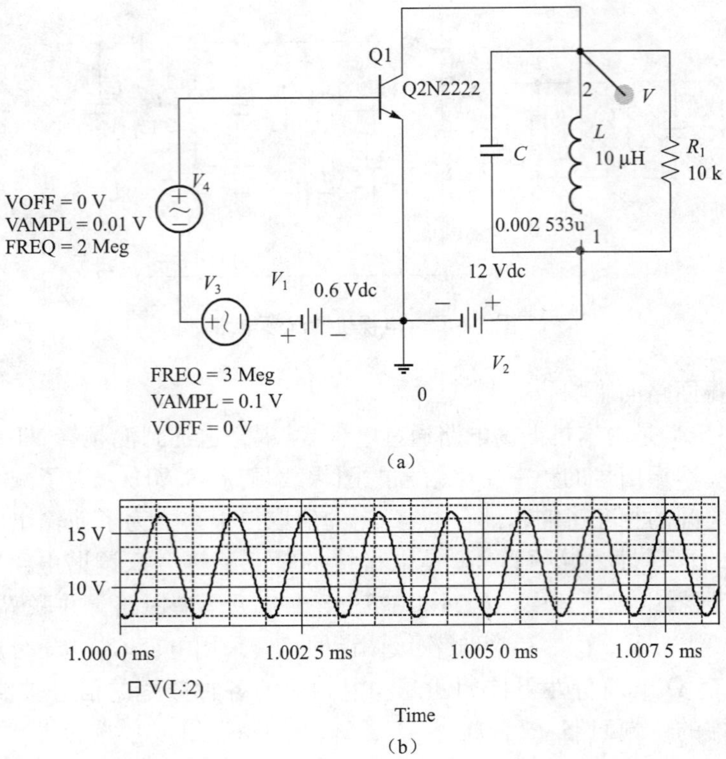

图 5－44　晶体管混频电路及仿真波形

(a) 仿真电路；(b) 输出波形

5.3.3　混频器的干扰

混频是由非线性器件产生所需要的中频信号，但在产生中频信号的同时也产生了许多无用信号的频率分量。可见，混频器件的非线性是混频电路产生各种干扰信号的根源。信号频率与本振频率的各次谐波之间、外来干扰信号与本振信号之间、外来干扰信号与信号之间以及外来干扰信号之间，经非线性器件相互作用会产生许多新的频率分量。在接收机中，当其中某些频率等于或接近中频时，就能顺利地通过中频放大器，经解调后，在输出级引起串音、哨叫以及各种干扰，影响有用信号的正常接收。

1. 信号与本振自身组合干扰

对混频器而言，作用于非线性器件的两个信号为输入信号 $u_i(f_c)$ 和本振电压 $u_L(f_L)$，则非线性器件产生的组合频率分量为

$$f_{p、q} = \pm pf_L \pm qf_c \tag{5-57}$$

式中，p、q 分别为本振频率和信号频率的谐波次数，它们为任意正整数或零。当有用中频为差频时，即 $f_I = f_L - f_c$ 或 $f_I = f_c - f_L$。除此之外的组合频率分量均是无用的，这些组合频率分量中，只有 $pf_L - qf_c = f_I$ 或 $qf_c - pf_L = f_I$ 两种情况可能会形成干扰，即

$$pf_L - qf_c \approx \pm f_I \tag{5-58}$$

这样，能产生中频组合分量的信号频率、本振频率与中频频率之间存在如下关系

$$f_c = \frac{p}{q}f_L \pm \frac{1}{q}f_I \tag{5-59}$$

当取 $f_I = f_L - f_c$ 时，式（5－59）变为

$$\frac{f_c}{f_I} = \frac{p \pm 1}{q - p} \tag{5-60}$$

当取 $f_I = f_c - f_L$ 时，式（5－59）变为

$$\frac{f_c}{f_I} = \frac{p \pm 1}{p - q} \tag{5-61}$$

f_c/f_I 称为变频比，当信号频率与中频频率满足式（5－60）或式（5－61），或者说变频比 f_c/f_I 一定，并能找到对应的整数 p、q 时，就会形成干扰。这种组合频率干扰使得收听者在听到有用信号的同时还能听到差拍哨声，当转动接收机调谐旋钮时，哨声音调也随之变化，因此也称之为哨声干扰。可见，哨声干扰是信号本身（或其谐波）与本振信号的各次谐波组合形成的，与外来干扰无关，所以不能靠提高前端电路的选择性来抑制。减小哨声干扰影响的办法是减少干扰点的数目并降低干扰的阶数。如合理选择中频频率、正确选择混频器的工作状态、采用合理的电路形式等。

2. 外来干扰与本振的组合干扰

这种干扰是指外来干扰信号与本振信号由于混频器的非线性而形成的假中频。设加在混频器输入的是频率为 f_N 的干扰信号，则混频器件输出电流中将出现由下列频率通式表示的组合频率分量

$$f_{p、q} = \pm pf_L \pm qf_N$$

若某些通道的 p 和 q 值及其所取的正、负号满足下列关系式

$$pf_L - qf_N \approx \pm f_I \tag{5-62}$$

则干扰信号通过这些通道就能将其频率由 f_N 变换为 f_I，因而它们就可以顺利地通过中频放大器，使得收听者听到该干扰的声音，通常将这种干扰称为寄生通道干扰。

当干扰频率等于或接近于接收机中频时，此时的寄生通道干扰称为中频干扰，对于这种干扰信号，混频器实际上起到了中频放大器的作用，具有比有用信号更强的传输能力。中频干扰是最强的寄生通道干扰，为了消除它，与哨声干扰一样，中频应选在接收频段以外，且远离接收频段。此外，应提高前端电路的选择性，以降低作用在混频器输入端的干扰电压值，如加中频陷波电路。中频干扰时，式（5－62）中 $p=0$、$q=1$，即中频干扰是一阶干扰。

设混频器中 $f_L > f_c$，当外来干扰频率 $f_N = f_L + f_I$ 时，外来干扰信号和本振信号共同作用在混频器输入端，也会产生差频 $f_N - f_L = f_I$，从而在接收机输出端听到干扰电台的声音。由于 f_N 和 f_c 对称地位于 f_L 两侧，呈镜像关系，因此将这种干扰信号的频率称为镜像频率，将这种干扰称为镜像干扰。显然，对于镜像干扰，式（5－62）中 $p=1$、$q=1$，即中频干扰是二阶干扰。其抑制方法主要是提高前端电路的选择性和提高中频频率，以降低加到混频器输入端的镜像电压值。此外，可采用二次混频结构。中频干扰的频率是固定的，而镜像干扰的频率是随信号频率（或本振频率）的变化而改变的。

3. 交叉调制干扰

交叉调制干扰是有用信号和干扰信号一起作用于混频器时，由混频器的非线性形成的干扰。当存在这种干扰时，人们不仅可以收听到有用信号的声音，同时也会收听到干扰信号的声音，信号频率与干扰信号频率之间没有固定的关系。当有用信号的声音消失时，干扰信号的声音也随之消失。好像干扰台的调制信号调制在有用信号的载频上。交叉调制干扰与本振信号无关，它是通过有用信号而起作用的，其实质是通过混频器件的非线性作用，将干扰信号的调制解调出来，再调制到中频载波上而形成干扰。干扰信号和有用信号一样均是调幅信号。

抑制交叉调制干扰（简称交叉干扰，也称交调失真）的主要措施，一是提高混频器前端电路的选择性，尽量减小干扰信号的振幅；二是选择合适的器件及合适的工作状态，使不需要的非线性项尽可能地少，以减少组合分量。

4. 互相调制干扰

互相调制干扰（简称互调干扰，也称互调失真）是两个及以上的干扰信号同时加到混频器的输入端，由于混频器的非线性作用，两个干扰信号与本振信号相互混频，其产生的组合频率分量若接近于中频，就会顺利地通过中频放大器，经检波电路检波后产生干扰。互调干扰可看成两个或多个干扰信号相互作用，产生了接近于有用信号频率的组合频率分量而对有用信号形成的干扰。它与干扰信号的频率有关，两干扰频率都小于（或都大于）有用信号频率，且三者等距时，就会形成干扰，当距离越近时，前端电路对干扰的抑制能力越弱，干扰的影响就越大。

减小互调干扰的措施，一是提高前端电路的选择性，尽量减小加到混频器上的干扰电压；二是要选择合适的混频电路及工作状态，以降低或消除高次方项，如用理想乘法器或平方律特性等。

此外，还有包络失真、阻塞干扰及倒易混频等。包络失真是指由于混频器的非线性，输出包络与输入包络不成正比。阻塞干扰是指当强的干扰信号与有用信号同时加入混频器时，强干扰会使混频器输出的有用信号的振幅减小，严重时，甚至小到无法接收。倒易混频是由于本振振荡器不可能输出纯正的正弦波，即在振荡频率附近存在一定的噪声电压，在强干扰的作用下，与干扰频率相差为中频的一部分噪声和干扰电压进行混频，使这些噪声落入中频频带内，从而使混频器输出噪声加大，输出信噪比降低。倒易混频是以干扰信号作为本振信号，而以本振噪声作为信号进行混频的，所以称为倒易混频，它是利用混频器的正常混频作用完成的，而不是非线性的产物。

5.4 应用实例

振幅调制广泛应用于无线广播和通信系统中。如语言、音乐广播采用的是普通调制，残留边带调制用于广播电视图像信号的传输，通信用的收发信机以及邮电业务使用的多路载波电话系统则广泛采用单边带调制等。

5.4.1　调幅发射机分析

图5-45所示电路是某调幅发射机的简化线路图，它由主振级、缓冲级、放大级、功放级和输出电路组成。图中，仅画出了反映基本原理的部分线路，因此不能作为实际发射机的装配线路。

主振级是发射机的第一级，它的作用是产生一个频率稳定度高的高频正弦波，为后级提供所需的激励信号。主振级是由 V_1 构成共集电极西勒电路，因而具有频率稳定度高、波段内振幅均匀及输出波形好等特点。图中 R_1 和 R_2 组成 V_1 的直流偏置电路，高频扼流线圈 ZL_1 和 C_7 组成电源去耦电路，C_6 为耦合电容。调谐回路由 L_1、C_1、C_2、C_3、C_4、C_5 构成，C_5 为主调电容，C_1、C_2 串联构成电容分压反馈电路，反馈电压从 C_1 上取得，输出电压取自于 C_3。

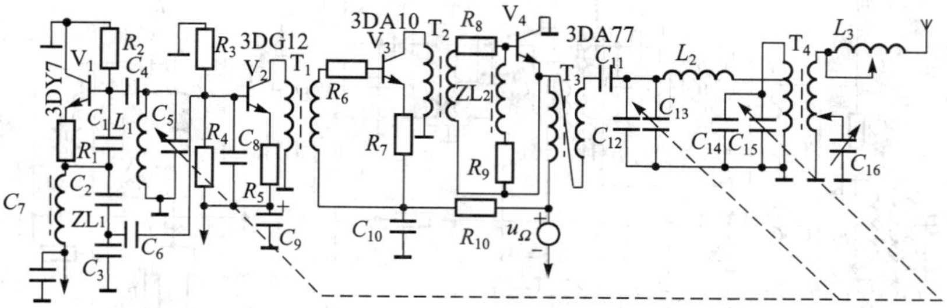

图5-45　调幅发射机简化线路图

缓冲级的主要作用是隔离后级对主振级的影响，它对功率增益和效率的要求不高。图中的缓冲级由 V_2 及传输线变压器 T_1 等元件组成共射宽频带高频放大器，采用甲类工作方式。R_3、R_4、R_5 组成 V_2 的直流偏置电路，C_8 为旁路电容，C_9 为低频去耦电容，以防止低频电压串入本级造成低频自激或低频调制。

放大级的作用主要是供给功放级足够的激励功率，并要求在波段内平稳。放大级由 V_3 及传输线变压器 T_2 等元件组成共射宽频带高频功率放大器。为得到足够大的功率及提高效率，采用丙类工作方式。在“话”位时，本级是受调放大器，V_3 发射极电阻 R_{10} 下端加有 -25 V 直流电压和音频调制电压 u_Ω。R_7 是电流负反馈电阻，可提高本极工作稳定性。R_6 用来防止自激并改善激励电压波形。R_{10} 是降压电阻，采用降压供电有利于输出平稳。

缓冲级和放大级的负载都是传输线变压器，它可使线路得到简化，减轻机器结构的拥挤现象。由于放大级工作在丙类，其负载不是调谐回路，因此放大器输出电压是脉冲波而不是正弦波，同时功放级也是丙类工作的，所以只需要在半个周期内有激励即可。

功放级是由 V_4 接成共射极的复合输出放大器，工作在丙类，为调谐放大器。为使负载与功放管最佳工作状态时的输出阻抗匹配，采用了1∶4阻抗变换器和Γ型网络，并将并联振荡回路与Γ型网络采用部分接入。图中 T_3 即为1∶4阻抗变换器，它将功放管输出阻抗提升以与Γ型网络输入阻抗相匹配。Γ型网络由 C_{12}、C_{13}、L_2 组成，是一个低通滤波器，以滤除高次谐波。R_8 串接在基极交流电路中用以清除和防止自激，同时可用来调整功放级的激励。频扼流线圈 ZL_2 和 R_9 构成基极自偏压电路，C_{11} 为耦合电容。

C_{14}、C_{15}、T_4 组成中介回路采用偏失谐而呈容性，以防止中介回路感性失谐时产生自激而烧管。天线回路由 T_4 的次级、L_3 和 C_{16} 和天线输入阻抗组成。不同天线以及同一天线在不同频率上呈现的阻抗是不同的，改变 L_3 和 C_{16} 可使天线回路谐振。当按下话筒开关并对话筒讲话时，话筒输出的音频信号经低频放大后与放大级和功放级的直流电压相叠加，对放大级和功放级进行双重集电极调幅，这样功放级输出高频调幅波，发射天线也将辐射高频调幅波功率，从而完成发信任务。

5.4.2 调幅接收机分析

图 5－46 所示电路是一调幅收音机的整机线路，该机采用一次混频的超外差式，其工作频率为 535～1 605 kHz、中频为 465 kHz。该机由磁性天线输入电路、变频器、两级中放、检波器、低放和低频功放组成。

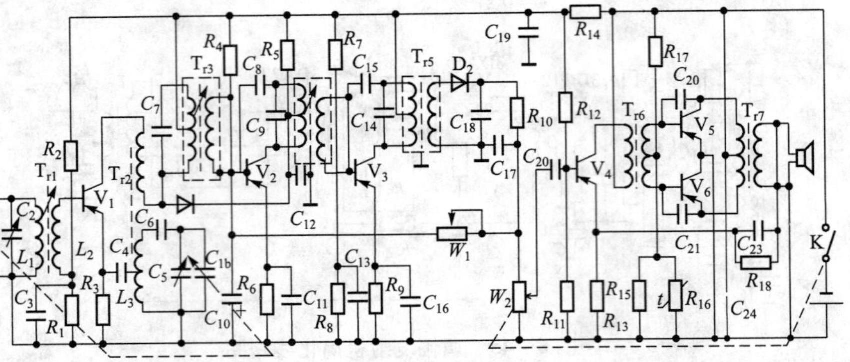

图 5－46 超外差调幅收音机线路图

磁性天线感应得到的外来信号经由 L_1、C_{1a}、C_2 组成的输入回路预选后，通过 L_2 加到变频管 V_1 的基极。本机振荡回路由 L_3、C_{1b}、C_5、C_6 组成，振荡频率为 1 000～2 070 kHz。中频变压器 T_{r3}、T_{r4} 和 T_{r5} 的初级回路谐振频率为 465 kHz。变频器输出中频信号经 V_2、V_3 两级单调谐中频放大器后送检波器。C_8 和 C_{15} 为中和电容，用以消除晶体管内反馈的影响，提高中频放大器的工作稳定性。

振幅检波器由 D_2、R_{10}、W_2、C_{18}、C_{17} 组成，检波后的音频信号由音量控制电位器 W_2 的中心抽头，经耦合电容 C_{20} 加到低频放大器 V_4 管基极，由 W_1 和 C_{10} 组成的低通滤波器滤除检波器输出中的音频信号，取出直流分量，作为反向 AGC 电压加到第一中放管 V_2 的基极。

由 V_4 管组成变压器耦合低频放大器，给 V_5、V_6 管的基极提供大小相等相位相反的输入信号。V_5、V_6 管两管组成甲乙类低频推挽功率放大器，以使扬声器得到足够的音频激励功率。C_{24}、C_{19}、R_{14} 组成电源去耦电路，C_{23}、R_{18}、R_{13} 组成串联电压反馈，以减小低频放大器的失真。

W_2 和 K 合为一体组成开关电位器，C_{1a} 和 C_{1b} 为双连可变电容器，它们的动片装在同一根轴上，以实现输入回路谐振频率与振荡回路振荡频率的统调，即由面板上的频率调整旋钮统一调整。

本章小结

（1）振幅调制是用调制信号去控制载波的振幅，使其随调制信号线性变化，而保持载波的频率不变。在振幅调制中，根据所取出的已调信号的频谱分量的不同，分为普通调幅（AM）、抑制载波的双边带调幅（DSB）和抑制载波的单边带调幅（SSB）等。

（2）调幅电路有低电平调幅电路和高电平调幅电路。低电平调幅主要用来实现双边带和单边带调幅，广泛采用二极管环形相乘器和双差分对集成模拟相乘器。高电平调幅常采用丙类谐振功率放大器产生大功率的普通调幅波。

（3）解调是调制的逆过程，其实质是将高频信号搬移到低频端，这种搬移正好与调制的搬移过程相反。振幅调制信号的解调电路称为振幅检波电路，简称检波电路。其作用是从振幅调制信号中不失真地检出调制信号来。

（4）常用的振幅检波电路有二极管峰值包络检波电路和同步检波电路。二极管峰值包络检波电路只适用于普通调幅波的检波。同步检波电路则适用于所有三种调幅波的检波。同步检波要求同步信号严格与载波同频、同相。对振幅检波电路的主要检波效率高，失真小，具有较高的输入电阻。

（5）振幅调制、解调和混频电路都属于频谱线性搬移电路。这三种电路的工作原理和基本组成相同，都是由非线性器件实现频率变换和用滤波器来滤除不需要的频率分量。常用的混频器电路有晶体三极管混频器、二极管混频器和模拟相乘混频器等。

对混频电路的主要要求是混频增益高，选择性好，噪声和失真小，抑制干扰信号的能力强。

（6）器件的非理想相乘特性会导致调幅和检波的失真，混频输出会产生组合频率干扰、寄生通道干扰、交叉调制干扰、互相调制干扰、包络失真、阻塞干扰及倒易混频等。针对不同的干扰现象，可采取不同的方法进行克服。

思考题与习题

5-1 已知调幅波输出电压 $u_0(t)=[2+\cos(2\pi\times100t)\cos(2\pi\times10^4t)]$ V，试求出调幅系数 m_a 及频带宽度 BW，并画出频谱图。

5-2 某发射机输出级在负载 $R_L=100\ \Omega$ 上的输出信号为 $u_s(t)=4(1+0.5\cos\Omega t)\cos\omega_C t$ V，请问：

（1）该输出信号是什么已调信号？计算该信号的调制度 m？

（2）计算总的输出功率 P_{av}？

（3）画出该已调信号的波形、频谱图并求频带宽度 BW。

5-3 已知两个信号电压的频谱如图5-47所示，试求：

（1）写出两个信号电压的数学表达式，并指出已调波的性质；

（2）计算在单位电阻上消耗的边带功率和平均功率以及已调波的频带宽度。

5-4 试用相乘器、相加器、滤波器组成产生下列信号的框图。

（1）AM 波；

（2）DSB 信号；

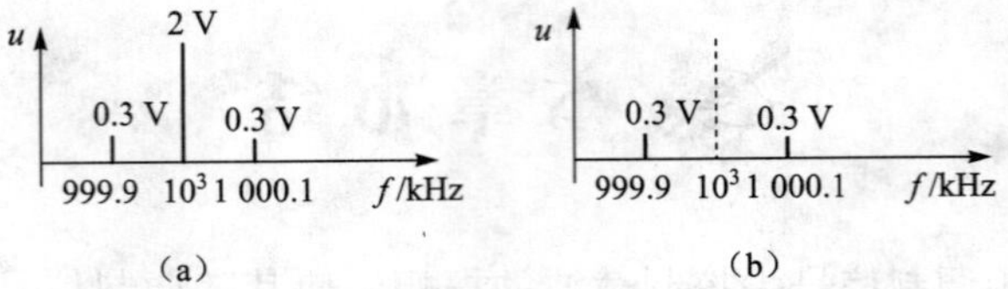

图5-47 题5-3图

(3) SSB 信号。

5-5 在图5-48所示的各电路中，调制信号 $u_\Omega(t)=U_{\Omega m}\cos\Omega_t$，载波电压 $u_c=U_{cm}\cos\omega_c t$，且 $\omega_c\gg\Omega$，$U_{cm}\gg U_{\Omega m}$，二极管 VD_1 和 VD_2 的伏安特性相同，均为从原点出发，斜率为 g_D 的直线。

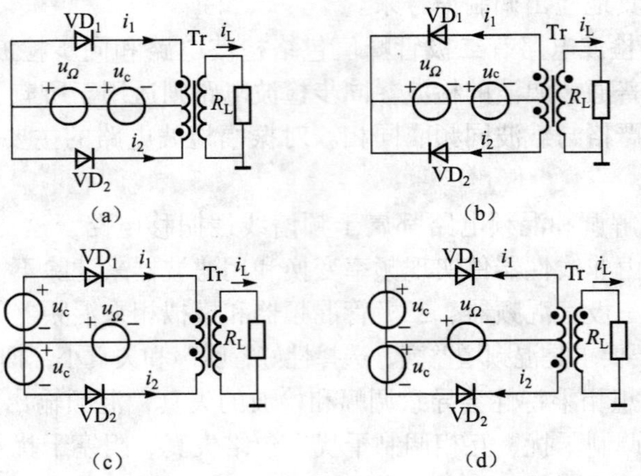

图5-48 题5-5图

(1) 试问哪些电路能实现双边带调制?

(2) 在能够实现双边带调制的电路中，试分析其输出电流的频率分量。

5-6 试分析图5-49所示的调制器。图中，C_b 对载波短路，对音频开路；$u_c=U_{cm}\cos\omega_c t$，$u_\Omega=U_{\Omega m}\cos\Omega t$。

(1) 设 U_{cm} 及 $U_{\Omega m}$ 均较小，二极管特性近似为 $i=a_0+a_1u+a_2u^2$。求输出 $u_o(t)$ 中含有哪些频率分量?

(2) 如 $U_{cm}\gg U_{\Omega m}$，二极管工作于开关状态，试求 $u_o(t)$ 的表示式。

5-7 在图5-18所示环形调制器中，试说明：VD_1 极性接反、VD_1 和 VD_2 极性均接反、四个二极管极性均接反，对电路性能有什么影响？为什么？

5-8 差分对调制器电路如图5-50所示。

(1) 若 $\omega_c=10^7$ rad/s，并联谐振回路对 ω_c 谐振，谐振电阻 $R_L=5\ \text{k}\Omega$，$E_e=E_c=10$ V，$R_e=5\ \text{k}\Omega$，$u_c=360\cos\omega_c t$ mV，$u_\Omega=5\cos 10^4 t$ V。试求 $u_o(t)$。

(2) 此电路能否得到双边带信号？为什么？

5-9 图5-51所示为单边带调幅发射机方框图。调制信号为 (300～3 000) Hz 的音频信号，其频谱分布如图中所示。试画出图中各边带滤波器输出端的频谱图。

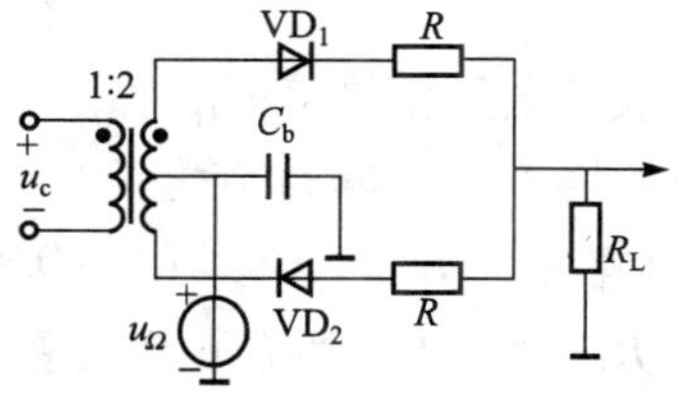

图5-49　题5-6图

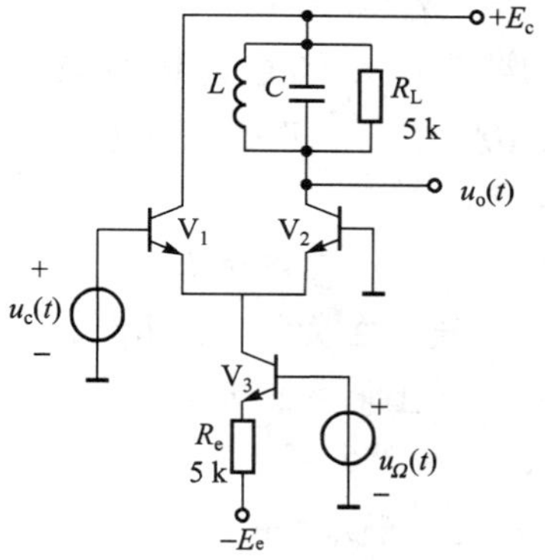

图5-50　题5-8图

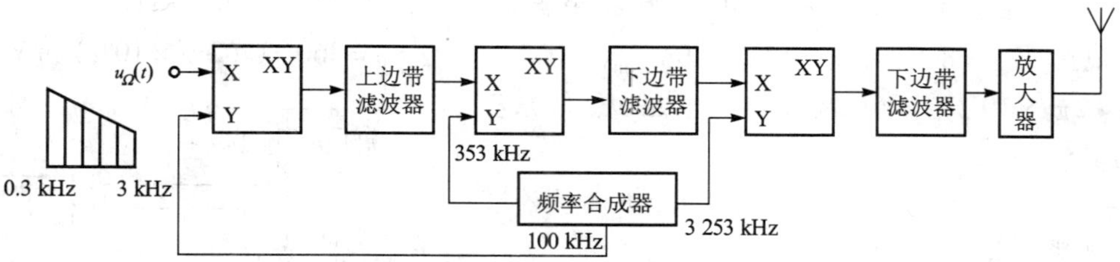

图5-51　题5-9图

5-10　在图5-18所示的环形调制器电路中，若载波信号 $u_c = U_{cm}\cos\omega_c t$ 与调制信号 $u_\Omega = U_{\Omega m}\cos\Omega t$ 的位置互换，$U_{cm} \geqslant U_{\Omega m}$，$u_c(t)$ 为大信号并使四个二极管工作在开关状态，略去负载的反作用，试写出输出电流 i_L 的表达式（变压器的变比分别为1:2和2:1）。

5-11　二极管平衡电路如图5-52所示，已知 $u_\Omega = u_{\Omega m}\cos\Omega t$ 为小信号，$u_c = U_{cm}\cos\omega_c t$，$\omega_c \gg \Omega$，$U_{cm} \gg U_{\Omega m}$ 并使二极管工作在开关状态，略去负载的反作用。

（1）试写出输出电流的表达式并展开，分析其频谱成分，说明电路加上何种滤波器，可实现何种调幅？

（2）若 V_2 极性接反，试写出输出电流表达式，说明电路能否实现调幅功能？

5-12　由四个二极管接成的调幅电路如图5-53所示，已知图中调制信号 $u_\Omega = U_{m\Omega}\cos\Omega t$ 为小信号，载波信号 $U_c = U_{cm}\cos\omega_c t$ 为大信号，即 $U_{cm} \gg U_{\Omega m}$，二极管在 u_c 的作用下工作在开关状态，试写出输出电压 u_o 的表达式，分析其频谱成分，说明电路能否实现调幅功能？

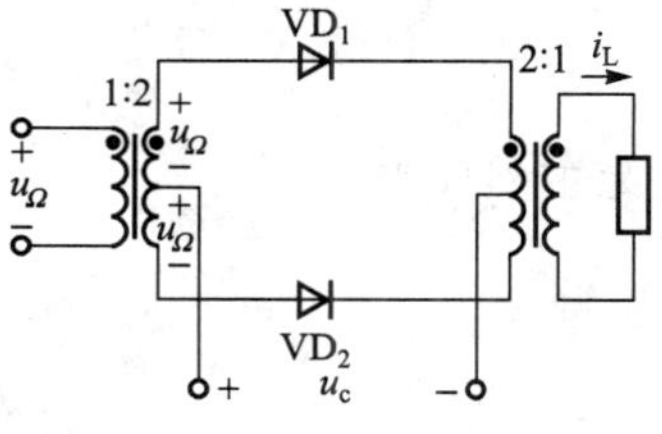

图5-52　题5-11图

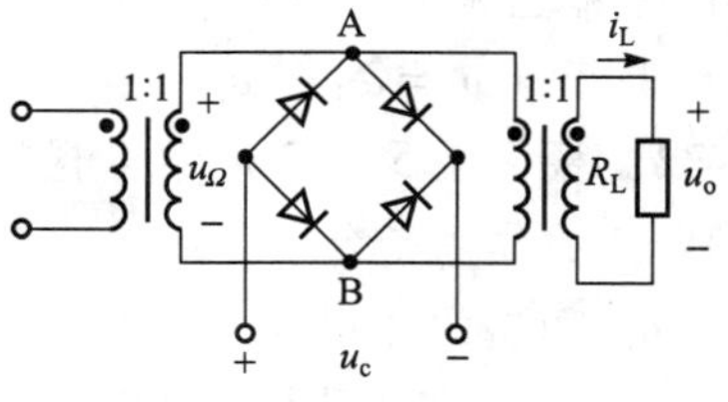

图5-53　题5-12图

5－13　对调幅电路有哪些基本要求？高电平调幅电路和低电平调幅电路有什么区别？各自有何特点？

5－14　在大信号包络检波电路中，已知：$u_i(t)=10(1+0.6\cos 2\pi\times10^3t)\cos 2\pi\times10^6t$（V），图5－30（a）所示电路中 $R_L=4.7\ \text{k}\Omega$，$C_L=0.01\ \mu\text{F}$，检波效率 $\eta_d=0.85$。试求：

（1）检波器输入电阻 R_i；

（2）检波后在负载电阻 R_L 上得到的直流电压 U_D 和低频电压振幅值 $U_{\Omega m}$。

（3）当接上低频放大器后，若 $R_g=4\ \text{k}\Omega$，该电路会不会产生负峰切割失真？

5－15　在图5－30（a）所示二极管峰值包络检波电路中，$u_i(t)=0.8(1+0.8\cos\Omega t)\cos\omega_c t$(V)，其中 $f_c=4.7$ MHz，$F=$（100～5 000）Hz，$R_L=5\ \text{k}\Omega$，为了不产生惰性失真和底部切割失真，求检波电容 C 和电阻 R_g 的值。

5－16　对振幅检波电路有哪些基本要求？

5－17　在图5－12所示的MC1496相乘器电路中，已知 $R_5=6.8\ \text{k}\Omega$，$R_c=3.9\ \text{k}\Omega$，$R_Y=1\ \text{k}\Omega$，$V_{EE}=8$ V，$V_{CC}=12$ V，$U_{BE(on)}=0.7$ V。当 $u_1=360\cos(2\pi\times10^6t)$ mV，$u_2=200\cos(2\pi\times10^3t)$ mV，试求输出电压 $u_o(t)$，并画出其波形。

5－18　在二极管包络检波电路中，R 的大小对检波性能有什么影响？

5－19　同步检波电路和包络检波电路有什么区别？各有什么特点？

5－20　图5－34所示的平衡同步检波电路的输入电压为单边带调幅信号 $u_i=U_{im}\cos(\omega_c+\Omega)t$，若二极管包络检波电路的检波效率为 η_d，试求出二极管平衡同步检波电路输出电压 $u_o(t)$ 的表达式。($U_{rm}\gg U_{im}$)

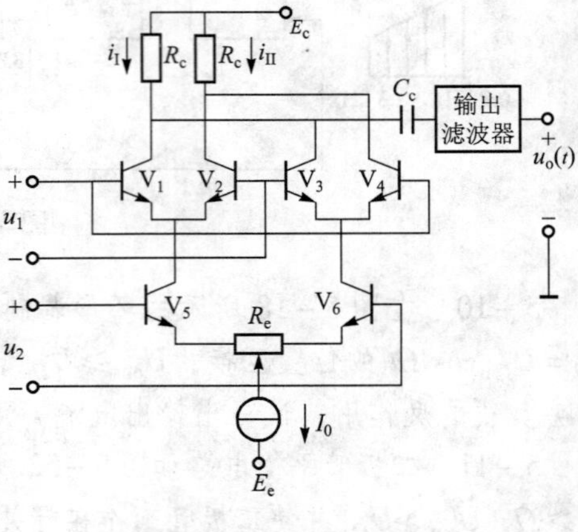

图5－54　题5－21图

5－21　一双差分对模拟乘法器如图5－54所示，其单端输出电流

$$i_I=\frac{I_0}{2}+\frac{i_5-i_6}{2}th\left(\frac{u_I}{2U_T}\right)\approx\frac{I_0}{2}-\frac{U_2}{R_e}th\left(\frac{u_I}{2U_T}\right)$$

试分析为实现下列功能（要求不失真），各输入端口应加什么信号电压？输出端电流包含哪些频率分量？对输出滤波器的要求是什么？

（1）双边带调制；

（2）振幅已调波解调；

（3）混频（$\omega_I=\omega_L-\omega_c$）。

5－22　根据图5－42所示电视机的混频电路，试回答下列问题。

（1）R_1 的作用是什么？

（2）R_3、C_4 的作用是什么？

（3）R_5、C_5 的作用是什么？

（4）R_4 的作用是什么？

（5）C_6、L_3 的作用是什么？工作频率为多少？

5-23 画出混频器的组成框图及混频前后的波形图，并简述混频器的工作原理。

5-24 图5-55所示为晶体管收音机的某部分电路，试回答下列问题。

（1）该部分电路是混频器还是变频器？调节可变电容 C_{1a}、C_{1b} 起什么作用？

（2）L_4、C_3、C_5 和可变电容 C_{1b} 组成什么回路？C_4、L_5 组成什么回路？

（3）L_3 的作用是什么？C_1、C_2 的作用是什么？简述电路的工作原理。

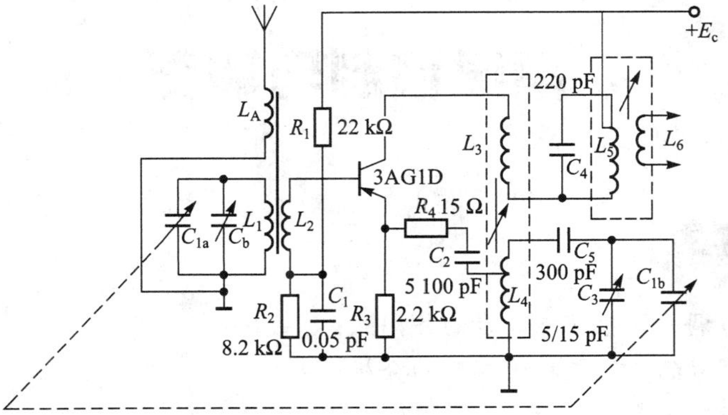

图5-55 题5-24图

5-25 某接收机中频 $f_I=465$ kHz，$f_L>f_c$，当接收 $f_c=931$ kHz 的信号时，除听到正常的声音外，同时还听到音调为1 kHz的干扰声，当改变接收机的调谐旋钮时，干扰音调也发生变化。试分析原因，并指出减小干扰的途径。

5-26 有一超外差接收机，中频 $f_I=f_L-f_c=465$ kHz，试分析说明下列两种情况是何种干扰。

（1）当接收 $f_{c1}=550$ kHz 的信号时，也会听到 $f_{N1}=1\,480$ kHz 的强电台干扰声音；

（2）当接收 $f_{c2}=1\,400$ kHz 的信号时，也会听到 $f_{N2}=700$ kHz 的强电台干扰声音。

5-27 什么是混频器的交调干扰和互调干扰？怎样减小它们的影响？

第 6 章

角度调制与解调

本章目的

- 掌握调频与调相的原理与二者的异同点；
- 掌握直接调频的变容二极管调频的分析；
- 了解晶体振荡器直接调频；
- 熟悉间接调频的几种方法；
- 掌握相位鉴频器原理；
- 熟悉比例鉴频器原理；
- 了解脉冲计数式鉴频器原理。

知识点

- 调频波与调相波的基本性质及二者的异同点；
- 变容二极管调频的原理；
- 间接调频的原理；
- 相位鉴频器原理。

在无线通信中，利用高频振荡信号的频率或相位的变化来携带信息，是又一类重要的调制方式。当载波的频率按基带信号的规律变化时，则产生频率调制，又称调频（Frequency Modulation，FM）；当载波的相位按基带信号的规律变化时，则产生相位调制，又称调相（Phase Modulation，PM）。调频波和调相波都表现为高频载波的角度随调制信号的变化而变化，而载波的振幅保持不变。因此，又称调频和调相为角度调制。角度调制是用调制信号去控制载波信号角度（频率或相位）变化的一种信号变换方式。

与前几章讲述的频谱线性搬移电路不同，角度调制属于频谱的非线性变换，即已调信号的频谱结构不再保持原调制信号频谱的内部结构，且调制后的信号带宽比原调制信号带宽大得多。虽然角度调制信号的频带利用率不高。但其抗干扰和噪声的能力较强，因此 FM 广泛应用于广播、电视、通信以及遥测方面，PM 主要应用于数字通信。

6.1 角度调制

6.1.1 瞬时角频率与瞬时相位

余弦信号 $u(t)=U_m\cos\varphi(t)$ 可用长度为 U_m，与实轴之间夹角为 $\varphi(t)$ 的矢量来表示。设矢量作逆时针方向旋转，旋转的瞬时角频率为 $\omega(t)$，$t=0$ 时的瞬时相位为 φ_0，则瞬时相位 $\varphi(t)$ 等于矢量在 t 时间所旋转过的角度与初始相位 φ_0 之和，即

$$\varphi(t)=\int_0^t \omega(t)\mathrm{d}t+\varphi_0 \tag{6-1}$$

对两边取微分，则得

$$\omega(t)=\frac{\mathrm{d}\varphi(t)}{\mathrm{d}t} \tag{6-2}$$

【提示】式（6-1）和式（6-2）表明瞬时频率和瞬时相位间存在微分与积分的关系，这是角度调制中两个重要的关系式。

6.1.2 调角信号的产生方法

1. 调频波表达式及波形

设调制信号为单一频率信号 $u_\Omega(t)=U_{\Omega m}\cos\Omega t$，载波为 $u_c(t)=U_{cm}\cos\omega_c t$，则根据频率调制的定义，调频信号的瞬时角频率 $\omega(t)$ 将在 ω_c 的基础上按照 u_Ω 的规律变化，即

$$\begin{aligned}\omega(t)&=\omega_c+k_f u_\Omega(t)=\omega_c+\Delta\omega(t)\\&=\omega_c+\Delta\omega_m\cos\Omega t\end{aligned} \tag{6-3}$$

式中，$\Delta\omega(t)$ 是叠加在 ω_c 上的按调制信号规律变化的瞬时角频率，通常称之为瞬时角频偏。可以看出，瞬时角频率 $\omega(t)$ 是在调频波的中心频率 ω_c 的基础上，增加了与 $u_\Omega(t)$ 成正比的瞬时角频率偏移 $\Delta\omega(t)$。$\Delta\omega_m$ 是 $\Delta\omega(t)$ 的最大值，称为最大角频偏，与 $\Delta\omega_m$ 对应的 $\Delta f_m=\Delta\omega_m/2\pi$ 称为最大频偏，由上式可得，$\Delta\omega_m$ 与 $U_{\Omega m}$ 成正比。k_f 是由调频电路所决定的比例常数，单位为 rad/（s·V），表示 $U_{\Omega m}$ 对最大角频偏的控制能力，它是单位调制电压产生的频偏值，也称为调频灵敏度。

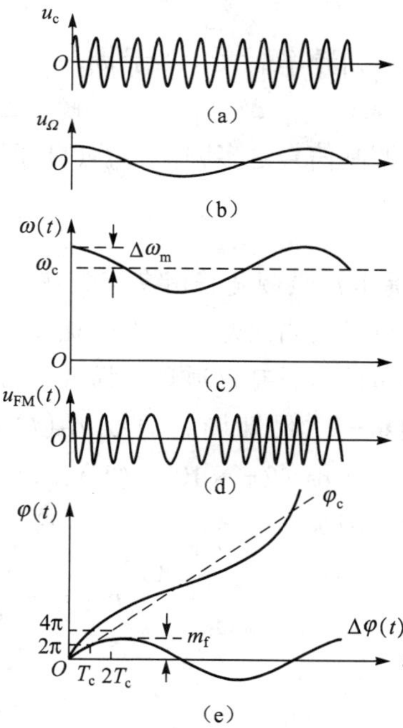

图 6-1　调频波的瞬时频率和瞬时相位波形

（a）载波信号波形；（b）调制信号波形；
（c）调频波的瞬时频率；（d）已调信号波形；
（e）调频波的瞬时相位

在频率调制方式中，$\Delta\omega_m$ 是衡量信号频率受调制程度的重要参数，也是衡量调频信号质量的重要指标。比如常用的调频广播，其最大频偏就定为 75 kHz。由图 6-1（c）可以看出，瞬

时频率变化范围为$f_c—\Delta f_m \sim f_c+\Delta f_m$，最大变化值为$2\Delta f_m$。

将式（6－3）代入式（6－1），为了分析方便，不妨设$\varphi_0=0$，可得

$$\varphi(t)=\omega_c t+k_f\int_0^t u_\Omega(t)\,dt=\omega_c t+\frac{k_f U_{\Omega m}}{\Omega}\sin\Omega t$$

$$=\omega_c t+m_f\sin\Omega t=\omega_c t+\Delta\varphi(t) \tag{6-4}$$

$\Delta\varphi(t)$是调频波的瞬时附加相位偏移，又称附加相位，即

$$\Delta\varphi(t)=\int_0^t\Delta\omega(t)\,dt=\frac{\Delta\omega_m}{\Omega}\sin\Omega t=m_f\sin\Omega t \tag{6-5}$$

上述式中

$$\Delta\omega_m=2\pi\,\Delta f_m=k_f U_{\Omega m} \tag{6-6}$$

$$m_f=\frac{k_f u_{\Omega m}}{\Omega}=\frac{\Delta\omega_m}{\Omega}=\frac{\Delta f_m}{F} \tag{6-7}$$

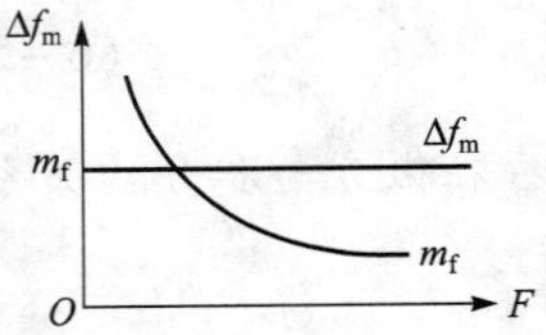

图6－2　调频m_f与Δf_m、F的关系

m_f称为调频指数，可以看出，相移是频偏的积分。$\Delta\varphi(t)$与调制信号相位相差90°（即由$\cos\Omega t$变成$\sin\Omega t$），如图6－1（e）所示。调频波的调频指数m_f就是$\Delta\varphi(t)$的最大值，又叫最大相位偏移。m_f与$U_{\Omega m}$成正比（又称调制深度），与Ω或F成反比。图6－2所示为Δf_m与m_f、F的关系。FM波的表示式为

$$u_{FM}=U_{cm}\cos(\omega_c t+m_f\sin\Omega t) \tag{6-8}$$

图6－1（d）所示为调频波波形。当$u_\Omega(t)$为波峰时，调频波的瞬时角频率最大，等于$\omega_c+\Delta\omega_m$，波形最密；当$u_\Omega(t)$为波谷时，调频波的瞬时角频率最小，等于$\omega_c-\Delta\omega_m$，波形最疏。因此调频波是波形疏密变化的等幅波。

当调制信号是多频信号$f(t)$时，则调频波的一般表示式为

$$u_{FM}=U_{cm}\cos\left[\omega_c t+k_f\int_0^t f(\tau)\,d\tau\right] \tag{6-9}$$

【提示】调频是将消息寄载在频率上而不是在幅度上。也可以说在调频信号中消息是蕴藏于单位时间内波形数目或者说零交叉点数目中。由于各种干扰作用主要表现在振幅上，而在调频系统中，可以通过限幅器来消除这种干扰，因此FM波抗干扰能力较强。

例6－1　已知调制信号$u_\Omega(t)=2\cos(3\pi\times10^3 t)+3\cos(2\pi\times10^3 t)$（V），载波信号$u_c(t)=10\cos(2\pi\times10^6 t)$（V），调频比例常数$k_f=3$ kHz/V。试写出调频信号表达式。

解　因为

$$u_{FM}(t)=U_{m0}\cos(\omega_c+m_f\sin\Omega t+\varphi_0)$$

$$m_{f1}=\frac{k_f\cdot U_{\Omega m}}{\Omega}=\frac{2\pi\times3\times10^3\times2}{3\pi\times10^3}=4$$

$$m_{f2}=\frac{k_f\cdot U_{\Omega m}}{\Omega}=\frac{2\pi\times3\times10^3\times3}{2\pi\times10^3}=9$$

所以

$$u_{FM}(t)=U_{m0}\cos(2\pi\times10^3 t+4\sin(3\pi\times10^3 t)+9\sin(2\pi\times10^3 t))$$

例6－2　设调制信号$u_\Omega(t)=2\sin10^4 t$（V），调频灵敏度k_f为$2\pi\times20\times10^3$ rad/（s·V），若载波频率为10 MHz，载波振幅为6 V。试求：

（1）调频波的表达式；

（2）调制信号的角频率Ω，调频波的中心角频率ω_c；

（3）最大频率偏 Δf_m；
（4）调频指数 m_f；
（5）最大相位偏移；
（6）最大角频偏和最大相偏与调制信号的频率变化有何关系？与振幅变化呢？

解　（1）因调制信号为正弦波，故调频波的表达式为

$$u_{FM}(t)=U_{cm}\cos(\omega_c t-k_f U_{\Omega m}\cos\Omega t/\Omega)$$

将各已知条件代入上式得

$$u_{FM}(t)=6\cos(2\pi\times10\times10^6 t-2\pi\times20\times10^3\times2\cos10^4 t/10^4)$$
$$=6\cos(2\pi\times10^7 t-25.12\cos10^4 t)$$

（2）调制信号角频率 $\Omega=10^4$ rad/s；调频波的中心角频率 $\omega_c=2\pi\times10\times10^6$ rad/s $=2\pi\times10^7$ rad/s。

（3）最大频偏 $\Delta f_m=\Delta\omega_m/2\pi=k_f U_{\Omega m}/2\pi=2\pi\times20\times10^3\times2/2\pi=4\times10^4$（Hz）。

（4）调频指数 $m_f=k_f U_{\Omega m}/\Omega=25.12$（rad）。

（5）最大相位偏移可用调频指数表示，故为25.12 rad。

（6）因为最大角频偏 $\Delta\omega_m=k_f U_{\Omega m}$，所以最大相位偏移 $\Delta\varphi_m=k_f U_{\Omega m}/\Omega$。

【提示】 所以调制信号的频率变化时，最大角频偏不变，最大相位偏移与频率是反比的关系。调制信号的振幅变化时，最大角频偏、最大相位偏移均与振幅成正比。

2. 调相波表达式及波形

调相信号的瞬时角频率和瞬时相位也都随着调制信号变化而变化，但与调频信号不同的是，调相信号的相位与调制信号成正比。设调制信号 $u_\Omega(t)=U_{\Omega m}\cos\Omega t$，载波为 $u_c(t)=U_{cm}\cos\omega_c t$，调相波的瞬时相位 $\varphi(t)$ 除了原来载波的相位 $\omega_c t$（设 $\varphi_0=0$）外，还附加了一个与调制信号 $u_\Omega(t)$ 成正比的附加相位 $k_p u_\Omega(t)$，即调相波的瞬时相位为

$$\begin{aligned}\varphi(t)&=\omega_c t+\Delta\varphi(t)=\omega_c t+k_p u_\Omega\\&=\omega_c t+\Delta\varphi_m\cos\Omega t\\&=\omega_c t+m_p\cos\Omega t\end{aligned}\qquad(6-10)$$

式中，$k_p=\Delta\varphi_m/U_{\Omega m}$，是由调相电路决定的比例常数，单位为 rad/V，又称为调相灵敏度，它表示单位调制电压所引起的相位偏移值；$\Delta\varphi(t)$ 是随着调制信号变化而产生的附加相移，其波形如图6-3（c）所示。$m_p=\Delta\varphi_m=k_p U_{\Omega m}$ 为最大相位偏移，又称为调相指数，单位为 rad；对于一确

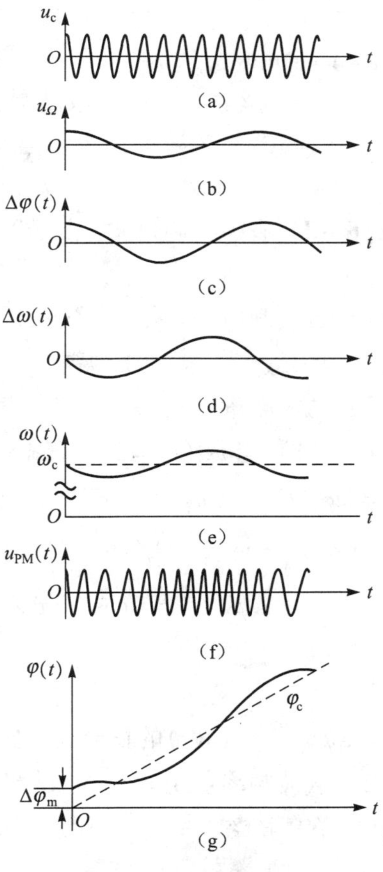

图6-3　调相波的瞬时频率和瞬时相位波形
（a）载波信号波形；（b）调制信号波形；
（c）调相波的附加相位；（d）调相波的瞬时角频偏；
（e）调相波的瞬时频率；（f）已调信号波形；
（g）调相波的瞬时相位

定电路，m_p 和 $U_{\Omega m}$成正比。

因此调相信号的数学表达式可表示为

$$u_{PM}=U_{cm}\cos(\omega_c t+m_p\cos\Omega t) \tag{6-11}$$

调相波的波形如图 6－3（f）所示，也是等幅疏密波。它与图 6－1 中的调频波相比只是延迟了一段时间。如不知道原调制信号，则在单频调制的情况下无法从波形上分辨是 FM 波还是 PM 波。

调相波的相位是变化的，由式（6－10）求导得调相波的瞬时频率为

$$\omega(t)=\frac{\mathrm{d}}{\mathrm{d}t}\varphi(t)=\omega_c-\Delta\omega(t)=\omega_c-m_p\Omega\sin\Omega t=\omega_c-\Delta\omega_m\sin\Omega t \tag{6-12}$$

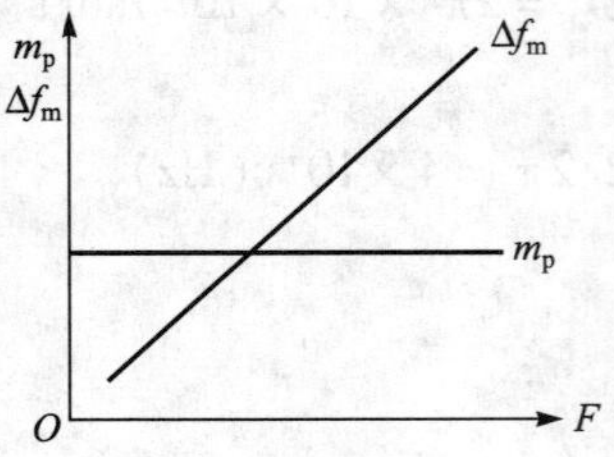

图 6－4　调相波 Δf_m、m_p 与 F 的关系

其波形如图 6－3（e）所示。式中，$\Delta\omega(t)=m_p\Omega\sin\Omega t=k_pU_{\Omega m}\Omega\sin\Omega t$，为调相波的瞬时角频偏，其波形如图 6－3（d）所示。调相波的最大角频偏 $\Delta\omega_m=m_p\Omega=k_pU_{\Omega m}\Omega$。

对应调相波的最大频偏 $\Delta f_m=m_pf/2\pi=k_pU_{\Omega m}f/2\pi$，它不仅与调制信号的幅度成正比，而且还与调制频率成正比（这一点与 FM 不同），其与调制信号的频率和幅度的关系如图 6－4 所示。调制频率越高，频偏也越大。若规定 Δf_m 值，那么就需限制调制频率。

当调制信号是多频信号 $f(t)$ 时，则调频波的一般表示式为

$$u_{PM}=U_{cm}\cos(\omega_c t+k_pf(t)) \tag{6-13}$$

例 6－3　有一个调角波，其数学表达式为 $u(t)=10\cos[2\pi\times10^5t+6\cos(2\pi\times10^4)t]$ V，试求：

（1）若调制信号 $u_\Omega(t)=3\cos(2\pi\times10^4)t$，指出该调角信号是调频信号还是调相信号？若 $u_\Omega(t)=3\sin(2\pi\times10^4)t$ 呢？

（2）载波频率 f_c 是多少？调制信号频率 F 是多少？

解　（1）当 $u_\Omega(t)=3\cos(2\pi\times10^4)t$ 时，$u(t)$中的附加相位偏移 $\Delta\varphi(t)=6\cos(2\pi\times10^4)t=2u_\Omega(t)$，与 $u_\Omega(t)$成正比，故为调相波。

当 $u_\Omega(t)=3\sin(2\pi\times10^4)t$ 时，$u(t)$中的附加相位偏移

$$\Delta\varphi(t)=6\cos(2\pi\times10^4)\mathrm{t}=6\times2\pi\times10^4\int_0^t\sin(2\pi\times10^4)t\mathrm{d}t$$

$$=4\pi\times10^4\int_0^t\sin(2\pi\times10^4)t\mathrm{d}t$$

即 $\Delta\varphi(t)$与 $u_\Omega(t)$的积分成正比，则 $u(t)$为调频波。

（2）载波频率：$\omega_c=2\pi\times10^5$（rad/s）故 $f_c=10^5$（Hz）

调制信号频率 $F=2\pi\times10^4/2\pi=10^4$（Hz）

6.1.3　调角信号的性质

1. 调角波的频谱

在单频调制时，由式（6－8）和式（6－11）可见，调频信号和调相信号数学表示式的

差别仅在于附加相位的不同，前者的附加相位按正弦规律变化，后者的按余弦规律变化。按正弦变化还是按余弦变化其实并无本质差别，两者只是在相位上相差 π /2 而已，所以这两种信号的频谱结构是相似的。分析时可将调制指数 m_f 或 m_p 用 m 代替，从而可把调角信号表示式写成

$$u(t)=U_{cm}\cos\ (\omega_c t+m\sin\Omega t) \tag{6-14}$$

利用三角函数公式可将式（6－14）改写为

$$u(t)=U_{cm}[\cos\ (m\sin\Omega t)\cos\omega_c t-\sin\ (m\sin\Omega t)\sin\omega_c t] \tag{6-15}$$

在贝塞尔函数理论中，已证明存在下列关系式

$$\cos\ (m\sin\Omega t)\ =J_0(m)\ +2\sum_{n=1}^{\infty}J_{2n}(m)\cos 2n\Omega t \tag{6-16}$$

$$\sin\ (m\sin\Omega t)\ =2\sum_{n=1}^{\infty}J_{2n+1}(m)\sin\ (2n+1)\Omega t \tag{6-17}$$

式中，$J_n(m)$是宗数为 m_f 的 n 阶第一类贝塞尔函数。当 m、n 一定时，$J_n(m)$是定系数，其随 m 变化的曲线如图 6－5 所示，$J_n(m)$值，也可由附录 B 中的函数表查出。$J_n(m)$具有以下特性

$$\begin{cases}J_n(m_f)=J_{-n}(m_f) & n\ 为偶数\\ J_n(m_f)=-J_{-n}(m_f) & n\ 为奇数\end{cases} \tag{6-18}$$

将式（6－16）和式（6－17）代入式（6－15）得调角波的级数展开式为

$$\begin{aligned}u(t)\ &=\ U_{cm}[J_0(m)\ +2\sum_{n=1}^{\infty}J_{2n}(m)\cos 2n\Omega t]\cos\omega_c t\ -\\ &\quad U_{cm}[2\sum_{n=1}^{\infty}J_{2n+1}(m)\sin(2n+1)\Omega t]\sin\Omega t\\ &=\ U_{cm}\sum_{n=-\infty}^{\infty}J_n(m)\cos\ (\omega_c+n\Omega)t\end{aligned} \tag{6-19}$$

在图 6－5 所示的第一类贝塞尔函数曲线中，所有贝塞尔函数都是正负交替变化的非周期函数，在 m 的某些值上，函数值为零。与此对应，在某些确定的 $\Delta\varphi_m$值，对应的频率分量为零。由图 6－5 的函数曲线可以看出，当 m 一定时，并不是 n 越大，$J_n(m)$值越小；只是在 m 较小(m 远小于 1)时，$J_n(m)$随 n 增大而减小；对于 m 大于 1 的情况，$J_n(m)$幅度会增大，只有 $n\rightarrow\infty$ 时幅度才又减小，这是由贝塞尔函数总的衰减趋势决定的。

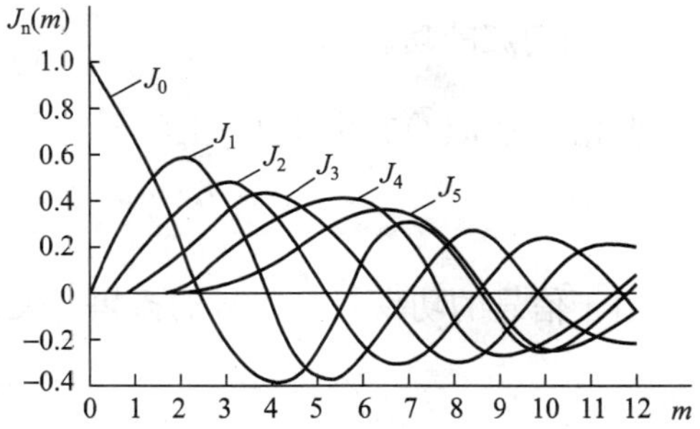

图 6－5 第一类贝塞尔函数曲线

将式（6－19）进一步展开，有

$$\begin{aligned}u(t)=u_{cm}[&J_0(m)\cos\omega_c t+J_1(m)\cos\ (\omega_c+\Omega t)]\ -\\ &J_1(m)\cos\ (\omega_c-\Omega t)\ +J_2(m)\cos\ (\omega_c+2\Omega t)\ -\\ &J_2(m)\cos\ (\omega_c-2\Omega t)\ +J_3(m)\cos\ (\omega_c+3\Omega t)\ -\\ &J_3(m)\cos\ (\omega_c-3\Omega t)\ +\cdots\end{aligned} \tag{6-20}$$

由式（6－20）可知，在单一频率信号调制下，调角信号频谱的特点如【提示与重点】

所述。

【提示与重点】调角信号的频谱不是像振幅调制那样，已调信号是调制信号频谱的线性搬移，而是由无穷多个频率分量组成的，其中包括载波 ω_c 或 f_c 与无数边频 $\omega_c \pm n\Omega$ 或 $f_c \pm nF$，这些边频对称地分布在载频两边，其幅度取决于调制指数 m（它与调制电压 $U_{\Omega m}$ 成正比）。此调频和调相属于非线性调制。

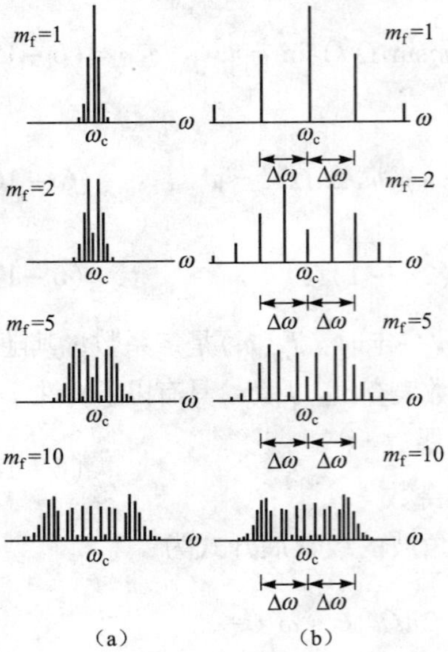

图 6-6　单频调制时调频波的频谱
（a）F 为常数；（b）Δf_m 为常数

图 6-6 所示为不同 m_f 时调频信号的频谱，图 6-6（a）所示是保持 F 不变而改变 Δf_m 时的频谱。图 6-6（b）所示是保持 Δf_m 不变而改变 F 时的频谱。对比图 6-6（a）与图 6-6（b），当 m 相同时，其频谱的包络形状是相同的。一般来说，由于贝塞尔函数的特点，在 m_f 较小（m_f 远小于1）时，边频分量随 n 增大而减小；对于 m_f 大于 1 的情况，有些边频分量幅度会增大，只有更远的边频幅度才又减小；图 6-6 中将幅度很小的高次边频忽略了。图 6-6（a）中，m_f 是靠增加频偏 Δf_m 实现的，因此可以看出，随着 Δf_m 的增大，调频波中有影响的边频分量数目要增多了，频谱要展宽。而在图 6-6（b）中，它是靠减小调制频率而加大 m_f。虽然有影响的边频分量数目也增加了，但频谱并不展宽。了解这一频谱结构特点，对确定调频信号的带宽是很有用的。

调相波的频谱的包络形状与调频波的频谱的包络形状相似，两者的区别就是保持 Δf_m 不变而增大 F 时，频谱要展宽；而当保持 F 不变时，Δf_m 增大频谱波并不展宽。

2. 调角波的功率

调角信号 $u(t)$ 在电阻 R_L 上消耗的平均功率为

$$P = \frac{\overline{u^2}}{R_L} \tag{6-21}$$

由于信号的功率只与信号的振幅有关，而调角信号和载波信号的振幅都为 U_{cm}，因此有

$$P = \frac{1}{2R_L}U_{cm}^2 = P_c \tag{6-22}$$

此结果表明，调角波的平均功率与未调载波平均功率相等。当 m 由零增加时，已调制的载频功率下降，而分散给其他边频分量。也就是说，调制的过程只是进行功率的重新分配，而总功率不变，其分配的原则与调角指数 m 有关。

知识扩展

从贝塞尔函数曲线可以看出，适当选择 m 值，可使任一特定频率分量（包括载频及任意边频）达到所要求的那样小。例如 $m=2.405$ 时，$J_0(m)=0$，在这种情况下，所有功

率都在边频中。

3. 调角波的带宽

理论上讲，调角信号有无穷多个分量，信号带宽就应包括无穷多个分量。但实际上，调角信号中各边频分量幅度均与$J_n(m)$成正比，当m一定时，随着边频对数n的增加，$J_n(m)$的数值总的趋势是减小的；特别当$n>m$时，$J_n(m)$的数值很小，并且其值随着n的增加而迅速下降。因此，振幅很小的边频分量可以忽略。实际应用中，调角信号的带宽往往是将大于一定幅度的频率分量包括在内。这样就可以使频带内集中了信号的绝大部分功率，也不致因忽略其他分量而带来可察觉的失真。所以也可以把调角波近似地认为是具有有限带宽的信号，其带宽与m密切相关。

根据不同要求，工程上常作近似规定，具体如下。

（1）在高质量通信系统中，常以忽略小于未调制载波振幅的1%的边频分量来决定频谱宽度。若满足关系式

$$J_n(m)\geqslant 0.01, J_{n+1}(m)<0.01 \tag{6-23}$$

则调角波频带宽度为

$$B=2nF \text{ 或 } B=2n\Omega \tag{6-24}$$

（2）在中等质量通信系统中，以忽略小于未调制载波振幅10%的边频分量来决定频谱宽度。在一般情况下，当$n>m+1$时，J_n（m）恒小于0.1。因此频谱宽度确定为

$$B=2(m+1)F=2(\Delta f_m+F) \text{ 或 } B=2(m+1)\Omega=2(\Delta\omega_m+\Omega) \tag{6-25}$$

该式称为卡森（Carson）公式，调角波的有效频谱宽度常用卡森公式计算。它对应于调频信号功率的98%左右。若m值不为整数，计算时m的数值应取靠近原数值的整数值。

对于不同的m值，有用边频的数目（$2n$）可查贝塞尔函数表（见附录B）或贝塞尔函数曲线得到。满足$|J_n(m)|>0.01$的n/m的关系曲线如图6-7所示。

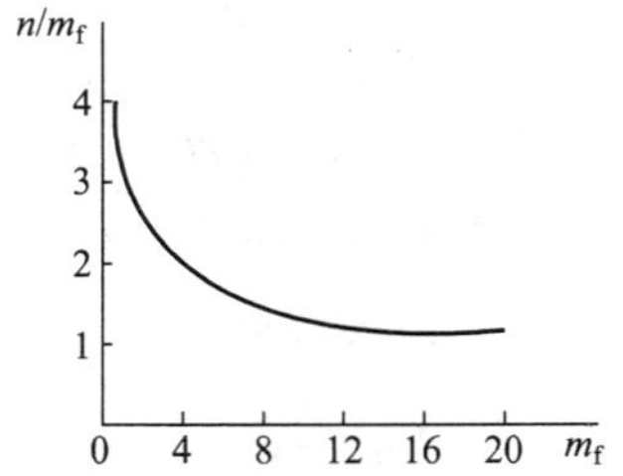

图6-7　$|J_n(m)|>0.01$的n/m的关系曲线

由图可见，当m很大时，n/m_f趋近于1。因此当$m\gg1$时，应将$n=m$的边频包括在频带内，此时称为宽带调角波，其带宽为

$$B=2nF=2mF=2\Delta f_m \tag{6-26}$$

【提示】 当$m\gg1$时，带宽B只与频偏Δf_m成比例，而与调制频率F无关。这一点的物理解释是，$m\gg1$意味着F比Δf_m小得多，瞬时频率变化的速度（由F决定）很慢。这时最大、最小瞬时频率差，即信号瞬时频率变化的范围就是信号带宽。从这一解释出发，对于任何调制信号波形，只要最大频偏Δf_m比调制频率的最高频率大得多，其信号带宽都可以认为是$B=2\Delta f_m$。因此，频率调制是一种恒定带宽的调制，而相位调制就是非恒定带宽的调制。

当m_f很小时，此时可以认为调角波只由载波ω_c和$\omega_c\pm\Omega$的边频构成。这种调频波通常称为窄带调频（NBFM）。窄带调频对应的调制指数m_f，一般为0.5以下（也有的为0.3以下）。以$m_f=0.5$为例，第二边频分量幅度只有第一边频的约1/8，其他分量就更小，允许忽略。从另一角度看，只保留第一边频对时，引起的寄生振幅调制也较小，约为10%。此时

$$B=2F \tag{6-27}$$

【提示】当 m 为小于1的窄带调角时，带宽由第一对边频分量决定，带宽 B 只随 F 变化，而与 Δf_m 无关。窄频带调角的振幅谱与一般 AM 波完全相同。但是应该注意到一个原则区别，就是此边频的合成矢量与载波垂直，这种调制也称为正交调制。由于其频谱与调制信号频谱有线性关系（即调制过程是频谱的线性搬移），故也是一种线性调制。

例 6-4 已知调制信号 $u_\Omega(t)=0.1\sin(2\pi\times10^3t)$（V），载波中心频率为 1 MHz。把它分别送到调幅电路和调频电路中，分别形成调幅波 u_{AM} 和调频波 u_{FM}。调幅电路的调幅比例常数 $k=0.05$，调频电路的调频比例常数 $k_f=1$ kHz/V。试分别写出 u_{AM} 和 u_{FM} 的表示式，求各信号的带宽。

解 因为 $u_{AM}=[U_{m0}+ku_\Omega(t)]\cos 2\pi\times10^6t$

$$=(U_{m0}+0.05\times0.1\sin 2\pi\times10^3t)\cos 2\pi\times10^6\pi$$

$$=(U_{m0}+5\times10^{-3}\sin 2\pi\times10^3t)\cos 2\pi\times10^6t$$

所以 $B_{AM}=4\pi\times10^3$ rad/s

因为 $u_{FM}=U_{m0}\cos\left[2\pi\times10^6t+2\pi\int k_f u_\Omega(t)\,dt\right]$

$$=U_{m0}\cos(2\pi\times10^6t-0.1\cos 2\pi\times10^3t)$$

所以 $B_{FM}=4\pi\times10^3$ rad/s

例 6-5 已知调制频率为 2 kHz 的单音调频波，调频指数 $m_f=12$ rad，试求：

（1）调频波的最大频偏 Δf_m；

（2）调频波的带宽 BW；

（3）若 $k_f=2\pi\times6\times10^3$ rad/(s·v)，则调制信号的振幅 $U_{\Omega m}$ 为多少？

解 （1）因为 $m_f=\Delta f_m/F$，所以 $\Delta f_m=m_f\cdot F=12\times2$ kHz $=24$ kHz

（2）因为 $BW=2(m_f+1)F$，故 BW $=2(12+1)2=52$ kHz

（3）因为 $\Delta\omega_m=2\pi\,\Delta f_m=k_fU_{\Omega m}$，所以 $U_{\Omega m}=2\pi\,\Delta f_m/kf=2\pi\times24\times10^3/2\pi\times6\times10^3=4$（V）

知识扩展

以上主要讨论的是单一调制频率调角时的频谱与带宽。当调制信号不是单一频率时，由于调频是非线性过程，其频谱要复杂得多。根据分析和经验，当多频调制信号调角时，仍可以用式（6-25）来计算调角信号带宽。其中 Δf_m 应该用峰值频偏。F 和 m_f 用最大调制频率 F_{max} 和对应的 m。由于调相指数 m_p 与 F 无关，所以 B 正比于 F；调制频率变化时，B 随之变化。如果按最高调制频率 F_{max} 值设计调相信号信道，则在调制频率低时有很大余量，系统频带利用不充分。因此在模拟通信中调相方式用得很少。

综上所述，除了窄带调角外，当调制频率 F 相同时，调角信号的带宽比振幅调制（AM、DSB、SSB）要大得多。由于信号频带宽，通常 FM 只用于超短波及频率更高的波段，而 PM 则很少使用。

4. 调频波与调相波的比较

通过以上的分析和比较，将调频波与调相波的比较列于表 6-1 中。

表 6-1　调频波与调相波的比较

调制信号 $u_\Omega(t) = U_{\Omega m}\cos\Omega t$；　载波信号 $u_c(t)=U_{cm}\cos\omega_c t$		
项目	调频信号	调相信号
瞬时角频率	$\omega(t)=\omega_c+k_f u_\Omega(t)=\omega_c+\Delta\omega(t)$ $=\omega_c+k_f U_{\Omega m}\cos\Omega t$ $=\omega_c+\Delta\omega_m\cos\Omega t$	$\omega(t)=\omega_c+K_p\dfrac{du_\Omega(t)}{dt}=\omega_c+\Delta\omega_m(t)$ $=\omega_c-m_p\Omega\sin\Omega t=\omega_c-\Delta\omega_m\sin\Omega t$
瞬时相位	$\varphi(t)=\omega_c t+k_f\int_0^t u_\Omega(t)dt$ $=\omega_c t+\Delta\varphi(t)$ $=\omega_c t+m_f\sin\Omega t$	$\varphi(t)=\omega_c t+k_p u_\Omega=\omega_c t=\Delta\varphi(t)$ $=\omega_c t+m_p\cos\Omega t$
最大频偏	$\Delta\omega_m=k_f U_{\Omega m}=m_f\Omega$	$\Delta\omega_m=k_p U_{\Omega m}\Omega=m_p\Omega$
调制指数（最大相偏）	$m_f=\Delta\omega_m/\Omega=k_f U_{\Omega m}/\Omega$	$m_p=\Delta\omega_m/\Omega=k_p U_{\Omega m}$
已调波数学表示式	$u_{FM}(t)=U_{cm}\cos[\omega_c t+k_f\int_0^t u_\Omega(t)dt]$ $=U_{cm}\cos(\omega_c t+m_f\sin\Omega t)$	$u_{PM}(t)=U_{cm}\cos[\omega_c t+k_p u_\Omega(t)]$ $=U_{cm}\cos(\omega_c t+m_p\cos\Omega t)$
信号带宽	$B=2(m_f+1)F_{max}$（恒定带宽）	$B=2(m_p+1)F_{max}$（非恒定带宽）

从表 6-1 可以看出，调频波和调相波的主要区别如下。

（1）由于频率与相位之间存在着微分与积分的关系，所以这预示着 FM 与 PM 之间是可以互相转化的。如果先对调制信号积分，然后再进行调相，就可以得到间接调频波。如果先对调制信号微分，然后用微分结果去进行调频，就可以得到间接调相波。调频波与调相波的关系如图 6-8 所示。

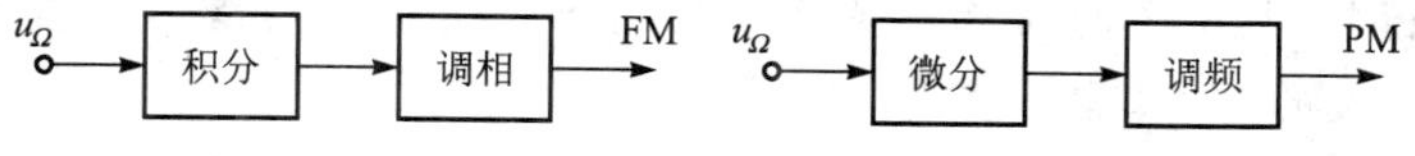

（a）　　（b）

图 6-8　调频波与调相波的关系

（2）调相波的最大频偏 Δf_m 不仅与调制信号的幅度成正比，而且与调制频率成正比；而调频波的最大频偏 Δf_m 只与调制信号的幅度成正比，与调制频率无关。正因为如此，调频波和调相波的频带宽度有了明显差异。

（3）调相波的调相指数 m_p 只与调制信号的幅度成正比，与调制频率 F 无关；但调频波的调频指数 m_f 不仅与调制信号的幅度成正比，而且与调制频率 F 成反比。

不管调相波还是调频波，其最大角频偏都等于调制指数与调制频率的乘积，即 $\Delta\omega_m = m\Omega$（这里用 m 代表 m_f 或 m_p）。因此分析它们的特性时，往往可以合并考虑。

5. 各种调制方式的比较

抗干扰性、频带宽度和设备利用率三者是电子技术的三项主要性能指标。抗干扰性的强弱决定着信息传输的质量，频带宽度决定着给定频段的容量，而设备利用率影响着设备的造价、体积和重量。下面将从这三个指标对不同调制方式进行比较。

1）抗干扰（噪声）性能

FM 和 PM 的抗干扰性比 AM 好，原因如下。

（1）调制指数 m 越大，抗干扰性越强。因为调制指数 m 表明高频载波信号受调制信号控制的程度，它反映着有用信息的强弱。因此，相对于一定的噪声和干扰而言，m 越大，调制信号产生的频偏远大于干扰（噪声）产生的频偏，其抗干扰性就越强。$m_a<1$，而 m_f、$m_p>1$，所以 FM 和 PM 的抗干扰性比 AM 好。

（2）大部分干扰都是幅度干扰，FM 和 PM 均为等幅波，可以用限幅器去掉幅度干扰；而 AM 的幅度中包含有用的调制信息，因此无法避免幅度干扰。

（3）干扰主要集中在低频区，通常 FM、PM 只用于超短波及频率更高的波段，受到的低频干扰比 AM 小得多。

知识扩展

理论证明，对于输入白噪声，调幅制的输出噪声频谱呈矩形。在整个调制频率范围内，所有噪声都一样大。调频制的噪声频谱（电压谱）呈三角形，随着调制频率的增高，噪声也增大。调制频率范围越宽，输出的噪声也越大。由于常用的调制信号，诸如话音、音乐等信号的带宽较大，其信号能量不是均匀分布的，而是在较低的频率范围内集中了大部分能量，高频部分能量较少。这样会导致调制频率高频端信噪比降低到不允许的程度。为了改善输出端的信噪比，可以采用预加重与去加重措施。

所谓预加重，是在发射机的调制器前，有目的、人为地（通常用微分器）改变调制信号，使其高频端得到加强（提升），以提高调制频率高端的信噪比。信号经过这种处理后，产生了失真，因此在接收端应采取相反的措施，在解调器后接去加重网络（对应采用积分器），以恢复原来调制频率之间的比例关系。采用预、去加重网络后，信号不会产生变化，但信噪比却得到较大的改善。

2）频带宽度

AM 的带宽 $B=2F$；而调角信号的带宽 $B=2(m+1)F$，由于通常 $m\geqslant1$，所以调角信号的带宽远大于 AM 的带宽。因此 FM 电台只用于超短波频段（30 ~ 300 MHz），否则电台拥挤不下；而 AM 电台则可设立在中、短波频段（30 MHz 以下）。通常 m 大，FM、PM 的带宽大，调制的抗干扰能力也强。因此，m 值的选择要从通信质量和带宽限制两方面考虑。对于高质量通信（如调频广播、电视伴音），由于信号强，主要考虑质量，m 值选得大。对于一般通信，要考虑接收微弱信号，带宽窄时噪声影响小，m 选得较小。

3）设备利用率

与 AM 制相比，角度调制方式的设备利用率高。因调角波是等幅波，所以不管调制指数 m 为多少，其平均功率与最大功率一样，发射级的末级功放管均可以工作在最大功率状态，这样角度调制方式的设备利用率就高。但在调幅系统中，通常 $m_a \leq 1$。由于所传信息（语言、音乐等）的特点，平均调幅系数 m_a 只能达到0.3左右。最大功率为载波功率的 $(1+m_a)^2=4$ 倍，而平均功率却只是载波功率的 $(1+m_a/2)^2=1.05$ 倍。这就是说，发射级的末级功放管及其直流电源必须具有4倍的载波功率的储备，而实际提供的平均功率却只是载波功率的1.05倍。因此调幅系统的设备利用率是非常低的。

6.2 调频电路

角度调制及解调电路不同于频谱搬移电路。它是用低频信号去调制高频振荡的相角，或是从已调波中解出调制信号所进行的频谱变换，这种变换不是线形变换，而是非线形变换。因此，把角度调制及调角波的解调电路称为频谱非线形变换电路。

实现调频的电路或部件称为调频器或调频电路。实现调相的电路或部件称为调相器或调相电路。无论是调频还是调相，都会使瞬时频率发生变化，因此调频器或调相器应包括高频振荡器。一个完整的调频或调相电路的构成与调频或调相方法有关。

调频波产生的方法主要有两种：一种是直接调频法；另一种是间接调频法。同样，调相波产生的方法主要也有两种：一种是直接调相法；另一种是间接调相法。间接调频法实际上主要是调相电路，而间接调相法实际上主要是调频电路，因此这里主要分析直接和间接调频法。

在实际应用中，对调频电路提出以下要求。

（1）调制特性线性要好。调频器的调制特性称为调频特性。调频特性可以用 f 或 Δf 与 $U_{\Omega m}$ 之间的关系曲线表示，称为调频特性曲线，如图6－9所示。调频特性曲线的线性度要高，线性范围要大（Δf_m 要大），以保证 Δf 与 u_Ω 之间在较宽范围内呈线性关系。

（2）调制灵敏度要高。单位调制电压变化所产生的频率偏移，称为调频灵敏度 k_f。调制特性曲线在原点处的斜率就是调频灵敏度 k_f。k_f 越大，同样的值产生的 Δf_m 越大，调制信号的控制作用就越强，但过高的灵敏度会对调频电路性能带来不利影响。

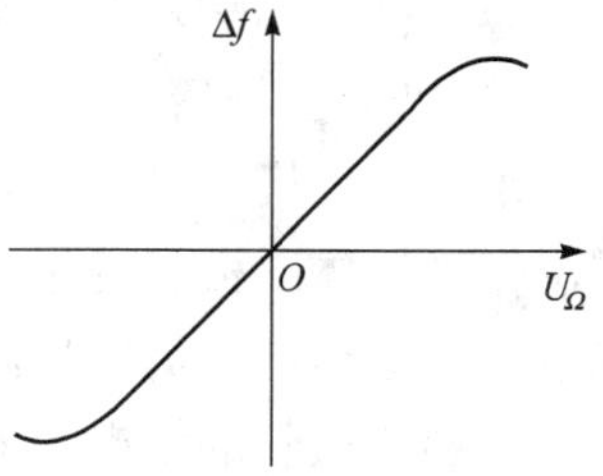

图6－9　调频特性曲线

（3）中心频率（载波）稳定度要高。调频的瞬时频率就是以载频 f_c 为中心而变化的，因此，为了防止产生较大的失真，载波频率 f_c 要稳定。此外，载波振荡的幅度要保持恒定，寄生调幅要小。

（4）最大频偏 Δf_m 要恒定。在调频系统，要求 Δf_m 在整个波段内保持恒定。

由图6－9的调频特性曲线可以看出，增大最大频偏 Δf_m 和改善调制线性是相互矛盾的。因此如何扩展最大线性频偏是调频器设计的一个关键问题。

6.2.1　直接调频电路分析

下面首先介绍直接调频法，然后介绍能产生正弦波的变容二极管直接调频电路和晶体振荡器直接调频电路。

1. 直接调频法

这种方法一般是用调制电压直接控制振荡器的振荡频率，使振荡频率f按调制电压的规律变化。若被控制的是LC振荡器，则只需控制振荡回路的某个元件（L或C），使其参数随调制电压变化，就可达到直接调频的目的。所以，在直接调频法中常采用压控振荡器（Voltage Control Oscillator，VCO）作为频率调制器来产生调频信号。若被控制的是张弛振荡器，由于张弛振荡器的振荡频率取决于电路中的充电或放电速度，因此，可以用调制信号去控制（通过受控恒流源）电容的充电或放电电流，从而控制张弛振荡器的重复频率。对张弛振荡器调频，产生的是非正弦波调频信号，如三角波调频信号、方波调频信号等。

在压控振荡器中，最常用的压控元件是压控变容二极管，还可以采用由晶体管及场效应管等放大器件组成的电抗管电路作为等效压控电容或压控电感（在变容二极管问世之前应用很广泛，现在很少使用）。由于电路简单、性能良好，用变容二极管实现直接调频已成为目前最广泛采用的调频电路之一。

在直接调频法中，振荡器与调制器合二为一。这种方法的主要优点是在实现线性调频的要求下，可以获得相对较大的频偏。它的主要缺点是会导致FM波的中心频率偏移，频率稳定度差，在许多场合须对载频采取自动频率微调电路（Automatic Frenquency Control，AFC）来克服载频的偏移或者对晶体振荡器进行直接调频。

2. 变容二极管直接调频电路

在加反向偏压时，变容二极管呈现一个较大的结电容。这个结电容的大小能灵敏地随反向偏压而变化。利用变容二极管这一特性，将变容二极管作为可控电容元件接到振荡器的振荡回路中，则回路的电容量会随调制电压而变化，从而改变振荡频率，达到调频的目的。

由于变容二极管工作频率范围宽，固有损耗小，使用方便，构成的调频器电路简单，因此变容二极管调频器是使用最多的调频电路。

1）变容二极管

半导体二极管具有PN结，利用PN结反向偏置时势垒电容随外加反向偏压变化的机理，在制作半导体二极管的工艺上进行特殊处理，以控制半导体的掺杂浓度和掺杂分布，可以使二极管的势垒电容灵敏地随反偏电压变化且呈现较大的变化，这样就制作成了变容二极管。

变容二极管的结电容C_j，与在其两端所加反向电压u之间存在着如下关系

$$C_j = \frac{C_{j0}}{\left(1 + \dfrac{u}{U_p}\right)^{\gamma}} \tag{6-28}$$

式中，C_{j0}为变容二极管在零偏置（$u=0$）时的结电容值；U_P为变容二极管PN结的势垒电位差（硅管约为0.7 V，锗管约为0.3 V）；γ为变容二极管的结电容变化指数，它决定于PN结的杂质分布规律：$\gamma=1/3$称为缓变结，扩散型管多属此种，$\gamma=1/2$为突变结，合金型管属于此类。采用特殊工艺制成的超突变结的γ在1～5范围内。

变容二极管的结电容变化曲线如图6－10所示。

变容二极管必须工作在反向偏压状态，所以工作时需加负的静态直流偏压E_Q。设在变容二极管上加静态直流偏压E_Q和交流控制电压为$u_\Omega = U_{\Omega m}\cos\Omega t$，则

$$u = E_Q + u_\Omega = E_Q + U_{\Omega m}\cos\Omega t \tag{6-29}$$

将式（6-29）代入式（6-28），得

$$C_j = \frac{C_{j0}}{\left(1+\frac{E_Q + U_{\Omega m}\cos\Omega t}{U_P}\right)^{\gamma}} = \frac{C_{j0}}{\left(1+\frac{E_Q}{U_P}\right)^{\gamma}}\frac{1}{\left(1+\frac{U_{\Omega m}\cos\Omega t}{E_Q+U_P}\right)^{\gamma}} = C_{jQ}(1+m\cos\Omega t)^{-\gamma} \tag{6-30}$$

式中，$C_{jQ} = C_{j0}/(1+E_Q/U_P)^{\gamma}$ 为静态工作点的结电容，$m = U_{\Omega m}/(E_Q+U_P) \approx U_{\Omega m}/E_Q$ 为反映结电容调深度的调制指数。

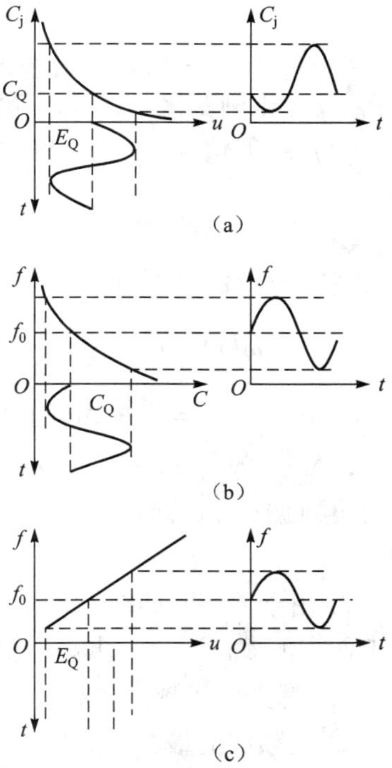

图6-10 变容二极管

2）变容二极管直接调频原理电路

将式（6-30）中的变容二极管接入振荡回路，结电容 C_j 会随着调制信号 u_Ω 变化而变化，从而引起LC谐振回路谐振频率的变化而实现调频。

图6-11所示为一变容二极管直接调频的原理电路，C_j 作为回路总电容接入回路。从图6-11（a）可以看出这是一个电感三点式振荡器，图6-11（b）是其LC谐振回路的简化等效电路。图6-11（a）中 C_c、C_b 是高频滤波电容，对高频交流信号短路；L_c 是高频扼流圈，对直流和低频交流信号短路；R_{b1}、R_{b2} 为三极管的直流偏置电阻，提供振荡电路的静态直流偏压；E_Q 提供变容二极管的静态直流偏压，u_Ω 提供变容二极管的控制电压。

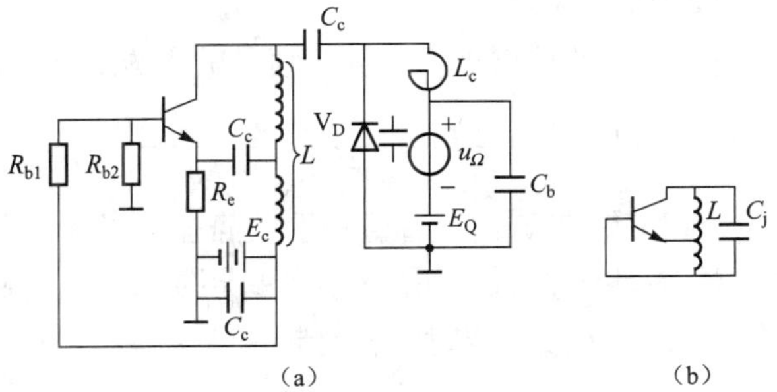

图6-11 变容二极管直接调频电路

（a）原理电路；（b）LC谐振回路简化电路

由图6-11可知，变容二极管上加了 E_Q 和 u_Ω，此时振荡频率为

$$\omega(t) = \frac{1}{\sqrt{LC_j}} = \frac{1}{\sqrt{LC_{jQ}}}(1+m\cos\Omega t)^{\gamma/2} = \omega_c(1+m\cos\Omega t)^{\gamma/2} \tag{6-31}$$

式中，$\omega_c = 1/\sqrt{LC_{jQ}}$ 为不加调制信号时的振荡频率，即振荡器的中心频率——未调载频。

调制后变容二极管调频振荡器的振荡频率可以分为以下两种情况讨论。

（1）若变容二极管的结电容变化指数 $\gamma=2$，则得

$$\omega(t)=\omega_c(1+m\cos\Omega t)=\omega_c+k_f\cos\Omega t \tag{6-32}$$

式中，$k_f=\omega_c U_{\Omega m}/(E_Q+U_P)$，这时调频振荡器的振荡频率在中心频率 ω_c 的基础上，随 u_Ω 成正比例变化。这样调频就是线性调频。

（2）一般情况下，$\gamma\neq 2$，这时，将式（6－31）展开成幂级数

$$\omega(t)=\omega_c\left[1+\frac{\gamma}{2}m\cos\Omega t+\frac{1}{2!}\cdot\frac{\gamma}{2}\left(\frac{\gamma}{2}-1\right)m^2\cos^2\Omega t+\cdots\right] \tag{6-33}$$

忽略高次项，$\omega(t)$可近似为

$$\begin{aligned}\omega(t)&=\omega_c+\frac{\gamma}{8}\left(\frac{\gamma}{2}-1\right)m^2\omega_c+\frac{\gamma}{2}m\omega_c\cos\Omega t+\frac{\gamma}{8}\left(\frac{\gamma}{2}-1\right)m^2\omega_c\cos 2\Omega t\\&=\omega_c+\Delta\omega_c+\Delta\omega_m\cos\Omega t+\Delta\omega_{2m}\cos 2\Omega t\end{aligned} \tag{6-34}$$

式中，$\Delta\omega_c=\gamma(\gamma/2-1)m^2\omega_c/8$，是调制过程中产生的中心频率漂移；$\Delta\omega_m=\gamma m\omega_c/2$，为最大角频偏；$\Delta\omega_{2m}=\gamma(\gamma/2-1)m_2\omega_c/8$，为二次谐波最大角频偏。由此可以得出以下结论。

① 由于 C_j-u 曲线不是直线，这使得在一个调制信号周期内，电容的平均值不等于静态工作点的 C_{jQ}，从而引起中心频率发生了偏移。偏移值 $\Delta\omega_c$ 与 γ 和 m 有关，当变容管一定后，$U_{\Omega m}$越大，m 越大，$\Delta\omega_c$ 也越大。

② 调频波的最大角频偏 $\Delta\omega m=\gamma m\omega_c/2$。因此选择 γ 大的变容二极管、增大调制度 m 和提高载波频率 ω_c 均可以提高最大角频偏。

③ 由于 C_j-u 曲线不是直线，增加了二次谐波 2Ω 引起的二次谐波最大角频偏 $\Delta\omega_{2m}=\gamma(\gamma/2-1)m^2\omega_c/8$。当 $U_{\Omega m}$增大而使 m 增大时，将同时引起 $\Delta\omega m$、$\Delta\omega_c$及 $\Delta\omega_{2m}$的增大，因此 m 不能选得太大。当忽略高次项时，还将产生高次谐波 $n\Omega$ 引起的高次谐波最大角频偏 $\Delta\omega_{nm}$。这样，在调频接收机的解调输出中将产生高次谐波 $n\Omega$，造成调频接收的非线性失真。在实际中应尽量减小这种失真。

④ 调频灵敏度可以通过调制特性求出。根据调频灵敏度的定义，有

$$k_f=\frac{\Delta\omega_m}{U_{\Omega m}}=\frac{\gamma}{2}\cdot\frac{\omega_c}{U_{\Omega m}}=\frac{\gamma}{2}\cdot\frac{\omega_c}{E_Q+U_P}\approx\frac{\gamma}{2}\cdot\frac{\omega_c}{U_Q} \tag{6-35}$$

式（6－35）表明，调频灵敏度 k_f 由变容管特性及静态工作点确定。当变容管和中心频率一定时，在不影响线性条件下，$|U_Q|$值越小，调频灵敏度 k_f 越大。同时还可由式(6－35)看到，在变容管、E_Q 及 $U_{\Omega m}$一定时，相对频偏 $\Delta\omega_m/\omega_c=\gamma m/2$ 也一定。此时增大 ω_c，则 $\Delta\omega_m$ 增加。

在这种 C_j 构成回路总电容的应用中，变容二极管的静态结电容 C_Q 直接决定 FM 波的中心频率。但实际中 C_{jQ} 随温度、电源电压的变化而变化，会直接造成振荡频率稳定度的下降；在调制过程中，C_j-u 曲线的非线性也将导致 FM 波的中心频率产生偏移 $\Delta\omega_c$。因此除非要求宽带调频，一般很少这样应用。在必须使用时，常采用自动频率微调等稳频措施来稳定中心频率。

3）变容二极管直接调频实际电路

在实际应用中，通常 $\gamma\neq 2$，C_j 作为回路总电容将会使调频特性出现非线性，输出信号的频率稳定度也将下降。因此，通常利用对变容二极管串联或并联电容的方法来调整回路总电容 C 与电压 u 之间的特性。并联电容可较大地调整 C_j 值小的区域内的 $C-u$ 特性，串联电

容可有效地调整 C_j 值大的区域内的 $C-u$ 特性。如果原变容管 $\gamma>2$，则可以通过串、并联电容的方法，使 $C-u$ 特性在一定偏压范围内接近 $\gamma=2$ 的特性，从而实现线性调频。变容管串、并联电容后，总的 $C-u$ 曲线斜率要下降，因此频偏下降。

图 6－12（a）所示为变容二极管调频器的实际电路。振荡回路由 10 pF、15 pF、33 pF 电容及可调电感 L 和变容二极管组成，因此这是一个电容反馈三点式振荡器，其交流等效电路如图 6－12（b）所示。图中低频控制信号 u_Ω 通过 12 μH 的高频扼流圈（相当于短路）加到两个反向串联的变容二极管负端，直流偏置电压 E_Q 通过 12 μH 的高频扼流圈同时加至两变容二极管正端，所以对直流及调制信号来说，两个变容管是并联的。12 μH 的高频扼流圈对高频相当于开路，所以对高频而言，两个变容管是串联的，总变容管电容 $C_j'=C_j/2$。C_j'与 33 pF 电容串联后接入振荡回路，所以，C_j'对于振荡回路是部分接入的。

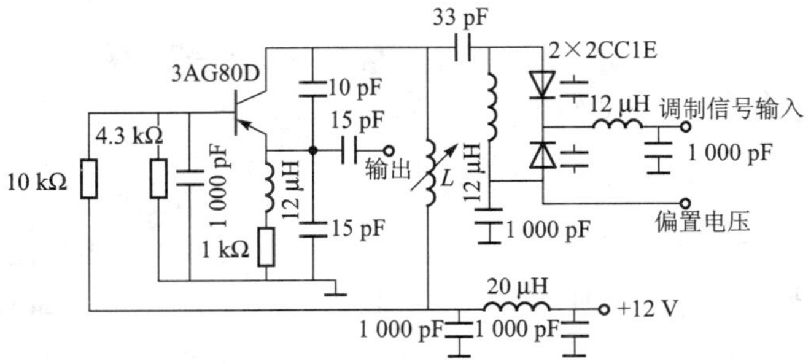

图 6－12　变容二极管调频器的实际电路

（a）原理电路；（b）交流等效电路

这种电路的变容二极管为部分接入，采用两个变容二极管反向串联具有如下好处：

（1）变容二极管部分接入回路方式可减小寄生调制。前面的分析中加在变容二极管上的电压是 E_Q 和 u_Ω。实际上，高频输出电压也要加在变容二极管上。这样变容二极管的电容值应由每个高频周期内的平均电容来确定。由图 6－12 可以看出，当高频电压摆向左方时电容的增加量大，而高频电压摆向右方时电容的减小量相对要小些，因而会造成平均电容增大；而且高频电压叠加在 u_Ω 之上，每个高频周期的平均电容变化又不一样，这样会引起频率不按调制信号规律变化而造成寄生调制。部分接入方式可以减小加在变容二极管上的高频电压，以减弱因其产生的寄生调制。

（2）对高频而言，两个变容管是串联的，所以加到每个变容管的高频电压就降低 1/2，从而可以减弱高频电压对电容的影响；两个变容管采用反向串联组态，在高频信号的任意半周期内，一个变容管的寄生电容（高频输出信号对变容二极管的反作用）增大，另一个则减小，使结电容的变化因不对称性而相互抵消，能减弱寄生调制。

（3）由于 C_j 的部分接入，C_{jQ} 随温度及电源电压变化的影响变小，C_j 的非线性导致的中心载波频率的偏移也将减小，有利于提高中心频率的稳定度。

（4）变容二极管部分接入回路方式适用于要求频偏较小的情况。

将图 6－12（b）的振荡回路简化，如图 6－13 所示。这就是变容二极管部分接入回路的情况。

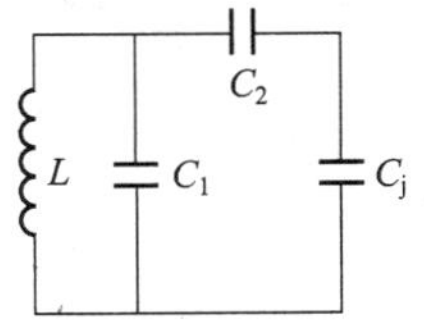

图 6－13　变容二极管部分接入的振荡回路

其中，$C_1 = \frac{10 \times 15}{10 + 15} = 6\ \text{pF}$，$C_2 = 33\ \text{pF}$。这样，回路的总电容为

$$C = C_1 + \frac{C_2 C'_{\text{j}}}{C_2 + C'_{\text{j}}} = C_1 + \frac{C_2 C'_{\text{jQ}}}{C_2 (1 + m\cos \Omega t)^{\gamma} + C'_{\text{jQ}}} \tag{6-36}$$

振荡回路的振荡频率为

$$\omega(t) = \frac{1}{\sqrt{LC}} = \left(L\left(C_1 + \frac{C_2 C'_{\text{jQ}}}{C_2 (1 + m\cos \Omega t)^{\gamma} + C'_{\text{jQ}}} \right) \right)^{-1/2} \tag{6-37}$$

将上式在静态工作点 E_Q 处展开，可得

$$\begin{aligned} \omega(t) &= \omega_{\text{c}} (1 + A_1 m\cos \Omega t + A_2 m^2 \cos^2 \Omega t + \cdots) \\ &= \omega_{\text{c}} + \frac{A_2}{2} m^2 \omega_{\text{c}} + A_1 m \omega_{\text{c}} \cos \Omega t + \frac{A_2}{2} m^2 \omega_{\text{c}} \cos 2\Omega t + \cdots \end{aligned} \tag{6-38}$$

式中，$A_1 = \gamma/2p$，$p = (1 + p_1)(1 + p_1 p_2 + p_2)$，$p_1 = C'_{\text{jQ}}/C_2$，$p_2 = C_1/C'_{\text{jQ}}$。

从式（6-38）可以看出，当 C_{j} 部分接入时，其最大频偏为

$$\Delta f_{\text{m}} = A_1 m f_{\text{c}} = \frac{\gamma}{2p} m f_{\text{c}} \tag{6-39}$$

它是全接入时 Δf_{m} 的 $1/p$。这是因为此时 C_{j} 对回路总电容的控制能力比全接时要小，Δf_{m} 必然下降，调频灵敏度也下降为全接入时的 $1/p$。C_1 越大，C_2 越小，即 p 加大，C_{j} 对频率的变化影响就越小，故 C_1、C_2 值要选取适当，一般取 $C_1 = (10\% \sim 30\%)\ C_2$。

（5）这个电路与采用单变容管时相比较，由于总变容管电容 $C_{\text{j}}' = C_{\text{j}}/2$，$C_{\text{j}}'$ 电容接入系数减小。在要求最大频偏相同时，m 值就可以降低。

当偏压值较小时，若变容管上高频电压过大，还会使变容管正向导通。正向导通的二极管会改变回路阻抗和 Q 值，引起寄生调幅，也会引起中心频率不稳。一般应避免在低偏压区工作。另外，改变变容管偏置及调节电感 L 可使该电路的中心频率在 50～100 MHz 范围内变化。

3. 晶体振荡器直接调频电路

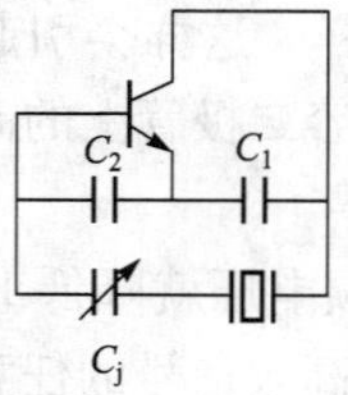

图 6-14　皮尔斯晶体振荡器的等效电路

为得到高稳定度调频信号，变容二极管（对 LC 振荡器）直接调频电路须采取增加自动频率微调电路或锁相环路等稳频措施。在要求中心频率稳定度高，频偏要求不大的场合可以直接对晶体振荡器调频。

1）晶体振荡器直接调频原理

图 6-14 所示为并联型皮尔斯晶体振荡器的等效电路，其稳定度高于密勒电路。其中，变容二极管相当于晶体振荡器中的微调电容，它与 C_1、C_2 的串联等效电容作为石英谐振器的负载电容 C_{L}。此电路的振荡频率为

$$f_1 = f_{\text{q}} \left(1 + \frac{C_{\text{q}}}{2(C_{\text{L}} + C_0)} \right) \tag{6-40}$$

式中，f_{q} 为晶体的串联谐振频率；C_{q}、C_0 分别为晶体的动态和静态电容；C_{L} 为 C_1、C_2 及 C_{j} 的串联电容值，即

$$C_L=\frac{1}{\frac{1}{C_1}+\frac{1}{C_2}+\frac{1}{C_j}}$$

可见当 C_j 变化时，C_L 变化，从而使振荡频率发生变化。

如果用调制信号 u_Ω 控制 C_j 变化，就可以实现调频。由于振荡器在满足振荡条件时，晶体呈现感抗特性，即工作于晶体的感性区，因此 f_1 只能处于晶体的串联谐振频率 f_q 与并联谐振频率 f_0 之间。由于晶体的相对频率变化范围很窄，只有 $(f_0-f_q)/f_1=10^{-3}\sim10^{-4}$ 量级，再加上 C_j 的串联，晶振可调频率范围更窄。因此，晶体振荡器直接调频电路的最大频偏非常小。在实际电路中，需要采取扩大频偏的措施。

知识扩展

扩大频偏的方法有两种：一种是在晶体支路中串接小电感，使总的电抗曲线中呈现感性的工作频率区域加以扩展（主要是频率的低端扩展）。这种方法简便易行，在实际电路中常被采用。但用这种方法获得的扩展范围有限，串接小电感还会使调频信号的中心频率的稳定度有所下降。另一种方法是利用Π型网络进行阻抗变换，在这种方法中，晶体接于Π型网络的终端。

晶体振荡器直接调频电路的主要缺点就是相对频偏非常小，但其中心频率稳定度较高，一般可达 10^{-5} 以上。如果为了进一步提高频率稳定度，可以采用晶体振荡器间接调频的方法。

2）晶体调频振荡器的实用电路

图6-15（a）所示为晶体调频振荡器的实用电路。其基本电路就是并联型皮尔斯晶振电路，如图6-15（b）所示。

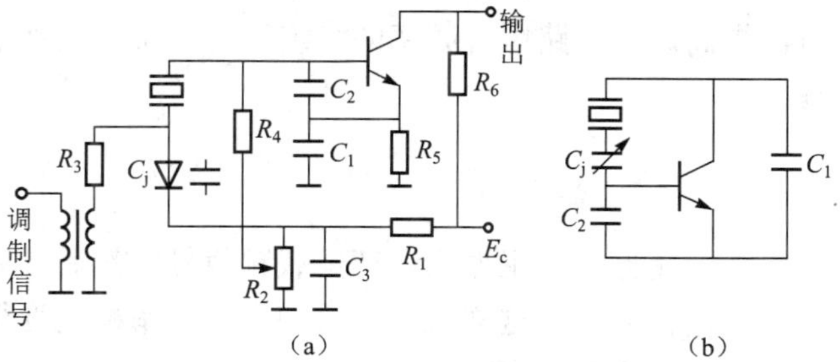

图6-15 晶体振荡器直接调频电路

（a）晶体调频振荡器的实用电路；（b）等效电路

决定频率的回路主要是晶体，还有与晶体串接的小电感 L 和变容二极管的结电容 C_j，以及电容 C_1 和 C_2。

图6-15（a）所示实用电路中，电源电压 E_c 通过电阻 R_1 加到变容二极管的正极，从而使变容二极管获得反向静态偏置电压 E_Q。改变滑动电阻 R_2 的滑动端，可以调整静态偏置电压 E_Q，从而改变 C_{jQ}，即可调整调频器的中心频率。控制电压 u_Ω 通过电阻 R_3 加到变容二极管。改变滑动电阻的滑动端，可以调整加到变容二极管两端的控制电压 u_Ω 的幅值，从而

获得所要求的频偏。

4. 扩大直接调频器线性频偏的方法

在直接调频电路中，随最大相对频偏 $\Delta f_m/f_c$ 的增大，调制特性的非线性程度增大。对于特定的载波频率 f_c，当最大相对角频偏 $\Delta f_m/f_c$ 确定时，绝对频偏 Δf_m 也就被限定了，其值与调制频率的大小无关。因此，在相对频偏一定的条件下，如果在较高的载波频率上实现调频，就可以获得较大的绝对频偏。当载波频率 f_c 较低时且要求绝对频偏 Δf_m 一定，可以在较高的载波频率上实现调频，然后通过混频将载频降下来，而频偏的绝对数值 Δf_m 保持不变。若将瞬时频率为 f_2 的调频信号与固定频率为 $f_3=3(n+1)f_c$ 的高频正弦信号进行混频，则差频为 $f_4=f_3-f_2=f_c-\Delta f_m\cos\Omega t$。

可见混频能使调频信号最大频偏保持不变，最大相对频偏发生变化。

知识扩展

这种方法较为简单，但高频调频器的制作成本较高，也可以先在较低的载波频率上实现调频，然后通过倍频将所有频率提高，频偏也提高了相应的倍数（绝对频偏增大了）。最后，通过混频将所有频率降低同一绝对数值，使载波频率达到规定值。这种方法的缺点是产生的宽带调频（WBFM）信号的相位噪声随倍频值的增加而增加。

6.2.2 间接调频电路分析

正如前面所指出的，间接调频法就是利用调相的方法来实现调频。这种方法也称为阿姆斯特朗（Armstrong）法。因此调相电路是间接调频法的关键电路。因为调相电路输入的载波振荡信号可采用频率稳定度很高的晶体振荡器，所以已调相信号的频率都很高。采用调相电路实现间接调频，可以提高调频电路中心频率的稳定度。在实际电路中，间接调频应用较为广泛。

1. 间接调频法

首先用高稳定度的晶体振荡器作为主振级，产生载频信号，然后在后级利用积分以后的调制信号对稳定的载频信号进行调相，这样就可以得到中心频率稳定度很高的调频信号。

间接调频系统包含以下三个主要步骤。

（1）对调频信号 $u_\Omega(t)$ 积分，产生 $\int u_\Omega(t)\,dt$；

（2）用 $\int u_\Omega(t)\,dt$ 对载波调相，产生对 $u_\Omega(t)$ 而言的窄带调频 $u_{FM}(t)$；

（3）窄带调频波经多级倍频器和混频器后，产生中心频率（载波）范围和调频频偏 Δf_m 都符合要求的宽带调频波输出。

用这种方法得到的调相波受谐振回路或相移网络相频特性非线性的限制，其最大瞬时相位偏移 m_p 一般都在30°以下，即 $|k_p u_\Omega|\max<\pi/6$，因而线性调相的范围是很窄的。由此转换成的调频波的最大频偏 Δf_m 也很小（即所得调频波的调频指数 $m_f<1$）。因此，不能直接

获得较大的频偏 Δf_m 是它的主要缺点。为了增大 m_p，可以采用级联调相电路。

在间接调频中，调制器与振荡器是分开的。对振荡器影响小，频率稳定度高，但设备较复杂。

2. 变容二极管单级调相电路

图 6－16 所示为单回路变容二极管调相电路。L_{c1}、L_{c2} 为高频扼流圈。该电路由电感 L、电容 C 和受调制信号控制的变容二极管组成谐振回路。调制信号的作用是使谐振回路谐振频率改变，当载波通过这个回路时由于失谐而产生相移，从而获得调相波。

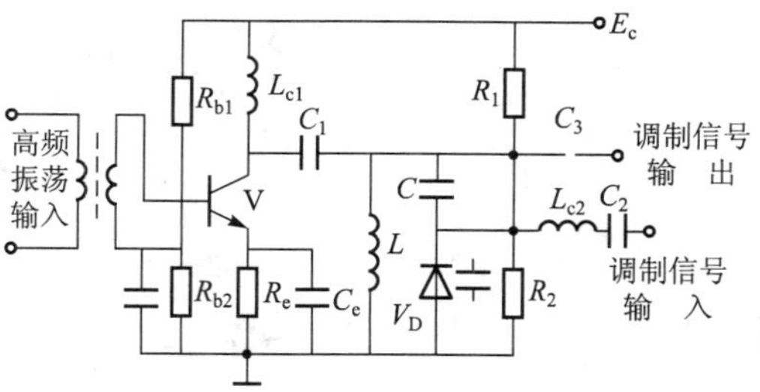

图 6－16 单回路变容二极管调相电路

在高 Q 值及谐振回路失谐不大的情况下，并联振荡电路的电压、电流间相移为

$$\Delta\varphi(t) = -\arctan\left(Q\frac{2\Delta f}{f_c}\right) \tag{6-41}$$

当 $\Delta\varphi(t) < \pi/6$ 时，$\tan\varphi \approx \varphi$，上式简化为

$$\Delta\varphi \approx -2Q\frac{\Delta f}{f_c} \tag{6-42}$$

设输入调制信号为 $U_{\Omega m}\cos\Omega t$，由前面分析可知，其瞬时频率偏移为

$$\Delta f = \frac{1}{2p}\gamma m f_c \cos\Omega t \tag{6-43}$$

将此式代入式（6－42），可得

$$\Delta\varphi = -\frac{Q\gamma m\cos\Omega t}{p} \tag{6-44}$$

式（6－44）表明，在单级谐振回路满足 $\Delta\varphi(t) < \pi/6$ 的条件下，产生的相移按输入调制信号的规律变化。若调制信号经过积分器后输入，则输出信号的相位偏移与被积分的调制信号成线性关系，其频率与积分前的信号也成线性关系，即产生了调频波。

知识扩展

此外从电路的幅频特性考虑，只有在失谐不大的情况下，寄生调幅较小，否则幅度起伏过大。实际电路中，往往在调相后加一级限幅器，以减小寄生调幅。

3. 扩大间接调频电路的频偏方法

由于回路相移受到限制，这种电路得到的频偏较小，必须采取扩大频偏措施。采用间接调频时，受到非线性限制的是最大相位偏移。因此不能在较高的载波频率上实现调频以扩大线性频偏，而一般采用先在较低的载波频率上实现调频，然后再通过倍频和混频的方法得到所需的载波频率的最大线性频偏。

还可以通过改进调相电路来扩大频偏，图 6－17 所示为由三级单振荡回路组成的调相电路。图中每个回路都由变容二极管调相，各变容二极管均受同一控制信号控制。由于控制信号已经将调制信号积分，所以输出为调频波。若每级相偏为30°，则三级可达90°相移，因而增大了频偏。图中各级间耦合电容为1pF，故互相影响很小。

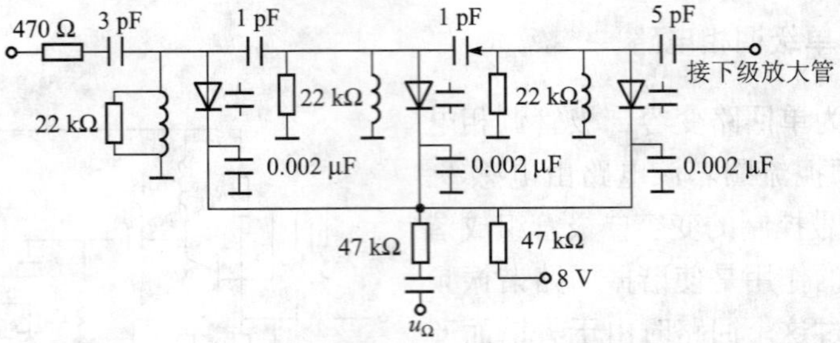

图6-17　三级单回路级联的变容二极管调相电路

6.3 调角信号的解调

调角波的解调就是从调角波中恢复出原调制信号的过程。调频波的解调电路称为频率检波器或鉴频器（FD），调相波的解调电路称为相位检波器或鉴相器（PD）。

6.3.1　调频信号的解调方法

调频接收机的组成大多是采用超外差式的，鉴频通常在中频频率上进行。在调频产生、传输和调频接收机前端电路中带来的干扰和噪声对FM信号会产生影响，主要表现为调频信号出现了寄生调幅和寄生调频。一般在末级中放和鉴频器之间设置限幅器就可以消除由寄生调幅所引起的输出噪声（具有自动限幅能力的鉴频器，如比例鉴频器就不需此限幅器）。可见，限幅与鉴频一般是连用的，统称为限幅鉴频器。若调频信号的调频指数较大，它本身就可以抑制寄生调制。

1. 鉴频器的主要性能指标

鉴频器是一个将输入调频波的瞬时频率f（或频偏Δf）变换为相应的解调输出电压u_Ω的变换器。能全面描述鉴频器主要特性的是鉴频特性曲线，它是指鉴频器的输出电压u_Ω与瞬时频率f或频偏Δf之间的关系曲线。在线性解调的理想情况下，此曲线为一直线，但实际往往有弯曲，呈“S”形，简称“S”曲线，如图6-18（b）所示。若峰值点的频偏为$\Delta f = f(t) - f_c = 0$时，则对应于调频信号的中心频率$f_c$，输出$u_\Omega = 0$；当频偏按照调制信号的规律在$f_c$左右变化时，鉴频器就能检测出FM波所包含的调制信号信息，从而还原出原调制信号。对于鉴频器来讲，要求线性范围宽线性度好。但在实际上，鉴频特性在两峰之间都存在一定的非线

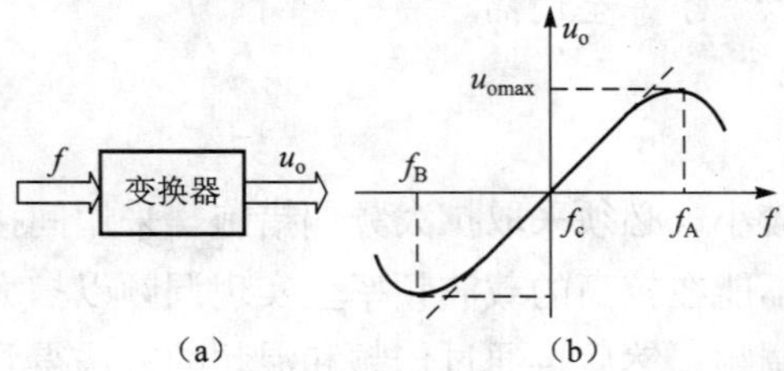

图6-18　鉴频特性曲线
（a）原理框图；（b）鉴频特性曲线

性，通常只有在 $\Delta f=0$ 附近才有较好的线性。

衡量鉴频器特性主要有以下三个性能指标。

1）线性范围 B_m

在图6－18（b）中，用峰值带宽 B_m 来近似衡量鉴频特性线性区宽度，它指的是鉴频特性曲线左右两个最大值（$\pm u_{omax}$）间对应的频率间隔。鉴频特性曲线一般是左右对称的，$B_m=2\Delta f_A$。对于鉴频器来讲，要求线性范围宽（$B_m>2\Delta f_A$），线性度好。

2）鉴频灵敏度（跨导）S_D

S_D 指的是鉴频特性在载频处的斜率，它表示的是单位频偏所能产生的解调输出电压。鉴频灵敏度又叫鉴频跨导，用公式表示为

$$S_D=\left.\frac{du_\Omega}{df}\right|_{f=f_c}=\left.\frac{du_\Omega}{d\Delta f}\right|_{\Delta f=0} \tag{6-45}$$

显然，鉴频灵敏度越高，意味着鉴频特性曲线越陡峭，鉴频能力也越强。也可以理解为鉴频器将输入频率转换为输出电压的能力或效率，因此，鉴频灵敏度又可以称为鉴频效率。通常希望鉴频灵敏度要大。

3）非线性失真

在 B_m 范围内，因鉴频特性曲线不是理想的线性而引起的失真，称为鉴频器的非线性失真。实际应用中非线性失真应该尽量减小。

顺便指出，这里所讲的鉴频能力，是以高输入信噪比为条件的。同AM包络检波器一样，鉴频器也存在门限效应。鉴频器输入信噪比低于规定的门限值时，鉴频器的输出信噪比将急剧下降，甚至无法接收。实际上，各种鉴频器都存在门限效应，只是门限电压的大小不同而已。

2. 鉴频方法

从FM波中还原调制信号的方法很多，概括起来有以下四大类。

（1）利用FM波过零信息实现鉴频，如脉冲计数式鉴频法。

（2）将FM波变换成AM－FM波，再幅度检波，即可获得原调制信号，如斜率鉴频器等。

（3）将FM波变换成FM－PM波，再相位检波，即可获得原调信号，如相应鉴频器、比例鉴频器等。

（4）利用锁相环路来实现频率解调。

下面介绍脉冲计数式鉴频法，然后介绍波形变换法。

1）脉冲计数式鉴频法

从某种意义上讲，信号频率就是信号电压或电流波形单位时间内过零点（或零交点）的次数。对于脉冲或数字信号，信号频率就是信号脉冲的个数。调频信号瞬时频率的变化，直接表现为单位时间内调频信号过零值点（简称过零点）的疏密变化。调频信号每周期有两个过零点，由负变为正的过零点称为“正过零点”，由正变为负的过零点称为“负过零点”等。如果在调频信号的每一个负过零点处由电路产生一个幅度为固定值、宽度为 τ 的单极性矩形脉冲。这样就把调频信号转换成了重复频率与调频信号的瞬时频率相同的单向矩形脉冲序列，如图6－19（b）所示。这时单位时间内矩形脉冲的数目就反映了调频波的瞬时

频率，该脉冲序列幅度的平均值能直接反映单位时间内矩形脉冲的数目。脉冲个数越多，平均分量越大，脉冲个数越少，平均分量越小。因此实际应用时，不需要对脉冲直接计数，只需用一个低通滤波器取出这一反映单位时间内脉冲个数的平均分量，就能实现鉴频，如图 6－19（a）所示。

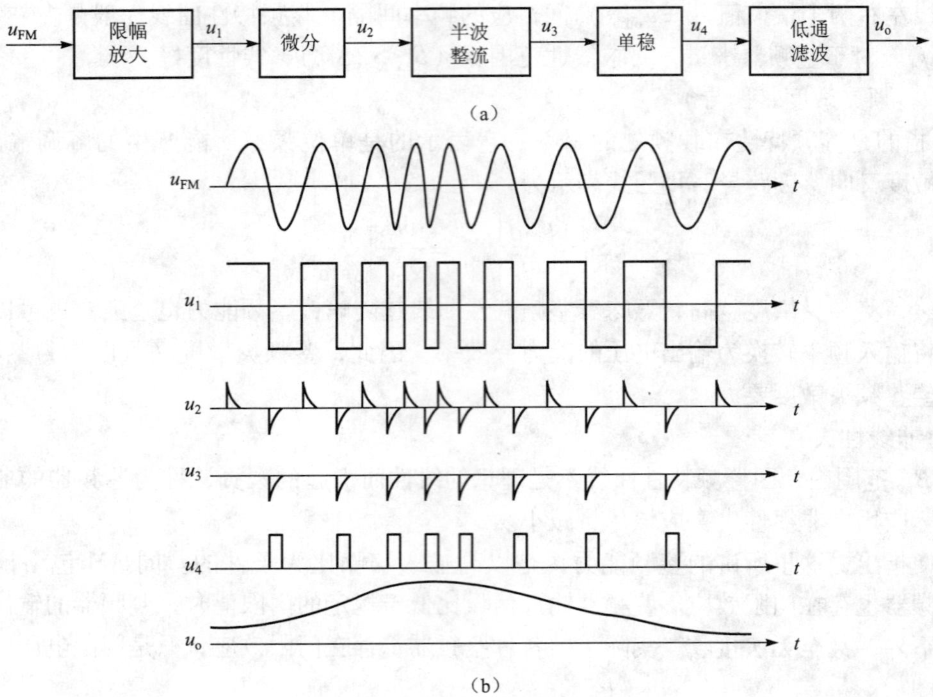

图 6－19　脉冲计数式鉴频器原理

（a）电路框图；（b）调频波转换成调频脉冲示意图

脉冲计数式鉴频法的鉴频特性的线性度高，最大频偏大，便于集成。但是，其最高工作频率受脉冲序列的最小脉宽 τ_{min} 的限制 $\tau_{min} < 1/(f_c + \Delta f_{0m})$，实际工作频率通常小于几十兆赫兹，一般能工作在 10 MHz 左右。在限幅电路后插入分频电路，可使工作频率提高到几百兆赫兹。目前，在一些高级的收音机中已开始采用这种电路。

2）振幅鉴频法

振幅鉴频器是将等幅的调频信号变换成 AM－FM 波，然后通过包络检波器解调此调频信号，其工作原理如图 6－20 所示。图中变换电路是这种方法的主要元器件，该变换电路是具有线性频率—电压转换特性的线性网络。实现这种变换的方法有以下几种。

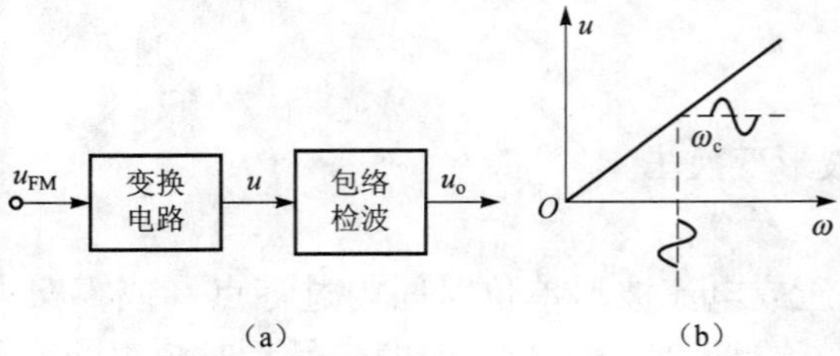

图 6－20　振幅鉴频电路原理

（a）电路框图；（b）变换电路特性

（1）时域微分法。

前面已经讲过，当调制信号为复杂信号 $f(t)$ 时，调频波为

$$u_{FM} = U_{cm}\cos\left[\omega_c t + k_f\int_0^t f(\tau)\,d\tau\right] \tag{6-46}$$

对此式直接微分可得

$$u_{FM} = \frac{du_{FM}}{dt} = -U_{cm}[\omega_c + k_f f(t)]\sin\left(\omega_c t + k_f\int_0^t f(t)\,dt\right) \tag{6-47}$$

式（6－47）中电压 u 的振幅与瞬时频率 $\omega(t) = \omega_c + k_f f(t)$ 成正比，因此是一个 AM－FM 波。由于 ω_c 远大于频偏，包络不会出现负值，即不会出现过调幅现象。该信号经包络检波后即可得到原调制信号，因此微分鉴频器由微分器和包络检波器两部分组成，如图 6－21（a）所示。

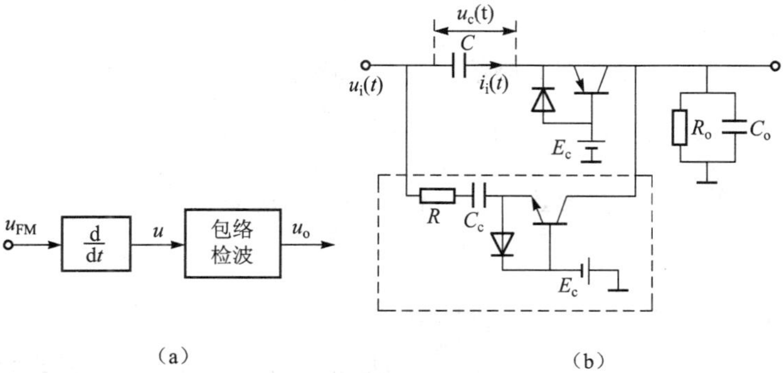

图 6－21　微分鉴频电路

（a）电路框图；（b）简单的微分鉴频电路

图 6－21（b）为简单的微分鉴频电路，微分作用由电容 C 完成。图中虚线框内的电路为另一平衡支路，以消除输出直流分量。由三极管、R_o 和 C_o 构成包络检波器。

在实际电路中，由于器件非线性等原因，这种方法的有效的线性鉴频范围是有限的。为了扩大线性鉴频范围，可以采用较为理想的时域微分鉴频器，如脉冲计数式鉴频器。

（2）斜率鉴频法。

利用 LC 谐振回路也可以完成 FM 波到 AM－FM 波的转换。斜率鉴频法的工作频率在 LC 谐振曲线的斜边上变化，所以称为斜率鉴频器。斜率鉴频器通常有单失谐回路斜率鉴频器、双失谐回路斜率鉴频器以及集成电路中采用的差分峰值斜率鉴频器。

3）相位鉴频法

相位鉴频法的原理是利用变换电路将等幅的调频信号变成 FM－PM 波，然后把此 FM－PM 波和原来输入的调频信号一起加到鉴相器上，就可以通过鉴相器解调此调频信号。其原理框图如图 6－22 所示。

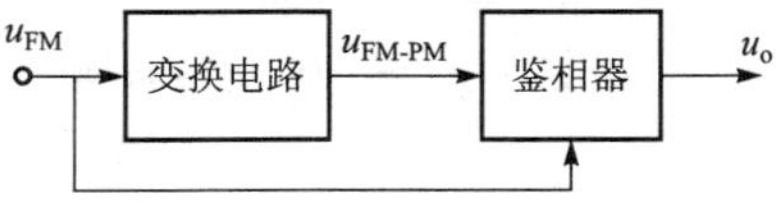

图 6－22　相位鉴频法原理框图

相位鉴频法的关键是鉴相器。鉴相器就是用来检出两个信号之间的相位差，完成相位差－电压变换作用的部件或电路。鉴相器的输出电压就是瞬时相位差的函数，在线性鉴相时 u_o 与输入相位差成正比。

与调幅信号的同步检波器类似，相位检波器也有乘积型和叠加型之分，相应的相位鉴频

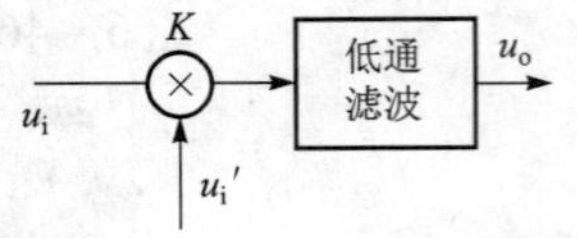

图 6-23　乘积型鉴相器框图

器分别称为乘积型相位鉴频器和叠加型相位鉴频器。

（1）乘积型相位鉴频法。

利用乘积型鉴相器实现鉴频的方法称为乘积型相位鉴频法或积分鉴频法。乘积型鉴相器模型如图 6-23 所示。图中，输入调相信号 $u_i = U_{im}\cos(\omega_c t + k_p u\Omega)$；另一路信号为 u_i 的同频正交载波 $u'_i = U'_{im}\sin\omega_{ct}$。则鉴相器的输出为

$$Ku_i u'_i = \frac{K}{2}U_{im}U'_{im}\cos(\omega_c + k_p u_\Omega)\cos\left(\omega_c + \frac{\pi}{2}\right)$$

$$= \frac{k}{2}U_{im}U'_{im}\left(\cos\left(k_p u_\Omega - \frac{\pi}{2}\right) + \cos\left(2\omega_c t + k_p u_\Omega + \frac{\pi}{2}\right)\right) \quad (6-48)$$

式中，K 为乘法器的乘积因子。

该信号经过低通滤波器后滤除高频信号，则输出电压为

$$u_o = \frac{k}{2}U_{im}U'_{im}\cos\left(k_p u_\Omega - \frac{\pi}{2}\right) = \frac{k}{2}U_{im}U'_{im}\sin(k_p u_\Omega) \quad (6-49)$$

由此可见，乘积型鉴相器具有正弦形鉴相特性。当满足 $|\sin(k_f u\Omega)| < \pi/6$ 时，上式可近似为

$$u_o = \frac{k}{2}U_{im}U'_{im}\sin(k_p u_\Omega) \approx \frac{k}{2}U_{im}U'_{im}k_p u_\Omega = ku_\Omega \quad (6-50)$$

由此可见，鉴相器输出与输入信号的相位偏移成正比，可以实现线性鉴相。

这种电路既可以实现鉴相，也可以实现鉴频。将输入信号改为调频信号和移相 90°的调频信号之后，就可以实现鉴频，如图 6-24 所示。应当指出，鉴频器既然是频谱的非线性变换电路，它就不能简单地用乘法器来实现。因此，这里采用的电路模型是有局限性的，只有在相偏较小时才近似成立。通常情况下，其中移相网络采用单谐振回路，乘法器采用集成模拟乘法器或（双）平衡调制器实现。当两输入信号幅度都很大时，由于乘法器内部的限幅作用，鉴相特性趋近于三角形。

（2）叠加型相位鉴频法。

利用叠加型鉴相器实现鉴频的方法称为叠加型相位鉴频法。其实现方框图如图 6-25 所示。

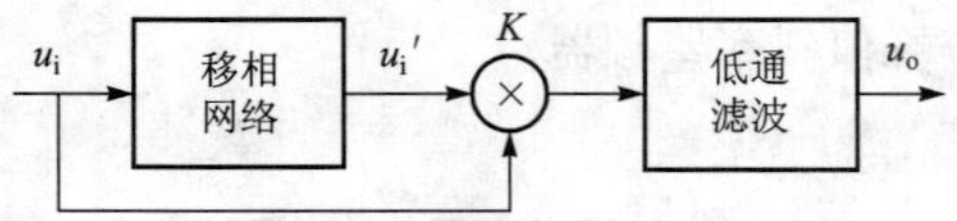

图 6-24　乘积型相位鉴频器框图

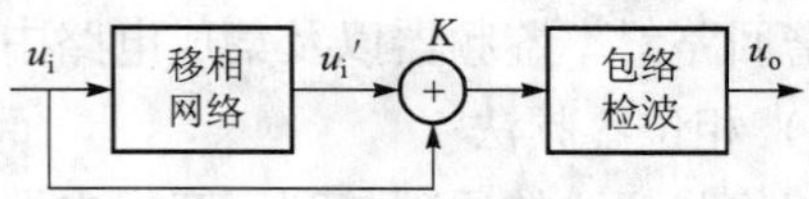

图 6-25　叠加型相位鉴频器框图

叠加型相位鉴频器的工作过程实际包括两部分：首先，输入调频信号经频率-相位变换后变成 FM-PM 信号，通过加法器完成矢量相加，将两个信号电压之间的相位差变化相应地变成合成信号的包络变化（即 FM-PM-AM 信号），然后由包络检波器将其包络检出。因此，从原理上讲，叠加型相位鉴频器也可认为是一种振幅鉴频器。

6.3.2 鉴频电路分析

1. 叠加型相位鉴频器

为了抵消直流项，扩大线性鉴频范围，叠加型相位鉴频器通常采用平衡式电路，差动输出，如图6－26所示。具有线性的频相转换特性的变换电路（移相网络）一般由耦合回路来实现，因此也称为耦合回路相位鉴频法。耦合回路的初、次级电压间的相位差随输入调频信号瞬时频率变化。虚线框内部分为平衡式叠加型鉴相器。耦合回路可以是互感耦合回路，也可以是电容耦合回路。另外，π/2 固定相移也由耦合回路引入。

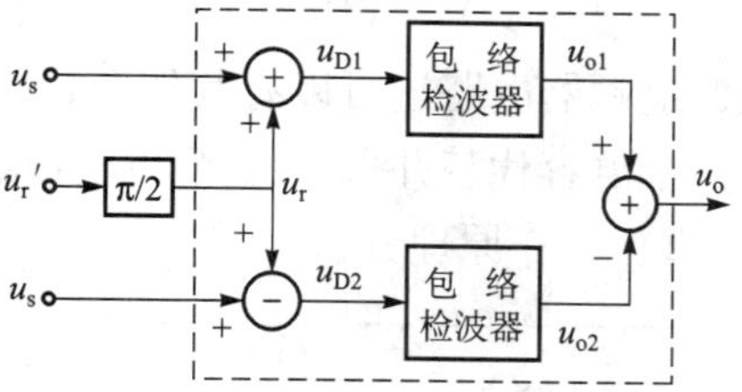

图6－26 平衡式叠加型鉴相器框图

根据耦合回路的不同，又将叠加型相位鉴频器分为互感耦合型相位鉴频器和电容耦合型相位鉴频器两种。这里主要介绍互感耦合型相位鉴频器。

1）电路结构和基本原理

互感耦合相位鉴频器又称福斯特－西利（Foster-Seeley）鉴频器，图6－27所示为其典型电路。

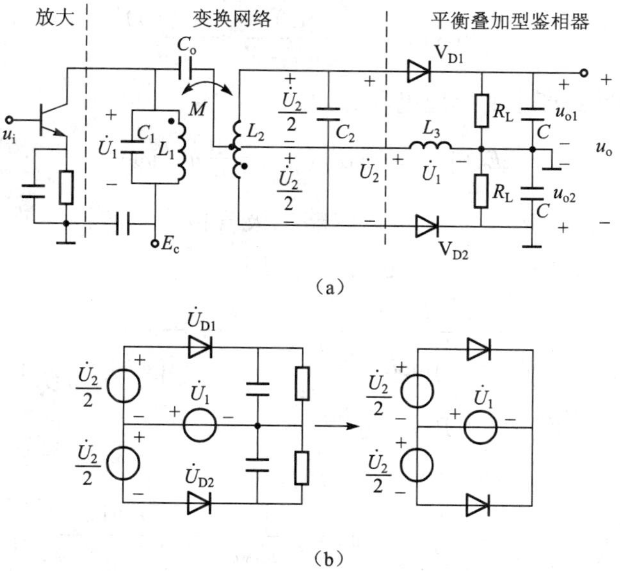

图6－27 互感式叠加型相位鉴频器

（a）原理电路；（b）等效电路

它由放大器、频率－相位转换网络和平衡式叠加相位鉴频器组成。放大器由晶体管组成，它把输入调频波放大，在集电极输出限幅放大后的调频波 u_1。以互感 M 耦合的初、次级双调谐回路为频率－相位转换网络。图中，初、次级回路参数相同，即令 $C_1=C_2=C$，$L_1=L_2=L$，$r_1=r_2=r$，$k=M/L$，中心频率均为 $f_0=f_c$（f_c 为调频信号的载波频率）。调频信号 u_1 一方面经隔直电容 C_o 加在后面的两个包络检波器上，另一方面经互感耦合 M 在次级回路两端产生调频－调相（FM－PM 波）u_2。所以 u_1 可直接高频扼流圈 L_3 上，在 L_3 上产生端电压 u_1，其等效电路如图 6－27（b）所示。频率－相位转换网络使 u_1 和 u_2 在固定载频上产生固定的90°相移；当 u_1 的瞬时频率在 f_c 的基础上线性变化时，u_1 和 u_2 的相位差也在90°的基础上线性变化。

二极管 VD_1、VD_2 和两个 C、R_L 组成两个平衡的包络检波器，差动输出。在实际电路中，鉴频器电路还可以有其他形式，如接地点改接在下端（图中虚线所示），检波负载电容用一个电容代替并可省去高频扼流圈。

2）工作原理分析

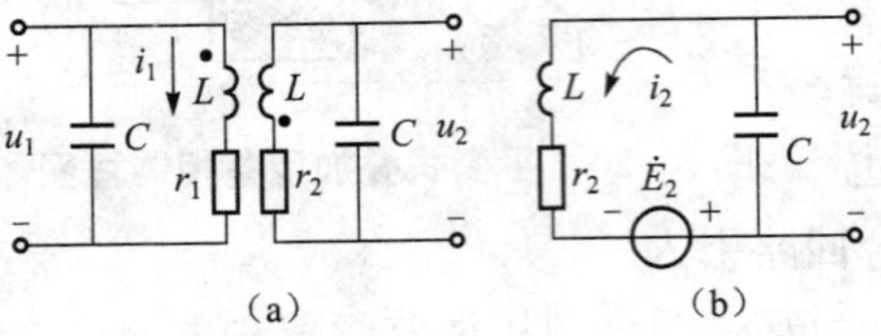

图 6－28　频率－相位变换网络

（a）原理电路；（b）等效电路

互感耦合相位鉴频器的工作原理可分为移相网络的频率－相位变换，加法器的相位－幅度变换和包络检波器的差动检波三个过程。

（1）频率－相位变换网络。

频率－相位变换是由图 6－28（a）所示的互感耦合回路完成的。图 6－28（b）所示为其等效电路。在互感 M 较小时，忽略次级回路对初级回路的反射阻抗；考虑初、次级回路均为高 Q 回路，r_1 也可忽略；则初级回路电感 L_1 中的电流为

$$i_1(j\omega)=\frac{u_1(j\omega)}{r_1+j\omega L_1+Z_f}\approx\frac{u_1(j\omega)}{j\omega L_1} \tag{6-51}$$

初级电流在次级回路产生的感应电动势为

$$E_2(j\omega)=j\omega M i_1(j\omega)=\frac{M}{L_1}u_1(j\omega) \tag{6-52}$$

当次级回路谐振且 Q 值较大时，可以忽略二极管包络检波器等效电阻对次级回路的影响，感应电动势 E_2 在次级回路形成的电流 i_2 为

$$i_2(j\omega)=\frac{E_2(j\omega)}{r_2+j\left(\omega L_2-\frac{1}{\omega C_2}\right)}=\frac{M}{L_1}\frac{u_1(j\omega)}{r_2+j\left(\omega L_2-\frac{1}{\omega C_2}\right)} \tag{6-53}$$

i_2 流经 C_2，在 C_2 上形成的电压 u_2 为

$$u_2(j\omega)=-\frac{1}{j\omega C_2}i_2(j\omega)=j\,\frac{1}{\omega C_2}\frac{M}{L_1}\frac{u_1(j\omega)}{r_2+j\left(\omega L_2-\frac{1}{\omega C_2}\right)}$$

$$=\frac{jA}{1+j\xi}u_1(j\omega)=\frac{Au_1(j\omega)}{\sqrt{1+\xi^2}}e^{\frac{\pi}{2}-\varphi} \tag{6-54}$$

式中，$\xi=2Q\Delta f/f_0$ 称为广义失谐；$Q=1/(\omega_0 C_r)$；$A=kQ$ 为耦合因子；$\varphi=\arctan\xi$ 为次级回路的阻抗角。

上式表明，u_1 与 u_2 之间的幅值和相位关系都将随输入信号的频率变化。但在 f_0 附近幅值变化不大，而相位变化明显。图 6－29（a）所示为 LC 并联谐振回路相频特性曲线，图

6-29（b）所示为互感耦合回路相频特性曲线，即为 u_1 与 u_2 之间的相位差（π/2）$-\varphi$ 与频率的关系。

由此可得以下三种情况。

① 当 $f=f_0=f_c$ 时，次级回路谐振，u_1 与 u_2 之间的相位差为 π/2（引入的固定相差）；

② 当 $f>f_0=f_c$ 时，次级回路呈感性，u_1 与 u_2 之间的相位差为（π/2）~π；

③ 当 $f<f_0=f_c$ 时，次级回路呈容性，u_1 与 u_2 之间的相位差为 0~π/2。

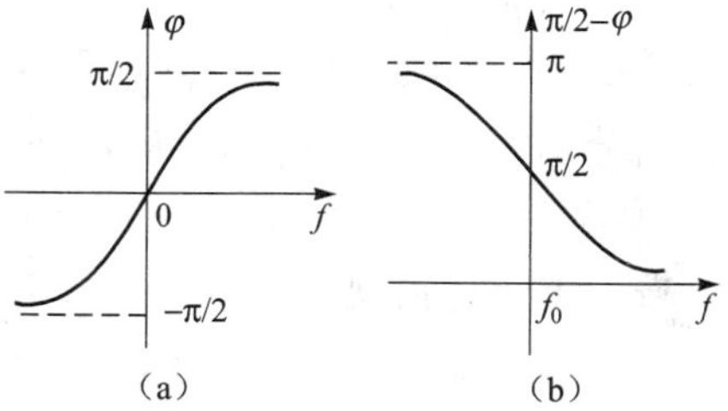

图 6-29 频率-相位变换电路的相频特性

（a）LC 并联谐振回路相频特性；

（b）互感耦合回路相频特性

设调频波瞬时频率的变化范围在耦合回路的通带之内，且 u_1 与 u_2 之间的幅值在瞬时频率的变化范围之内基本不变。当广义失谐 ξ 较小时，$\varphi=\arctan\xi\approx\xi$，则 u_1 与 u_2 之间的相位差为

$$\frac{\pi}{2}-\varphi=\frac{\pi}{2}-\frac{2Q\Delta f}{f_0} \tag{6-55}$$

由式（6-54）和式（6-55）可以看出，调频波瞬时频率的变化 Δf 通过耦合回路的频率-相位变换之后，变成了瞬时相位变化，而且在一定条件下，两者近似成线性关系。因而互感耦合回路可以作为线性相移网络，其中固定相差 π/2 是由互感形成的。

（2）相位-幅度变换。

根据图 6-27（b）所示，忽略输出电压，则在两个检波二极管上的高频电压分别为

$$\begin{cases} u_{D1}=u_1+\dfrac{u_2}{2} \\ u_{D2}=u_1-\dfrac{u_2}{2} \end{cases} \tag{6-56}$$

合成矢量的幅度随 u_1 与 u_2 间的相位差发生变化，产生了 FM-PM-AM 信号，如图 6-30 所示。

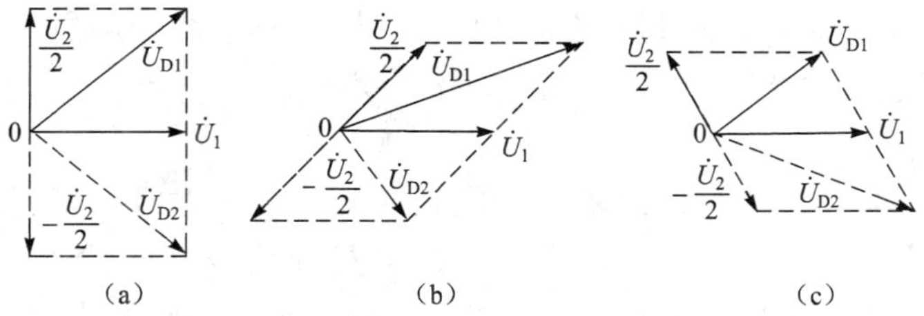

图 6-30 互感耦合相位鉴频器的矢量合成图

（a）$f=f_c$；（b）$f>f_c$；（c）$f<f_c$

分成如下三种情况。

① 当 $f=f_0=f_c$ 时，u_{D1} 与 u_{D2} 的振幅相等，即 $U_{D1}=U_{D2}$；

② 当 $f>f_0=f_c$ 时，u_{D1} 的振幅大于 u_{D2} 的振幅，即 $U_{D1}>U_{D2}$，随着 f 的增加，两者差值将加大；

③ 当 $f<f_0=f_c$ 时，u_{D1} 的振幅小于 u_{D2} 的振幅，即 $U_{D1}<U_{D2}$，随着 f 的增加，两者差值也将加大。

(3) 检波输出。

设两个包络检波器的检波系数分别为 K_{d1}、K_{d2}（通常 $K_{d1}=K_{d2}=K_d$），则两个包络检波的输出分别为 $u_{o1}=|K_{d1}u_{D1}|=K_{d1}u_{D1}$、$u_{o2}=|K_{d2}u_{D2}|=K_{d2}u_{D2}$。鉴频器的输出电压为

$$u_o=u_{o1}-u_{o2}=K_d(U_{D1}-U_{D2}) \tag{6-57}$$

按如下三种情况分析可知。

① 当 $f=f_0=f_c$ 时，$U_{D1}=U_{D2}$，鉴频器输出 u_o 为零；

② 当 $f>f_0=f_c$ 时，$U_{D1}>U_{D2}$，鉴频器输出 u_o 为正；

② 当 $f<f_0=f_c$ 时，$U_{D1}<U_{D2}$，鉴频器输出 u_o 为负。

3）鉴频特性

互感耦合回路相位鉴频器的鉴频特性曲线对原点奇对称。随瞬时频偏 Δf 的正负变化，输出电压也同时正负变化，如图 6-30 所示。在瞬时频偏为零时，固定相移为 $\pi/2$，利用平衡差动电路保证输出为零。在频偏不大的情况下，随着频率的变化，u_2 与 u_1 幅度变化不大而相位变化明显，鉴频特性近似线性，但当频偏较大时，相位变化趋于缓慢，而 u_2 与 u_1 幅度明显下降，从而引起合成电压下降。实际上，鉴频器的鉴频特性可以认为是移相网络的幅频特性和相频特性相乘的结果。只有输入的调频信号的频偏在鉴频特性的线性区内，才能不失真地得到原调制信号。

互感耦合回路相位鉴频器的鉴频特性与耦合因子 A 有密切的关系。鉴频灵敏度也与 A 值有关。此外 A 越大，峰值带宽越宽。但 A 太大（如 $A>3$ 时），曲线的线性度变差、斜率下降。线性度及斜率下降主要是耦合过紧时，谐振曲线在原点处凹陷过大造成的。为了兼顾鉴频特性的几个参数，A 通常选择在 1～3 范围内。实际鉴频特性的线性区约在 $2B_m/3$ 之内。

值得一提的是，电容耦合相位鉴频器是通过电容来耦合的，耦合系数由 C_m 和 C 决定，易于调整。并且两回路不需要通过空间的磁耦合，可单独屏蔽，结构也简单。这里不再详细介绍。

综上所述，互感耦合回路相位鉴频器中的耦合双回路是一个频率－相位变化器，它把 FM 波 u_1 变成 FM－PM 波 u_2，而 FM 波 u_1 和 FM－PM 波 u_2 经叠加后，变成两个 AM－FM 波 u_{D1} 和 u_{D2}，再经包络检波后即可恢复原调制信号。

4）限幅电路

前面所讲的鉴频器不具有自动限幅（软限幅）能力。发射机的调制特性或接收机的谐振曲线不理想，以及干扰和噪声的影响等，会使鉴频器的输入信号产生寄生调幅，输入信号的幅度变化必将导致相位鉴频器的输出波形失真。通常采用限幅器来抑制寄生调幅的影响。所谓限幅器，就是把输入幅度变化的信号变换为输出幅度恒定的信号的变换电路。在鉴频器中采用硬限幅器要求的输入信号电压较大，为 1～3 V。因此，其前面的中频放大器的增益要高、级数较多。

限幅器分为瞬时限幅器和振幅限幅器两种。脉冲计数式鉴频器中的限幅器属于瞬时限幅器。振幅限幅器的实现框图由图 6-31（a）所示。

它由非线性器件完成瞬时限幅作用，在瞬时限幅器后面接上带通滤波器，取出等幅调频方波中的基波分量，就可以构成振幅限幅器。但这个滤波器的带宽应足够宽，否则会因滤波器的传输特性不好而引入新的寄生调幅。

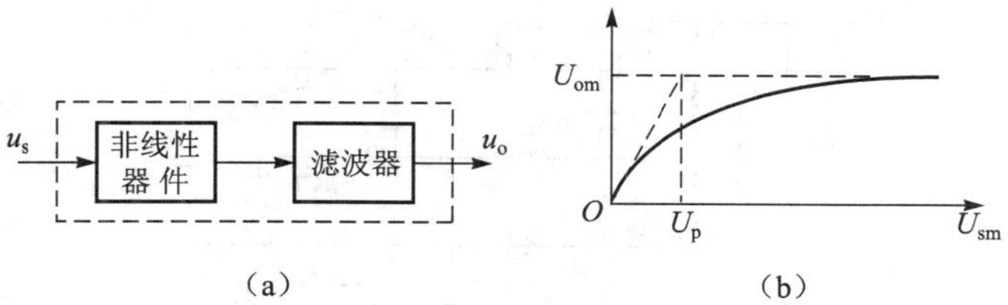

图6-31 限幅器及其特性曲线

(a) 实现框图；(b) 限幅特性曲线

根据非线性器件的不同，限幅电路一般分为二极管电路、三极管电路和集成电路三类。在低频电路中已经讲述过二极管限幅电路（瞬时限幅器）。高频功率放大器在过压区（饱和状态）就是一种三极管限幅器。集成电路中常用的限幅电路是差分对电路，当输入电压大于100 mV时，电路就进入限幅状态。

振幅限幅器的性能可由图6-31（b）所示的限幅特性曲线表示。图中，U_P表示限幅器进入限幅状态的最小输入信号电压，称为门限电压。对限幅器的要求主要是在限幅区内要有平坦的限幅特性，门限电压要尽量小。

2. 比例鉴频器

由互感耦合相位鉴频器的分析可知，为抑制寄生调幅的影响，相位鉴频器前必须使用限幅器。但限幅器要求较大的输入信号，这必将导致鉴频器前中放、限幅数的增加。这对那些要求电路简单、缩小体积、降低成本的调频广播接收机来说是不利的。

比例鉴频器具有自动限幅作用，不仅可以减少前面放大器的级数，而且可以避免使用硬限幅器。因此，比例鉴频器在调频广播接收机及电视接收机中得到了广泛的应用。

1）电路结构

比例鉴频器与互感耦合叠加型相位鉴频器在电路结构上差异很小，基本电路如图6-32（a）所示。

比例鉴频器与互感耦合相位鉴频器的电路区别如下。

（1）两个二极管的连接极性相反。

（2）在电阻（R_1+R_2）两端并接一个大电容C_0，容量约在10 μF数量级。时间常数$(R_1+R_2)C_0$很大，为0.1～0.25 s，远大于低频信号的周期。故在检波过程中，可认为C_0上电压基本不变，近似为一恒定值E_0。

（3）接地点和输出点改变。比例鉴频器的输出电压不是在A、B两端，而是在中点C、D两端引出。

2）工作原理分析

比例鉴频器的等效电路如图6-32（b）所示，电压、电流如图所示。由电路理论可得

$$i_1(R_1+R_2)-i_2R_L=u_{C1} \tag{6-58}$$

$$i_2(R_2+R_L)-i_1R_L=u_{C2} \tag{6-59}$$

$$u_o=(i_2-i_1)R_L \tag{6-60}$$

通常电路对称，有$R_1=R_2=R$，则

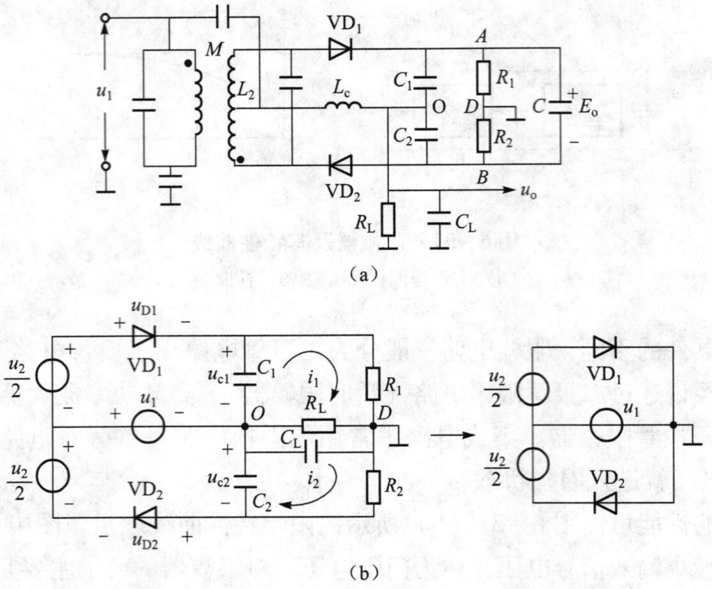

图 6－32　比例鉴频器

(a) 原理电路；(b) 等效电路

$$u_o = \frac{u_{C2} - u_{C1}}{2R_L + R} R_L \tag{6-61}$$

若 $R_L \gg R$，则

$$u_o = \frac{1}{2}(u_{C2} - u_{C1}) = \frac{1}{2}K_d(U_{D2} - U_{D1}) \tag{6-62}$$

将式（6－62）和式（6－57）相比较可知，在输入调频信号幅度相等、电路参数相同的条件下，比例鉴频器的输出电压与互感耦合或电容耦合相位鉴频器相比要小 1/2（鉴频灵敏度减半）。

如果输入 u_1 为调频波，由于电路的频－相变换网络与互感耦合相位鉴频器的相同，所以 u_1 与 u_2 之间的相位差为（$\pi/2$）$-\varphi$。

因此，输出信号分成以下三种情况。

（1）当 $f = f_c$ 时，$U_{D1} = U_{D2}$，$i_1 = i_2$，但以相反方向流过负载 R_L，所以输出电压为零；

（2）当 $f > f_c$ 时，$U_{D1} > U_{D2}$，$i_1 < i_2$，输出电压为负；

（3）当 $f < f_c$ 时，$U_{D1} > U_{D2}$，$i_1 < i_2$，输出电压为正。

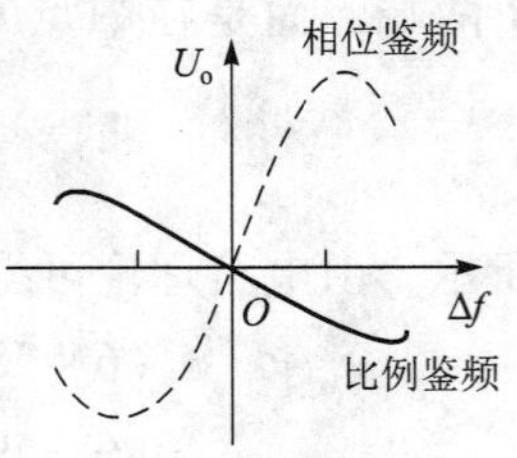

图 6－33　比例鉴频器鉴频特性曲线

综上所述，比例鉴频器的鉴频特性如图 6－33 所示，它与互感耦合或电容耦合相位鉴频器的鉴频特性（图中虚线所示）的极性相反。这在自动频率控制系统中要特别注意。当然，通过改变两个二极管连接的方向或耦合线圈的绕向（同名端），可以使鉴频特性反向。只要比例鉴频器的输入调频信号工作在鉴频特性曲线的线性区，就可以还原出原调制信号。

3）自限幅原理

比例鉴频器的输出电压只取决于输入调频信号的频率变化，而与输入调频信号的幅度变化无关。由于在电阻（R_1+R_2）两端并接一个大电容 C_0，C_0 上电压近似为一恒定值 E_0；所以输出电压也可由下式导出

$$u_o=\frac{1}{2}(u_{C2}-u_{C1})=\frac{1}{2}E_0\frac{(u_{C2}-u_{C1})}{E_0}=\frac{1}{2}E_0\frac{(u_{C2}-u_{C1})}{(u_{C2}+u_{C1})}=\frac{1}{2}E_0\frac{1-\dfrac{u_{C1}}{u_{C2}}}{1+\dfrac{u_{C1}}{u_{C2}}} \tag{6-63}$$

由上式可以看出，由于 E_0 恒定，比例鉴频器输出电压取决于两个检波电容上电压的比值，故称比例鉴频器。当输入调频信号的频率变化时，u_{C1} 与 u_{C2} 中，一个增大，另一个减小，变化方向相反，输出电压可按调制信号的规律变化。若输入信号的幅度改变（如增大），则 u_{C1} 与 u_{C2} 将以相同方向变化（如均增加），这样可保持比值基本不变，使得输出电压不变，这就是所谓的限幅作用。

比例鉴频器具有限幅作用的原因就在于电阻（R_1+R_2）两端并接了一个大电容 C_0。u_0 只与 u_{C1} 和 u_{C2} 的比值有关，是以 C_0 足够大，且 $R_L \ll R_1$、R_2 为条件的。

比例鉴频器的限幅作用还可解释为由鉴频器高 Q 回路的负载变化产生的。回路的空载 Q_0 值要足够高，一般应在接上检波器后，有载 Q_e 值降至 Q_0 的 1/2。通常取（R_1+R_2）值为 5 ~7 kΩ 为宜。从电路图可以看到，E_0 对检波管 VD_1、VD_2 是个反向偏压。若（R_1+R_2）值太大，则当输入信号幅度迅速减小时，E_0 的反偏作用会使二极管截止，造成在一段时间内收不到信号。这种现象称为向下寄生调幅的阻塞效应。为解决上述问题，可使二极管串联一个小电阻 R。为了兼顾减轻阻塞效应与抑制寄生调幅，R 上的电压应为 E_0 的 15% 左右。实际上，调整电阻值，还可以使上下两支路对称。

要注意保证时间常数（R_1+R_2）C_0 大于寄生调幅干扰的几个周期，以抑制比例鉴频器存在的过抑制现象。所谓过抑制是指输入信号幅度加大时，输出电压反而下降的现象。例如当输入信号加大时，因 R_i 变化使回路 Q_e 值下降太多，相位减小过多，因而使输出电压下降。过抑制现象会引起解调失真。

3. 其他鉴频器

除了以上所介绍的主要鉴频器之外，下面介绍一下其他几种鉴频器。

1）双失谐回路斜率鉴频器

在介绍双失谐回路斜率鉴频器之前，要先介绍一下单失谐回路斜率鉴频电路。

图 6－34（a）所示即为单失谐回路斜率鉴频原理电路。

在斜率鉴频电路中，利用的是调谐回路的失（离）谐状态，因此又称失（离）谐回路法。工

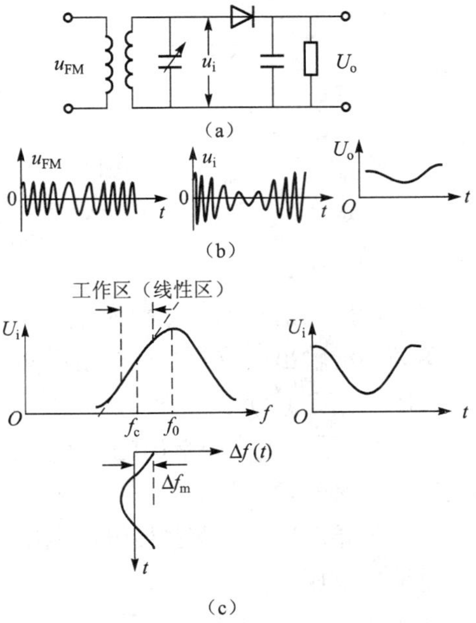

图 6－34 单失谐回路斜率鉴频电路

（a）原理电路；（b）各点波形；（c）工作过程

作过程如图 6－34（c）所示，谐振回路的谐振频率f_0高于 FM 波的载频f_c，并尽量利用幅频特性的倾斜部分。当$f>f_c$时，谐振回路两端电压u_i大；当$f<f_c$时，u_i小，因而形成图 6－34（b）所示的u_i波形。为方便起见，图 6－34（b）中的u_i波形只画了包络部分。

由图 6－34（c）可见，单调谐回路的谐振曲线线性度是较差的。为了扩大线性范围，实际上多采用三调谐回路的双失谐回路斜率鉴频器，如图 6－35（a）所示。

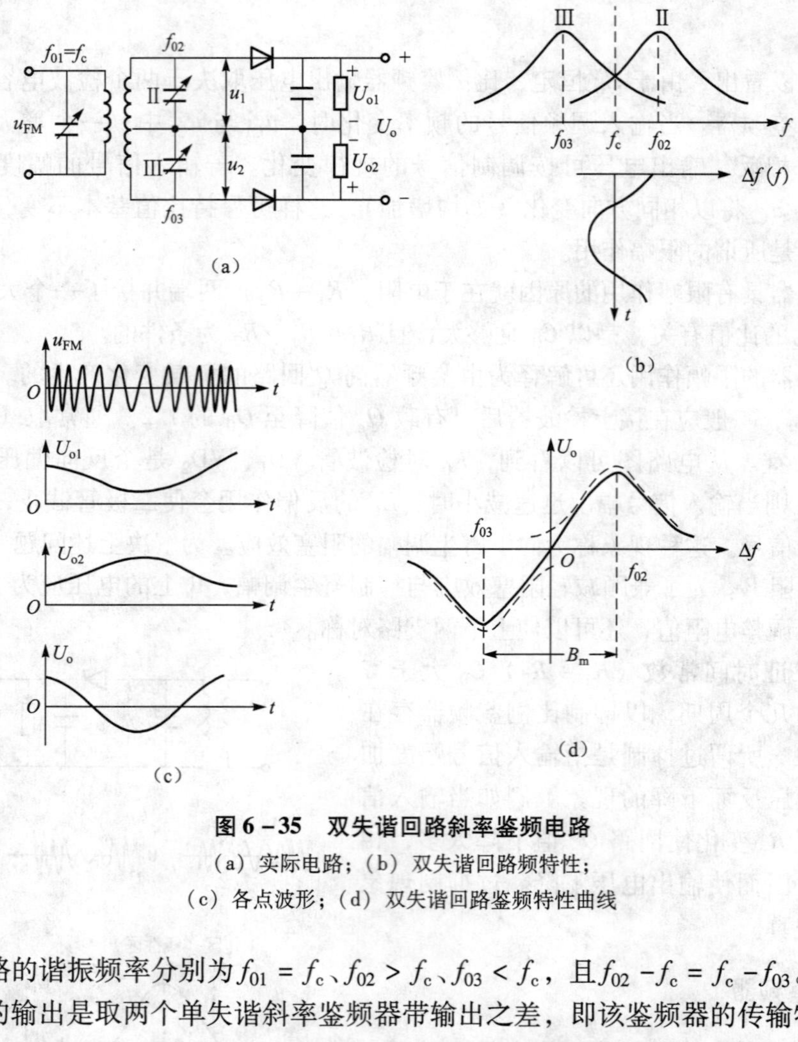

图 6－35 双失谐回路斜率鉴频电路

（a）实际电路；（b）双失谐回路频特性；
（c）各点波形；（d）双失谐回路鉴频特性曲线

三个回路的谐振频率分别为$f_{01}=f_c$、$f_{02}>f_c$、$f_{03}<f_c$，且$f_{02}-f_c=f_c-f_{03}$。双失谐回路斜率鉴频器的输出是取两个单失谐斜率鉴频器带输出之差，即该鉴频器的传输特性或鉴频特性，如图 6－35（d）中的实线所示。其中虚线为两回路的谐振曲线。各点输出波形如图 6－35（c）所示。上支路输出电压U_{o1}与图 6－34 中U_o波形相同。下支路波形U_{o2}则与上支路相反。当瞬时频率最高时，U_{o1}最大，U_{o2}最小；当瞬时频率最低时，U_{o1}最小，U_{o2}最大。输出负载为差动连接，鉴频器输出电压为$U_o=U_{o1}-U_{o2}$。当$f=f_c$时，上、下支路输出相等，总输出电压$U_o=0$。

从图 6－35（d）中可以看出，双失谐回路斜率鉴频器的鉴频特性曲线可获得较好的线性响应，失真较小，灵敏度也高于单失谐回路斜率鉴频器。这种电路适用于解调大频偏调频信号。但这种电路的最大缺点是不易调整，三个回路必须尽量对称，否则会引起较大失真。

2）差分峰值斜率鉴频器

差分峰值斜率鉴频器是一种在集成电路中常用的振幅鉴频器。其工作原理与双失谐回路斜率鉴频器类似。图 6－36（a）所示为电视接收机的伴音信号处理系统 D7176AP、TA7243P 等集成电路中采用的差分峰值斜率鉴频器。图中，VT_1、VT_2 为射极跟随器；VT_3、VT_4 为峰值包络检波管（分别由 VT_3 的发射结与 C_3 和 VT_4 的发射结与 C_4 构成）；VT_5、VT_6 组成差分对放大器。

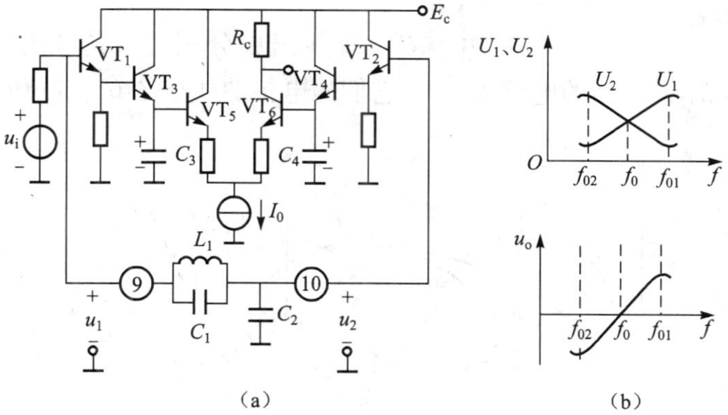

图 6－36 差分峰值斜率鉴频器

（a）实际电路；（b）鉴频特性曲线

移相网络接在集成电路第 9 脚、第 10 脚之间，由 L_1、C_1 和 C_2 组成。L_1、C_1 并联电路的谐振频率为 f_{01}，则

$$f_{01}=\frac{1}{2\pi\sqrt{L_1C_1}} \tag{6-64}$$

L_1、C_1 和 C_2 组成的串、并联回路的谐振频率为 f_{02}，则

$$f_{02}=\frac{1}{2\pi\sqrt{L_1(C_1+C_2)}} \tag{6-65}$$

比较式（6－64）和式（6－65）可知，$f_{01}>f_{02}$

当调频信号的瞬时频率 $f=f_{01}$ 时，L_1C_1 回路并联谐振，呈现最大谐振阻抗，这时，第 9 引脚输出电压 u_1 最大，此时回路电流最小，C_2 的容抗值也较小，所以第 10 引脚输出电压 u_2 最小。当调频信号的瞬时频率 $f=f_{02}$ 时，L_1、C_1 和 C_2 回路并联谐振，呈现最大谐振阻抗，而 L_1、C_1 回路失谐，呈现最小谐振阻抗，因而这时 u_1 最小而 u_2 最大。u_1 和 u_2 的峰值包络电压 U_1 和 U_2 随 f 变化的曲线以及鉴频特性曲线如图 6－36（b）所示，该曲线与双失谐回路斜率鉴频器的鉴频特性类似。

根据以上分析，输入调频信号电压 u_i 一路直接加于 VT_1 管的基极，即为 u_1；另一路经移相网络变为 AM－FM 信号 u_2，加在 VT_2 管的输入端。u_1、u_2 分别经射极跟随器加于两个包络检波器之上。设两个包络检波器的检波系数分别为 k_{d1}、k_{d2}（通常 $k_{d1}=k_{d2}$），则两个包络检波器的输出分别为 $u_{c3}=k_{d1}U_1$、$u_{c4}=k_{d2}U_2$。将这两个检波器输出分别加于差分放大器 VT_5、VT_6 的输入端。经差分放大后，VT_6 集电极的单端输出电压 $u_o=k(U_1-U_2)$，即差分峰值斜率鉴频器将从 VT_6 集电极输出鉴频之后的调制信号。

3）晶体鉴频器

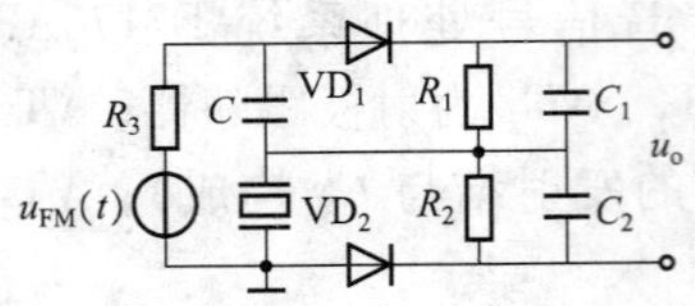

图 6－37　晶体鉴频器原理电路

前面讲过晶体调频器，晶体也可以鉴频，其原理电路如图 6－37 所示。电容 C 与晶体串联后接到调频信号源。VD_1、R_1、C_1 和 VD_2、R_2、C_2 组成两个二极管包络检波器。为了保证电路平衡，通常 VD_1 与 VD_2 性能相同，$R_1 = R_2$，$C_1 = C_2$。

电容 C 与晶体组成分压器，其分压取决于两者的电抗比。设 C 的电抗为 X_C，晶体的电抗为 X_q，它们的电抗曲线如图 6－38（a）所示。

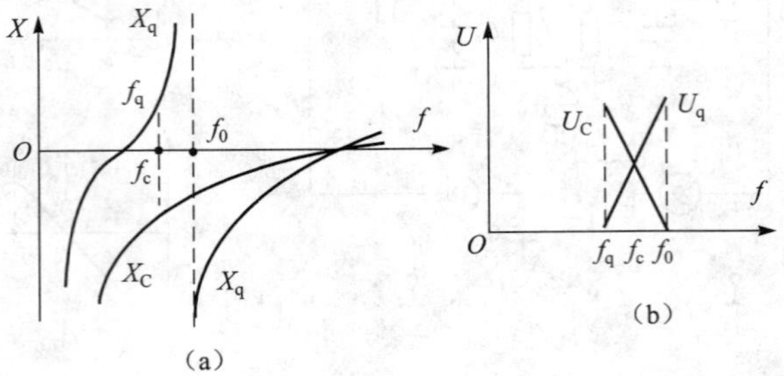

图 6－38　电容－晶体分压器

（a）电抗曲线；（b）电容、晶体两端电压变化曲线

晶体串、并联频率 f_q、f_0 相距很近，其电抗在此范围内呈感抗且变化很快。而在此频率范围内的电容容抗可近似认为不变。因此，当信号频率变化时，分压比的改变主要是由晶体电抗变化引起的。在 $f_q \sim f_0$ 内，分压比随频率的变化也是剧烈的。分成如下三种情况。

（1）当 $f = f_c$（如图中 f_c 所示频率位置）时，$X_q = X_C$，则电容 C 上的电压 U_C 和晶体上的电压 U_q 相等，即 $U_C = U_q$。

（2）当 $f_q < f < f_c$ 时，$X_q < X_C$，则 $U_C > U_q$，当 $f = f_q$ 时，$X_q = 0$，此时电压几乎全部降在电容器 C 上。

（3）当 $f_c < f < f_0$ 时，$X_q > X_C$，则 $U_C < U_q$，当 $f = f_0$ 时，$X_q = \infty$，电压几乎全部降在晶体上。

当频率在 $f_q \sim f_0$ 之间时，随着频率的增加晶体上电压上升，而电容上的电压下降，如图 6－38（b）所示。因此利用电容－晶体支路将调频波进行了波形变换，U_C 与 U_q 是调幅－调频波，而且 U_C 与 U_q 的振幅变化方向也是相反的。这个结果与前述相位鉴频器加给两个检波器的电压是一样的。因此，在电容－晶体支路后面接两个包络检波器就可得出解调信号。

与晶体调频相同，由于晶体 f_q 至 f_0 范围窄，实用中有时要扩展频带。常用的扩展频带的方法有串联电感等，其原理与晶体调频原理相同。晶体鉴频器的主要优点是结构简单，调整容易，鉴频灵敏度高。它在窄带调频接收机中得到日益广泛的应用。

6.4　调频电路实例分析与仿真

与振幅调制相比，角度调制具有抗干扰能力强和较高的载波功率利用系数等优点，在通信、测量以及电子技术的许多领域中，角度调制和解调技术得到了极为广泛的应用。本节利用 EWB 软件对角度调制中的变容二极管直接调频电路和叠加型相位鉴频器电路进行仿真。

6.4.1　调频发射机分析与仿真

变容二极管直接调频电路是目前应用最为广泛的直接调频电路，它是利用变容二极管反偏时所呈现的可变电容特性实现调频作用的，具有工作频率高、固有损耗小等优点。图 6 - 39 为变容二极管直接调频的实际电路，电路参数如图中标注。

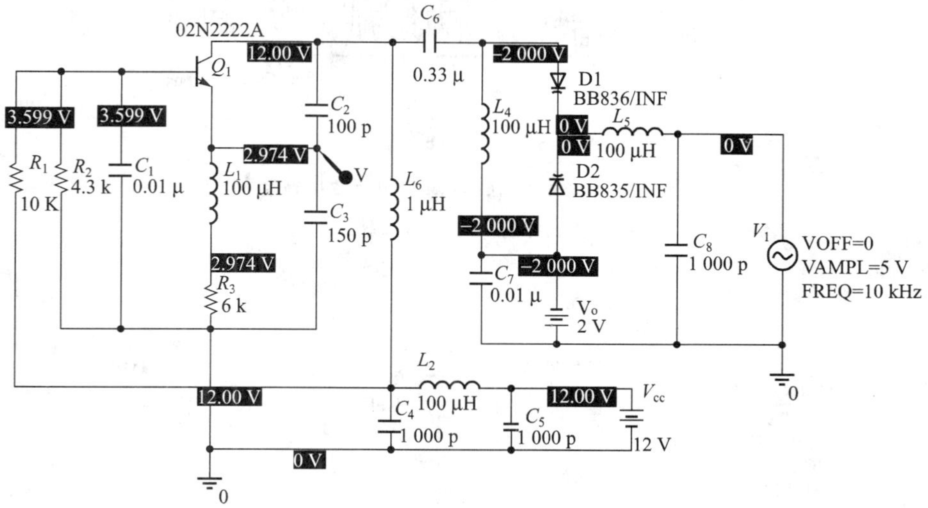

图 6 - 39　变容二极管直接调频的实际电路

在图 6 - 39 中，L_6，C_2、C_3 串联，C_6 和反向串联的两个变容二极管，三个支路并联组成电容反馈三点式振荡电路。直流偏置电压 $-V_o$ 同时加在两个变容二极管的正极，调制信号 u_Ω（t）经 100 μH 扼流圈加在二极管负极上，两个二极管的动态偏置为

$$u_d(t) = V_o + U_\Omega(t)$$

图 6 - 39 中两个变容二极管串联后的总电容为 $C_j' = C_j/2$，C_j'与 C_3 串联后接入振荡回路，对振荡回路来说是部分接入，与单二极管直接接入比较，在 Δf_m 相同的情况下，m 值降低。同时两变容二极管反向串联，对高频信号而言，加到两管的高频电压降低 1/2，可减弱高频电压对结电压的影响，另外在高频电压的任一半周内，一个变容管寄生电容增大，而另一个减少，使结电容的变化不对称性相互抵消，从而削弱寄生调制。因此，该电路较为实用。

变容二极管直接调频电路的仿真结果如图 6 - 40 所示。

6.4.2　调频接收机分析与仿真

图 6 - 41 所示为叠加型鉴相器的原理电路，电路参数如图中标注。下面对该电路进行分析。图中二极管 VD_1、VD_2 和两个 C、R 组成两个平衡的包络检波器，差动输出。在实际中，鉴频器电路还可以有其他形式，如接地点改接在下端，检波负载电容用一个电容代替并可省去高频扼流圈。

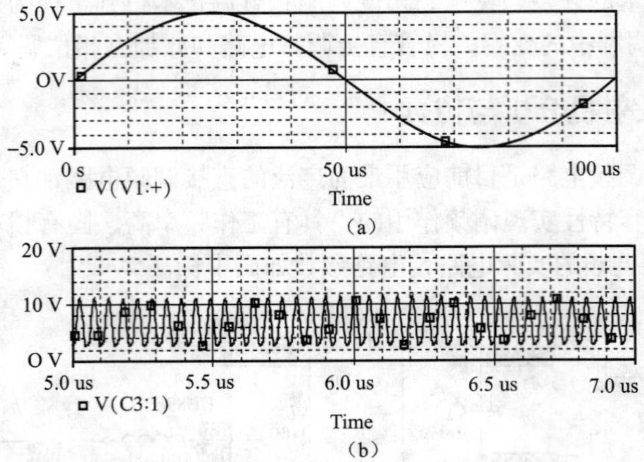

图 6-40　变容二极管直接调频电路仿真波形

（a）基带信号波形；（b）已调信号波形

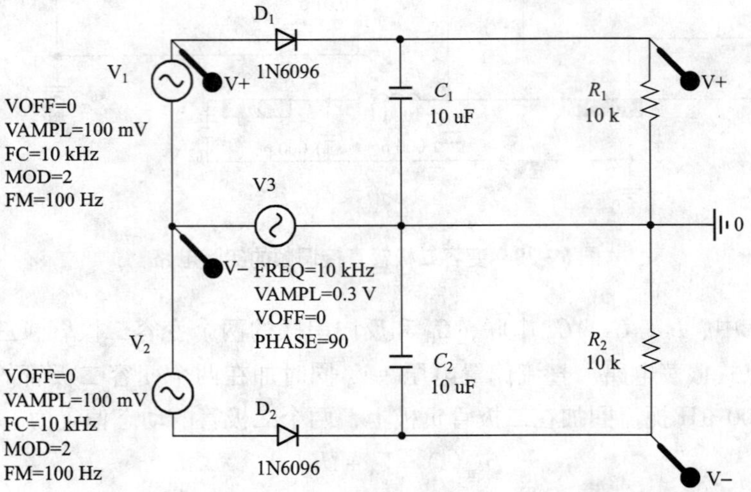

图 6-41　叠加型鉴相器的原理电路

设输入调相波 $u_s(t)$ 为

$$u_s(t)=U_s\sin(\omega_0+\pi/2)$$

式中，$\varphi(t)=k_p u_\Omega(t)$，$\omega_0=10\ \text{kHz}$。而同频正交载波信号为

$$u_r(t)=U_r\sin(\omega_0+\pi/2)$$

由图 6-41 可得

$$\begin{cases}u_{D1}=u_r(t)+u_s(t)\\u_{D2}=u_r(t)-u_s(t)\end{cases}$$

所以有

$$\begin{cases}U_{D1}=\sqrt{U_s^2+U_r^2+2U_sU_r\sin\varphi(t)}\\U_{D2}=\sqrt{U_s^2+U_r^2-2U_sU_r\sin\varphi(t)}\end{cases}$$

由于u_{D1}和u_{D2}的振幅U_{D1}和U_{D2}是随$\varphi(t)=k_p u_{\Omega}(t)$变化的，即$u_{D1}$和$u_{D2}$为调相调幅波。如果设包络检波器的传输系数为$K_{d1}=K_{d2}=K_d$，则两个包络检波器的输出电压为

$$\begin{cases}u_{o1}=K_d U_{D1}\\ u_{o2}=K_d U_{D2}\end{cases}$$

而叠加型鉴相器输出的总电压为

$$u_o(t)=u_{o1}-u_{o2}=K_d(U_{D1}+U_{D2})$$

讨论：

(1) 当$U_S \ll U_r$时

$$U_{D1}=U_r\sqrt{1+\left(\frac{U_S}{U_r}\right)^2+2\frac{U_S}{U_r}\sin\varphi(t)}\approx U_r\sqrt{1+2\frac{U_S}{U_r}\sin\varphi(t)}$$

$$=U_r\left[1+\frac{U_S}{U_r}\sin\varphi(t)\right]$$

同理

$$U_{D2}\approx U_r\left[1-\frac{U_S}{U_r}\sin\varphi(t)\right]$$

则叠加型鉴相器输出的总电压为

$$u_o(t)=2K_d U_S\sin\varphi(t)$$

可见这时的鉴相器具有正弦鉴相特性，其线性鉴相范围为$|\varphi(t)|\leqslant\pi/12$。

(2) 当$U_S \gg U_r$时，同理可推出

$$u_o(t)=2K_d U_r\sin\varphi(t)$$

由讨论(1)，(2)可以看出输出电压u_o的大小取决于振幅小的输入信号振幅。

(3) 当$U_S=U_r$时

$$U_{D1}=\sqrt{2}U_S\sqrt{1+\sin\varphi(t)}$$

$$U_{D2}=\sqrt{2}U_S\sqrt{1-\sin\varphi(t)}$$

所以

$$u_o(t)=\sqrt{2}k_d U_s\left(\sqrt{1+\sin\varphi(t)}-\sqrt{1-\sin\varphi(t)}\right)$$

利用三角函数公式

$$\begin{cases}\sqrt{1-\sin x}=\cos\frac{x}{2}-\sin\frac{x}{2}\\ \sqrt{1-\sin x}=\cos\frac{x}{2}+\sin\frac{x}{2}\end{cases}$$

所以

$$u_o(t)=2\sqrt{2}k_d U_S\sin\frac{\varphi(t)}{2}$$

而当$|\varphi(t)/2|\leqslant\pi/12$，$|\varphi(t)|\leqslant\pi/6$的范围内时

$$\sin\frac{\varphi(t)}{2}\approx\frac{\varphi(t)}{2}$$

所以$u_o(t)=\sqrt{2}k_d U_S\varphi(t)$，同样也可实现线性鉴相。

叠加型鉴相器电路仿真波形如图6－42所示。

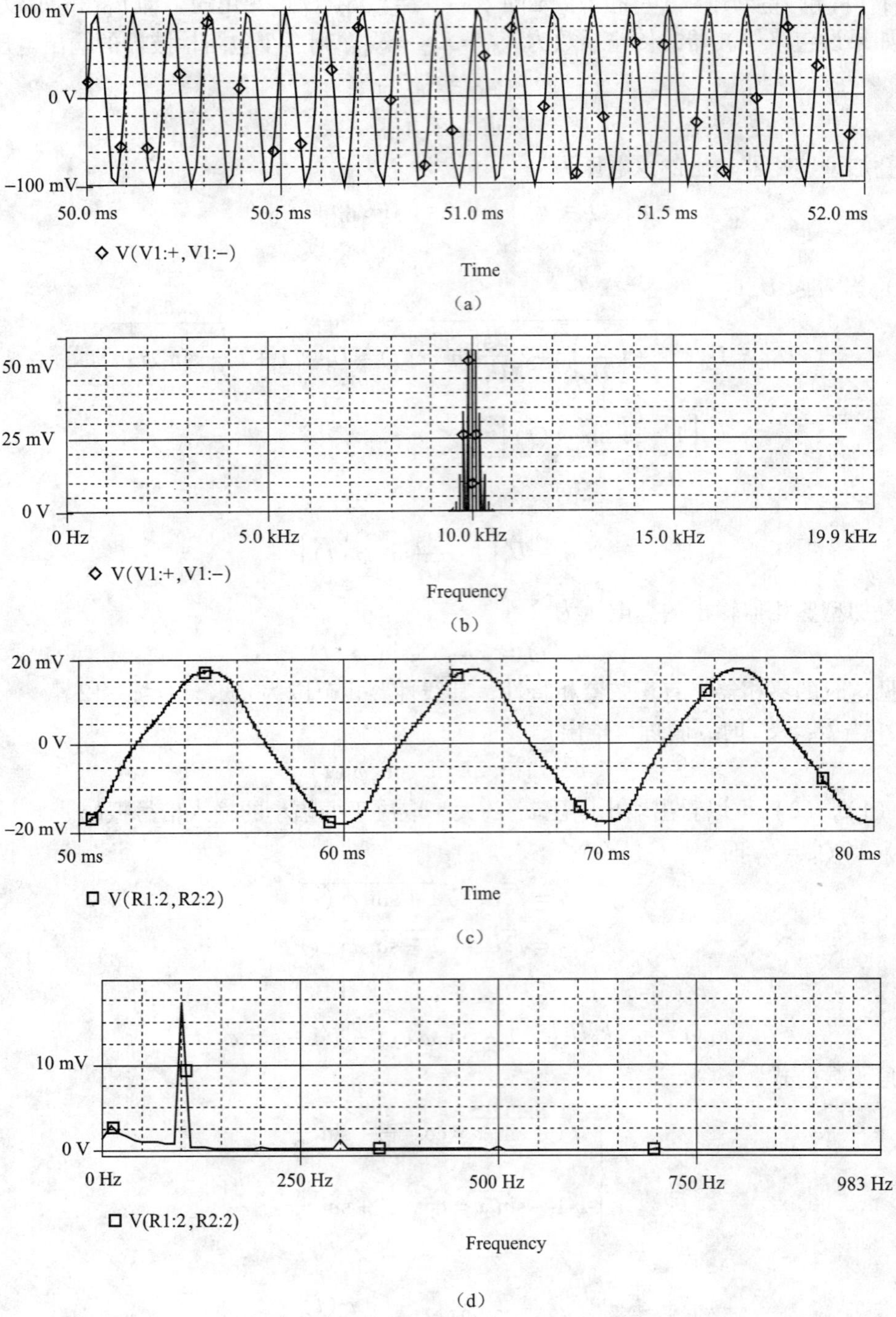

图 6－42　叠加型鉴相器电路仿真波形

（a）输入调频信号时域仿真波形；（b）输入调频信号时域仿真波形；

（c）叠加型鉴相器电路解调时域仿真波形；（d）叠加型鉴相器电路解调频域仿真波形

应当强调指出，叠加型相位鉴频器的工作过程实际包括两个动作：首先，输入调频信号经频率－相位变换后变成既调频又调相的 FM－PM 信号，通过加法器完成矢量相加，将两个信号电压之间的相位差变化相应地变成合成信号的包络变化（既调频、调相又调幅的 FM－PM－AM 信号），然后由包络检波器将其包络检出。因此，从原理上讲，叠加型相位鉴频器也可以认为是一种振幅鉴频器。通过本次仿真，使读者了解变容二极管直接调频电路和叠加型相位鉴频器电路一般工作原理及调试、仿真方法。读者也可对其他形式的角度调制和角度解调电路进行电路设计和仿真，如晶体振荡器直接调频电路、变容二极管调相电路和差分峰值振幅鉴频器等。

本章小结

调频信号的瞬时频率变化与调制电压成线性关系，调相信号的瞬时相位变化与调制电压成线性关系，两者都是等幅信号。对于单频调频或调相信号来说，只要调制指数相同，则频谱结构与参数相同。但当调制信号是由多个频率分量组成的时，相应的调频信号和调相信号的频谱都不相同，而且各自的频谱都并非是单个频率分量调制后所得频谱的简单叠加。这些都说明了非线性频率变换与线性频率变换是不一样的。

最大频偏 Δf_m、最大相偏 $\Delta\varphi_m$（即调制指数 m_f 或 m_p）和带宽 BW 是调角信号的三个重要参数。要注意区别 Δf_m 和 BW 两个不同的概念，注意区别调频信号和调相信号中 Δf_m 和 $\Delta\varphi_m$ 与其他参数的不同关系。

直接调频方式可获得较大的线性频偏，但载频稳定度较差；间接调频方式载频稳定度较高，但可获得的线性频偏较小。前者的最大相对频偏受限制，后者的最大绝对频偏受限制。采用晶振、多级单元级联、倍频和混频等措施可改善两种调频方式的载频稳定度或最大线性频偏等性能指标。

斜率鉴频和相位鉴频是两种主要鉴频方式，其中互感耦合叠加型相位鉴频器鉴频曲线线性较好，灵敏度较高；比例相位鉴频器具有自限幅能力，电路简单，体积小；而差分峰值鉴频和乘积型相位鉴频两种实用电路便于集成、调谐容易、线性性较好，在集成电路中得到了普遍应用。

在鉴频电路中，LC 并联回路作为线性网络，利用其幅频特性和相频特性，分别可将调频信号转换成调频－调幅信号和调频－调相信号，为频率解调准备了条件。在调频电路中，由变容二极管（或其他可变电抗元件）组成的 LC 并联回路作为非线性网络，更是经常用到的关键部件。

限幅电路是鉴频电路前端不可缺少的重要部分，它可以消除叠加在调频信号上面的寄生调幅，从而可减小鉴频失真。

思考题与习题

6－1　能区分理想的调幅、调频、调相波吗？为什么？

6－2　调制信号 $u(t)$ 为周期重复的三角波。试分别画出调频和调相时的瞬时频率偏移 $\Delta\omega(t)$ 随时间变化的关系曲线，和对应的调频波和调相波的波形。

6－3　频率为 100 MHz 的载波被频率为 5 kHz 的正弦信号调制，最大频偏为 50 KHz，求此时 FM 波的带宽。若 U_Ω 加倍，F 不变，带宽是多少？若 F 不变，U_Ω 增大一倍，带宽如何？若 U_Ω 和 F 都增大一倍，带宽又如何？

6-4　在调频波中，有三个频率 ω_c，$\Delta\omega$，Ω，请简述这三个频率的关系。

6-5　已知某调频电路调制信号频率为 400 Hz，振幅为 2.4 V，调制指数为 60，求频偏。当调制信号频率减为 250 Hz，同时振幅上升为 3.2 V 时，调制指数将变为多少？

6-6　已知彩色电视机伴音采用频率调制，4 频道的伴音载波中心频率 $f_c=83.75$ MHz 最大频偏 $\Delta f_m=50$ kHz，最高调制频率 $F_{max}=15$ kHz 问该调频信号瞬时频率的变化范围是多少？卡森带宽 B_{CR} 等于多少。试画出 $F=15$ kHz 的单频调制情况的频谱图。

6-7　某调频发射机在 $m_f=0$ 时，50 Ω 负载电阻上得到的功率等于 100 W。

(1) m_f 由 0 开始增加直到 $J_1(m_f)=0$，画出该信号的频谱，求其载波功率、边带功率和该调频信号的振幅。

(2) 当 m_f 由 0 开始增加到 $J_o(m_f)=0$ 时，画出该信号的频谱，求其载波功率和边带功率及信号的幅度。

6-8　已知调频信号 $u_{FM}(t)=100\cos(2\pi\times10^8t+20\sin 2\pi\times10^3t)$ (mV)，试求：

(1) 载波频率 f_c、调制信号频率 F 和调频指数 m_f；

(2) 最大频偏 Δf_m；

(3) 调频波有效带宽 BW。

6-9　给定调频波的中心频率 $f_c=50$ MHz，最大频偏 $\Delta f_m=75$ kHz，试求：

(1) 当调制信号频率 $F=300$ Hz 时，调频指数 m_f 及调频波有效带宽 BW；

(2) 当调制信号频率 $F=15$ kHz 时，调频指数 m_f 及调频波有效带宽 BW。

6-10　载波 $u_c=5\cos 2\pi\times10^8t(\text{V})$，调制信号 $u_\Omega(t)=\cos 2\pi\times10^3t(\text{V})$，最大频偏 $\Delta f_m=20$ kH，试求：

(1) 调频波表达式；

(2) 调频系数 m_f 和有效带宽 BW；

(3) 若调制信号 $u_\Omega(t)=3\cos 2\pi\times10^3t$ (V)，则调频系数 m_f 和有效带宽 BW?

6-11　已知：载波 $u_c=10\cos 2\pi\times50\times10^6t$ (V)，调制信号 $u_\Omega(t)=5\cos 2\pi\times10^3t$ (V)，调频灵敏度 $k_f=10$ kHz/V，试求：

(1) 调频波表达式；

(2) 最大频偏 Δf_m；

(3) 调频系数 m_f 和有效带宽 BW。

6-12　在频带通信系统中，从系统带宽恒定出发，调角波的有效带宽受调制信号的哪些参数制约？若要保持调角波带宽恒定，对这些参数有何要求？下列两种调制信号是否能适应这些要求？为什么？

(1) 由高低电平组成的数字式调制信号；

(2) 由 300 Hz～3 400 Hz 的音频信号组成的模拟调制信号。

6-13　频率为 100 MHz 的载波被频率为 5 kHz 的正弦信号调频，最大频偏 $\Delta f_m=50$ kHz，试求：

(1) 调频指数 m_f 及调频波有效带宽 BW；

(2) 如果调制信号的振幅加倍，频率不变时，调频指数 m_f 及调频波有效带宽 BW；

(3) 如果调制信号的振幅和频率均加倍时，调频指数 m_f 及调频波有效带宽 BW。

6－14 已知调频波表达式为 $u(t)=10\cos(2\pi\times 50\times 10^6 t+5\sin 2\pi\times 10^3 t)$（V），调频灵敏度 $k_f=10$ kHz/V，试求：

（1）该调频波的最大相位偏移 m_f、最大频偏 Δf_m 和有效带宽 BW；

（2）写出载波和调制信号的表达式。

6－15 设载频 $f_c=12$ MHz，载波振幅 $U_{cm}=5$ V，调制信号 $u_\Omega(t)=1.5\mathrm{co}\pi\times 10^3 t$，调频灵敏度 $k_f=25$ kHz/V，试求：

（1）调频表达式；

（2）调制信号频率和调频波中心频率；

（3）最大频偏、调频系数和最大相偏；

（4）调制信号频率减半时的最大频偏和相偏；

（5）调制信号振幅加倍时的最大频偏和相偏。

6－16 求调角波的 $\Delta\varphi(t)$，$\Delta\omega(t)$ 的表达式，如果是调频波或调相波，试问相应的调制电压是多少？

（1）$v=V(1+A\cos\omega_1 t)\cos(\omega_c t+\mathrm{B}\cos\omega_1 t)$；（2）$v=V\cos(\omega_c+A\cos\omega_1 t)t$。

6－17 已知 $v=0.1\cos(2\pi\times 10^8 t+20\sin 2\pi\times 10^3 t)$（V），试求：

（1）对 FM 波，求 f_c，调制频率 F，调频指数 m_f，最大频偏 Δf_m，BW 以及 50 Ω 电阻上的平均功率 P。

（2）PM 波，求 m_p，调制信号 $v_\Omega(t)$（设调相灵敏度 $k_p=2$rad/V），以及最大频偏 Δf_m。

6－18 设有一非线性器件，其特性为 $V_o(t)=KV_i^2(t)$。请推证：

（1）当输入信号为普通调幅波时，器件输出的倍频信号不再是普通调幅波了；

（2）当输入信号为调频波时，器件输出的倍频信号仍然是调频波。

6－19 如图6－43所示电路为晶振调频电路，组成无线话筒中的发射机，看图回答下列问题：

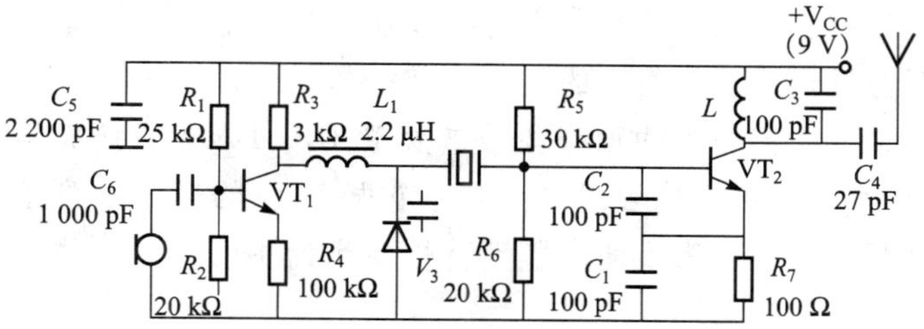

图6－43 题6－19图

（1）R_5、R_6、R_7 的作用是什么？

（2）振荡回路的组成元件有哪些？

（3）V_1 的作用是什么？

（4）L_1 的作用是什么？

（5）晶振谐振回路的组成元件有哪些？它谐振在几次谐波上实现三倍频，扩大了调频波的频偏。

6－20 变容二极管直接调频电路如图6－44所示，其中心频率为360 MHz，变容管的 $\gamma=3$，$V_B=0.6$ V，调制信号 $v_\Omega=\cos\Omega t$。图中 L_1 和 L_3 为高频扼流圈，C_3 为隔直电容，C_4

和 C_5 为高频旁路电容。

(1) 分析电路工作原理和各元件的作用；

(2) 调整 R_2，使加到变容管上的反向偏置电压为 7.5 V，这时它所显现的结电容为 20 pF，试求振荡回路的电感量 L_2；

(3) 试求输出已调信号的最大频偏和调频灵敏度。

6－21 如图 6－45 所示电路，读图回答下列问题：

(1) 电路名称是什么？

(2) C_1 的作用是什么？

(3) L_1 的作用是什么？

(4) L_1、C_2、C_3 作用是什么？

(5) 电感 L 和变容管 C_3 构成什么电路？

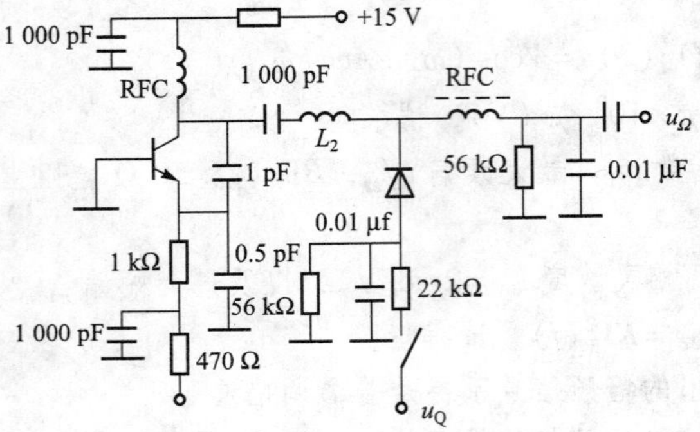

图 6－44 题 6－20 图

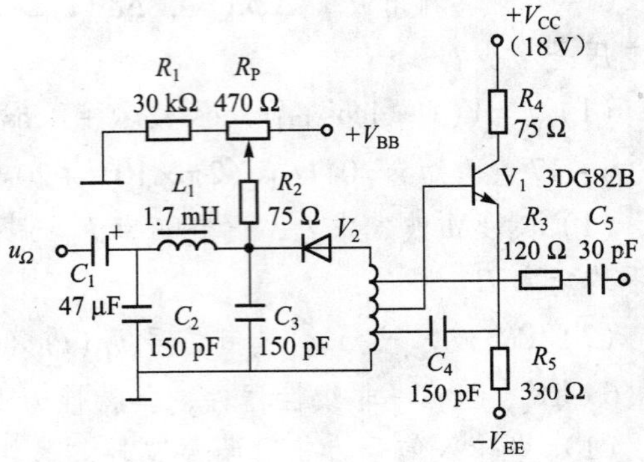

图 6－45 题 6－21 图

6－22 请分析限幅器特有的抗干扰性能的原因是什么？

6－23 为什么通常应在相位鉴频器之前要加限幅器？而此例鉴频器却不用加限幅器？

6－24 由或门与低通滤波器组成的门电路鉴相器，试分析说明此鉴相器的鉴相特性。

6－25 将双失谐回路鉴频器的两个检波二极管 D_1、D_2 都调换极性反接，电路还能否工作？只接反其中一个，电路还能否工作？有一个损坏（开路），电路还能否工作？

6－26 相位鉴频电路中，为了调节鉴频特性曲线的中心频率、峰宽和线性，应分别调节哪些元件？为什么？

6－27 相位鉴频器使用久了，出现了以下现象，试分析产生的原因：

(1) 输入载波信号时，输出为一直流电压；

(2) 出现严重的非线性失真。

6－28 用矢量合成原理定性描绘出比例鉴频器的鉴频特性。

6－29 针对以下几种要求，分别选择鉴频器的类型（说明宜采用哪种鉴频器）。

(1) 频带较宽；

(2) 频带较窄，非线性失真小；

(3) 为节省元件，不使用限幅器；

(4) 信号频率较低，不用电感线圈。

6-30 图6-46所示图中，哪个电路能实现包络检波？哪个电路能实现鉴频？f_{01}和f_{02}如何配置？

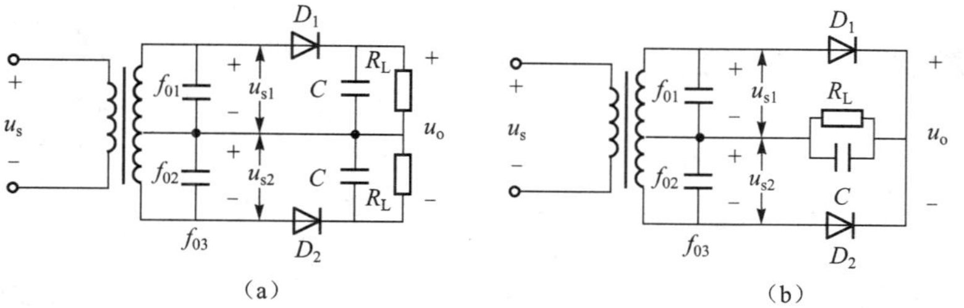

图6-46 题6-30图

6-31 试画出双失谐回路斜率鉴频器的原理图，并定性画出其鉴频特曲线。如果图中两个二极管均反接，鉴频特性变为怎样？

6-32 鉴频器的鉴频特性如图6-47所示，鉴频器的输出电压为$u_o(t)=\cos 4\pi\times10^3 t$V，试求：

(1) 鉴频灵敏度S_D；

(2) 带宽BW；

(3) 写出原调制信号的表达式及输入信号$u_{FM}(t)$的表达式。

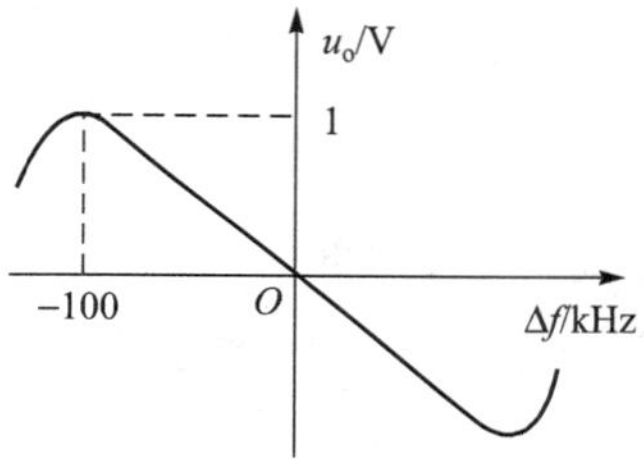

图6-47 题6-32图

6-33 画出模拟乘法器实现鉴相及鉴频的框图，写出有关的数学表达式。

6-34 就你所知的各种无线电设备，举例说明哪类设备采用调幅制？哪类采用单边带调制？哪类采用调频制？并扼要说明采用这种调制方式的理由。

6-35 画出调频发射机、调频接收机的原理方框图。

6-36 试说明调频立体声广播和接收原理。

研究项目

项目：调频无线环境监测模拟装置的设计

要求：

- 设计并制作一个调频无线环境监测模拟装置，实现对周边温度和光照信息的探测；
- 该装置由1个监测终端和不多于255个探测节点组成（实际制作1个）；
- 监测终端和探测节点均含一套调频无线收发电路，要求具有无线传输数据功能，收发共用一个天线。

目的：

- 掌握调频及解调电路的工作原理；
- 掌握调频及解调电路的设计方法；
- 提高实际电路制作的动手能力。

指导：

- 指导学生对调频及解调电路中各元件参数进行计算；

- 指导学生用仿真软件对设计电路进行仿真；
- 指导学生对不同类型的调频及解调电路的测试结果进行分析，总结出各自的特点。

思考题：

- 不同类型的调频电路的中心工作频率有何区别？

第 7 章

反馈控制电路

本章目的

- 了解自动增益控制原理；
- 熟悉自动频率微调原理；
- 掌握锁相环路的基本工作原理；
- 理解锁相环路的数学模型；
- 了解锁相环路的分析；
- 了解锁相环路的某些应用。

知识点

- 自动频率微调；
- 锁相环路的基本工作原理；
- 锁相环路的数学模型；
- 锁相环路的应用。

在现代通信系统和电子设备中，为了提高技术性能指标，或者实现某些特定的要求，广泛地采用了各种反馈控制电路。根据控制对象参数不同反馈控制电路分为三类：自动增益控制电路、自动频率控制电路和自动相位控制电路。

如果系统中需要比较的参量是电压或电流，则称之为自动增益控制电路（Automatic Gain Control，AGC）；如果比较的参量为频率，则称之为自动频率控制电路（Automatic Frequency Control，AFC）；如果比较的参量是相位，则称之为自动相位控制电路（Automatie Phase Control，APC），自动相位控制电路又称为锁相环路（Phase Locked Loop，PLL），是应用最广的一种反馈控制电路。

7.1 自动增益控制电路

自动增益控制（AGC）电路是某些电子设备特别是接收设备的重要辅助电路之一，

其主要作用是使设备的输出电平保持为一定的数值。因此也称自动电平控制（ALC）电路。

7.1.1 AGC 工作原理

自动增益控制电路是一种在输入信号幅值变化很大的情况下，通过调节可控增益放大器的增益，使输出信号幅值基本恒定或仅在较小范围内变化的一种电路，其组成方框图如图 7-1 所示。

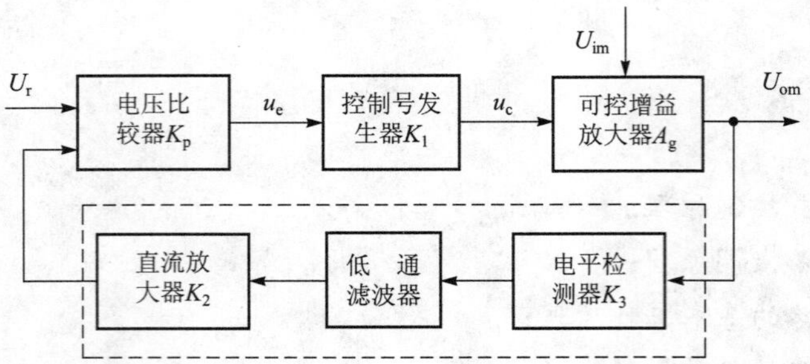

图 7-1 自动增益控制电路框图

设输入信号振幅为 U_{im}，输出信号振幅为 U_{om}，可控增益放大器增益为 A_g（u_c），它是控制电压 u_c 的函数，则有

$$U_{om}=A_g(u_c)U_{im} \tag{7-1}$$

在 AGC 电路里，比较参量是信号电平，所以采用电压比较器。反馈网络由电平检测器、低通滤波器和直流放大器组成。反馈网络检测出输出信号振幅电平（平均电平或峰值电平），滤去不需要的较高频率分量，然后进行适当放大后与恒定的参考电平 U_r 比较，产生一个误差信号 u_e。控制信号发生器在这里可看作是一个比例环节，增益为 k_1。若 U_{im}减小而使 U_{om}减小时，环路产生的控制信号 u_c 将使增益 A_g 增大，从而使 U_{om}趋于增大。若 U_{im}增大而使 U_{om}增大时，环路产生的控制信号 u_c 将使增益 A_g 减小，从而使 U_{om}趋于减小。无论何种情况，通过环路不断地循环反馈，都应该使输出信号振幅 U_{om}保持基本不变或仅在较小范围内变化。

7.1.2 AGC 电路分析

根据输入信号的类型、特点以及对控制的要求，AGC 电路主要有以下几种类型。

1. 简单 AGC 电路

在简单 AGC 电路里，参考电平 $U_r=0$。这样，只要输入信号振幅 U_{im}增加，AGC 的作用就会使增益 A_g 减小，从而使输出信号振幅 U_{om}减小。图 7-2 所示为简单 AGC 的特性曲线。

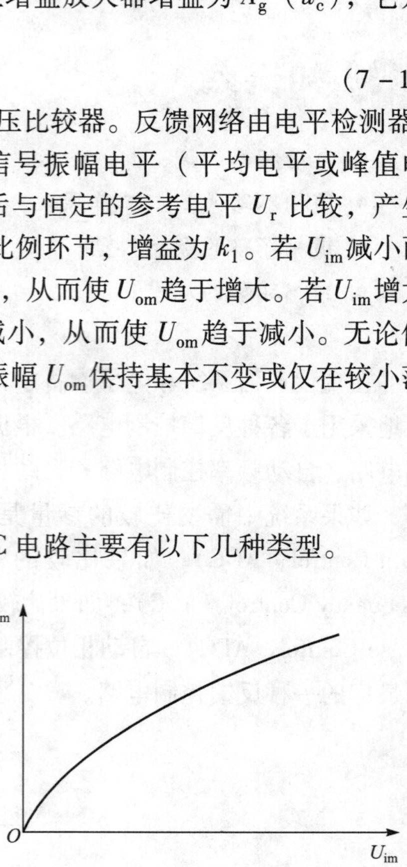

图 7-2 简单 AGC 特性曲线

简单 AGC 电路的特点是线路简单，在实用电路中不需要电压比较器；主要特点是，一旦有外来信号，AGC 立即起作用，接收机的增益就受控制而减

小。这对提高接收机的灵敏度是不利的，尤其在外来信号很微弱时。所以简单 AGC 电路适用于输入信号振幅较大的场合。

2. 延迟 AGC 电路

在延迟 AGC 电路里有一个启控门限，即比较器参考电平 U_r。它对应图 7－3 中的 U_{imin}。当输入信号 U_{im}小于 U_{imin}时，反馈环路断开，AGC 不起作用，放大器增益 A_g 不变，输出信号 U_{om}与输入信号 U_{im}成线性关系。当 U_{im}大于 U_{imin}后，反馈环路接通，AGC 电路开始产生误差信号和控制信号，使放大器增益 A_g 有所减小，保持输出信号 U_{om}基本恒定或仅有微小变化。

当输入信号 U_{im}大于 U_{imax}后，AGC 作用消失。可见，U_{imin}与 U_{xmax}区间即为所容许的输入信号的动态范围，U_{omin}与 U_{omax}区间即为对应的输出信号的动态范围。

这种 AGC 电路由于需要延迟到 $U_{im} > U_{imin}$之后才开始控制作用，故称为延迟 AGC。“延迟”二字不是指时间上的延迟。

延迟式 AGC 原理图如图 7－4 所示。

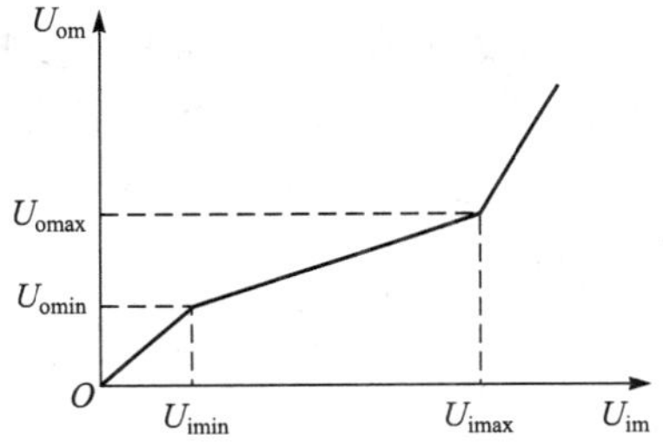

图 7－3　延迟 AGC 特性曲线

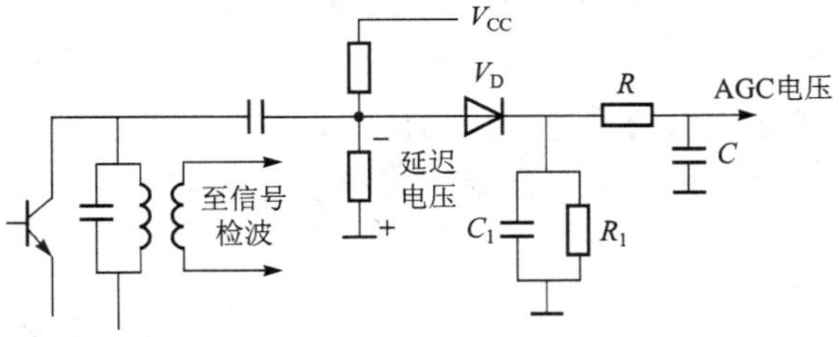

图 7－4　延迟 AGC 电路

【提示】 正确选定 AGC 低通滤波器的时间常数 *RC* 是时间 AGC 电路的主要任务之一。$\tau=RC$ 不能太大也不能太小。τ 太大，接收机的增益不能得到及时调整，太小则会使调幅波受到反调制。通常在接收机语言调幅信号时，τ 选 0.02 ~ 0.2 s；接收等幅电平时，τ 为 0.1 ~ 1 s。

7.1.3　AGC 的性能指标

AGC 电路的主要性能指标有两个，一个是动态范围，另一个是响应时间。

1. 动态范围

AGC 电路是利用电压误差信号去消除输出信号振幅与要求输出信号振幅之间电压误差的自动控制电路。所以当电路达到平衡状态后，仍会有电压误差存在。从对 AGC 电路的实际要求考虑，一方面希望输出信号振幅的变化越小越好，即要求输出电压振幅的误差越小越好；另一方面也希望容许输入信号振幅的变化范围越大越好。因此，AGC 的动态范围是在给定输出信号振幅变化范围内，容许输入信号振幅的变化范围。由此可见，AGC 电路的动态范围越大，性能越好。

知识扩展

收音机的 AGC 指标为：输入信号强度变化 26 dB 时，输出电压的变化不超过 5 dB。在高级通信机中，AGC 指标为输入信号强度变化 60 dB 时，输出电压的变化不超过6 dB；输入信号在 10 μV 以下时，AGC 不起作用。

2. 响应时间

AGC 电路是通过对可控增益放大器增益的控制来实现对输出信号振幅变化的限制，而增益变化又取决于输入信号振幅的变化，所以要求 AGC 电路的反应既要能跟得上输入信号振幅的变化速度，又不会出现反调制现象，这就是响应时间特性。

知识扩展

对 AGC 电路的响应时间长短的要求，取决于输入信号的类型和特点。根据响应时间长短分别有慢速 AGC 和快速 AGC 之分。而响应时间的长短的调节由环路带宽决定，主要是低通滤波器的带宽。低通滤波器带宽越宽，则响应时间越短，但容易出现反调制是指当输入调幅信号时，调幅波的有用幅值变化被 AGC 电路的控制作用所抵消。

7.2 自动频率控制电路

自动频率控制（AFC）电路也是通信电子设备中常用的反馈控制电路。自动频率控制电路被广泛地用于各种接收机和发射机。其主要功能是自动调节振荡器的频率，以达到减少频率变化，提高频率稳定度的作用。

7.2.1 AFC 工作原理

自动频率控制电路由频率比较器、低通滤波器和可控频率器件三部分组成，如图 7－5 所示。

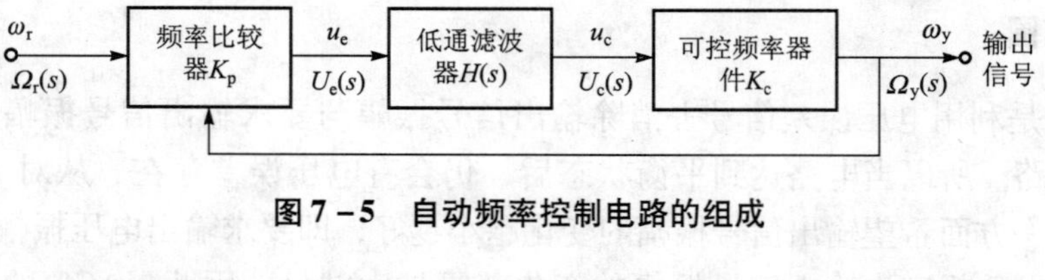

图 7－5 自动频率控制电路的组成

AFC 电路的被控参量是频率。AFC 电路输出的角频率 ω_y 与参考角频率 ω_r 在频率比较器中进行比较，频率比较器通常有两种，一种是鉴频器，另一种是混频—鉴频器。在鉴频器中的中心角频率 ω_0 就起参考信号角频率 ω_r 的作用，而在混频—鉴频器中，本振信号角频率 ω_L 与输出信号 ω_y 混频，然后再进行鉴频，参考信号角频率 $\omega_r=\omega_0+\omega_L$。当 $\omega_y=\omega_r$ 时，频率比较器无输出，可控频率器件输出频率不变，环路锁定；当 $\omega_y \neq \omega_r$，频率比较器输出误差电压 u_e，它正比于 $\omega_y - \omega_r$，将 u_e 送入低通滤波器后取出缓变控制信号 u_c。可控频率器件通常是压控振荡器（VCO），其输出振荡角频率可写成 $\omega_y = \omega_{y0} + K_c u_c$。通常 ω_{y0} 是控制信号 $u_c = 0$ 时的振荡角频率，称为 VCO 的固有振荡角频率，K_c 是压控灵敏度。u_c 控制 VCO，调节 VCO 的振荡角频率，使之稳定在鉴频器中心角频率 ω_0 上。

由此可见，自动频率控制电路是利用误差信号的反馈作用来控制被稳定的振荡器频率，使之稳定。误差信号是由鉴频器产生的，它与两个比较频率源之间的频率差成正比。显然达到最后稳定状态时，两个频率不可能完全相等，必定存在剩余频差 $\Delta\omega = |\omega_y - \omega_r|$。

7.2.2　AFC 电路分析

自动频率控制电路广泛用作接收机和发射机中的自动频率微调电路、调频接收机中的解调电路等。

1. 自动频率微调电路（AFC 电路）

图 7-6 所示为调频接收机自动频率微调系统（AFC）的方框图，它的对象是振荡频率受误差电压控制的压控振荡器（VCO），反馈控制器是由检测出频率误差的混频器、中频放大器及将频率误差转换为相应电压的鉴频器组成。

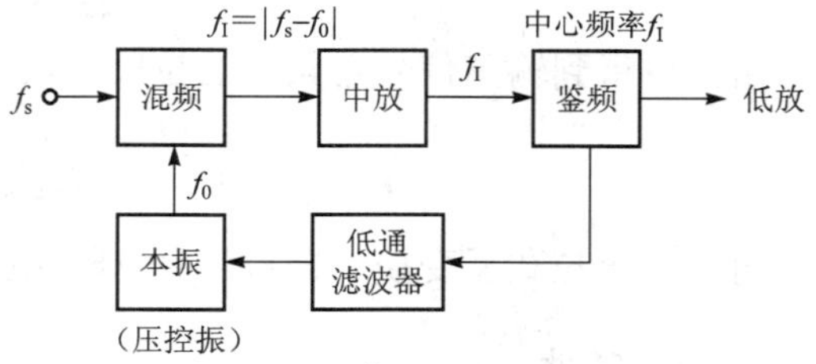

图 7-6　调频通信机的 AFC 系统方框图

该环路的输入信号就是接收信号的载波频率 f_s，输出信号是压控振荡器的振荡频率 f_0（即本振频率）。在正常工作的情况下，f_0 与 f_s 应满足的预定关系为 $f_0 = f_s + f_I$，式中，f_I 为接收机的固定中频。

当 f_0 和 f_s 之间满足 $f_0 = f_s + f_I$ 所示的预定关系时，鉴频器就没有误差电压输出，即 $u_c = 0$，相应 VCO 控制电压为零。若某种不稳定因素使 VCO 控制为零时的振荡频率增大 Δf_0，但 f_s 仍维持不变，则混频后中频频率将相应在 f_I 上增大 $\Delta f_I = \Delta f_0$，中放输出电压加到鉴频器，当有 Δf_0 产生时，鉴频器就给出相应的输出电压 u_c，用这个电压控制本地振荡器的频率，使它减小，从而使中频的误差频率由 Δf_I 减小到 $\Delta f_I'$，而后在新的 VCO 振荡频率的基础上，在经历上述同样过程，使中频误差频率进一步减小，如此循环下去，最后环路进入锁定状态。锁定后误差频率称为剩余频率误差，简称剩余频差。显然，剩余频差越小越好。

例如图 7-6 中，本振频率 f_0 为 46.5~56.5 MHz，信号频率 f_s 为 45~55 MHz，固定中频 f_I 为 1.5 MHz，剩余频差不超过 9 kHz。

【提示】在带有 AFC 电路的调幅接收机中，正是利用 AFC 的上述自动调节作用，使偏离于额定中频的频率误差减小，这样，在 AFC 电路的作用下，接收机的输入调幅信号的载波频率和 VCO 振荡频率之差接近于额定中频。因此，采用 AFC 电路后，中频放大器的带宽可以减小，有利于提高接收机的灵敏度和选择性。

2. 电视机中的自动微调（AFT）电路

AFT 电路完成将输入信号偏离标准中频（38 MHz）的频偏大小鉴别出来，并线性地转化成慢变化的直流误差电压，反送至调谐器本振回路的 AFT 变容二极管两端，以微调本振频率，从而保证中频准确、稳定。AFT 电路主要由限幅放大、移相网络、双差分乘法器等组成，其原理方框图如图 7－7 所示。

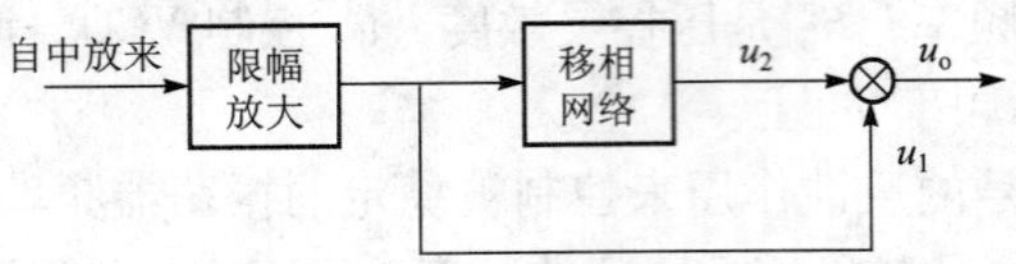

图 7－7　AFT 原理方框图

7.2.3　AFC 的性能指标

对于 AFC 电路，其主要的性能指标是暂态和稳态响应以及跟踪特性。

1. 暂态和稳态响应

由图 7－5 可得 AFC 电路的闭环传递函数

$$T(s)=\frac{\Omega_y(s)}{\Omega_r(s)}=\frac{K_pK_cH(s)}{1+K_pK_cH(s)} \tag{7-2}$$

由此可得到输出信号角频率的拉氏变换

$$\Omega(s)=\frac{K_pK_cH(s)}{1+K_pK_cH(s)}\Omega_r(s) \tag{7-3}$$

对上式求拉式反变换，即可得到 AFC 电路的时域响应，包括暂态和稳态响应。

2. 跟踪特性

由图 7－5 可求得 AFC 电路的误差传递函数 $T_e(s)$，它是误差角频率 $\Omega_e(s)$ 与参考角频率 $\Omega_r(s)$ 之比，其表达式为

$$T_e(s)=\frac{\Omega_e(s)}{\Omega_r(s)}=\frac{1}{1+K_pK_cH(s)} \tag{7-4}$$

从而可得 AFC 电路中误差角频率 ω 的时域稳定误差值

$$\omega_{e\infty}=\lim_{s\to 0}s\Omega_e(s)=\lim_{s\to 0}\frac{s}{1+K_pK_cH(s)}\Omega_r(s) \tag{7-5}$$

7.3 锁相环路

锁相环路（PLL）和 AGC、AFC 电路一样，也是一种反馈控制电路。它是一个自动相位误差控制（APC）系统，是将参考信号与输出信号之间的相位进行比较，产生相位误差电压来调整输出信号的相位，以消除频率误差，达到与参考信号同频的目的。在达到同频的状态下，虽然有剩余相位误差存在，但两个信号之间的剩余相位差也可做得很小，从而实现无剩余频率误差的频率跟踪和相位跟踪。

锁相环路早期应用于电视接收机的同步系统，使电视图像的同步性能得到了很大的改

善。20 世纪 50 年代后期，随着空间技术的发展，锁相技术用于接收来自空间的微弱信号，显示了很大的优越性，它能把深埋在噪声中的信号（信噪比为 -10 ~ -30 dB）提取出来，因此，锁相技术得到了迅速发展。到了 20 世纪 60 年代中后期，随着微电子技术的发展，集成锁相环路也应运而生，因而，其应用范围越来越宽，在雷达、制导、导航、遥控、遥测、通信、仪器、测量、计算机乃至一般工业领域都有不同程度的应用，遍及整个电子技术领域，而且正朝着多用途、集成化、系列化及高性能的方向进一步发展。

锁相环路可分为模拟锁相环与数字锁相环。模拟锁相环的显著特征是相位比较器（鉴相器）输出的误差信号是连续的，对环路输出信号的相位调节是连续的，而不是离散的。数字锁相环则与之相反。本书重点讨论模拟锁相环路的基本工作原理和主要性能。

7.3.1 PLL 基本原理

基本的锁相环路是由鉴相器（PD）、环路滤波器（LF）和压控振荡器（VCO）三个基本部分组成的，如图 7-8 所示。

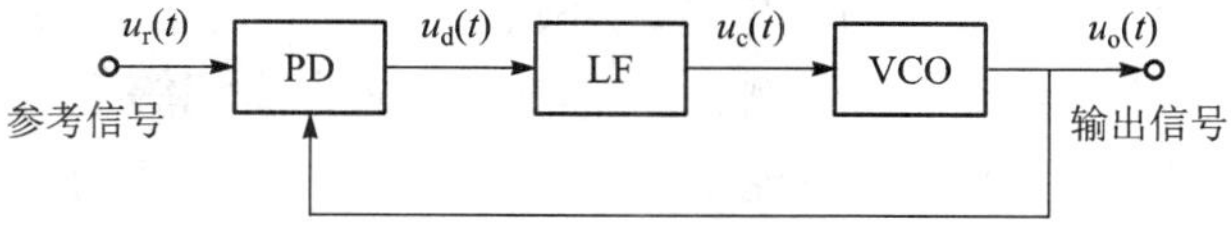

图 7-8 锁相环路的基本组成

在图 7-8 中，当压控振荡器的频率 ω_o 由于某种原因而发生变化时，会产生相位变化，这种相位变化在鉴相器中与输入信号的稳定相位（频率为 ω_r）相比较，使鉴相器输出一个与相位误差成比例的误差电压 $u_c(t)$，$u_c(t)$ 经过低通滤波器，取出其中缓慢变动的直流电压分量，用来控制压控振荡器中的压控元件参数值（通常是变容二极管的电容量），而这个压控元件是 VCO 振荡回路的组成部分，其结果是压控元件电容量的变化将使 VCO 的输出频率 ω_o 向 ω_r 靠近，直到 VCO 的振荡频率变化到与输入信号频率相等，环路就在这个频率上稳定下来，这时称环路处于锁定状态。

由上述讨论可知，加到鉴相器的两个振荡信号的频率差为

$$\Delta\omega(t)=\omega_r-\omega_o \tag{7-6}$$

此时的瞬时相位差为

$$\varphi_c=\int\Delta\omega(t)\mathrm{d}t+\varphi_0 \tag{7-7}$$

可分两种情况来讨论。

（1）若 $\omega_r=\omega_o$，则 $\Delta\omega(t)=0$，于是

$$\varphi_c=\int\Delta\omega(t)\mathrm{d}t+\varphi_0=\varphi_0 \tag{7-8}$$

由此可知，当两个振荡器频率相等时，它们的瞬时相位差是一个常数。

（2）若 $\varphi_c(t)$ 为常数，则

$$\Delta\omega(t)=\frac{\mathrm{d}\varphi_c(t)}{\mathrm{d}t}=0 \tag{7-9}$$

即

$$\omega_r = \omega_o \tag{7-10}$$

由此可知，当两个振荡信号的瞬时相位差为一常数时，二者的频率必然相等。

由以上的简单分析，即可得到关于锁相环路的重要概念。当两个振荡信号的频率相等时，则它们之间的相位差保持不变；反之，若两个信号的相位差是个恒定值，则它们的频率必然相等。

在闭环条件下，如果由于某种原因使 VCO 的角频率 ω_o 发生变化，设变动量为 $\Delta\omega$，那么，由式（7-7）可知，两个信号之间的相位差不再是恒定值，鉴相器的输出电压也就跟着发生变化，这变化的电压使 VCO 的频率不断改变，直到 $\omega_r = \omega_o$ 为止，这就是锁相环路的基本原理。

由以上的简略介绍可见，锁相环路与自动频率微调的工作过程十分相似：两者都是利用误差信号的反馈作用来控制被稳定的振荡器频率。但两者之间也有根本的差别：在锁相环路中采用的是鉴相器，它所输出的误差电压与两个相互比较的频率源之间的相位差成比例，因而达到最后的稳定（锁定）状态时，被稳定（锁定）的频率等于输入的标准频率，但有稳定相位差（剩余相位）存在；在自动频率微调系统中采用的是鉴频器，它所输出的误差电压与两个比较频率源之间的频率差成比例，两个频率不能完全相等，有剩余频差存在。因此利用锁相环路可以实现较为理想的频率控制。为了进一步了解环路的工作过程以及对环路进行必要的定量分析，有必要先分析环路中三个基本部件的特性，然后得出环路相应的数学模型。

1. 鉴相器（PD）及其电路模型

在锁相环路中，鉴相器两个输入信号分别为环路输入信号 $u_i(t)$ 和 VCO 电压 $u_o(t)$，如图 7-9（a）所示，它的作用是检测出两个输入电压的瞬时电位差，产生相应的输出电压 $u_d(t)$。若设 ω_r 为 VCO 未加控制电压时的固有振荡角频率，用来作环路的参考角频率，则 $u_i(t)$ 的角频率 ω_i 和 VCO 的实际振荡角频率 ω_o 可分别表示为

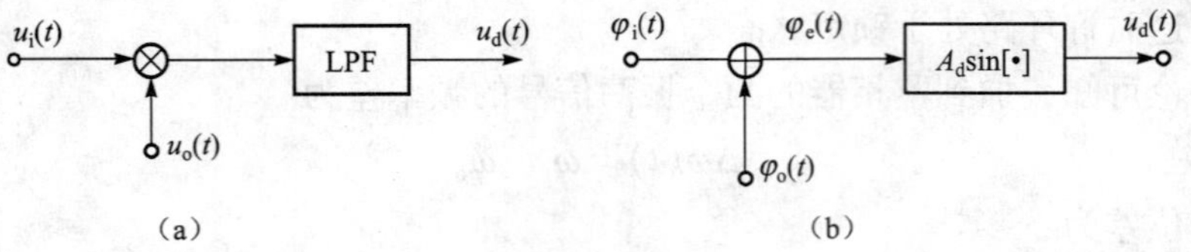

图 7-9 鉴相器模型

（a）正弦鉴相器模型；（b）线性鉴相器的频域数学模型

$$\omega_i = \omega_r + \frac{d\varphi_i(t)}{dt} \tag{7-11}$$

$$\omega_o = \omega_r + \frac{d\varphi_o(t)}{dt} \tag{7-12}$$

即

$$\begin{cases} u_i = U_{im}\cos\ (\omega_i t + \varphi_i(t)) \\ u_o = U_{om}\cos\ (\omega_r t + \varphi_o(t) + \varphi) \end{cases} \tag{7-13}$$

式中，φ 为起始相角，一般取 $\varphi = \pi/2$，即 $u_o(t) = U_{om}\sin\ (\omega_r t + \varphi_o(t))$。

鉴相器有各种实现电路，例如，采用模拟乘法器的乘积型鉴相器和采用包络检波的叠加型鉴相器，它们的输出平均电压可表示为

$$u_d(t)=A_d\sin\varphi_e(t) \tag{7-14}$$

式中，A_d 与 U_{im} 与 U_{om} 的大小有关；$\varphi_e(t)$ 为 $u_i(t)$ 和 $u_o(t)$ 之间的瞬时相位差（不计起始相角 φ），即

$$\varphi_e(t)=\varphi_i(t)-\varphi_o(t) \tag{7-15}$$

因此，鉴相器的频域数学模型如图 7－9（b）所示。

2. 压控振荡器

压控振荡器（VCO）的作用是产生频率随控制电压变化的振荡电压。在一般情况下，压控振荡器的振荡频率随控制电压变化的特性是非线性的，如图 7－10（a）所示。

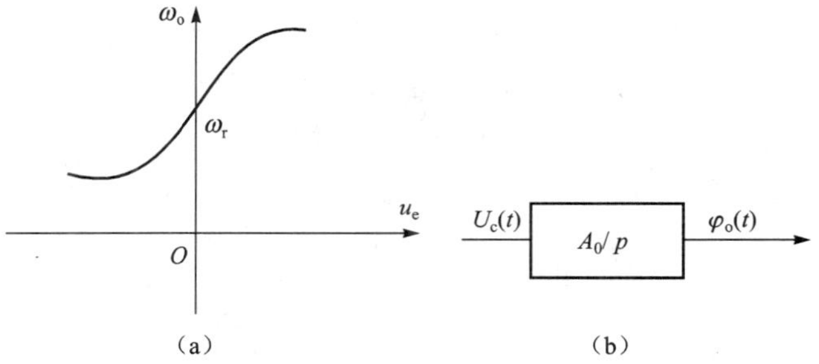

图 7－10 VCO 的电路模型

（a）压控振荡器的控制特性；（b）电路相位模型

但是，在有限的控制电压范围内，可近似由下列线性方程表示，即

$$\omega_o=\omega_r+A_o u_c(t) \tag{7-16}$$

式中，A_o 为 VCO 频率控制特性曲线在 $u_c=0$ 处的斜率，称为压控灵敏度。根据式（7－12），将式（7－16）改写为

$$\frac{d\varphi_o(t)}{dt}=A_o u_c(t) \tag{7-17}$$

或

$$\varphi_o(t)=A_o\int_0^t u_c(t)dt \tag{7-18}$$

可见，就 $\varphi_o(t)$ 和 u_c（t）之间的关系而言，VCO 是一个理想的积分器。因此，往往将它称为锁相环路中的固有积分环节。若用微分算子 $p=d/dt$ 表示，则式（7－17）可以表示为

$$\varphi_o(t)=A_o\frac{u_c(t)}{p} \tag{7-19}$$

由式（7－19）可得 VCO 的电源模型，如图 7－10（b）所示。

3. 环路低通滤波器

环路低通滤波器的作用是滤除鉴相器输出电流的无用组合频率分量及其他干扰分量，以

保证环路所要求的性能，并提高环路的稳定性。

在锁相环路中，常用的环路低通滤波器如图 7－11、图 7－12 和 7－13 所示。它们的传递函数分别如下。

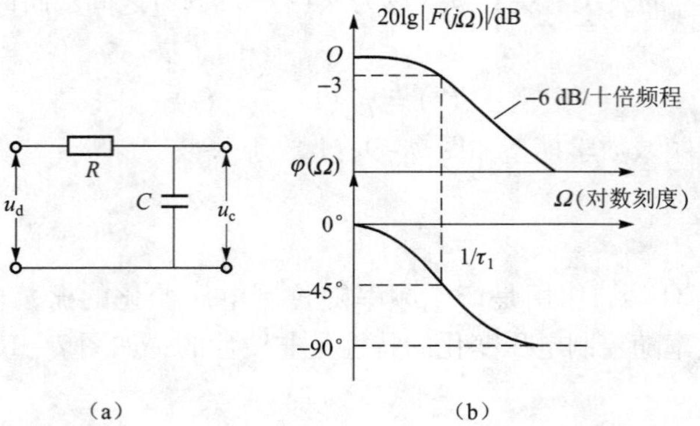

图 7－11　简单 RC 积分滤波器

（a）组成；（b）频率特性

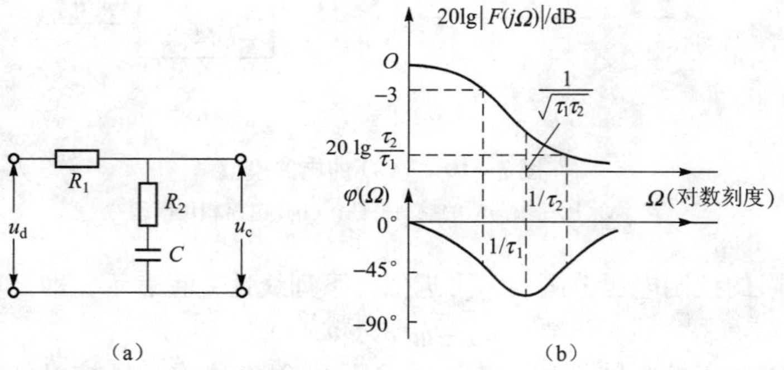

图 7－12　无源比例积分滤波器

（a）组成；（b）频率特性

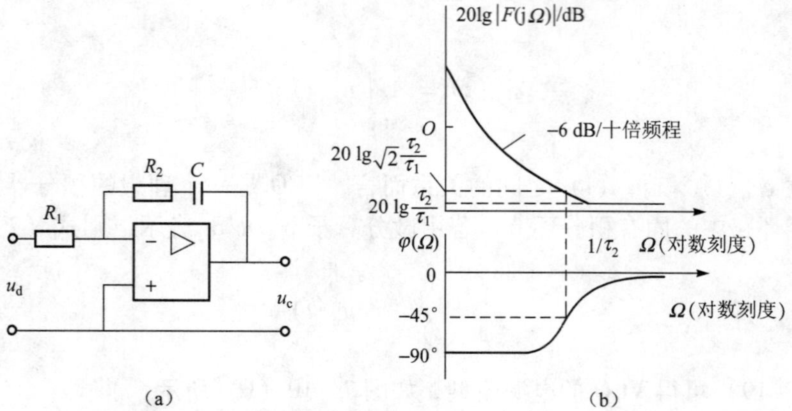

图 7－13　有源比例积分滤波器

（a）组成（b）频率特性

1）简单 RC 积分滤波器

$$A_F(s)=\frac{U(s)}{U_d(s)}=\frac{1/sC}{R+1/sC}=\frac{1}{1+s\tau} \tag{7-20}$$

式中，$\tau = RC$。

2）无源比例积分滤波器

当集成运放满足理想化条件时

$$A_F(s)=A_F(s)=\frac{R_2+1/sC}{R_1+R_2+1/sC}=\frac{1+s\tau_2}{1+s(\tau_1+\tau_2)} \tag{7-21}$$

式中，$\tau_1 = R_1C$；$\tau_2 = R_2C$。

3）有源比例积分滤波器

当集成运放满足理想化条件时

$$A_F(s)=-\frac{R_2+1/sC}{R_1}=\frac{1+s\tau_2}{s\tau_1} \tag{7-22}$$

式（7-22）表明，$A_F(s)$与 s 成反比，故这种滤波器称为理想积分滤波器。

如果将 A_F（s）中的复频率 s 用微分算子 p 替换，就可以写出描述滤波器激励和响应之间关系的微分方程，即

$$u_c(t)=A_F(\mathrm{p})u_d(t) \tag{7-23}$$

由式（7-23）可得环路低通滤波器的电路模型，如图 7-14 所示。

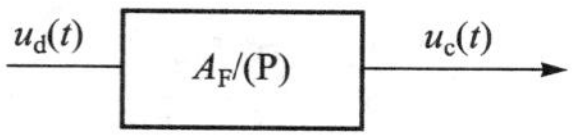

图 7-14 环路滤波器的电路模型

7.3.2 PLL 的线性与非线性分析

1. 锁相环路的数学模型

将上面得到的三个基本组成部分的电路模型按图 7-8 连接起来，就可以画出图 7-15 所示的环路模型，写出的环路基本方程为

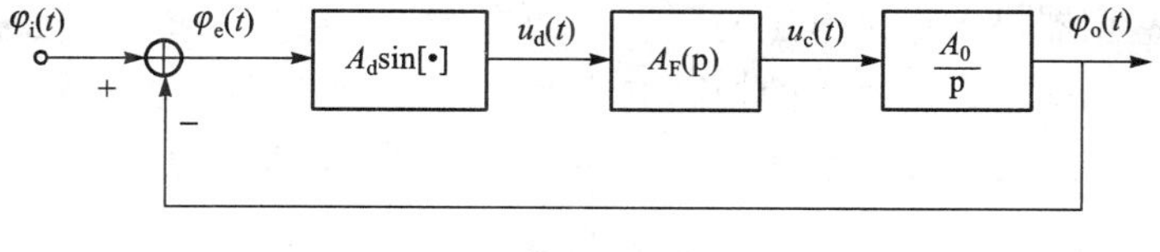

图 7-15 锁相环路模型

$$\varphi_c(t)=\varphi_i(t)-\varphi_o(t)=\varphi_i(t)-A_dA_oA_F(\mathrm{p})\frac{1}{\mathrm{p}}\sin\varphi_e(t) \tag{7-24}$$

或

$$\mathrm{p}\varphi_e(t)+A_dA_oA_F(\mathrm{p})\sin\varphi_e(t)=\mathrm{p}\varphi_i(t) \tag{7-25}$$

式（7-24）和式（7-25）是非线性微分方程，可以完整地描述环路闭合后所发生的控制过程。式（7-25）中，等式左边的第一项 $\mathrm{p}\varphi_e(t)=\mathrm{d}\varphi_e(t)/\mathrm{d}t=\Delta\omega_e(t)=\omega_i-\omega_o$ 表示 VCO 振荡角频率偏离输入信号频率的数值，称为瞬时角频率差；第二项表示 VCO 在 $u_c(t)=A_dA_F(\mathrm{p})\sin\varphi_e(t)$ 的作用下产生振荡角频率偏离 ω_r 的数值，即为 $\Delta\omega_o(t)=\omega_o-\omega_r$ 称为控制角频率差；而等式右边 $\mathrm{p}\varphi_i(t)=\mathrm{d}\varphi_i(t)/\mathrm{d}t=\Delta\omega_i(t)=\omega_i-\omega_r$，表示输入

信号角频率偏离 ω_r 的数值，称为输入固有角频差。因而，式（7－25）表明，环路闭合后的任何时刻，瞬时角频差和控制角频率频差之和恒等于固有角频差。如果输入固有角频差为常数，$\Delta\omega_i(t)=\Delta\omega_i$，$u_i(t)$ 为恒定频率的输入信号，则在环路进入锁定过程中，瞬时角频率差不断减小，而控制角频差不断的增大，但两者之和恒等于 $\Delta\omega_i$。直到瞬时角频差减小到零，$p\varphi_e(t)=0$，而控制角频差增大到 $\Delta\omega_i$ 时，VCO 振荡角频率等于输入信号角频率（$\omega_i=\omega_o$），环路便进入锁定状态。这时，相位误差 $p\varphi_e$ 为一固定值，用 $\varphi_{e\infty}$ 表示，称为剩余相位误差或稳定相位误差。如前所述，正是这个稳定相位误差，才使鉴相器输出一直流电压，这个直流电压通过滤波器加到 VCO 上，调整其振荡角频率，使它等于输出信号角频率，若设滤波器的直流增益为 $A_F(0)$，则当环路锁定时式（7－25）简化为

$$A_dA_oA_F(0)\sin\varphi_{e\infty}=\Delta\omega_i \tag{7-26}$$

故 $\varphi_{e\infty}$ 为

$$\varphi_{e\infty}=\arcsin\frac{\Delta\omega_i}{A_{\Sigma 0}} \tag{7-27}$$

式中，$A_{\Sigma 0}=A_dA_oA_F(0)$ 为环路的直流总增益。

式（7－27）表明，环路锁定时，随着 $\Delta\omega_i$ 的增大，$\varphi_{e\infty}$ 也相应增大。这就是说 $\Delta\omega_i$ 越大，将 VCO 振荡频率调整到等于输入信号频率所需的控制电压就要越大，因而产生这个控制电压的 $\varphi_{e\infty}$ 也要越大。直到 $\Delta\omega_i$ 增大到 $A_{\Sigma 0}$ 时，式（7－27）无解，表明环路不存在使它锁定的 $\varphi_{e\infty}$，或者说，输入固有频差过大，环路就无法锁定。其原因就在于 $\varphi_{e\infty}=\pi/2$ 时，鉴相器已输出最大电压，若继续增大 $\varphi_{e\infty}$，鉴相器输出电压反而减小，无法获得足够的控制电压，调整 VCO 振荡频率，使它等于输入信号频率。由此可见，能够维持环路锁定所允许的最大输入固有频率 $\Delta\omega_i=A_{\Sigma 0}$，称为锁相环路的同步带或跟踪带，用 $\Delta\omega_H$ 表示。实际上，由于输入信号角频率向 ω_r 两边偏离的效果是一样的，因此

$$\Delta\omega_H=A_{\Sigma 0} \tag{7-28}$$

式（7－28）表明，要增大锁相环的同步带，必须提高其直流总增益。不过，这个结论在假设 VCO 的频率控制范围足够大的条件下才成立。因为在满足这个条件时，锁相环路的同步带主要受到鉴相器最大输出电压的限制。如果式（7－28）求得的 $\Delta\omega_H$ 大于 VCO 的频率控制范围，那么，即使有足够大的控制电压加到 VCO 上，也不能将 VCO 振荡频率调整到输入信号的频率上。因此，在这种情况下，同步带主要受到 VCO 最大频率控制范围的限制。

2. 锁相环路的捕捉过程

在锁相环路中，必须区分两种不同的自动调节过程。若环路原先是锁定的，则当输入信号发生变化时，环路通过自身调节来维持锁定的过程称为跟踪过程，相应地，能够维持锁定所允许的输入信号频率偏离 ω_r 的最大值 $|\Delta\omega_i|$ 就是上面导出的同步带。反之，若 $|\Delta\omega_i|$ 过大，环路原先是失锁的，则当 $|\Delta\omega_i|$ 减小到某一数值时，环路就能够通过自身调节进入锁定。这种由失锁进入锁定的过程称为环路的捕捉过程，相应地，能够由失锁进入锁定所允许的最大 $|\Delta\omega_i|$ 称为环路捕捉带。一般情况下，捕捉带不等于同步带，且前者小于后者。

下面对环路的捕捉过程进行定性的讨论。

当环路未加输入信号时，VCO 上没有控制电压，它的振荡角频率为 ω_r。现将输入信号加到环路上，输入信号的固有频差 $\Delta\omega_i=\omega_i-\omega_r$，因而，在接入输入信号的瞬间，加到鉴相

器上的两个电压之间的瞬时相位差为

$$\varphi_e(t)=\int_0^t \Delta\omega_i \mathrm{d}t=\Delta\omega_i t \tag{7-29}$$

相应地在鉴相器输入端产生角频率 $\Delta\omega_i$ 的正弦电压，即 $u_d(t)=A_d\sin\Delta\omega_i(t)$。若 $\Delta\omega_i$ 很大，其值远大于环路滤波器的通频带，以致鉴相器输出差拍电压不能通过环路滤波器，则 VCO 上就没有控制电压，它的振荡角频率仍维持在 ω_r 上，环路出于失锁状态。反之，若 $\Delta\omega_i$ 减小，其值在环路滤波的通频带以内，则鉴相器输出差拍电压的基波分量就能顺利通过环路滤波器后加到 VCO 上，控制 VCO 振荡角频率 ω_o，使它在 ω_r 上下近似按正弦规律摆动。一旦 ω_o 摆动到 ω_i 并符合正确的相位关系时，环路就趋于锁定，这时鉴相器输出一个与 $\varphi_{e\infty}$ 相对应的直流电压，以维持环路锁定。

若 $\Delta\omega_i$ 处于上述两者之间，则有以下两种情况。

（1）$\Delta\omega_i$ 较大，其值以超过环路滤波器的通频带，因而鉴相器输出差拍电压通过环路滤波器时，就会受到较大衰减，但是，只要加到 VCO 上的控制电压还能使其振荡频率摆到 ω_i 上，环路就能锁定，通常由这种失锁很快进入锁定的过程称为快捕捉过程，相应地，能够锁定的最大 $|\Delta\omega_i|$ 称为快捕捉带，用 $\Delta\omega_k$ 表示。显然，这时加到 VCO 上的差拍控制电压，其幅值为 $A_dA_F(\Delta\omega_k)$，因而，VCO 产生的最大控制角频率差为 $A_dA_F(\Delta\omega_k)$，且其值等于固有角频差 $\Delta\omega_k$，即

$$\Delta\omega_k=A_0A_dA_F(\Delta\omega_k) \tag{7-30}$$

由式（7－30）便可求得环路的快捕捉带。

知识扩展

采用简单 RC 滤波器时，由式（7－20）可知，它的频率特性为

$$A_F(j\omega)=\frac{1}{1+j\omega\tau}$$

若 $\Delta\omega_c\gg 1/\tau$，则当 $\omega=\Delta\omega_k$ 时，上式的模值可近似表示为

$$A_F(j\omega_k)\approx\frac{1}{\Delta\omega_k\tau}$$

将它代入式（7－29），求得的快捕捉带为

$$\Delta\omega_k=\pm\sqrt{A_0A_d/\tau}=\pm\sqrt{\Delta\omega_H/\tau}$$

当 $\Delta\omega_H=4\times10^6$ rad/s，$\tau=20$ μs 时，$\Delta\omega_k=4.47\times10^6$ rad/s 时，其值小于 $\Delta\omega_H$。

（2）当 $\Delta\omega_i$ 比前一种大，鉴相器输出差拍电压通过环路滤波器时将受到更大的衰减，因此，加到 VCO 上的控制电压更小，VCO 振荡频率 ω_o 在 ω_r 上下摆动的幅度也就更小，使得 ω_o 不能摆到 ω_i 上，不过，既然 ω_o 在 ω_r 上下摆动，而 ω_i 又是恒定的，因而它们之间的差拍频率（$\omega_i-\omega_o$）就会在 $\Delta\omega_i$ 上下摆动。当 ω_o 摆到大于 ω_r 时，（$\omega_i-\omega_o$）减小，相应的 $\varphi_e(t)$ 随时间增长得慢，反之，当 ω_o 摆到 ω_r 时，（$\omega_i-\omega_o$）增大，相应的 $\varphi_e(t)$ 随时间增长得快，因此鉴相器的输出误差电压 $u_d(t)$ 变为正半周长，负半周短的不对称波形。该不对称波形中的直流分量和基波分量通过滤波器后又加到 VCO 上，而众多的谐波分量则滤波器滤除。其中，直流分量的电压为正值，它使 VCO 振荡角频率 ω_o 的平均值由 ω_r 上升到

$\omega_{r(av)}$。可见，通过这样一次反馈和控制过程，ω_o 的平均值向 ω_r 靠近，这个新的 ω_o 再与 ω_i 差拍，得到的角频率更近，相应的 $\varphi_e(t)$ 随时间增长得更慢，因而，鉴相器输的上宽下窄的不对称误差电压波形的频率更低，而且波形的不对称程度也更大，结果是包含的直流分量加大，ω_o 的平均值进一步靠近 ω_i，并且在平均值上下摆动的角频率更低。如此循环往复下去，直到 ω_o 能够摆动到 ω_i 时，环路便通过快捕过程进入锁定，鉴相器输一个由 $\varphi_{e\infty}$ 产生的直流电压，以维持环路锁定。

综上所述，当 $\Delta\omega_i$ 较大时，环路需要经过许多个差拍周期，使 VCO 振荡角频率 ω_o 的平均值逐步靠近到 ω_i 时，环路才会被锁定。因而，环路从失锁到锁定需要花费较长的捕捉时间。通常 ω_o 的平均值靠近 ω_i 的过程称为频率牵引过程。显然，它是使捕捉时间拉长的主要时间。

【提示】环路的捕捉带，即保证环路由失锁进入锁定所允许的最大 $\Delta\omega_i$ 值不仅取决于 A_d 和 A_o 的大小，还取决于环路滤波器的频率特性。A_d 和 A_o 增大，即 $\Delta\omega_i$ 较大，环路滤波器对鉴相器输出误差电压有较大的衰减，但还能使 ω_o 在平均值上下有一定的摆动，因此，环路的捕捉带可增大。环路滤波器的通频带越宽，带外衰减越小，环路的捕捉带也可越大。同理，捕捉带还与 VCO 的频率控制范围有关，只有当 VCO 的频率控制范围大于捕捉带时，VCO 的影响才可忽略。显然，捕捉带一般大于快捕带。

7.3.3 集成锁相环路

由于集成电路技术的迅速发展，目前，锁相环路几乎已全部集成化了。集成锁相环路的性能优良，价格便宜，使用方便，因而为许多电子设备所采用。可以说，集成锁相环路已成为继集成运算放大器之后，又一种具有广泛用途的集成电路。

集成锁相环电路种类很多。按其内部电路结构，可以分为模拟集成锁相环与数字集成锁相环两大类。按用途分，无论是模拟式还是数字式的又都可分为通用型与专用型两种。通用型是一种适用于各种用途的锁相环，其内部电路主要由鉴相器与 VCO 两部分组成，有的还附加有放大器和其他辅助电路。也有的用单独的集成鉴相器的集成 VCO 连接成符合要求的锁相环路。专用型是一种专为某种功能设计的锁相环，例如，用于调频多路立体声解调环，用于电视机中的正交色差信号同步检波环，用于通信和测量仪器中的频率合成环等。

无论是模拟还是数字集成锁相环，其 VCO 一般都采用射极耦合多谐振荡器或积分 - 施密特触发型多谐振荡器，它们的振荡频率均受电流控制，故又称为流控振荡器，其中射极耦合多谐振荡器的振荡频率较高，采用 ECL 电路时，最高振荡频率可达 155 MHz。而积分 - 施密特触发型多谐振荡器的振荡频率较低，一般在 1 MHz 以下。

鉴相器有模拟和数字两种。其中，模拟鉴相器一般都采用双差分对模拟乘法器电路，而数字鉴相器的电路形式较多，但它们都由门、触发器等数字电路组成。

下面介绍几种通用型集成锁相环路及其应用。

1. 通用型单片集成锁相环路 L562

L562 是工作频率可达 30 MHz 的多功能单片集成锁相环路，它的内部除包含鉴相器 PD 和压控振荡 VCO 之外，还有三个放大器 A_1、A_2、A_3 和一个限幅器，其组成如图 7 - 16 所示。图中 VCO 采用射极耦合多谐振荡电路，它的最高振荡频率可达到 30 MHz。

L562 的鉴相器采用双差分对模拟相乘器电路，其输出端 13、14 外接阻容元件构成环路滤波器。压控振荡器 VCO 采用射极耦合多谐振荡器电路，外接定时电容 C 由 5、6 端接。

图 7-6 中限幅器用于限制锁相环路的直流增益，以控制环路同步带的大小。由 7 端注入的电流可以控制限幅器的限幅电平和直流增益，注入电流增加，VCO 的跟踪范围减小，当注入的电流超过 0.7 mA 时，鉴相器输出的误差电压对压控振荡器的控制被截断，压控振荡器处于失控自由振荡工作状态。环路中的放大器 A_1、A_2、A_3 作隔离、缓冲放大之用。

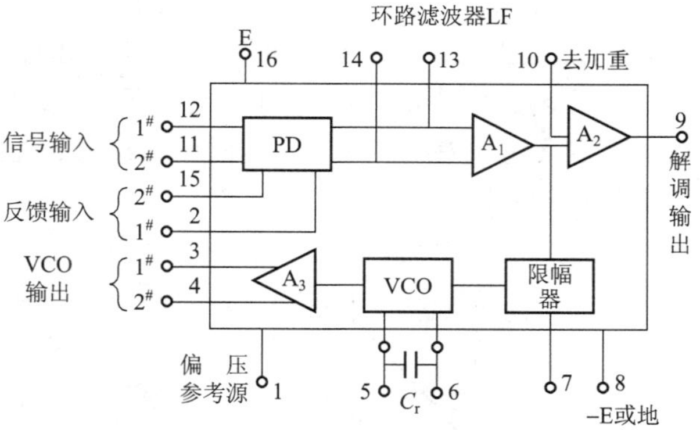

图 7-16 L562 通用集成锁相环路

L562 只需单电源供电，最大电源电压为 30 V，一般可采用 +18 V 电源供电，最大电流为 14 mA。信号输入（11 与 12 端间）电压最大值为 3 V。

2. CMOS 锁相环路 CD4046

CD4046 是低频多功能单片集成锁相环路，它主要由数字电路构成，具有电源电压范围宽、功耗低、输入阻抗高等优点，最高工作频率为 1 MHz。

CD4046 锁相环路的组成如图 7-17 所示。

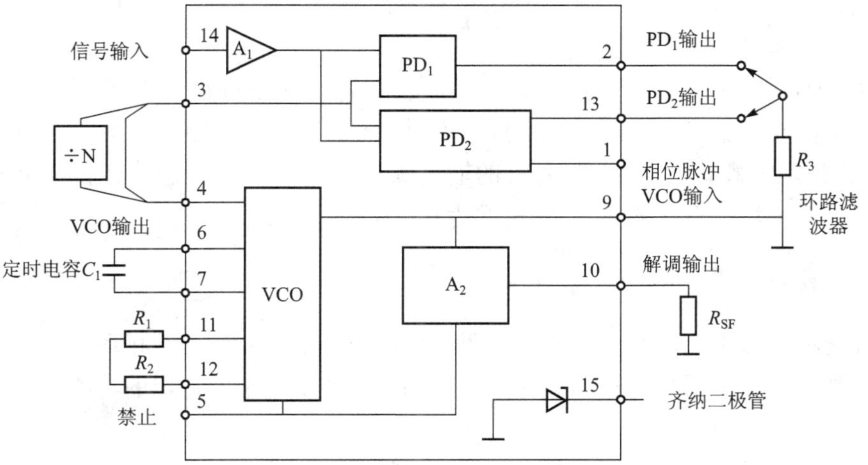

图 7-17 CD4046 集成锁相环路解调电路

由图可见，CD4046 内含有两个鉴相器、一个压控振荡器和缓冲放大器、内部稳压器、输入信号放大与整形电路。14 端为信号输入端，输入 1 V 左右的小信号或方波，经 A_1 放大和整形，使之满足鉴相器所要求的方波。PD1 鉴相器由异或门构成，它与大信号乘积形鉴相原理相同，具有三角形鉴相特性，但要求两输入信号占空比均为 50% 的方波，无信号输入时，鉴相器输出电压达 $V_{DD}/2$，用以确定 VCO 的自由振荡频率。鉴相器 PD_2 采用数字式鉴频鉴相器，由 14、3 端输入信号的上升沿控制，其鉴频鉴相特性如图 7－18 所示。由图可见，在 ±2π 范围内，即 $f_i = f_o$ 时，鉴相器输出电压 $u_D(t)$ 与相位差成线性关系，称为鉴相区；在 $f_i > f_o$ 或 $f_i < f_o$ 区域，称为鉴频区，在此区域鉴相器输出电压 $u_D(t)$ 几乎与相位差无关，且无论频差有多大，它都能输出较大的直流电压，几乎为恒值 U_{dm}，这样，可使锁相环路快速进入锁定状态。

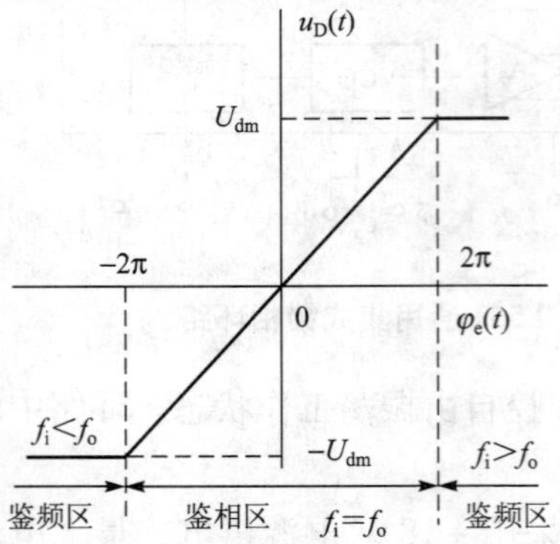

图 7－18　数字式鉴频鉴相器特性

同时，这类鉴频鉴相器只对输入信号的上升沿起作用，所以它的输出与输入构成的锁相环路，其同步带和捕捉带与环路滤波器无关而为无限大，但实际上将受压控振荡器控制范围的限制。1 端是 PD_2 锁相指示输出，锁定时输出为低电平脉冲。两个鉴相器中可任选一个作为锁相环路的鉴相器，一般来说，若输入信号的信噪比及固有频差较小，则采用 PD_1，反之，若输入信号的信噪比较高，或捕捉时固有频差较大，则应采用 PD_2。VCO 采用 CMOS 数字门型压控振荡器，6、7 端之间外接的电容 C_1 和 11 端外接的电阻 R_1，用来决定 VCO 振荡频率的范围，12 端外接电阻 R_2 可使 VCO 有一个频移。R_1 控制 VCO 的最高振荡频率，R_2 控制 VCO 的最低振荡频率，当 $R_2 = \infty$ 时，最低振荡频率为 0，无输入信号时，PD_2 将 VCO 调整到最低频率。

A_2 是缓冲输出级，它是一个跟随器，增益近似为 1，用作阻抗转换。5 端用来使锁相环路具有“禁止”功能，当 5 端接高电平 1 时，VCO 的电源被切断，VCO 停振；5 端接低电平 0 或接地，VCO 工作。内部稳压器提供 5 V 直流电压，从 15 与 8 端之间引出，作为环路的基准电压，15 端需外接限流电阻。

在使用 CD4046 时应注意，输入信号不许大于 V_{DD}，也不许小于 V_{SS}，即使电源断开时，输入电流也不能超过 10 mA；在使用中每一个引出端都需要有连接，所有无用引出端必须接到 V_{DD} 或 V_{SS} 上，视哪个合适而定。器件的输出端不能对 V_{DD} 或 V_{SS} 短路，否则由于超过器件的最大功耗，会损坏 CMOS 器件。V_{SS} 通常为 0 V。

7.3.4　锁相环路的应用与仿真

锁相环路有许多独特的优点，所以应用十分广泛。下面先说明锁相环路的基本特性，然后通过几个具体例子说明如何利用锁相环路的基本特性实现某种特定的功能。环路在频率合成器中的应用将在下节中详细介绍。

总结以上分析可知，锁相环路具有以下基本特性。

（1）环路锁定后，没有频率误差。当锁相环路锁定时频率严格等于输入信号频率，而只有不大的剩余相位误差。

（2）频率跟踪特性。锁相环路锁定时，压控振荡器的输出频率能在一定范围内跟踪输入信号频率的变化。

（3）窄带滤波特性。锁相环路通过环路滤波器的作用后具有窄带滤波特性。当压控振荡器输出信号的频率锁定在输入信号频率上时，位于信号频率附近的频率分量通过鉴相器变成低频信号而平移到零频率附近，这样，环路滤波器的低通作用对输入信号而言，就相当于一个高频带通滤波器，只要把环路滤波器的通带做得比较窄，整个环路就具有很窄的带通特性。例如，可以在几十兆赫兹的频率上，做到几赫兹的带宽，甚至更小。

1. 锁相环路的调频与鉴频

1）锁相环路调频

图7－19所示为锁相环路调频器的方框图。

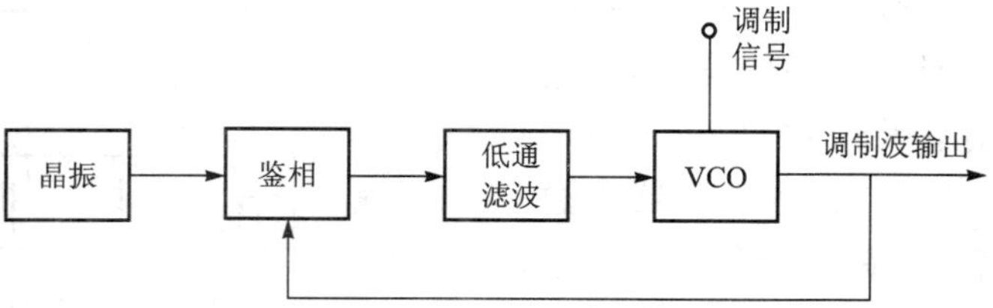

图7－19 锁相环路调频器的方框图

实现调制的条件是调制信号的频谱要处于低通滤波器通带之外，并且调制指数不能太大。这样调制信号不能通过低通滤波器，因而在锁相环内不能形成交流反馈，也就是调制频率对锁相环路无影响。锁环路就只对VCO平均中心频率不稳定所引起的分量起作用，使它的中心频率锁定在晶振频率上。因此，输出调频波的中心频率稳定度很高。这样，用锁相环路调频器能克服直接调频的中心频率稳定度不高的缺点。

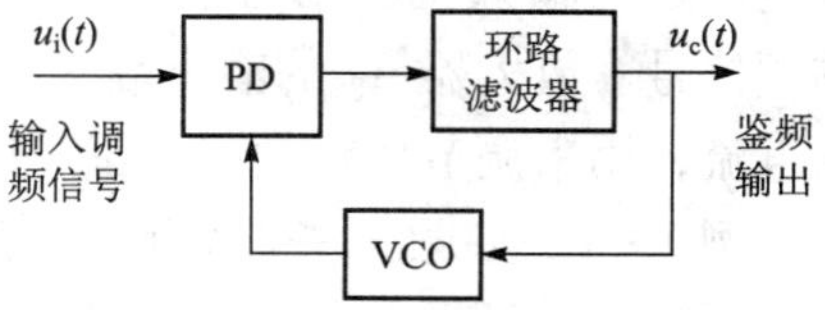

图7－20 锁相环路鉴频器方框图

2）锁相环路鉴频

图7－20所示为锁相环路鉴频器的方框图。

假定输入调频信号为

$$u_i(t) = U_{im}\sin\left[\omega_r t + A_f\int u_\Omega(t)\,dt\right]$$

$$= U_{im}\sin\left[\omega_r t + \varphi_i(t)\right] \tag{7-31}$$

式中

$$\varphi_i(t) = A_f\int u_\Omega(t)\,dt \tag{7-32}$$

式中，A_f为调频比例系数；$u_\Omega(t)$为调制信号瞬时电压。则由拉普拉斯变换可知

$$\varphi_e(t) \propto \frac{d}{dt}\varphi_i(t) \propto A_f u_\Omega(t) \tag{7-33}$$

瞬时相位误差$\varphi_e(t)$与调制信号电压成正比，通过鉴相器的关系式，得

$$u_d(t) = A_d\varphi_e(t) \propto A_d u_\Omega(t) \tag{7-34}$$

因此，鉴相器的输出电压$u_d(t)$正比于原来的调制信号$u_\Omega(t)$。由于直接从鉴相器输出端取出解调信号，解调输出中有较大的干扰与噪声，所以一般不采用。通常要经过环路滤波器进一步滤波后输出，如图7－20所示。

分析证明，这种鉴频器的输入信号噪声比的门限值比普通鉴频器有所改善。调制指数越高，门限改善的分贝值也越大，一般情况下，可改善几个分贝。调频指数高时，可改善

10 dB 以上。

此外，在调频波锁相解调电路中，为了实现不失真解调，环路的捕捉带必须大于输入调频波的最大频偏，环路的带宽必须大于输入调频波中调制信号的频谱宽度。

如图 7 - 21 所示为采用 L562 组成调频波锁相解调器的外接电路。输入调频信号电压 u_i（f）经耦合电容 C_1、C_2 以平衡方式加到鉴相器的一对输入端 I_1 和 I_2（若要单端输入，可将 I_1 端通过 C_1 接地，调频信号从 C_2 输入 I_2 端）。VCO 的输出电压从 3 端取出，经1 kΩ 电阻、C_3 电容以单端方式加到鉴相器 2 输入端，而鉴相器另一输入端 15 经 0. 1 μF 电容交流接地。从 1 端取出的稳定基准偏置电压经 1 kΩ 电阻分别加到 2 端和 15 端，作为双差分对管的基极偏置电压。放大器 A_3 的输出端 4 外接 12 kΩ 电阻到地，其上输出 VCO 电压，该电压是与输入调频信号有相同调制规律的调频信号。放大器 A_2 的输出端 9 外接 15 kΩ 电阻到地，其上输出低频解调电压。端点 7 注入直流，用来调节环路的同步带。10 端外接去加重电容 C_4，提高解调电路的抗干扰性。

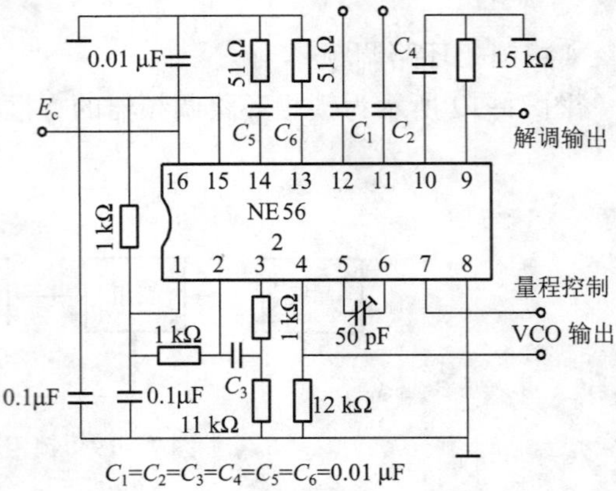

图 7 - 21　采用 L562 组成调频波锁相解调器的外接电路

例 7 - 1　如图 7 - 22 所示为采用 CD4046 组成的调频波锁相环路解调器仿真电路。

调频信号经耦合电容 C_1 加到信号输入端 14 端，VCO 的输出电压从 4 端取出，加到鉴相器 PD_1 另一输入端 3 端。鉴相器 PD_1 的比较输出信号从 2 端经电阻 R_3 输入到 VCO 的输入端 9 端，放大器 A_2 是缓冲输出级，这是一个跟随器，增益近似为 1，用作阻抗转换，其输出端 10 外接 1kΩ 电阻到地，其上输出低频解调电压。6、7 端之间外接的电容 C_1 和 11 端外接的电阻 R_1，用来决定 VCO 振荡频率的范围，12 端外接电阻 R_2 可使 VCO 有一个频移。R_1 控制 VCO 的最高振荡频率，R_2 控制 VCO 的最低振荡频率。如图 7 - 22 所示，解调器从中心频率为770 kHz，调制指数为 4 的已调波中解调出 20 kHz 的基带信号。

锁相环的其他应用，请读者参照救命原理自行仿真。

2. 锁相接收机

在空间技术中，测速与测距是确定卫星运行的两种重要的技术手段，它们都是依靠地面接收机接收卫星发来的通信信息而实现的。因为卫星距离地面很远，而且发射功率低，所以地面能接收到的信号极其微弱。此外，卫星环绕地球飞行时，由于多普勒效应，地面接收到的信号频率将偏离卫星发射的信号频率，并且偏离量值的变化范围较大。例如，一般情况下虽然接收信号本身只占有几十赫兹到几百赫兹，而它的频率偏移可以达到几千赫兹到几十千赫兹，如果采用普通的外差式接收机，中频放大器带宽就要相应地大于这一变化范围，宽频带会引起大的噪声功率，导致接收机的输出信噪比严重下降，无法接收有用信号。锁相接收机（窄带跟踪接收机）的带宽很窄，又能跟踪信号，因此能极大地提高接收机的信噪比。一般来说，可比普通接收机信噪比提高 30 ~ 40 dB。这是一个很重要的优点。

图 7 - 23 所示为锁相接收机的简化原理方框图。

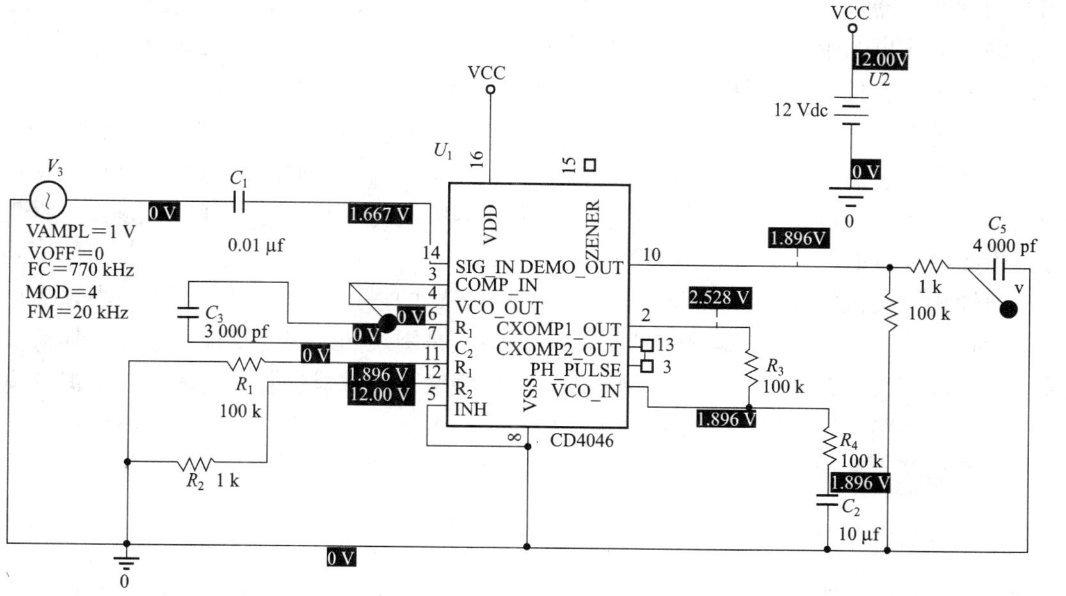

(a)

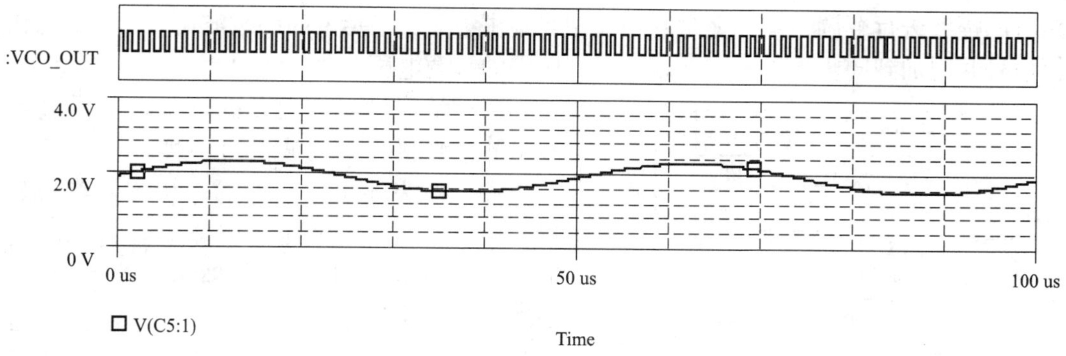

(b)

图7-22 CD4046锁相环路解调仿真图

(a) 锁相环路解调仿真电路；(b) 锁相环路解调仿真波形

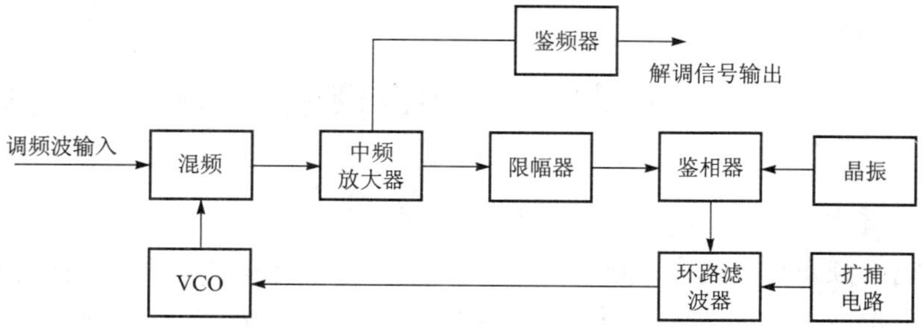

图7-23 锁相接收机的简化原理方框图

图7-23中，混频器输出的中频信号经中频放大后，与本地晶振产生的中频标准参考信

号同时加到鉴相器上，如果两者的频率有偏差，鉴相器的输出电压就去调整压控振荡器的频率，使混频器输出的中频被锁定在本地标准中频上。这样，中频放大器的通带就可以做得很窄（3～300 Hz），接收机的灵敏度就高，接收微弱信号的能力就强。

由于这种接收机的中频频率可以跟踪接收信号频率的漂移，而且中频放大器的频带又窄，所以实际上它是一个窄带跟踪锁相环路。锁相环路中的环路滤波器的带宽很窄，只允许调频波的中心频率通过，实现频率跟踪，而不允许调频波的调制信号通过；调频波中的调制信号是中频放大器的输出信号经鉴频器解调后得到的。

一般锁相接收机的环路带宽都做得很窄，因而环路的捕捉带也很窄。对于中心频率在大范围内变化的输入信号，单靠环路自身进行捕捉往往是困难的。因此，锁相接收机都附有捕捉装置，用来扩大环路的捕捉范围。例如，环路失锁时，频率捕捉装置会送出一个锯齿波扫描电压，加到环路滤波器以产生控制电压，控制压控振荡器的频率在大的范围内变化。一旦振荡器的振荡频率靠近输入信号频率，环路将扫描电压自动切断，进入正常工作。

3. 锁相同步检波电路

如果锁相环路的输入电压是调幅波，只有幅度变化，而无相位变化，则由于锁相环路只能跟踪输入信号的相位变化，所以环路输出端得不到原调制信号，只能得到等幅波。用锁相环路对调幅波进行解调，实际上是利用锁相环路供给一个稳定度高的载波信号电压，与输入调幅信号共同加到同步检波器上，就可得到所需的解调电压。

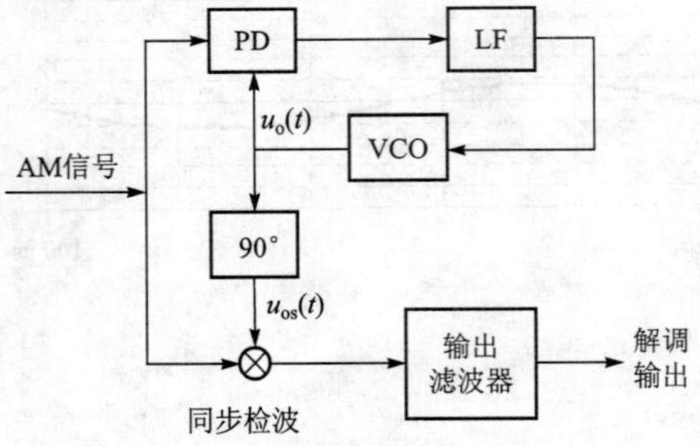

图 7－24　锁相同步检波电路的组成方框图

通过学习已经知道，欲将调幅信号进行同步检波，必须从已调波信号中恢复出同频同相的载波，作为同步检波器的本机载波信号。显然，用载波跟踪型锁相环就能得到这个本机载波信号。锁相同步检波电路的组成方框图如图 7－24 所示。不过，由于压控振荡器输出信号与输入参考信号（已调幅波）的载波分量之间有固定的 π/2 的相移，因此，必须经过 π/2 移相器将其变成与已调波载波分量同相的信号，并与已调波共同加到同步检波器上，才能得到所需的解调信号。

7.4* 频率合成器

随着通信、雷达、宇宙航行和遥控遥测技术的不断发展，对振荡信号源的要求越来越高，不但要求它的频率稳定度和准确度高，而且要求能方便地改换频率。石英晶体振荡器虽具有很高的频率稳定度和准确度，但它的频率值是单一的，最多只能在很小的频段内进行微调。现代技术的发展可采用一个（或多个）石英晶体标准振荡源，产生大量的与标准源有相同频率稳定度和准确度的众多频率，这就是目前工程上大量使用的频率合成器。

锁相频率合成器是利用锁相环路的窄带跟踪特性，在石英晶体振荡器提供的基准频率源作用下，产生出一系列离散的频率。其优点是系统结构简单，输出频率成分的频谱纯度高，而且易于得到大量的离散频率。目前全数字化频率合成器通过微机或其他数字存储单元进行选择和预置，可以迅速、精确地改变输出信号的频率。

7.4.1 频率合成器的主要技术指标

频率合成技术是将一个或若干个高稳定度和高准确度的参考频率经过各种处理技术生成具有同样稳定度和准确度的大量离散频率的技术。参考频率可由高稳定度的晶体振荡器（简称晶振）产生，处理技术包括各种数字处理技术及锁相技术，从而使合成的离散频率与参考频率有严格的比例关系，并且具有同样的稳定度和准确度。应用这种技术合成频率的仪器或设备称为频率合成器或频率综合器。

频率合成器是现代通信系统的重要组成部分，对通信系统的性能具有重大影响。频率合成器的性能需要一系列指标来表征，一般以下述基本指标衡量其优劣。

（1）频率范围。频率范围是指频率合成器最低输出频率f_{min}和最高输出频率f_{max}之间的范围。f_{max}与f_{min}之比称为覆盖系数，当覆盖系数大于2~3时，整个频段可以划分为几个分频段。通常要求在规定的频率范围内，在任何指定的频率上，频率合成器都能工作，电性能满足技术的要求。

（2）频率分辨力。频率分辨力是指两个相邻频率之间的最小间隔。不同用途的频率合成器对频率分辨力有不同要求。有的只需千赫级的分辨力，有的则需达到赫甚至毫赫的分辨力。

（3）频率转换时间。频率转换时间是指频率合成器从一个频率转换到另一个频率并且达到稳定所需要的时间。常规通信中，通常要求频率转换时间低于几十毫秒。跳频通信系统中，频率转换时间越短越好，最好达到微秒数量级。直接合成法与直接数字合成法的频率转换时间极短，在高速通信系统中得到广泛应用；锁相合成法的频率转换时间相对较长，大约为参考时钟周期的25倍，多用于慢速通信系统。

（4）频率准确度和稳定度。频率准确度是指频率合成器的实际输出频率标称工作频率的大小。频率稳定度是指在一定时间间隔内，只考虑频率稳定度。

（5）频谱纯度。频谱纯度是指频率合成器输出信号中包含谐波分量和其他杂散分量大小的一种度量。影响频谱纯度高低的主要因素是滤波器的质量、相位噪声和其他寄生干扰。通常总是希望频谱的纯度越高越好。

（6）系列化、标准化及模块化的可实现性。

（7）成本、体积及质量。

7.4.2 锁相频率合成器

频率合成方法很多，按照合成频率所使用的方法分类，可分为直接合成法与间接合成法；按照使用参考频率源数目，可分为相干合成法和非相干合成法；从理论基础及实现方法相对独立的角度，可分为直接频率合成法（Direct Frequency Synthesis ，DS）、间接频率合成法（Indirect Frequency Synthesis，IS）和直接数字合成法（Direct DigitalSynthesis，DDS）。

间接频率合成法是利用锁相技术来产生所需要的频率。该技术出现在20世纪60年代末70年代初，早期的间接频率合成技术使用模拟锁相环，在输出很多较高频率时，需要大量的混频器、分频器和带通滤波器，缺点很明显，而且难以弥补。后来，数字锁相环的出现及其在锁相频率合成器中的应用，标志着数字锁相频率合成技术得以形成。由于不断吸收和利用吞脉冲计数器、小数分频器、多模分频器等数字技术新成果，数字锁相频率合成技术日益成熟。锁相频率合成技术的出现，实现了频率合成技术的第一次飞跃。

间接频率合成法也称锁相频率合成法。优点是：可以实现任意频率和带宽的频率合成；具有极低的相位噪声和杂散；除鉴相器泄露外，一般混频器、分频器无其他的杂波输出（小数分频器除外）；电路简单可靠、功耗低、体积小、质量轻。缺点是：频率转化速度慢，一般在毫秒级，最好的为几十微秒；频率稳定度较低；锁相环路有惰性，频率分辨力与频率转换时间之间相互矛盾，难以兼顾，采用变模分频和小数分频也不能从根本上解决这一问题，有些场合辅以其他频率合成技术才能满足要求。锁相频率合成器由鉴相器、环路滤波器、压控振荡器和程序分频器组成，如图 7－25 所示。

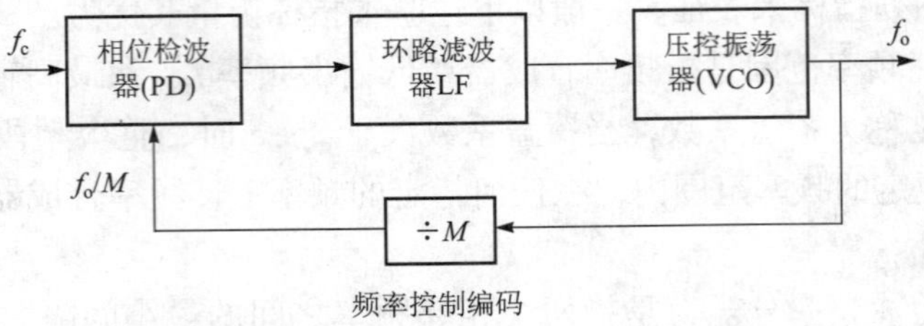

图 7－25　锁相频率合成器原理图

锁相频率合成器工作原理为：压控振荡器输出的频率 f_o 经程序分频器分频后变为 f_o/M，然后送入鉴相器与参考频率 f_c 进行相位比较。鉴相器输出相位误差信号，经过环路滤波器后，送到压控振荡器，调整输出频率 f_o，使得 $f_o/M=f_c$，锁相环路进入锁定状态。此时，压控振荡器的输出频率为

$$f_o=f_c\times M \tag{7-35}$$

通过频率控制编码控制，改变程序分频器的分频比 M，就可得到不同的输出频率 f_o。输出频率的分辨力 $\Delta f_o=f_c$。

上述讨论的频率合成器比较简单，构成比较方便，因为它只含有一个锁相环路，故称为单环式电路。单环频率合成器在实际使用中存在以下一些问题，必须加以注意和改善。

第一，由式（7－35）可知，输出频率的间隔等于输入鉴相器的参考频率 f_c，因此，要减小输出频率间隔，就必须减小输入参考频率 f_c。但是降低 f_c 后，环路滤波器的带宽也要压缩（因环路滤波器的带宽必须小于参考频率），以便滤除鉴相器输出中的参考频率及其谐波分量。这样，当由一个输出频率转换到另一个频率时，环路的捕捉时间或跟踪时间就要加长，即频率合成器的频率转换时间加大。可见，单环频率合成器中减小输出频率间隔和减小频率转换时间是矛盾的。另外，参考频率 f_c 过低还不利于降低压控振荡器引入的噪声，使环路总噪声不可能为最小。

第二，锁相环路内接入分频器后，其环路增益将下降为原来的 $1/M$。对于输出频率高、频率覆盖范围宽的合成器，当要求频率间隔很小时，其分频比 M 的变化范围将很大，M 在大范围内变化时，环路增益也将大幅度地变化，从而影响到环路的动态工作性能。

第三，可编程分频器是锁相频率合成器的重要部件，其分频比的数目决定了合成器输出

信道的数目。由图7-25可见，程序分频器的输入频率就是合成器的输出频率。由于可编程分频器的工作频率比较低，无法满足大多数通信系统中工作频率高的要求。

在实际应用中，解决这些问题的方法很多。下面介绍多环式频率合成器和吞脉冲频率合成器。

1. 多环锁相频率合成器

为了减小频率间隔而又不降低参考频率f_c，可采用多环构成的频率合成器。作为举例，图7-26所示为三环频率合成器组成框图。它由三个锁相环路组成，环路A和B为单环频率合成器，参考频率f_c均为100 kHz，N_A、N_B为两组可编程序分频器。C环内含有取差频输出的混频器，称为混频环。输出信号频率f_o与B环输出信号频率经混频器、带通滤波器的差频f_o-f_B信号输出至C环鉴相器，由A环输出的f_A加到鉴相器的另一输入端，当环路锁定$f_A=f_o-f_B$时，C环输出信号频率等于

$$f_B=f_o+f_A \tag{7-36}$$

由A环和B环可得

$$f_A=N_Af_c/100,\ f_B=N_Bf_c \tag{7-37}$$

由上述讨论可知，锁相环C对f_A和f_B来说，就像混频器和滤波器，故称为混频环。如果将f_A和f_B直接加到混频器，则和频与差频将非常接近。在本例中$0.300\ \text{MHz}\leqslant f_A\leqslant 0.399\ \text{MHz}$，$(35.400-0.300)\text{MHz}\leqslant f_B\leqslant(40.099-0.399)\text{MHz}$，可见，$f_B+f_A$与$f_B-f_A$相差很小，故无法用带通滤波器来充分地将它们分离。现在采用了锁相环路就能很好地加以分离。

A环路输出接入固定分频器M，可以使A合成器在高参考频率下得到小的频率间隔。由图7-26可得$f_A=N_Af_c/M$，可见，加了固定分频器后，使输出频率间隔缩小了M倍，即A环输出频率f_o以100 kHz增量变化，但f_A却只以1 kHz增量变化，f_A的增量比f_B的增量缩小了M（=100）倍。显然，这里A环用于产生整个频率合成器输出频率1 kHz和10 kHz的增量，而B环则用来产生0.1 MHz和1 MHz的变化。

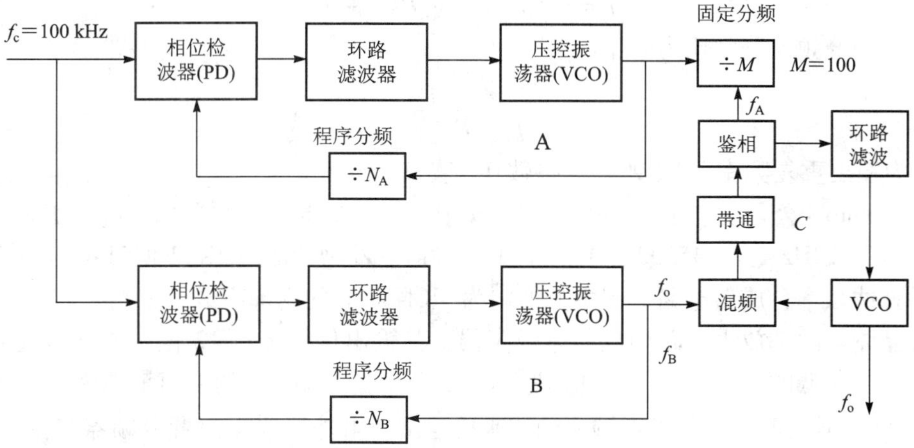

图7-26　三环频率合成器

2. 吞脉冲锁相频率合成器

由于固定分频器的速度远比程序分频器高，所以在频率合成器中采用由固定分频器与程序分频器组成的吞脉冲可变分频器可在不加大频率间隔的条件下显著提高输出频率。吞脉冲可变分频器的构成如图 7-27 所示。分频器包含双模前置分频器（两种计数模式的固定分频器）、主计数器、辅助计数器和模式控制电路等几部分，其中双模前置分频器具有 $\div P$ 和 $\div(P+1)$ 两种分频模式。当模式控制电路输出为高电平 1 时，双模前置分频器的分频比为 $P+1$；模式控制电路输出为低电平 0 时，双模前置分频器的分频比为 P。N 与 A 分别为主计数器和辅助计数器的最大计数量，并规定 $N>A$。

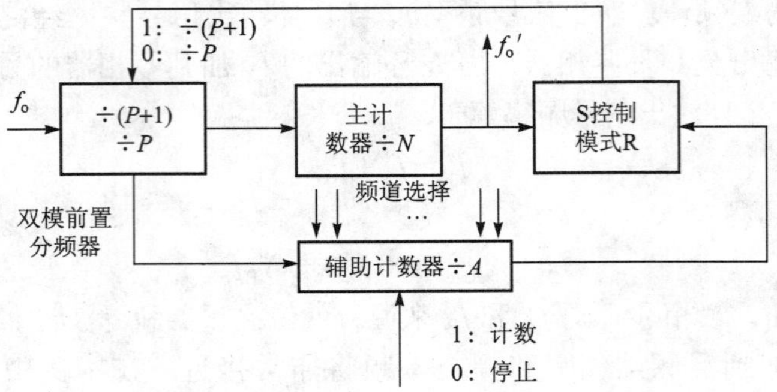

图 7-27　吞脉冲可变分频器

吞脉冲可变分频器工作过程如下：计数开始时，设模式控制电路输出为高电平 1，双模前置分频器和主、辅两计数器在输入脉冲作用下（输入脉冲的重复频率为 f_o）同时计数，直至辅助计数器计满 A 个脉冲后，即使模式控制电路输出电平降为低电平 0 时，使辅助计数器停止计数，同时使双模前置分频器分频比变为 P，继续工作，主计数器也继续工作，直至计满 N 个脉冲后，使模式控制电路重新恢复高电平、双模前置分频器恢复 $P+1$ 分频比，各部件进入第二个计数周期。由此可见，在一个计数周期内，总计脉冲量为

$$n=(P+1)A+P(N-A) \tag{7-38}$$

即吞脉冲分频器分频比为

$$\frac{f_o'}{f_o}=\frac{1}{PN+A} \tag{7-39}$$

式中，f_o' 为输出重复频率；N、A 均为整数 0、1、2、…。

美国 Motorola 公司生产了 MCl45 系列的集成频率合成器件，它采用 CMOS 工艺，最高工作频率可达到 2GHz（MCl45200、MCl45201）。图 7-28 所示为采用 MCl45146 和双模分频器构成的吞脉冲频率合成器电路，图中方框内为 MCl45146 的内部组成。

石英晶体与内部放大电路构成晶体振荡器。其输出信号经过 12 位 $\div R$ 可编程参考分频器分频，成为较低的参考频率 f_c，加到鉴相器的一个输入端。R 的取值范围为 3 ~ 4 095（即 $2^{12}-1$），可根据晶振频率与参考频率的比来确定 R。由外接双模前置分频器与 $\div A$ 计数器、$\div N$ 计数器及模式控制电路组成吞脉冲分频器，其分频比为 $PN+A$，即吞脉冲分频器可把压控振荡器输出频率 f_o 下降为 $f_o'=f_o/(PN+A)$，送到鉴相器的另一输入端。分频比 N 和 A 可预置不同值，它们具有较宽的变化范围，其数值分别为

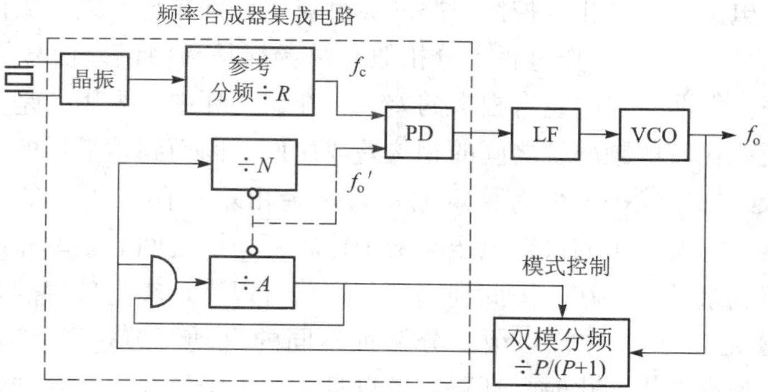

图7－28 MC145152内部结构图

$$N: 3 \sim 1023(2^{10}-1) \tag{7-40}$$

$$A: 3 \sim 127(2^{7}-1) \tag{7-41}$$

双模前置分频器的分频比可取 $P=40$（即 ÷41/40）。

数字鉴相器作为两信号的相位比较电路，有双端输出（φ_R、φ_V）和单端三态输出两种输出模式，其中双端输出信号作为外接误差电压形成电路的信号源，使误差电平随 φ_R、φ_V两信号的相差大小变化，并对 VCO 进行控制。为便于判断环路是否锁定，鉴相器输出端还接有锁定检测电路。

误差信号电压形成电路、低通、压控振荡器及放大器均由外电路提供。误差信号电压形成电路用来将反映f_o'、f_c，频差关系的鉴相器输出信号 φ_R、φ_V变换为控制压控振荡器频率的直流电压。

因此，根据图7－28，当锁相环路锁定时，就可以获得

$$f_o = (PN + A)f_c \tag{7-42}$$

频率间隔为f_c 的一系列所需频率信号输出。

本章小结

反馈控制电路是一种自动调节系统。其作用是通过环路自身的调节，使输入与输出间保持某种预定的关系。它由反馈控制器和控制对象两部分构成。

根据需要比较和调节的参量不同，反馈控制电路可分为：自动电平控制电路、自动频率控制电路和自动相位控制电路三种。它们的被控参量分别是信号的电平、频率或相位，在组成上分别采用电平比较器、鉴频器或鉴相器取出误差信号，然后控制放大器的增益或 VCO 的振荡频率，使输出信号的电平，频率或相位稳定在一个预先规定的参量上，或者跟踪参考信号的变化。三种电路都包含低通滤波器。它们分别存在电平、频率和相位方面的三种误差，称为稳态误差。为了减少稳态误差，可以在环路中加入直流放大器，即增大环路的直流总增益。

自动电平控制电路的典型应用是调幅接收机中的自动增益控制电路（AGC）。当输入信号很强时，AGC 电路进行控制，使接收机的增益减小；当输入信号很弱时，AGC 电路不起作用，这样以维持接收机输出端的电压或功率几乎不变。

自动频率控制电路和自动相位控制电路的典型应用分别是自动频率微调电路（AFC）和锁相环电路（APC）。它们的工作过程十分相似：两者都是利用误差信号的反馈作用来控制被稳定的振荡频率。但两者之间也有根本的差别：在锁相环中，采用的是鉴相器，所输出的误差电压与两个互相比较的频率源之间的相位差成比例，因而到达最后的锁定状态时，被锁定的频率等于输入的标准频率，但有稳定相差（剩余相差）存在；而在自动频率微调系统中采用的共鉴频器，它所输出的误差电压与两个比较频率源之间的频率差成正比，两个频率不能完全相等，有剩余频差存在。因此利用锁相环路可以实现较为理想的频率控制。

无论在APC还是在AFC中，必须区分两种不同的自动调节过程。若环路原先是锁定的，则当输入信号频率发生变化时，环路通过自身调节来维持锁定所允许的输入信号频率偏离的最大值就是同步带或跟踪带；反之，若环路原先是失锁的，则当减小$|\Delta\omega_1|$到某一数值时，环路就能够通过自身调节进入锁定。这种由失锁进入锁定的过程称为环路的捕捉过程，相应地，能够由失锁进入锁定所允许的最大$|\Delta\omega_1|$称为环路的捕捉带。一般情况下，捕捉带不等于同步带，且前者小于后者。

锁相环路的基本方程为$\mathrm{p}\varphi_{\mathrm{e}}(t) + A_{\mathrm{d}}A_0A_{\mathrm{F}}(\mathrm{p})\sin\varphi_{\mathrm{e}}(t) = \mathrm{p}\varphi_{\mathrm{i}}(t)$，该环路方程可以完整地描述环路闭合后发生的控制过程。

锁相环路的捕捉带不仅取决于A_{d}和A_0的大小，还取决于环路滤波器的频率特性。A_{d}和A_0增大，捕捉带也增大；滤波器的通频带越宽，捕捉也越大。需要说明的是，捕捉带还与VCO频率控制范围有关，只有当VCO的频率控制范围大于捕捉带时，VCO影响才可忽略。捕捉带一般大于快捕带。

在锁相环路中，当VCO的频率控制范围足够大时，要增大同步带，必须提高其直流总增益，而当VCO的频率控制范围较小时，同步带主要受到频率控制范围的限制。

集成锁相环路有两大类：模拟锁相环如数字锁相环，每一类按其用途又可分为通用型和专用型。主要应用领域：锁相倍频、分频、混频、锁相频率合成、锁相调频与鉴频。

频率合成器既有频率稳定度和准确度高，又有改换频率方便的特点，因此成为现代通信系统中不可缺少的重要组成部分。

频率合成有各种不同的方法，大致可以归纳为直接合成法、间接合成法（锁相环路法）和直接数字频率合成三大类。

频率合成器的主要性能指标为：频率范围、频率分辨力、频率转换时间、频率准确度和稳定度、频谱纯度、系列化、标准化及模块化的可实现性。

间接合成法是利用锁相技术来产生所需要的频率。锁相频率合成器由鉴相器、环路滤波器、压控振荡器和程序分频器组成。

思考题与习题

7-1 有哪几类反馈控制电路，每一类反馈控制电路控制的参数是什么，要达到的目的是什么？

7-2 AGC的作用是什么？主要的性能指标包括哪些？

7-3 AFC的组成包括哪几部分，其工作原理是什么？

7-4 试分析说明晶体管放大器如何改变其电压增益，NPN晶体管和PNP晶体管改变其电压增益所加AGC电压是否相同，为什么？

7－5　图7－29所示为某晶体管收音机检波电路，试求：

（1）电阻R_{L1}、R_{L2}是什么电阻？为什么要采用这种连接方式？

（2）电路中的元件R、C是什么滤波器，其输出的U_{AGC}电压有何作用？

（3）若检波二极管VD开路，对收音机将会产生什么样的结果，为什么？

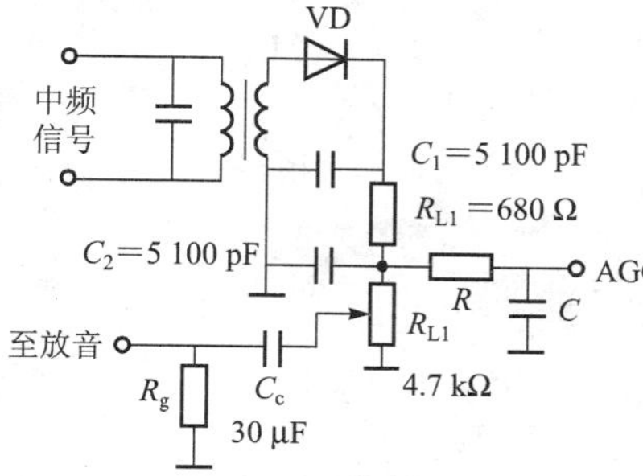

图7－29　题7－5图

7－6　调频接收机的自动频率控制系统为什么要在鉴频器与本振之间接一个低通滤波器，这个低通滤波器的截止频率应如何选择？

7－7　锁相环路与自动频率控制电路实现稳频功能时，哪种性能优越？原因是什么？

7－8　锁相环路由哪几个部分组成？说明其工作原理，它有哪几种自动调节过程？

7－9　锁相调频电路与一般的调频电路有什么区别？各自的特点是什么？

7－10　锁相环路调频波解调器原理电路如图7－30所示，试分析其解调过程。

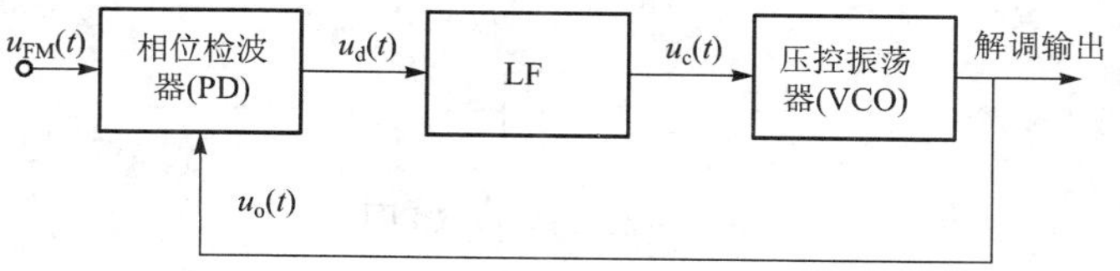

图7－30　题7－10图

7－11　锁相环路频率合成器如图7－31所示，分析输出频率和输入频率的关系。若已知$f_R=100$ kHZ，$M=10$，可变分频器的分频比为$N=85-96$，试求输出频率的可控范围。

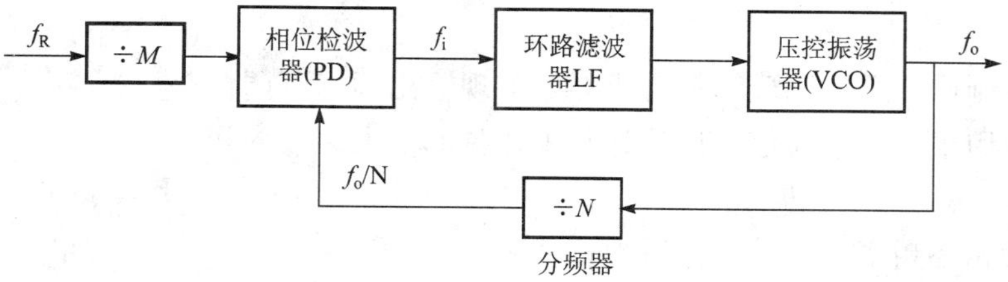

图7－31　题7－11图

7－12　如图7－32所示，已知晶体振荡频率为1 024 kHz，当要求输出频率范围为40～500 kHz，频率间隔为1 kHz，试确定图7－32所示频率合成器中的分频比R及N的值。

7－13　图7－33所示为双环频率合成器，由两个锁相环和一个混频滤波电路组成。两个参考频率$f_{r1}=1$ kHZ，$f_{r2}=100$ kHZ。可变分频器的分频比范围分别为$n_1=10\ 000\sim 11\ 000$，$n_2=720\sim 1\ 000$，固定分频器的分频比$n_3=10$，求输出频率f_y的频率调节范围和频率间隔。

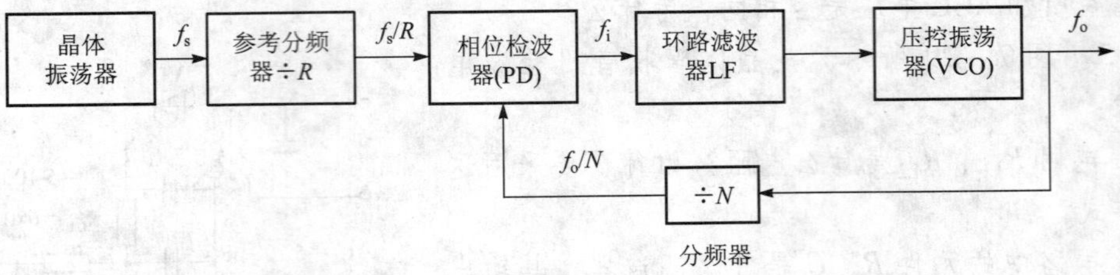

图 7－32　题 7－12 图

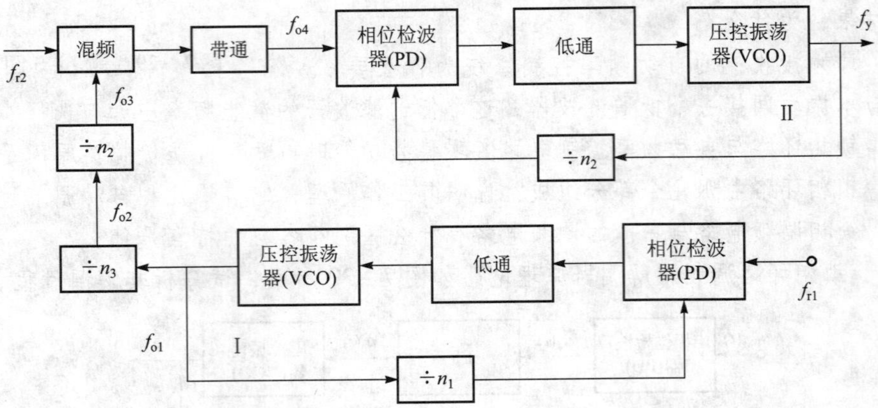

图 7－33　题 7－13 图

研究项目

项目: 锁相环频率合成器的设计

要求:

- 设计并制作一个锁相环频率合成器，实现输出频率可调；
- 该装置用于超短波通信，请设计其工作频率范围，频率间隔。

目的:

- 掌握锁相环频率合成的工作原理；
- 掌握锁相环频率合成器的设计方法；
- 提高实际电路制作的动手能力。

指导:

- 指导学生对锁相环频率合成器中各元件参数进行计算；
- 指导学生用仿真软件对设计电路进行仿真；
- 指导学生对不同类型的锁相环频率合成器的测试结果进行分析，总结出各自的特点。

思考题:

- 比较不同类型的锁相环频率合成器的频率稳定度与频率准确度。

附　录　A

余弦脉冲分解系数表

θ_c(°)	$\cos\theta_c$	a_0	a_1	a_2	$g_1(\theta_c)$	θ_c(°)	$\cos\theta_c$	a_0	a_1	a_2	$g_1(\theta_c)$
0	1.000	0.000	0.000	0.000	2.00	29	0.875	0.107	0.209	0.193	1.94
1	1.000	0.004	0.007	0.007	2.00	30	0.866	0.111	0.215	0.198	1.94
2	0.999	0.007	0.015	0.015	2.00	31	0.857	0.115	0.222	0.203	1.93
3	0.999	0.011	0.022	0.022	2.00	32	0.848	0.118	0.229	0.208	1.93
4	0.998	0.014	0.030	0.030	2.00	33	0.839	0.122	0.235	0.213	1.93
5	0.996	0.018	0.037	0.037	2.00	34	0.829	0.125	0.241	0.217	1.93
6	0.994	0.022	0.044	0.044	2.00	35	0.819	0.129	0.248	0.221	1.92
7	0.993	0.025	0.052	0.052	2.00	36	0.809	0.133	0.255	0.226	1.92
8	0.990	0.029	0.059	0.059	2.00	37	0.799	0.136	0.261	0.230	1.92
9	0.988	0.032	0.066	0.066	2.00	38	0.788	0.140	0.268	0.234	1.91
10	0.985	0.038	0.073	0.073	2.00	39	0.777	0.143	0.274	0.237	1.91
11	0.982	0.040	0.080	0.080	2.00	40	0.766	0.147	0.280	0.241	1.90
12	0.987	0.044	0.088	0.087	2.00	41	0.755	0.151	0.286	0.244	1.90
13	0.974	0.047	0.095	0.094	2.00	42	0.743	0.154	0.292	0.248	1.90
14	0.970	0.051	0.102	0.101	2.00	43	0.731	0.158	0.298	0.251	1.89
15	0.966	0.055	0.110	0.108	2.00	44	0.719	0.162	0.304	0.253	1.88
16	0.961	0.059	0.117	0.115	1.98	45	0.707	0.165	0.311	0.256	1.88
17	0.956	0.063	0.124	0.121	1.98	46	0.695	0.169	0.316	0.259	1.87
18	0.951	0.066	0.431	0.128	1.98	47	0.682	0.172	0.322	0.261	1.87
19	0.945	0.070	0.138	0.134	1.97	48	0.669	0.176	0.327	0.263	1.86
20	0.940	0.074	0.146	0.141	1.97	49	0.656	0.179	0.333	0.265	1.85
21	0.934	0.078	0.153	0.147	1.97	50	0.643	0.183	0.339	0.267	1.85
22	0.927	0.082	0.160	0.153	1.97	51	0.629	0.187	0.344	0.269	1.84
23	0.920	0.085	0.167	0.159	1.97	52	0.616	0.190	0.350	0.270	1.84
24	0.914	0.089	0.174	0.165	1.96	53	0.602	0.194	0.355	0.271	1.83
25	0.904	0.093	0.181	0.171	1.95	54	0.588	0.197	0.360	0.272	1.82
26	0.899	0.097	0.188	0.177	1.95	55	0.574	0.201	0.366	0.273	1.82
27	0.891	0.100	0.195	0.182	1.95	56	0.559	0.204	0.371	0.274	1.81
28	0.883	0.104	0.202	0.188	1.94	57	0.545	0.208	0.376	0.275	1.81

续表

$\theta_c(°)$	$\cos\theta_c$	a_0	a_1	a_2	$g_1(\theta_c)$	$\theta_c(°)$	$\cos\theta_c$	a_0	a_1	a_2	$g_1(\theta_c)$
58	0.530	0.211	0.381	0.275	1.80	89	0.017	0.315	0.498	0.216	1.58
59	0.515	0.215	0.386	0.275	1.80	90	0.000	0.319	0.500	0.212	1.57
60	0.500	0.218	0.391	0.276	1.80	91	−0.017	0.322	0.502	0.208	1.56
61	0.485	0.222	0.396	0.276	1.78	92	−0.035	0.325	0.504	0.206	1.55
62	0.469	0.225	0.400	0.275	1.78	93	−0.052	0.328	0.506	0.201	1.54
63	0.454	0.229	0.405	0.275	1.77	94	−0.070	0.331	0.508	0.197	1.53
64	0.438	0.232	0.410	0.274	1.77	95	−0.087	0.334	0.510	0.193	1.53
65	0.423	0.236	0.414	0.274	1.76	96	−0.106	0.337	0.512	0.189	1.52
66	0.407	0.239	0.419	0.273	1.75	97	−0.122	0.340	0.514	0.185	1.51
67	0.391	0.243	0.423	0.272	1.74	98	−0.139	0.343	0.516	0.181	1.50
68	0.375	0.246	0.427	0.270	1.74	99	−0.156	0.347	0.518	0.177	1.49
69	0.358	0.249	0.432	0.269	1.74	100	−0.174	0.350	0.520	0.172	1.49
70	0.342	0.253	0.436	0.267	1.73	101	−0.191	0.353	0.521	0.168	1.48
71	0.326	0.256	0.440	0.266	1.72	102	−0.208	0.355	0.522	0.164	1.47
72	0.309	0.259	0.444	0.264	1.71	103	−0.225	0.358	0.524	0.160	1.46
73	0.292	0.263	0.448	0.262	1.70	104	−0.242	0.361	0.525	0.156	1.45
74	0.276	0.266	0.452	0.260	1.70	105	−0.259	0.364	0.526	0.152	1.45
75	0.259	0.269	0.455	0.258	1.69	106	−0.276	0.366	0.527	0.147	1.44
76	0.242	0.273	0.459	0.256	1.68	107	−0.292	0.369	0.528	0.143	1.43
77	0.225	0.276	0.463	0.253	1.68	108	−0.309	0.373	0.529	0.139	1.42
78	0.208	0.279	0.466	0.251	1.67	109	−0.326	0.376	0.530	0.135	1.41
79	0.191	0.283	0.469	0.248	1.66	110	−0.342	0.379	0.531	0.131	1.40
80	0.174	0.286	0.472	0.245	1.65	111	−0.358	0.382	0.532	0.127	1.39
81	0.156	0.289	0.475	0.242	1.64	112	−0.375	0.384	0.532	0.123	1.38
82	0.139	0.293	0.478	0.239	1.63	113	−0.391	0.387	0.533	0.119	1.38
83	0.122	0.296	0.481	0.236	1.62	114	−0.407	0.390	0.534	0.115	1.37
84	0.105	0.299	0.484	0.233	1.61	115	−0.423	0.392	0.534	0.111	1.36
85	0.087	0.302	0.487	0.230	1.61	116	−0.438	0.395	0.535	0.107	1.35
86	0.070	0.305	0.490	0.226	1.61	117	−0.454	0.398	0.535	0.103	1.34
87	0.052	0.308	0.493	0.223	1.60	118	−0.469	0.401	0.535	0.099	1.33
88	0.035	0.312	0.496	0.219	1.59	119	−0.485	0.404	0.536	0.096	1.33

续表

$\theta_c(°)$	$\cos\theta_c$	a_0	a_1	a_2	$g_1(\theta_c)$	$\theta_c(°)$	$\cos\theta_c$	a_0	a_1	a_2	$g_1(\theta_c)$
120	−0.500	0.406	0.536	0.092	1.32	150	−0.866	0.472	0.520	0.014	1.10
121	−0.515	0.408	0.536	0.088	1.31	151	−0.875	0.474	0.519	0.013	1.09
122	−0.530	0.411	0.536	0.084	1.30	152	−0.883	0.475	0.517	0.012	1.09
123	−0.545	0.413	0.536	0.081	1.30	153	−0.891	0.477	0.517	0.010	1.08
124	−0.559	0.416	0.536	0.078	1.29	154	−0.899	0.479	0.516	0.009	1.08
125	−0.574	0.419	0.536	0.074	1.28	155	−0.906	0.480	0.515	0.008	1.07
125	0.574	0.419	0.536	0.074	1.28	155	−0.906	0.480	0.515	0.008	1.07
126	−0.588	0.422	0.536	0.071	1.27	156	−0.914	0.481	0.514	0.007	1.07
127	−0.602	0.424	0.535	0.068	1.26	157	−0.920	0.483	0.513	0.007	1.07
128	−0.616	0.426	0.535	0.064	1.25	158	−0.927	0.485	0.512	0.006	1.06
129	−0.629	0.428	0.535	0.061	1.25	159	−0.934	0.486	0.511	0.005	1.05
130	−0.643	0.431	0.534	0.058	1.24	160	−0.940	0.487	0.510	0.004	1.05
131	−0.656	0.433	0.534	0.055	1.23	161	−0.946	0.488	0.509	0.004	1.04
132	−0.669	0.436	0.533	0.052	1.22	162	−0.951	0.489	0.509	0.003	1.04
133	−0.682	0.438	0.533	0.049	1.22	163	−0.956	0.490	0.508	0.003	1.04
134	−0.695	0.440	0.532	0.047	1.21	164	−0.961	0.491	0.507	0.002	1.03
135	−0.707	0.433	0.532	0.044	1.20	165	−0.966	0.492	0.506	0.002	1.03
136	−0.719	0.445	0.531	0.041	1.19	166	−0.970	0.493	0.506	0.002	1.03
137	−0.731	0.447	0.530	0.039	1.19	167	−0.974	0.494	0.505	0.001	1.02
138	−0.743	0.449	0.530	0.037	1.18	168	−0.978	0.495	0.504	0.001	1.02
139	−0.755	0.451	0.529	0.034	1.17	169	−0.982	0.496	0.503	0.001	1.01
140	−0.766	0.453	0.528	0.032	1.17	170	−0.985	0.496	0.502	0.001	1.01
141	−0.777	0.455	0.527	0.030	1.16	171	−0.988	0.497	0.502	0.000	1.01
142	−0.788	0.457	0.527	0.028	1.15	172	−0.990	0.498	0.501	0.000	1.01
143	−0.799	0.459	0.526	0.026	1.15	173	−0.993	0.498	0.501	0.000	1.01
144	−0.809	0.461	0.526	0.024	1.14	174	−0.994	0.499	0.501	0.000	1.00
145	−0.819	0.463	0.525	0.022	1.13	175	−0.996	0.499	0.500	0.000	1.00
146	−0.829	0.465	0.524	0.020	1.13	176	−0.998	0.499	0.500	0.000	1.00
147	−0.839	0.467	0.523	0.019	1.12	177	−0.999	0.500	0.500	0.000	1.00
148	−0.848	0.468	0.522	0.017	1.12	178	−0.999	0.500	0.500	0.000	1.00
149	−0.857	0.470	0.521	0.015	1.11	179	−1.000	0.500	0.500	0.000	1.00
						180	−1.000	0.500	0.500	0.000	1.00

附录 B

第一类贝塞尔函数表

m	J_0	J_1	J_2	J_3	J_4	J_5	J_6	J_7	J_8	J_9	J_{10}
0	100										
1	76. 52	44. 01	11. 49	1. 96	0. 25						
2	22. 39	57. 67	35. 28	12. 89	3. 40	0. 70	0. 12				
3	−26. 01	33. 91	48. 61	30. 91	13. 20	4. 30	1. 14	0. 26			
4	−39. 71	−6. 60	36. 41	43. 02	28. 11	13. 21	4. 91	1. 52	0. 40		
5	−17. 76	−32. 76	4. 66	36. 48	39. 12	26. 11	13. 11	5. 34	1. 84	0. 55	0. 15
6	15. 06	−27. 67	−24. 29	11. 48	35. 76	36. 21	24. 58	12. 96	5. 65	2. 12	0. 70
7	30. 01	−0. 49	−30. 14	−16. 76	15. 78	34. 79	33. 92	23. 30	12. 8	5. 89	2. 35
8	17. 17	23. 46	−11. 30	−29. 11	−10. 54	18. 58	33. 76	32. 06	22. 35	12. 68	6. 10
9	−9. 03	24. 53	14. 48	−18. 09	−26. 55	−5. 50	20. 43	32. 75	30. 51	21. 49	12. 47
10	−24. 59	4. 35	25. 46	5. 84	−21. 96	−23. 41	−1. 45	21. 67	31. 79	29. 19	20. 75
11	−17. 12	−17. 68	13. 90	22. 73	−1. 50	−23. 83	−20. 16	1. 84	22. 50	30. 89	28. 04
12	4. 77	−22. 34	−8. 49	19. 51	8. 25	−7. 35	−24. 37	−17. 03	4. 51	23. 04	30. 05
13	20. 69	−7. 03	−21. 77	0. 33	21. 93	13. 16	−11. 80	−24. 06	−14. 10	6. 70	23. 38
14	17. 11	13. 34	−15. 20	−1. 768	7. 62	22. 04	8. 12	15. 08	−23. 20	−11. 43	8. 50
15	−1. 42	20. 51	4. 16	−19. 40	−11. 92	13. 05	20. 61	3. 45	−17. 40	−22. 00	−9. 00
16	−17. 49	9. 04	18. 62	−4. 38	−20. 23	−5. 75	16. 67	18. 25	−0. 70	18. 95	−20. 62

部分习题参考答案

第2章

2-3　$L=\dfrac{1}{(2\pi f_0)^2C}=0.35\ \mu\text{H}, Q_0=1/(\omega_0 CR_0)=13.27$。

2-4　$2\Delta f_{0.7}=10\ \text{kHz}, Q_0=f_0/2\Delta f_{0.7}=46.5$。

2-5　$g_\Sigma=0.412\,3\ \text{mS}, Q_\text{L}=f_0/2\Delta f_{0.7}=33.3, C_\text{oe}\approx 0.637\ \text{pF}$,

$C=g_\Sigma Q_\text{L}/\omega_0-C_\text{oe}\approx 1\,372\ \text{pF}, L=0.18\ \mu\text{H}$。

2-6　$C\approx 58.7\ \text{pF}, R_0=Q_0\omega_0 L\approx 2.26\ \text{k}\Omega, R_\Sigma=R_0//R=1.84\ \text{k}\Omega, Q_\text{L}=R_{\Sigma\omega 0}C\approx 51$。

2-7　$p_1=N_{12}/N_{13}, p_2=N_{45}/N_{13}$。

（1）若将L的抽头从2移到1，则 p_1 变小，g_Σ 和 C_Σ 变小，振荡频率变大，又

$Q=\dfrac{1}{g_\Sigma\omega_0 L}=\dfrac{1}{g_\Sigma}\sqrt{\dfrac{C_\Sigma}{L}}$，$Q$ 值变大，选择性变好，通频带变窄（$2\Delta f_{0.7}=f_0/Q=g_\Sigma/C_\Sigma$）。

（2）若将L两端并联1 kΩ电阻，则 g_Σ 变大，Q 变小，通频带变宽。

2-8　$C=C_\text{i}+C_1//(C_2+C_0)=18.3\ \text{pF}$，$f_0=\dfrac{1}{2\pi\sqrt{LC}}=41.6\ \text{MHz}$，$R_0=Q_0\sqrt{\dfrac{L}{C}}\approx 20.9\ \text{k}\Omega$，

$R_\Sigma\approx 2.87\ \text{k}\Omega, Q_\text{L}=R_\Sigma/\omega_0 L\approx 13.73, 2\Delta f_{0.7}=f_0/Q_\text{L}\approx 3\ \text{MHz}$。

2-9　$C=55\ \text{pF}, g_0=1/(Q_0\omega_o L)=37.2\times 10^{-3}(\text{mS})$,

$A_{u0}=A_{u0(\omega_0)}=\left|-\dfrac{p_1p_2y_\text{fe}}{g_\Sigma}\right|=\dfrac{0.25\times 0.7\times 45\times 10^{-3}}{0.456\times 10^{-3}}\approx 17.3$,

$Q_\text{L}=1/(g_\Sigma\omega_0 L)=8.16, 2\Delta f_{0.7}=f_0/Q_\text{L}\approx 1.3\ \text{MHz}, K_{0.1}=2\Delta f_{0.1}/2\Delta f_{0.7}\approx 9.95$,

$A_4=895\,74.5, (2\Delta f_{0.7})_4=\sqrt{2^{1/4}-1}\times 2\Delta f_{0.7}=565.5\ \text{kHz}$,

$(K_{r0.1})_4=\dfrac{\sqrt{100^{1/4}-1}}{\sqrt{2^{1/4}-1}}\approx 2.66$。

2-10　$A_2=100, (2\Delta f_{0.7})_2=\sqrt{2^{1/2}-1}\times 2\Delta f_{0.7}=2.57\ \text{MHz}$,

$(2\Delta f_{0.7})'=6.215\ \text{MHz}, A'_2=64.36$。

2-13　$U_\text{n}=\sqrt{4kTRB_\text{n}}=12.65\ \mu\text{V}, I_\text{n}=12.65\times 10^{-3}(\mu\text{A})$

第3章

3-4　$P_\text{E}=E_\text{C}I_\text{c0}=6\text{W}, \eta_\text{c}=P_\text{o}/P_\text{E}=83.3\%, R_\text{p}=\dfrac{1}{2}\dfrac{U_\text{cm}^2}{P_\text{o}}=57.6\ \Omega$, $I_\text{c1m}=2P_\text{o}/U_\text{cm}=0.417\ \text{A}$,

$g_1(\theta_\text{c})=I_\text{c1m}/I_\text{c0}=1.67$，查表得 $\theta_\text{c}=77°$。

3-5　$i_\text{cmax}=I_\text{c0}/\alpha_0(90°)=282\ \text{mA}, I_\text{c1mm}=i_\text{cmax}\alpha_1(90°)=141\ \text{mA}, P_\text{o}=\dfrac{1}{2}I_\text{c1m}^2 R_\text{P}=2\ \text{W}$,

$\eta_c = P_o/P_E = 74\%$。

3－6 $R_p = U_{cm}^2/(2P_o) = 66\ \Omega$，设 $Q_L = 10$，则 $X_{C1} = R_p/Q_L = 6.6\ \Omega$，$C_1 = 241$ pF，

$$X_{C2} = \frac{R_L}{\sqrt{\frac{R_L}{R_P}(1+Q^2)-1}} = 5.5\ \Omega, C_2 = 290\ \text{pF}, X_L = R_P\frac{Q_L + \frac{R_L}{X_{C2}}}{1+Q_L^2} = 12.5\ \Omega, L = 19.9\ \text{nH}。$$

3－7 $\theta_c = 90°$，$g_1(\theta_c)_{正} = I_{c1m}/I_{c0} = 1.57$，$g_1(\theta_c)_{方} = 1.273$，$\eta_{正}:\eta_{方} = 1.233:1$。

3－8 $P_E = 2.467$ W，$\eta_c = 81.1\%$。

3－9 R_p 增加一倍，过压状态，U_{cm} 变化不大，$P'_o = \frac{1}{2}\frac{U_{cm}^2}{R_p} = \frac{1}{2}P_o$；

R_p 减小一半，欠压状态，i_{cmax} 变化不大，$P'_o = \frac{1}{2}I_{c1m}^2R_p = \frac{1}{2}P_o$。

3－10 储能，衰减震荡。

3－13 (1) 由 $P_o = \frac{1}{2}\frac{U_{cm}^2}{R_p}$ 可得 $U_{cm} = 11.4$ V，由 $\eta_c = \frac{1}{2}\frac{U_{cm}}{E_C}g_1(\theta_c)$ 可得 $g_1(\theta_c) = 1.57$，查表得 $\theta_c = 90°$，$\alpha_0(90°) = 0.319$，$\alpha_1(90°) = 0.500$，$I_{c1m} = 87.69$ mA，$I_{c0} = 55.95$，$i_{cmax} = 175.38$ mA。

(2) $\theta'_c = 60°$，E_C、R_p、P_o 不变，则 U_{cm}、I_{c1m} 不变，有 $\eta_c = \frac{1}{2}\frac{U_{cm}}{E_C}g_1(\theta'_C) = 85.5\%$，$I_{c1m} = 87.69$ mA，$i_{cmax} = I_{c1m}/\alpha_1(60°) = 224.27$ mA，$I_{c0} = i_{cmax}\alpha_0(60°) = 48.89$ mA。

(3) $U_{bm}(90°) = 87.69$ mV，$E_B(90°) = -U_{BZ} = -0.5$ V，$U_{bm}(60°) = 244.27$ mV，$E_B(60°) = 112.135$ mV，改变 U_{bm} 和 E_B 即可。

3－15 (1) 丙类功放；(2) 部分工作时间进入饱和区工作。

3－18 (1) $\eta_c = 70.6$，$R_p = 6.71\ \Omega$。

(2) 因 $\eta_c = \frac{1}{2}\frac{U_{cm}}{E_C}g_1(\theta_c)$，减小 θ_c，即减小 E_B，增大 U_{bm}，η_c 增大。

(3) 二倍频器；$P_o = 9.70$ W，$P_E = 42.48$ W，$\eta_c = 22.8\%$。

3－23 $Q \approx 5.275$，$C \approx 87$ pF，$L \approx 0.018\ \mu$H。

3－24 $R_i = 9R_L$。

3－25 $R_i = 4R_L$。

3－26 功率合成电路结构为

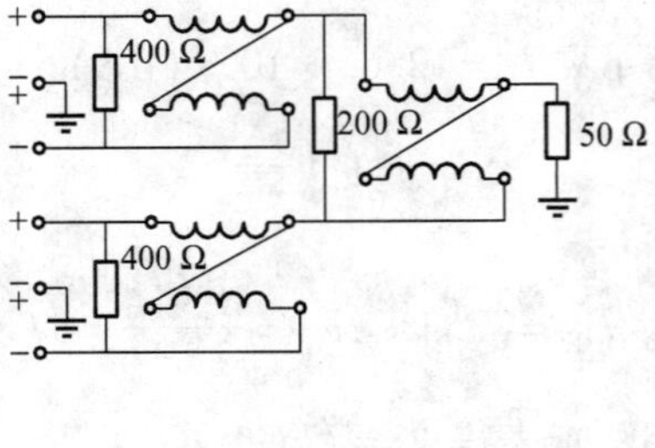

第4章

4-2 (c)(d)能产生振荡。

4-4 0.89 MHz。

4-5 1×10^{-3}/日。

4-6 2.6 MHz;4。

4-9 (2) 10 MHz,0.2。

4-10 0.8 μH。

4-11 9.58 MHz。

4-13 (1) $R_t>20$ kΩ;(2) 971 Hz;(3) $R_t<5$ kΩ。

4-14 (a)$f_o<f_1$、f_2;(b)$f_2<f_o<f_1$。

4-15 0.31。

第5章

5-1 $m_a=0.5$,$BW=2F=200$ Hz。

5-2 $m=0.5$,$P_{av}=0.09$ W,$BW=2\times\Omega/2\pi=\Omega/\pi$。

5-3 (1) $u=2(1+0.3\cos 200\pi t)\cos 2\pi\times10^6 t$(V),AM 波;

$u=0.6\cos(2\pi\times10^6 t)\cos(200\pi t)$(V),DSB 波。

(2) $P_{SB}=0.045$ W,$P_{av}=2.09$ W;$P_{SB}=0.045$ W,$P_{av}=0.09$ W;$BW=200$ Hz。

5-5 (b)(d)能实现双边带调制。

5-6 (2) $u_o(t)=\dfrac{2R_L}{r_D+R+2R_L}u_\Omega(t)K_1(\omega_c t)$。

5-8 (1) $u_o(t)=6.35(2+\cos 10^4 t)\cos 10^7 t$(V)。

5-10 $i_L=2g_D U_{\Omega m}\cos\Omega t\left(\dfrac{\pi}{4}\cos\omega_c t-\dfrac{4}{3\pi}\cos 3\omega_c t+\cdots\right)$。

5-11 (1) $i_L=g_D U_{\Omega m}\cos\Omega t+\dfrac{2}{\pi}g_D U_{\Omega m}[\cos(\omega_c+\Omega)t+\cos(\omega_c-\Omega)t]-$

$\dfrac{2}{3\pi}g_D U_{\Omega m}[\cos(3\omega_c+\Omega)t+\cos(3\omega_c-\Omega)t]+\cdots$;

(2) $i_L=g_D U_{\Omega m}\cos\Omega t+g_D U_{\Omega m}\cos\omega_c t\left[\dfrac{4}{\pi}\cos\omega_c t-\dfrac{4}{3\pi}\cos 3\omega_c t+\cdots\right]$。

5-12 $u_o=U_{\Omega m}\cos\Omega t\left[\dfrac{1}{2}-\dfrac{2}{\pi}\cos\omega_c t+\dfrac{2}{3\pi}\cos 3\omega_c t-\cdots\right]$;

$\Omega,\omega_c\pm\Omega,3\omega_c\pm\Omega,\cdots$;双边带调幅。

5-14 (1) $R_i=R_L/2=2.35$ kΩ;

(2) 直流电压 $U_D=8.5$ V,低频电压振幅值 $U_{\Omega m}=0.85\times0.6\times10=5.1$ V;

(3) 会产生负峰切割失真。

5-15 40.6 pF$\leqslant C\leqslant$0.004 7 uF;$R_g\geqslant20$ kΩ。

5-17 $u_o(t)=[1.56\cos(2\pi\times10^3 t)]S_2(\omega_1 t)$ V。

5-20 $u_o(t)=2\eta_d U_{im}\cos\Omega t$。

5-22 (5) 38 MHz。

第6章

6-8 (1) $f_c=1$ MHz,$F=1$ kHz,$m_f=20$ rad;

(2) $\Delta f_m = m_f F = 20$ kHz；(3) $BW = 2(\Delta f_m + F) = 42$ kHz。

6-9 (1) $m_f = \Delta f_m / F = 250$ rad，$BW = 2(\Delta f_m + F) = 150.6$ kHz，

(2) $m_f = \Delta f_m / F = 5$ rad，$BW = 2(\Delta f_m + F) = 180$ kHz。

6-10 (1) $m_f = \Delta f_m / F = 20$ rad，

$u_{FM}(t) = U_{cm}\cos(\omega_c t + m_f \sin \Omega t) = 5\cos(2\pi \times 10^8 t + 20\sin 2\pi \times 10^3 t)$ V；

(2) $m_f = \Delta f_m / F = 20$ rad，$BW = 2(m_f + 1)F = 42$ kHz；

(3) $m_f = \Delta f_m / F = 60$ rad，$BW = 2(m_f + 1)F = 122$ kHz。

6-11 (1) $m_f = \Delta f_m / F = k_f U_{\Omega m} / F = 50$ rad，

$u_{FM}(t) = 10\cos(2\pi \times 50 \times 10^6 t + 50\sin 2\pi \times 10^3 t)$；

(2) $\Delta f_m = k_f U_{\Omega m} = 50$ kHz；

(3) $m_f = \Delta f_m / F = k_f U_{\Omega m} / F = 50$ rad，$BW = 2(m_f + 1)F = 102$ kHz。

6-13 (1) $m_f = \Delta f_m / F = 10$ rad，$BW = 2(m_f + 1)F = 110$ kHz；

(2) $m_f = \Delta f_m / F = 20$ rad，$BW = 2(m_f + 1)F = 210$ kHz；

(3) $m_f = \Delta f_m / F = 10$ rad，$BW = 2(m_f + 1)F = 220$ kHz。

6-14 (1) $m_f = 5$ rad，又因为 $m_f = \Delta f_m / F$，$\Delta f_m = m_f F = 5$ kHz，$BW = 2(m_f + 1)F = 12$ kHz；

(2) $u_c(t) = U_C \cos \omega_c t = 10\cos(2\pi \times 50 \times 10^6 t)$ V，$u_\Omega(t) = 0.5\cos 2\pi \times 10^3 t$ V。

6-15 (1) $m_f = \Delta f_m / F = 37.5$ rad，

$u_{FM}(t) = U_c \cos(\omega_c t + m_f \sin \Omega t) = 5\cos(2\pi \times 12 \times 10^6 t + 37.5\sin 2\pi \times 10^3 t)$；

(2) 1 kHz, 12 MHz；

(3) $\Delta f_m = k_f U_{\Omega m} = 25 \times 1.5 = 37.5$ kHz，$m_f = \Delta f_m / F = 37.5$ rad，$\Delta\varphi = m_f = 37.5$ rad；

(4) $\Delta f_m = k_f U_{\Omega m} = 25 \times 1.5 = 37.5$ kHz，$\Delta\varphi = m_f = 75$ rad；

(5) $\Delta f_m = k_f U_{\Omega m} = 25 \times 3 = 75$ kHz，$\Delta\varphi = m_f = 75$ rad。

6-16 (1) $v = V(1 + A\cos \omega_1 t)\cos(\omega_c t + B\cos \omega_1 t)$，$\varphi(t) = \omega_c t + B\cos \omega_1 t$，$\Delta\varphi(t) = B\cos \omega_1 t$，

$\omega(t) = \omega_c - \omega_1 B\sin \omega_1 t$，$\Delta\omega(t) = \omega_1 B\sin \omega_1 t$，

FM：$v_\Omega(t) = \omega_1 B\sin \omega_1 t / k_f$，PM：$v_\Omega(t) = B\cos \omega_1 t / k_p$；

(2) $v = V\cos(\omega_c + A\cos \omega_1 t)t$，$\varphi(t) = (\omega_c + A\cos \omega_1 t)t$，$\Delta\varphi(t) = A\cos \omega_1 t^2$，

$\omega(t) = \omega_c + 2A\omega_1 t$，$\Delta\omega(t) = 2A\omega_1 t$，

FM：$v_\Omega(t) = 2A\omega_1 t / k_f$，PM：$v_\Omega(t) = A\cos \omega_1 t^2 / k_p$。

6-17 (1) FM 波：$v = 0.1\cos(2\pi \times 10^8 t + 20\sin 2\pi \times 10^3 t)$ (V)，

$\varphi(t) = 2\pi \times 10^8 t + 20\sin 2\pi \times 10^3 t$，

$\omega(t) = 2\pi \times 10^8 + 20 \times 2\pi \times 10^3 \times \cos 2\pi \times 10^3 t$，$f_c = 10^8$ Hz，$F = 10^3$ Hz，$m_f = 20$，

$\Delta f_m = 20 \times 10^3$ Hz，$BW = 2(m_f + 1)F = 2(20 + 1)F \times 10^3 = 42$ kHz，

$$P = \frac{1}{2} \cdot \frac{V_{cm}^2}{r} = \frac{1}{2} \cdot \frac{0.1^2}{50} = 10^{-4} \text{ W};$$

(2) PM 波：$v = 0.1\cos(2\pi \times 10^8 t + 20\sin 2\pi \times 10^3 t)$ (V)，

$m_p = 20$，$\Delta f_m = 20 \times 10^3$ Hz，$v_\Omega(t) = \Delta\varphi(t) / k_p = 10\sin 2\pi \times 10^3 t$。

6-31 双失谐回路斜率鉴频器的原理图如下。

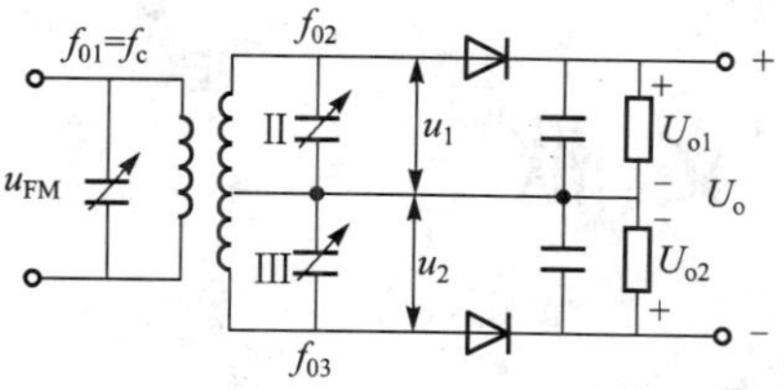

(a)

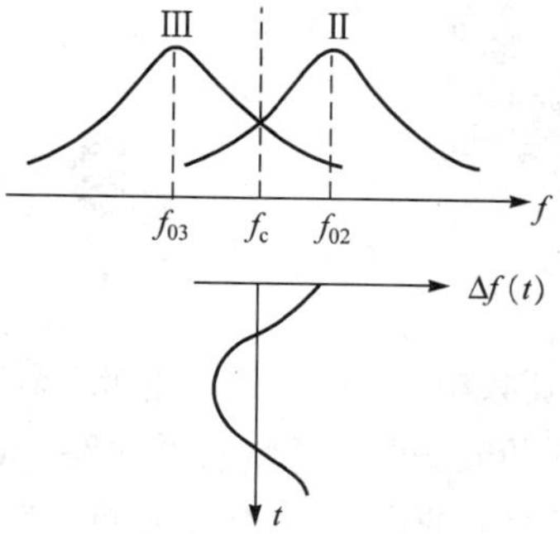

(b)

如果图中两个二极管均反接,鉴频特性将倒相。

第 7 章

7-11　$f_o=(850\sim960)$ kHz。

7-12　$R=1\,024$,$N=40\sim500$。

7-13　$f_y=73\sim101.1$ MHz,频率间隔 100 Hz。

参考文献

[1] 张肃文. 高频电子线路[M]. 北京:高等教育出版社,2004.

[2] 曾兴雯,刘乃安,等. 高频电子线路[M]. 北京:高等教育出版社,2004.

[3] 陈启兴. 通信电子线路[M]. 北京:清华大学出版社,2008.

[4] 何丰. 通信电子线路[M]. 北京:人民邮电出版社,2003.

[5] 高如云,陆曼茹,等. 通信电子线路[M]. 2 版. 西安:西安电子科技大学出版社,2002.

[6] 李棠之,杜国新. 通信电子线路[M]. 北京:电子工业出版社,2001.

[7] 高吉祥. 全国大学生电子设计竞赛培训系列教程高频电子线路设计[M]. 北京:电子工业出版社,2007.

[8] 谢嘉奎,宣月清,等. 电子线路(非线性部分)[M]. 4 版. 北京:高等教育出版社,2000.

[9] 小柴典居,植田佳典. 振荡/调制解调电路[M]. 李平,译. 北京:科学出版社,2000.

[10] 胡宴如. 高频电子线路[M]. 4 版. 北京:高等教育出版社,2008.

[11] 胡宴如,耿苏燕. 高频电子线路学习指导[M]. 北京:高等教育出版社,2006.

[12] 谢自美. 电子线路设计·实验·测试[M]. 2 版. 武汉:华中科技大学出版社,2000.

[13] 汪胜宁,程东红. 电子线路(第四版)教学指导书[M]. 北京:高等教育出版社,2003.

[14] 严国萍,龙占超. 通信电子线路[M]. 北京:科学出版社,2007.

[15] 黄志伟. 通信电子线路[M]. 北京:机械工业出版社,2007.